机械工程材料与成形技术

主　编　练　勇　王毓敏
副主编　谢乐林　伏思静

重庆大学出版社

内 容 简 介

本书以基础理论和基本知识为主，适当增加新材料与新技术的内容；理论知识以应用为目的，以“必需、够用”为度，以培养高等院校机械类专业学生具有合理选用机械工程材料、正确制订热处理工艺、正确选择成形方法的初步能力为主要目标，注重学生实践能力与创新能力的培养。本书以机械工程材料、成形技术、材料及热处理的应用为核心，主要内容包括：金属学基础知识、常用金属材料及热处理、金属材料的成形技术、金属材料及热处理的应用等。全书共18章，每章均有思考题供学习时参考。

本教材可作为高职高专院校机械类、机电类专业的教材，也可供机械、机电类工程技术人员参考。

图书在版编目(CIP)数据

机械工程材料与成形技术/练勇，王毓敏主编. —重庆：重庆大学出版社，2015.8
高职高专机械系列教材
ISBN 978-7-5624-9164-4

Ⅰ.①机… Ⅱ.①练…②王… Ⅲ.①机械制造材料—高等职业教育—教材 Ⅳ.①TH14

中国版本图书馆CIP数据核字(2015)第147826号

机械工程材料与成形技术
主 编 练 勇 王毓敏
副主编 谢乐林 伏思静
责任编辑：曾显跃 版式设计：曾显跃
责任校对：刘 真 责任印制：赵 晟
*
重庆大学出版社出版发行
出版人：邓晓益
社址：重庆市沙坪坝区大学城西路21号
邮编：401331
电话：(023) 88617190 88617185(中小学)
传真：(023) 88617186 88617166
网址：http://www.cqup.com.cn
邮箱：fxk@cqup.com.cn (营销中心)
全国新华书店经销
万州日报印刷厂印刷
*
开本：787×1092 1/16 印张：18.25 字数：456千
2015年8月第1版 2015年8月第1次印刷
印数：1—3 000
ISBN 978-7-5624-9164-4 定价：36.00元

前　言

材料是人类赖以生存和发展的物质基础之一。20世纪70年代,材料、能源和信息技术被誉为现代文明的三大支柱;80年代后期,新材料技术、生物技术和信息技术成为新技术革命的重要标志。一直以来,发达的工业化国家都将材料科学作为重点发展学科。

"机械工程材料与成形技术"是机械工程类专业的一门技术基础课,其任务是使学生获得机械工程材料、热处理及成形工艺的基本知识和基本应用方法,为学习专业课和从事相关技术工作奠定基础。本教材主要内容:

①机械工程材料及热处理的基本知识——介绍材料的力学性能、金属材料的基本理论、常用金属材料及其热处理,以及常用非金属材料。

②材料及热处理的应用——介绍零件失效的基本知识、机械零件和工具选材的知识与方法,以及热处理工序位置安排的方法。

③成形工艺——介绍金属材料及非金属材料的常用成形方法及其应用。

通过本课程的学习,应达到以下基本要求:

①掌握常用金属材料的种类、牌号、热处理方法、性能特点和应用范围,了解常用非金属材料的种类、特性和用途。

②熟悉常用金属材料的选用方法,以及热处理工序位置的安排方法。

③熟悉常用成形方法的种类、特点和应用。

根据高职高专培养应用型人才的教学目标与企业对人才规格的需求,编写本教材和设计教学方式时注意了以下几点:

①调结构、重应用。本教材分3个篇章,第1篇主要介绍工程材料的基本理论和基本知识:第2篇主要介绍材料成形的基本知识和基本方法;第3篇主要介绍工程材料与热处理的应用知识和应用方法。

②优化内容。以基础知识为主,适当增加新材料和新技术的内容;理论知识以应用为目的,以"必需、够用"为度,作了适当的精简与合并;应用知识力求结合专业需求。

③分段教学。本教材的第1篇和第2篇内容宜在金工实训后的低年级讲授,为后续课程学习奠定基础;第3篇宜在高年级与专业课并行讲授,并结合专业要求布置大型作业或开展课堂讨论,以强化本课程在专业中的应用。

本教材第1篇和第2篇的参考教学时数为48学时(包括实验),第3篇的参考教学时数为24学时。本教材由练勇(编写第1、2、5、6、8、10章)和王毓敏(编写第14、15、16、17、18章及第4章的第6节)任主编,谢乐林(编写第3、4、11章)和伏思静(编写第9、12章)任副主编,姜自莲(编写第7和13章)参编。

限于编者水平,教材中难免存在错误和不足之处,敬请读者批评指正。

编　者

2015年5月

目录

第1篇　工程材料

第3篇　材料及热处理的应用

第1篇

工程材料

机械工程中使用的材料有金属材料和非金属材料两大类。金属材料又分为黑色金属材料(钢铁材料)和有色金属材料。钢铁材料不仅具有优良的力学性能和工艺性能,而且价格低廉,常用于制造各种机械零件和工具。有色金属材料(如铝合金、铜合金等)除具有较好的力学性能和工艺性能外,还具有良好的物理、化学性能(如电导性、耐蚀性等),常用于制造某些特殊的零件。金属材料(尤其是钢)还可通过热处理或其他工艺方法,进一步提高其力学性能和改善其工艺性能。因此,金属材料(尤其是钢)在机械工程中的应用最为广泛。

非金属材料是除金属材料以外的其他材料,如塑料、橡胶、胶结剂、陶瓷、复合材料等。非金属材料具有许多独特的性能并发展迅速,在机械工程中的应用越来越广泛。

第 1 章 材料的力学性能

机械制造业中所用的材料称为机械工程材料，金属材料是机械工程材料中应用最广泛的材料。金属材料的性能分为使用性能和工艺性能。使用性能是指为保证零件的正常工作和一定的工作寿命材料应具备的性能，它包括物理性能、化学性能和力学性能；工艺性能是指为保证零件的加工过程顺利进行和加工质量材料应具备的性能，如铸造性能、锻造性能、焊接性能、切削加工性能和热处理工艺性能等。由于机械零件和工具在工作时通常都要承受一定的载荷，因此用做机械零件和工具的材料主要应具有良好的力学性能。

力学性能是指材料在载荷作用下所显现的性能，主要有强度、刚度、塑性、硬度、冲击韧性、疲劳抗力和断裂韧性等。

1.1 强度、刚度和塑性

金属材料在逐渐增大的载荷作用下，一般依次产生弹性变形、塑性变形直至断裂。弹性变形是去除载荷后能完全消失的变形，塑性变形是去除载荷后仍然保留的变形。测定金属材料强度、刚度和塑性的常用方法是拉伸试验。

1.1.1 拉伸试验

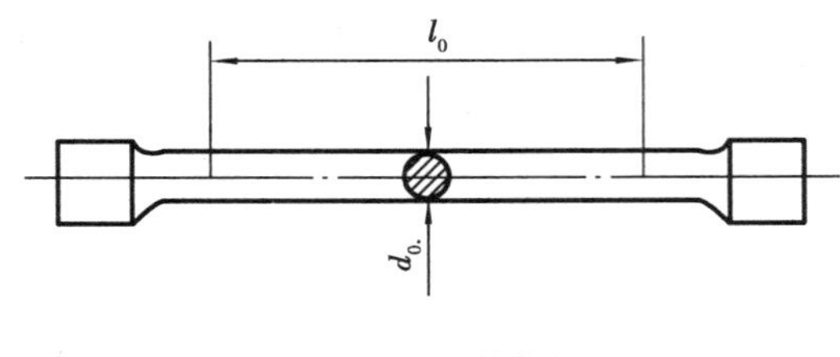

d_0—试样的原始直径

l_0—试样的原始标距

图 1.1 圆截面拉伸试样

拉伸试验在拉伸试验机上进行。试验前将被测金属制成一定形状和尺寸的标准试样，常用标准试样为圆截面拉伸试样，如图 1.1 所示。圆截面拉伸试样有长试样和短试样两种。长试样 $L_0=10d_0$，短试样 $L_0=5d_0$。试验时将试样装夹在实验机的夹头上，缓慢加载。随拉伸力缓慢增大，试样逐渐被拉长，直至断裂。为了消除试样尺寸的影响，将拉伸力 F(N)除以试样原始截面积 S_0(mm^2)，

得到拉应力 σ(MPa);将伸长量 ΔL(mm)除以试样原始标距 L_0(mm),得到拉应变 ε。根据试验时的 σ 和 ε 对应关系,可绘出应力-应变曲线。

图1.2为低碳钢的应力-应变曲线。曲线上 Oe 段为试样弹性伸长阶段,当 σ 超过 σ_e后,试样开始出现微量塑性伸长。当 σ 增至 σ_s时,曲线上出现水平段,即表示拉应力 σ 不增加而试样的塑性伸长却明显增加,此现象称为屈服。曲线上 sb 段为试样均匀塑性伸长阶段。当 σ 超过 σ_b 时,试样某处横截面开始缩小,称为缩颈。此后,试样的塑性伸长局限在缩颈部分,承受的拉应力 σ 迅速减小,直至断裂(曲线 k 点)。

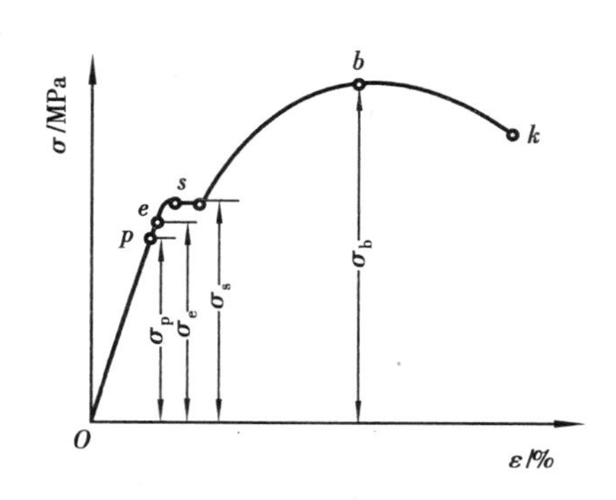

图1.2　低碳钢应力-应变曲线

1.1.2　强度

在外力作用下,金属抵抗塑性变形或断裂的能力称为强度。拉伸试验测得的强度指标主要有弹性极限、屈服极限和抗拉强度。

(1)弹性极限

弹性极限是试样弹性伸长范围内承受的最大拉应力,用符号 σ_e表示,单位为 MPa。其计算公式为:

$$\sigma_e = F_e/S_0 \tag{1.1}$$

式中　F_e——试样在弹性伸长范围内承受的最大拉伸力。

弹性极限是表征在拉伸力作用下金属抵抗开始塑性变形的能力。

(2)屈服极限

屈服极限是试样屈服时承受的拉应力,用符号 σ_s表示,单位为 MPa。其计算公式为:

$$\sigma_s = F_s/S_0 \tag{1.2}$$

式中　F_s——试样屈服时承受的拉伸力。

对于没有明显屈服现象的金属材料,难以测定其 σ_s,国标规定以产生0.2%残余应变时的拉应力作为条件屈服极限,用符号 $\sigma_{0.2}$表示。

屈服极限或条件屈服极限是表征在拉伸力作用下金属抵抗明显塑性变形的能力。

(3)抗拉强度

抗拉强度是试样断裂前承受的最大拉应力,用符号 σ_b表示,单位为 MPa。其计算公式为:

$$\sigma_b = F_b/S_0 \tag{1.3}$$

式中　F_b——试样拉断前承受的最大拉伸力。

抗拉强度是表征在拉伸力作用下金属抵抗断裂的能力。金属的强度越高,零件使用时越安全可靠。

1.1.3　刚度

在外力作用下,金属抵抗弹性变形的能力称为刚度。拉伸试验测得的刚度指标是正弹性模量或杨氏弹性模量。

应力-应变曲线中的弹性伸长阶段(*OP* 线段)遵守虎克定律,即应力 σ 与应变 ε 成正比,其比例常数 E 为正弹性模量,即

$$E = \sigma/\varepsilon \tag{1.4}$$

正弹性模量 E(单位 MPa)是表征在拉伸力作用下金属抵抗弹性伸长的能力。金属的正弹性模量 E 越大,金属抵抗弹性伸长的能力就越强。

1.1.4 塑性

在外力作用下,金属断裂前产生塑性变形的能力称为塑性。常用的塑性指标是断后伸长率和断面收缩率。

(1)断后伸长率

试样拉断后,标距长度的伸长量与原始标距长度的百分比称为伸长率,用符号 A 表示,即

$$A = [(L - L_0)/L_0] \times 100\% \tag{1.5}$$

式中,L_0、L 分别为试样原始标距长度和拉断后的标距长度。

(2)断面收缩率

试样拉断后,颈缩处横截面积的最大缩减量与原始横截面积的百分比称为断面收缩率,用符号 z 表示,即

$$z = [(S_0 - S)/S_0] \times 100\% \tag{1.6}$$

式中,S_0、S 分别为试样的原始横截面积和拉断后颈缩处的最小横截面积。

金属材料的伸长率和断面收缩率越大,表示其塑性越好。塑性好的金属,因断前可产生大量的塑性变形,从而易于对其进行塑性变形压力加工。

1.2 冲击韧性和疲劳抗力

上述拉伸试验作用于金属上的试验力是从零缓慢增至最大值的,这种试验称为静力试验。在工程中,某些零件承受的外力并非静力,而是冲击力或循环力。通过静力试验测得的性能(如强度、刚度、塑性和硬度),一般不能代表在冲击力和循环力作用下的性能。金属在冲击力和循环力作用下测得的性能,主要是冲击韧性和疲劳抗力。

1.2.1 冲击韧性

快速作用于零件的外力称为冲击力或动载荷。在冲击力作用下,金属抵抗断裂的能力(即金属断裂时吸收变形功的能力),称为冲击韧性。

金属的冲击韧性指标用冲击试验法测定。冲击试验在摆锤式冲击试验机上进行(图1.3)。先将被测金属制成带 U 形(或 V 形)缺口的标准冲击试样(图 1.4),再将试样放在试验机支座的支撑面上,缺口背向摆锤冲击方向,然后将重量为 G 的摆锤举至一定高度 H_1,最后摆锤自由落下将试样冲断,并反向摆至一定高度 H_2。通常,以试样在一次冲击试验力作用下冲断时所吸收的功(即冲击吸收功)A_K 作为冲击韧性的指标,单位为 J。

$$A_K = G(H_1 - H_2) \tag{1.7}$$

实际试验时,A_K 值可从试验机刻度盘上直接读出。我国习惯上以冲击韧度 a_k(单位为

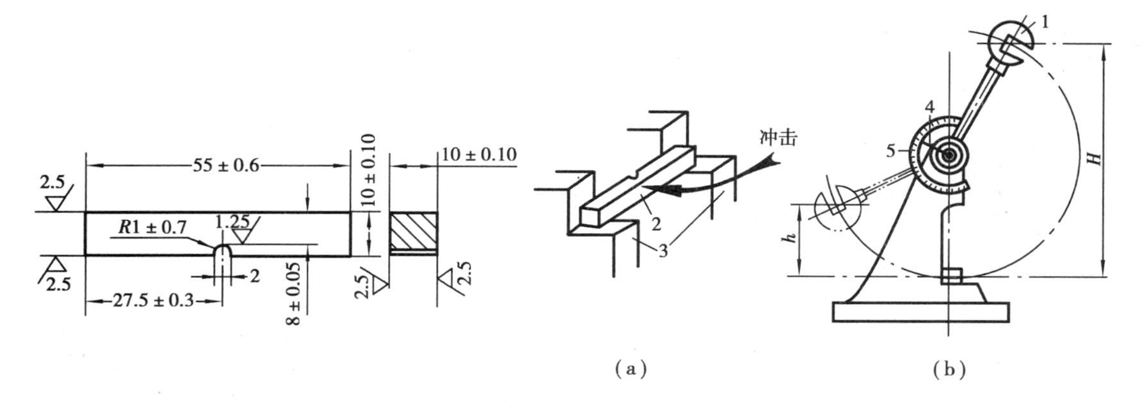

图 1.3 冲击试样（U 形缺口）

图 1.4 摆锤式冲击试验

1—摆锤；2—试样；3—支座；4—指针；5—表盘

J/cm^2）作为冲击韧性指标。

$$a_k = A_K/S \tag{1.8}$$

式中 S——试样缺口处横截面积。

冲击吸收功 A_K 或冲击韧度 a_k 越大，材料的冲击韧性越好。同一金属材料的冲击韧性还与温度有关（图 1.5）。由图可见，冲击韧度 a_k 随温度下降而减小，在某一温度区域内急剧变化，此温度区称为“韧脆转变温度”。韧脆转变温度越低，材料的低温冲击韧性越好。

冲击韧性对材料内部的缺陷和组织变化十分敏感，且试验测定简便，故常用于检验材料热加工和热处理的质量。

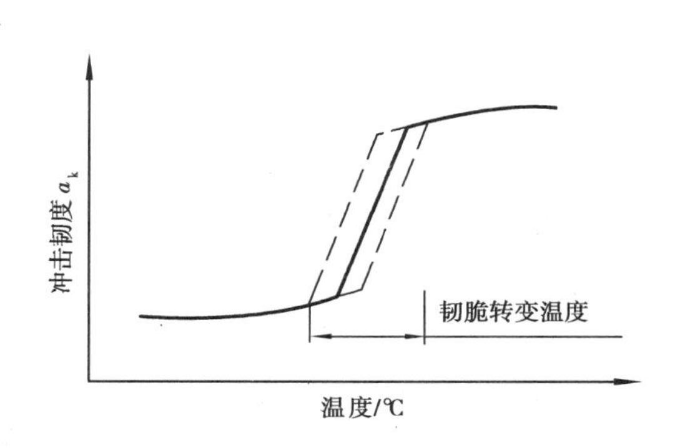

图 1.5 温度对冲击韧性的影响

1.2.2 疲劳抗力

许多机械零件工作时承受的应力是循环应力或交变应力。大小或大小与方向随时间作周期性变化的应力称为循环应力，常见的循环应力是对称循环应力（最大应力和最小应力的绝对值相等），如图 1.6 所示。金属在小于 σ_s 的循环应力作用下，经多次（$>10^4$ 次）应力循环而发生断裂的现象称为疲劳断裂或疲劳。

金属在对称循环应力作用下的疲劳抗力指标，由相应疲劳试验测定的疲劳曲线确定。金属承受的名义循环应力 σ（循环应力中的最大应力）与断裂前应力循环次数 N 之间的关系曲线（即 σ-N 曲线），称为疲劳曲线。中、低强度钢和铸铁的疲劳曲线如图 1.7 中曲线 1 所示，当 σ 大于某一值 σ_{-1} 时，随 σ 减小材料的疲劳寿命 N 增长；当 $\sigma \leqslant \sigma_{-1}$ 时疲劳曲线呈水平线，表示材料经无限次应力循环而不断裂。因此，中、低强度钢和铸铁以循环无限次或 10^7 次不断裂的最大名义循环应力 σ_{-1} 作为疲劳抗力指标，称为疲劳极限。有色金属、不锈钢和高强度钢的疲劳曲线如图 1.7 中曲线 2 所示，因其不存在水平线部分而不能确定 σ_{-1}，故规定以疲劳寿命 N

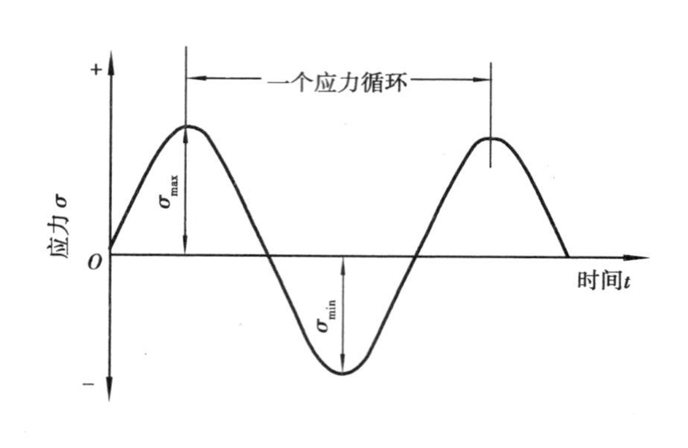

图 1.6　对称循环应力

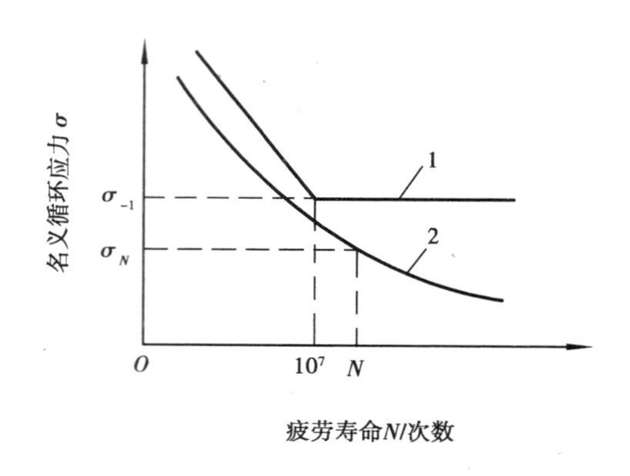

图 1.7　疲劳曲线

为 10^8 次不断裂的最大循环应力 σ_{10^8} 作为疲劳抗力指标，称为条件疲劳极限或疲劳强度。材料的疲劳极限 σ_{-1} 或疲劳强度 σ_{10^8} 越大，表示其抵抗疲劳断裂的能力越强。

1.3　硬　度

硬度是指金属材料抵抗硬物压入其表面的能力，即抵抗局部塑性变形的能力。它是衡量金属材料软硬程度的依据。

金属材料的硬度是通过硬度试验测定的。常用的硬度试验方法有布氏硬度试验法、洛氏硬度试验法和维氏硬度试验法，测得的硬度分别称为布氏硬度、洛氏硬度和维氏硬度。

1.3.1　**布氏硬度**

布氏硬度试验在是布氏硬度计上进行，测试原理如图 1.8 所示。用直径为 D 的淬硬钢球或硬质合金球作为压头，以相应的试验力 F 压入试样表面，保持一定时间后卸除试验力，试样表面留下直径为 d 的球形压痕。以试验力 F 除以球形压痕表面积 S 所得的商作为布氏硬度值，符号为 HBS（淬硬钢球压头）或 HBW（硬质合金球压头）。

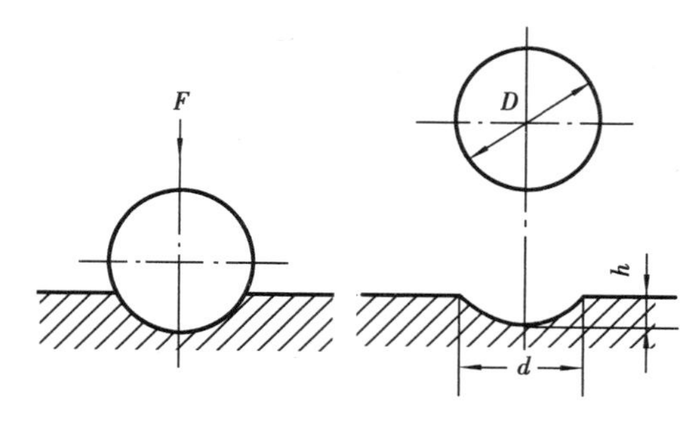

图 1.8　布氏硬度试验原理图

实际进行布氏硬度试验时，可根据试验力 F、压头直径 D 和测得的压痕直径 d 查布氏硬度表得到硬度值。布氏硬度标注时，硬度值写在符号 HBS 或 HBW 之前，如 250 HBS。

布氏硬度试验的压痕大，测得的硬度值较准确，但操作不够简便。布氏硬度试验法主要用于测硬度较低（小于 450 HBS 或小于 650 HBW）且较厚的材料和零件，如铸铁、有色金属和硬度不高的钢。

1.3.2　洛氏硬度

洛氏硬度试验在洛氏硬度计上进行。其测试原理是在试验力作用下，将压头（金刚石圆锥体或淬硬钢球）压入试样表面，卸除试验力后，以残余压痕深度衡量金属的硬度。残余压痕深度越浅，金属的硬度越高；反之，金属的硬度越低。实际测试时，硬度值可直接从硬度计表盘上读出。

为了测定各种金属的硬度，洛氏硬度试验采用三种不同的硬度试验标度，它们的符号、试验条件和硬度值有效范围见表1.1。进行洛氏硬度试验时，应根据被测材料及其大致硬度，按表1.1选用不同的洛氏硬度标度进行测试。在三种洛氏硬度标度中，HRC在生产中应用最广。洛氏硬度标注时，硬度值写在符号之前，如60 HRC。

洛氏硬度试验法操作迅速简便，压痕小，可测试成品零件和较硬较薄的零件。但是，由于压痕小，对组织和硬度不均匀的材料，硬度值波动较大，同一试样应测试三点以上取其平均值。

表1.1　三种洛氏硬度标度

硬度符号	压头类型	总试验力/N	有效值范围	应　用
HRA	120°金刚石圆锥体	60×9.8	70～85 HRA	硬质合金，表面淬硬层、渗碳淬硬层
HRB	1.588 mm钢球	100×9.8	25～100 HRB	有色金属，退火、正火钢
HRC	120°金刚石圆锥体	150×9.8	20～67 HRC	淬硬钢，调质钢

1.3.3　维氏硬度

维氏硬度试验在维氏硬度计上进行，其试验原理与布氏硬度相似，如图1.9所示。在试验力F作用下，将相对面夹角为136°的正四棱锥体金刚石压头压入试样表面，保持一定时间后卸除试验力，在试样表面留下对角线长度为d的正四棱锥压痕，以试验力F除以压痕表面积S所得的商作为维氏硬度值，符号为HV。实际进行维氏硬度试验时，可根据试验力F和测得的对角线长度d在维氏硬度表上查得硬度值。维氏硬度标注时，硬度值写在符号HV之前，如640 HV。

维氏硬度试验的测试精度较高，测试的硬度范围大，被测试样的厚度或表面深度几乎不受限制（如能测很薄的工件、渗氮层、金属镀层等）。但是，维氏硬度试验操作不够简便，试样表面质量要求较高，故在生产现场很少使用。

不同硬度试验法测得的硬度不能直接进行比较，必须通过硬度换算表（见附录表Ⅰ.1和附录表Ⅰ.2）换算成同种硬度后，方能比较其高低。

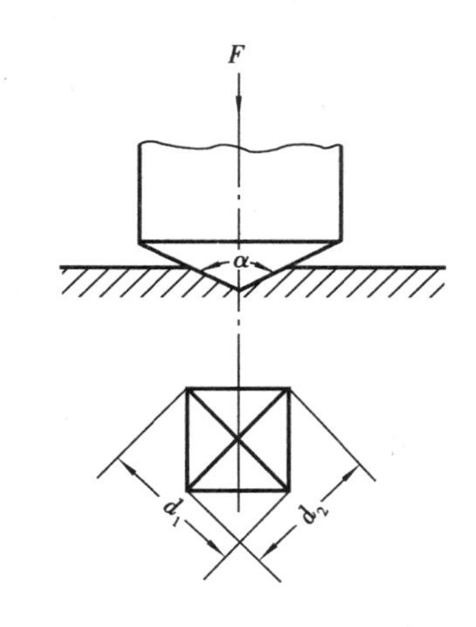

图1.9　维氏硬度试验原理图

1.3.4　硬度与其他力学性能及耐磨性的关系

硬度是最常用的力学性能指标。这是由于硬度试验法简便快速，不需专门试样，不破坏被测零件，且与强度、塑性、韧性及耐磨性之间存在一定的关系。在正确热处理和具有正常组织条件下，在一定的硬度范围(20～60 HRC)内，金属的硬度越高，其抗拉强度、耐磨性越高，塑性、韧性越低。金属的硬度与抗拉强度之间存在如下近似关系：

$$\sigma_b = 3.5\ \text{HB}(\text{或 HV})$$

1.4 断裂韧性的概念

传统强度理论认为，只要材料满足一定的强度、塑性和韧性指标，零件的安全就能得到保证。但是，对于高强度钢件和大型中低强度钢件，即便其工作应力低于材料的强度指标，仍然发生断裂。研究表明，这是由于冶炼、加工和使用等原因，使材料内部存在各种裂纹(孔洞、夹杂物等可视为裂纹)，在应力作用下，材料中的裂纹发生快速失稳扩展而导致低应力脆断。因此，材料抵抗裂纹失稳扩展的能力(即断裂韧性)成为衡量材料抵抗低应力脆断能力的重要性能指标。

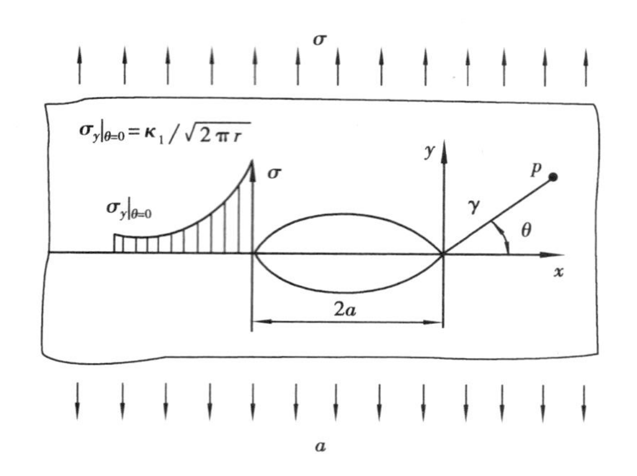

图 1.10 带穿透裂纹大平板的拉伸示意图

对于带穿透裂纹的大平板，当裂纹与拉应力垂直时，在应力作用下，其尖端因应力集中而形成一个强应力场，如图 1.10 所示。应力场的强弱程度用力学参量应力强度因子 K_I 表示，即

$$K_I = Y\sigma\sqrt{\pi a} \tag{1.9}$$

式中 Y——裂纹的几何形状因子；

σ——外加应力，MPa；

a——裂纹半长，m。

由式(1.9)可见，应力强度因子 K_I 随 σ 和 a 的增加而增大，当 K_I 增大到某一临界值 K_{IC} 时，材料中的裂纹发生快速失稳扩展而导致脆断。临界应力强度因子 K_{IC} 称为材料的断裂韧性。显然，对于具有一定 K_{IC} 的材料，无论其裂纹长度和外加应力为何值，只要 $K_I < K_{IC}$，材料均不发生脆断而处于安全状态；反之，当 $K_I > K_{IC}$ 时，则发生脆断。因此，断裂韧性 K_{IC} 是表征材料抵抗裂纹失稳扩展或脆性断裂能力的性能指标。材料的 K_{IC} 值一般用断裂韧性试验测定。

思考题

1.1　σ_e、σ_s、$\sigma_{0.2}$、σ_b、δ、ψ、A_K、σ_{-1}、HBS、HRC、HV 分别为哪一类性能指标？简述其试验原理及方法。

1.2　一批钢制拉杆工作时不允许产生明显的塑性变形，最大工作应力 $\sigma_{max}=350$ MPa。今欲选用某钢制作该拉杆。现将该钢制成 $d_0=10$ mm 的标准拉伸试样进行拉伸试验，测得 $P_s=21\ 500$ N，$P_b=35\ 100$ N，试判断该钢是否满足使用要求。为什么？

1.3　下列几种情况应采用什么方法测试硬度？并写出硬度值符号。

①钳工用手锤；

②铸铁机床床身毛坯；

③硬质合金刀头；

④钢件表面较薄的硬化层。

1.4　用35钢（碳含量为0.35%）制成的轴在使用过程中发现有较大弹性变形，如改用45钢（碳含量为0.45%）制作该轴，能否减少弹性变形？若为过量塑性变形，改用45钢是否有效？

1.5　什么是金属的疲劳？疲劳破坏是怎样产生的？

1.6　什么是断裂韧性？如何根据材料的断裂韧性 K_{IC}、零件的工作应力 σ 和零件中裂纹半长度 a 来判断零件是否会发生低应力脆断？

第2章 金属材料的基础知识

金属材料的力学性能与其内部组织结构密切相关。改变金属材料的化学成分或通过各种热处理工艺方法,能改变金属材料的组织结构,从而达到改变其性能的目的。因此,了解金属材料的组织结构及其变化规律,对于掌握金属材料及其性能很有必要。

2.1 金属与合金的组织结构

2.1.1 金属的晶体结构和组织

(1)金属的晶体结构

固态物质分为晶体和非晶体两大类。原子或分子在空间呈周期性规则排列的固态物质称为晶体(图2.1),如金刚石、石墨、金属等;原子或分子在空间呈无规则排列的固态物质称为非晶体,如玻璃、石蜡、松香等。为了说明晶体中原子排列规律,用假想线条将各原子中心连接起来,构成图2.2(a)所示的空间格子称为晶格。晶格中的原子层称为"晶面",晶格可视为由一系列平行晶面堆砌而成。通常,从晶格中取出一个能代表晶格特征的基本几何单元体即晶胞代表晶格的特征,如图2.2(b)所示。固态金属一般为晶体,常见的金属晶格类型有三种。

图2.1 晶体原子排列示意图

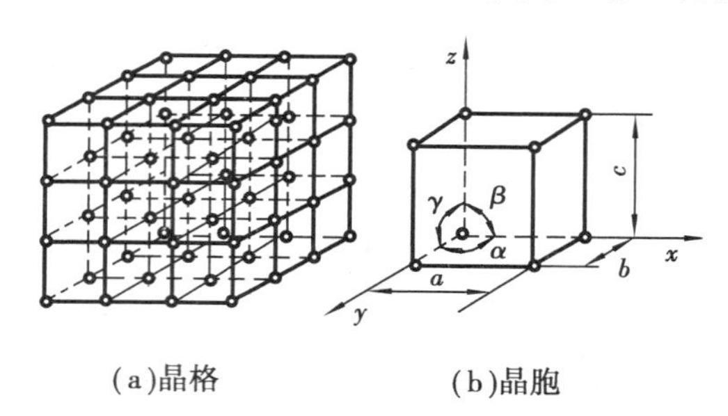

(a)晶格 (b)晶胞

图2.2 晶格和晶胞

1)体心立方晶格 体心立方晶格的晶胞(图2.3)是一个立方体,在其体心和八个顶角各排列一个原子。属于这种晶格类型的常见金属有铬、钨、钼、钒、铁(α-Fe)等。

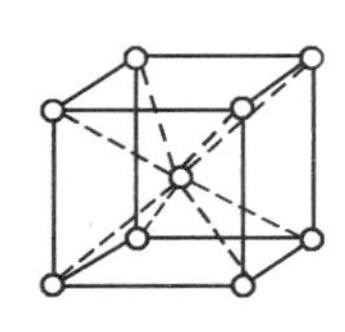

图 2.3　体心立方晶胞

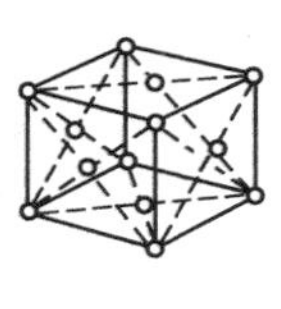

图 2.4　面心立方晶胞

2)面心立方晶格　面心立方晶格的晶胞(图 2.4)也是一个立方体,在其八个顶角和六个面的面心各排列一个原子。属于这种晶格类型的常见金属有铝、铜、镍、金、银、铁(γ-Fe)等。

3)密排六方晶格　密排六方晶格的晶胞(图 2.5)是一个六棱柱体,在其每个顶角和上下底面中心各排列一个原子,在上下底面之间还有三个原子。属于这种晶格类型的常见金属有镁、锌、铍、钛(α-Ti)等。

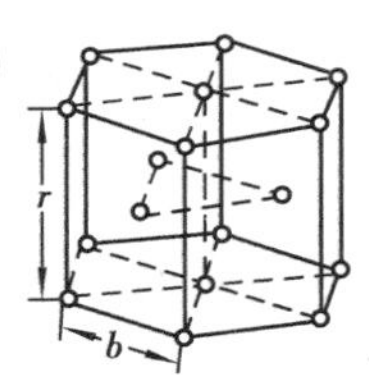

图 2.5　密排六方晶胞

不同晶格类型的金属具有不同的塑性。面心立方晶格金属的塑性最好,体心立方晶格金属的塑性次之,密排六方晶格金属的塑性最差。金属的晶格类型不同,其原子排列的紧密程度也不同。面心立方晶格和密排六方晶格的原子排列密度最大,体心立方晶格的原子排列密度较小。因此,改变金属的晶体结构,会导致金属塑性和体积的变化。

(2)金属的组织

上述晶格方位完全一致的晶体,称为单晶体。实际应用的金属并非单晶体,而是由许多单晶体组成的多晶体。这些晶体的晶格类型相同,但晶格的排列方位不同,如图 2.6 所示。借助金相显微镜或电子显微镜观察到的金属材料内部的微观形貌图像,称为显微组织。纯金属的显微组织是多晶组织,在金相显微镜下,其组织为许多外形不规则的小晶体(图 2.7),其中每个小晶体称为晶粒,晶粒间的界面称为晶界。

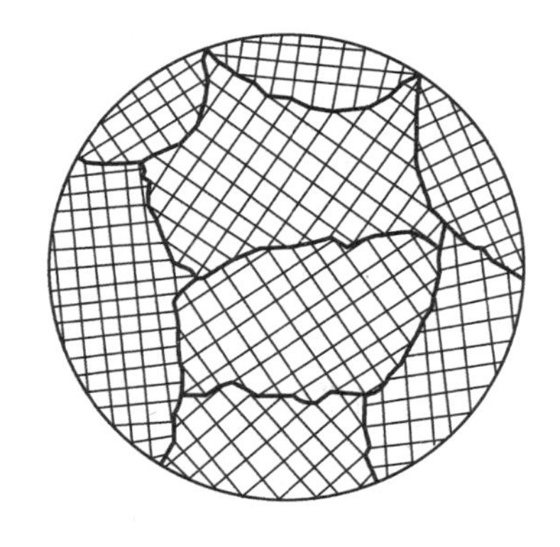

图 2.6　金属的多晶体结构示意图

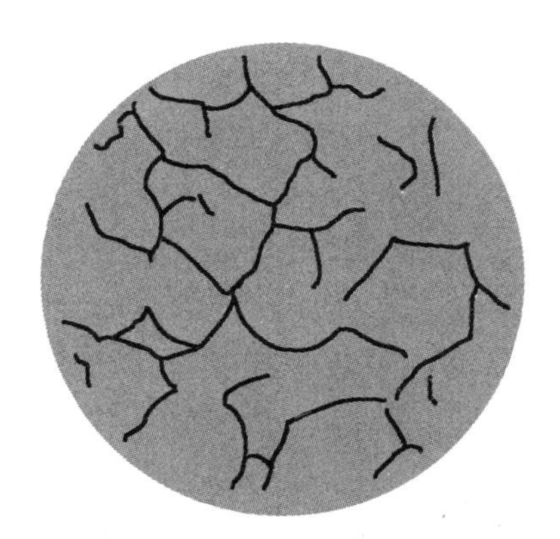

图 2.7　纯铁的显微组织(500×)

(3)金属的晶体缺陷

晶格完全规则排列的晶体是一种理想晶体。由于结晶或塑性变形加工等原因,实际金属晶体内存在着晶格排列不规则的局部区域,该区域称为晶体缺陷。晶体缺陷按其几何特点分为点缺陷、线缺陷和面缺陷三类。

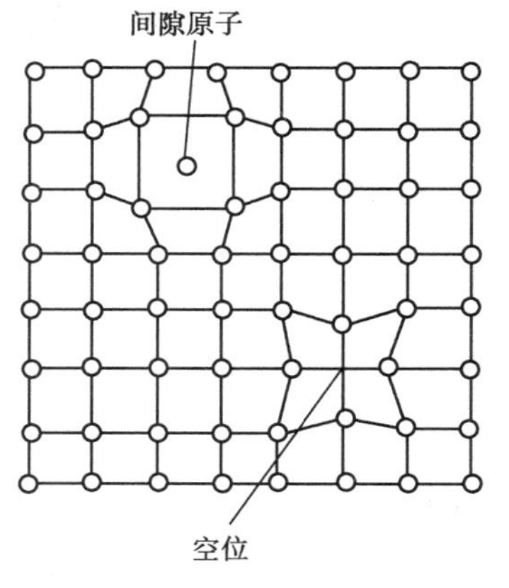

图 2.8 常见的点缺陷示意图

1)点缺陷 晶体中长、宽、高尺寸都很小的点状晶体缺陷称为点缺陷。点缺陷的常见形式是晶体中的空位和间隙原子(图 2.8)。这些点缺陷使其周围的晶格发生畸变。

2)线缺陷 晶体中一个方向上尺寸很大,而另外两个方向上尺寸很小的线状晶体缺陷称为线缺陷。线缺陷的主要形式是各种类型的"位错",其中比较简单的一种位错是"刃型"位错(图 2.9)。由图可知,晶体中多出 *EFGH* 半排原子层而形成以 *EF* 线为轴心线,以若干原子间距为半径的管状原子排列不规则区,即线缺陷。该线缺陷可视为由 *EFGH* 半原子层如刀刃一样从晶体上半部垂直插入所造成的,故名刃型位错。位错线 *EF* 周围的晶格发生了畸变。

3)面缺陷 晶体中两个方向上尺寸很大,而第三个方向上尺寸很小的层状晶体缺陷称为面缺陷。多晶体的晶界是一种典型的面缺陷(图 2.10)。

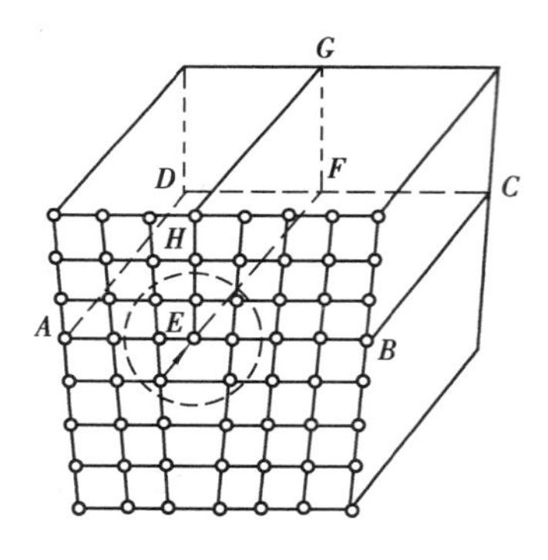

图 2.9 刃型位错示意图

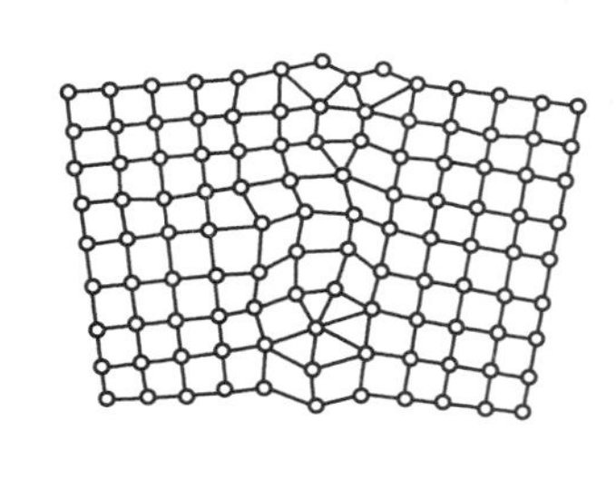
图 2.10 晶界的结构示意图

2.1.2 合金的相结构和组织

纯金属因强度很低而很少使用,工程中使用的金属材料主要是合金。合金是由两种或两种以上的金属元素,或金属与非金属元素组成的具有金属特性的物质。例如,钢铁材料是铁和碳组成的合金,黄铜是铜和锌组成的合金。

组成合金最基本的、独立的物质称为组元(简称元)。通常,合金的组元就是组成合金的元素。例如,铁碳合金的组元是铁和碳,黄铜的组元是铜和锌。由两个或多个给定组元所组成的一系列具有不同成分的合金,称为合金系。例如,不同碳含量的碳钢和生铁构成铁碳合金系。在一物质系统中,具有相同的成分和结构并与该系统的其余部分以界面分开的物质部分称为相。例如,盐水溶液是一个相,盐水溶液中盐的含量超过其溶解度时,就会形成两相——盐水溶液和未溶解的盐。

(1)合金的基本相结构

由于合金各组元之间的相互作用不同,固态合金可形成以下两种基本相结构。

1)固溶体　在合金中,金属或非金属原子溶入另一种金属晶格中形成的合金固相,称为固溶体。在固溶体中,保持原有晶格的金属称为溶剂,被溶入的元素称为溶质。例如,在碳原子溶入α-Fe晶格形成的固溶体中,α-Fe为溶剂,碳为溶质;在锌原子溶入铜晶格形成的固溶体中,铜为溶剂,锌为溶质。固溶体的主要特征是:其晶格保持溶剂金属的晶格;化学成分可在一定范围内改变;具有与溶剂金属相近的性能,即较高的塑性和较低的强度,且性能随化学成分而改变。

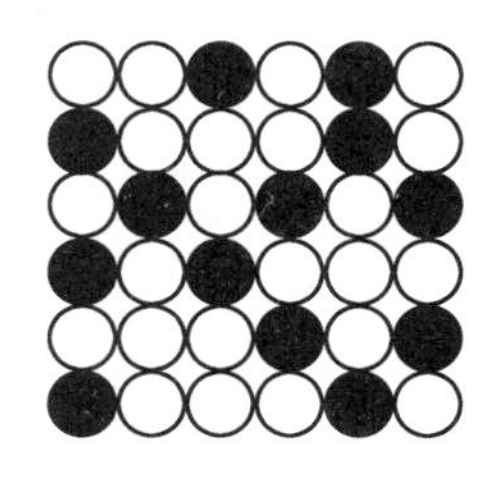

(a)置换固溶体

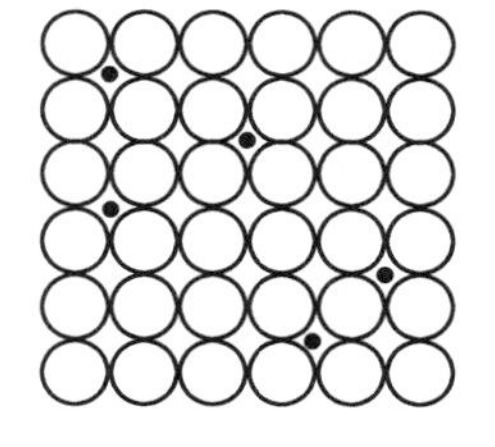

(b)间隙固溶体

图2.11　固溶体结构示意图

根据溶质原子在溶剂晶格中所占位置的特点,可将固溶体分为置换固溶体和间隙固溶体两种类型。溶质原子占据部分溶剂原子的位置所形成的固溶体,称为置固溶体(图2.11(a)),如锌溶于铜中的固溶体。置换固溶体可以是溶解度受限制的有限固溶体,也可以是溶解度不受限制的无限固溶体。溶质原子溶入溶剂晶格间隙处所形成的固溶体,称为间隙固溶体(图2.11(b)),如碳溶于铁中构成的固溶体。通常,间隙固溶体均为有限固溶体。

2)金属化合物　金属化合物是合金组元间相互作用而形成的具有金属特性的化合物。它具有以下特征:其晶格与组成它的组元的晶格均不相同,是一种新的复杂晶格;一般具有一定的化学成分,可用化学分子式表示其组成,如Fe_3C、CuZn等;其性能与组元的性能不同,一般表现为熔点高、硬度高而脆性大。例如,铁碳合金中的金属化合物Fe_3C,其晶格是与Fe和C的晶格均不相同的复杂晶格(图2.12);Fe_3C具有一定的化学成分,根据化学分子式计算可知,Fe_3C中w_C = 6.67%,w_{Fe} = 93.33%;其性能也与Fe和C不同,即硬度高(相当于860 HV)、熔点高(约1 227 ℃),而塑性、韧性很差。

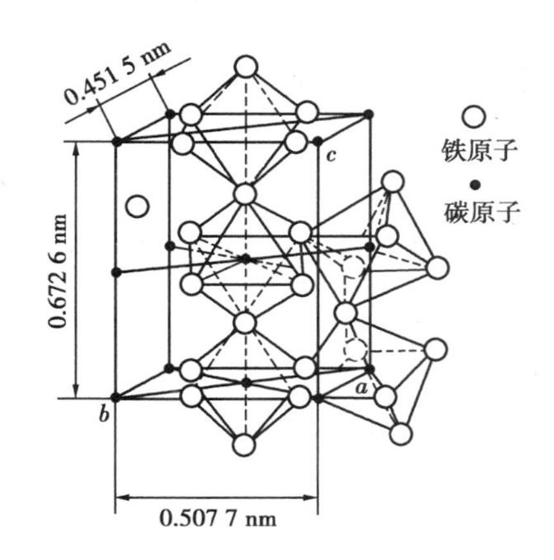

图2.12　Fe_3C的晶格示意图

(2)合金的组织

合金的组织由上述基本相组成,可分为单相组织和多相组织两类。由同一种基本相组成的组织称为单相组织。工程用合金的单相组织一般由同一种固溶体组成,其显微组织与纯金属相似。例如,电工硅钢(w_{Si} = 3% ~4.5%的Fe-Si合金)中的硅全部溶于α-Fe晶格中而形成单相固溶体,其组织与纯铁相似。具有单相固溶体组织的合金,其强度相对较低而应用较少。

由两种或多种基本相组成的组织，称为多相组织。工程用合金的多相组织主要是以一种固溶体为基体，在基体中分布有金属化合物。此类多相组织的合金，强度较高而应用广泛。多相组织中金属化合物的数量、形态、大小和分布不同，合金的组织和性能也不相同。金属化合物越多，合金的强度、硬度越高，塑性、韧性越低；金属化合物越细小、分布越均匀，合金的强度越高，塑性、韧性越好；金属化合物呈网状或大块集中分布时，合金的脆性增大。

2.2　金属与合金的结晶

金属与合金由液态转变为晶态的过程称为结晶。金属与合金的生产过程一般为熔炼、浇注铸锭、轧制等，浇注铸锭时金属或合金要经历结晶过程，其组织与结晶过程密切相关。因此，了解金属或合金的结晶规律及其对组织的影响很有必要。

2.2.1　金属的结晶与同素异晶转变

(1) 金属的结晶

1）结晶温度　每一种纯物质都存在一定的结晶与熔化的平衡温度 T_0，如 0 ℃是水结晶成冰与冰融化为水的平衡温度。显然，液态物质只有冷至平衡温度 T_0 以下，才能完全结晶。因此，实际结晶温度 T_1 低于平衡温度 T_0。

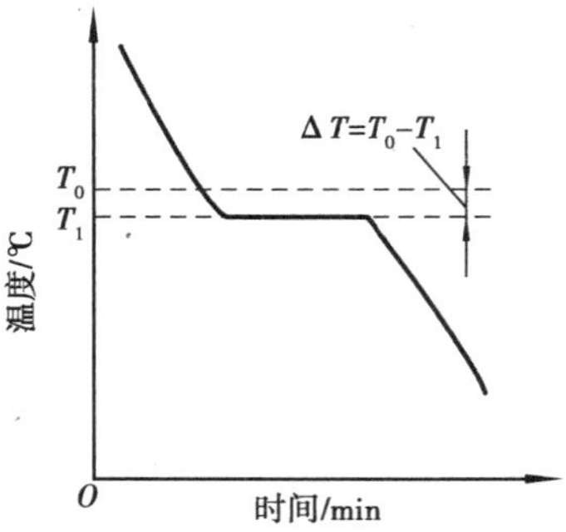

图 2.13　纯金属的冷却曲线

金属的实际结晶温度可用热分析法测得的冷却曲线来确定。纯金属的冷却曲线，如图 2.13 所示。由图可见，当液态金属冷至 T_0 以下某一温度时开始结晶，因结晶时释放出结晶潜热补偿了热量的散失，使结晶温度保持不变，故曲线上出现水平线段，水平线段对应的温度即为实际结晶温度 T_1。实际结晶温度 T_1 低于平衡温度 T_0 的现象称为“过冷”，二者之差 $\Delta T = T_0 - T_1$ 称为“过冷度”。

实践表明，实际结晶温度 T_1 并非固定不变，而是随液态金属冷却速度而变化。冷速越大，T_1 越低，即 ΔT 越大；反之，T_1 越高，即 ΔT 越小。当冷速极其缓慢时，T_1 趋近于平衡温度 T_0。

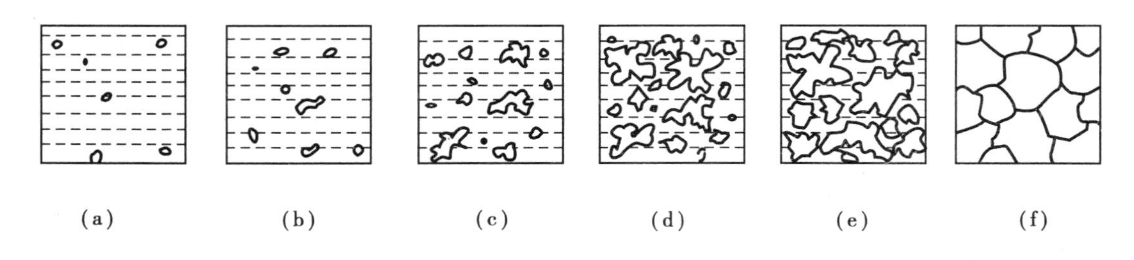

图 2.14　金属结晶过程示意图

2）结晶过程　金属的结晶过程是晶核形成和晶核长大的过程。如图 2.14 所示，在液态金属中先形成一些很小的金属晶体作为结晶的核心（晶核），然后晶核不断长大，如此不断地从液态金属中形成新的晶核并长大，直至全部液态金属结晶完成为止，最终形成由许多晶粒组成的多晶体。

3）晶粒大小的影响因素　由上可知，每个晶粒由一个晶核长大而成，故结晶时形成的晶核数越多、晶核长大越慢，结晶后多晶体的晶粒数越多、晶粒越细小。

影响结晶后晶粒大小的主要因素是：

①过冷度　如图2.15所示，增大液态金属的冷却速度，即增大过冷度 ΔT，使形核率 N 和晶核长大率 G 增大，而且 N 的增大快于 G 的增大。当过冷度 ΔT 较小时，N 相对较小而 G 相对较大，结晶后得到粗晶粒；当过冷度 ΔT 较大时，N 相对较大而 G 相对较小，结晶后得到细晶粒。因此，液态金属的冷却速度越大即过冷度越大，结晶后晶粒越细小。

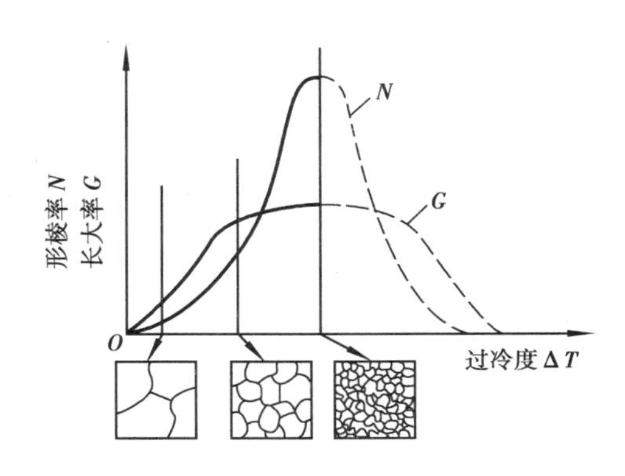

图2.15　纯铁冷却曲线及同素异晶转变

②不熔微粒　在液态金属中，加入某些能成为人工晶核的不熔微粒（孕育剂或变质剂），以增加晶核数目，使晶粒细化。这种方法称为孕育处理或变质处理。

（2）金属的同素异晶转变

大多数金属在晶态时只有一种晶格类型，其晶格类型不随温度而改变。少数金属（如铁、锡、钛等）在晶态时，其晶格类型会随温度而改变，这种现象称为同素异晶转变。

铁的同素异晶转变如图2.16所示。液态纯铁冷至1 535 ℃时，结晶成体心立方晶格的δ-Fe；冷至1 400 ℃时，δ-Fe转变为面心立方晶格的γ-Fe；冷至910 ℃时γ-Fe转变为体心立方晶格的α-Fe。加热时则发生相反的变化。768 ℃是铁的磁性转变温度（居里点），768 ℃以上铁呈顺磁性，768 ℃以下铁呈铁磁性，并不发生同素异晶转变。

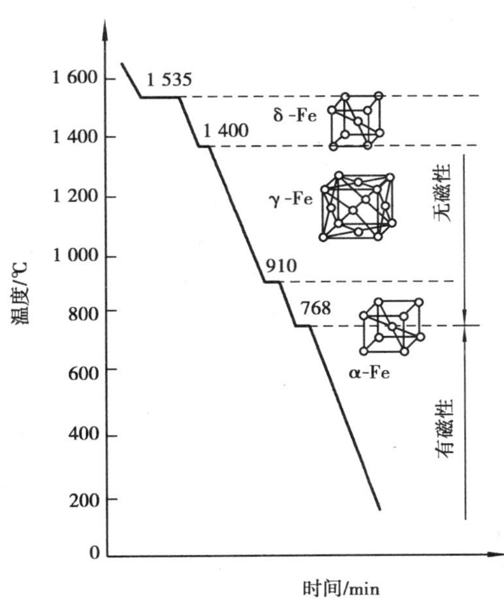

图2.16　纯铁冷却曲线及同素异晶转变

由于不同类型晶格的原子排列紧密程度不同，同素异晶转变会导致金属体积变化。例如，原子排列紧密程度较大的γ-Fe转变为原子排列紧密程度较小的α-Fe时，体积膨胀约1%。

2.2.2　二元合金状态图

合金的结晶及结晶后得到的组织比纯金属复杂得多，为此需要借助合金状态图来进行研究。在平衡条件（即缓慢加热或缓慢冷却）下，表示某二元合金系的合金成分、温度与相或组织关系的图，称为二元合金状态图（又称二元合金相图或二元合金平衡图）。

（1）二元合金状态图的建立和应用

1）二元合金状态图的建立　纯金属或某一成分合金的相或组织与温度的关系用一个温度纵轴即可表示。例如，纯铁的温度纵轴表示法如图 2.17 所示，将纯铁冷却曲线上的临界点（结晶温度和固相转变温度）投影至温度纵轴上，并用实验法确定对应临界点之间的相分别为液相 L、δ-Fe、γ-Fe 和 α-Fe，从而表示了纯铁的相与温度的关系。对于二元合金系的合金成分、温度与相或组织的关系，由于除温度变化外还有合金成分的变化，仅用一个温度纵轴难于表示，而应采用以温度为纵坐标、合金成分为横坐标的二元合金状态图表示。图 2.18(b) 是 Cu-Ni合金状态图，图中纵坐标是温度坐标，横坐标是成分坐标，从左至右表示合金成分的变化，即 w_{Ni} 由 0 增至 100%，而 w_{Cu} 则相应减少。成分坐标上某一点即表示某一成分合金，如 C 点代表 $w_{Ni}=40\%$、$w_{Cu}=60\%$ 的合金（图 2.19）。

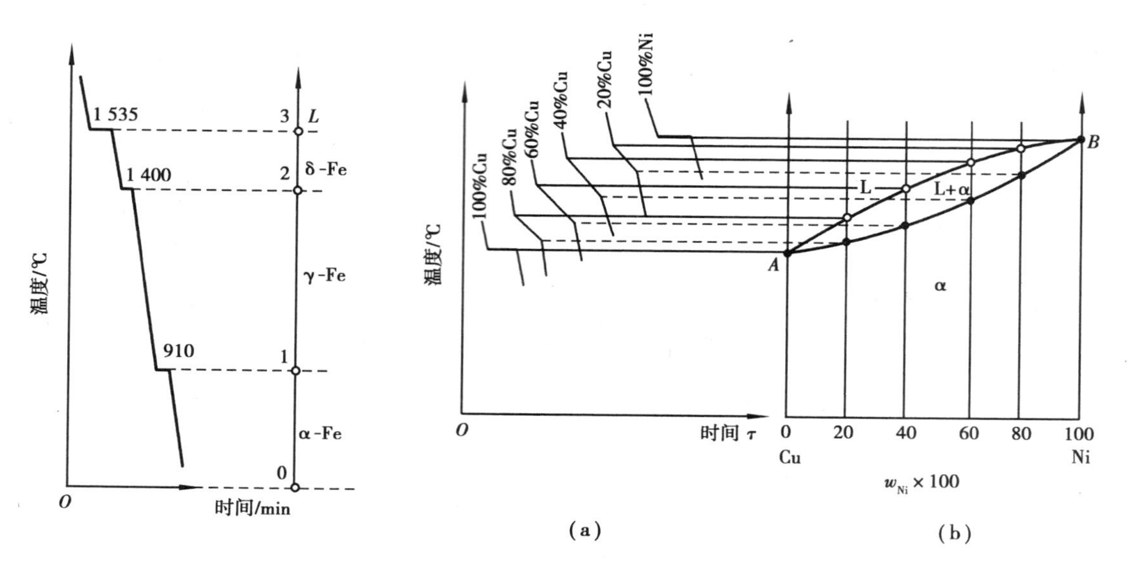

图 2.17　纯铁冷却曲线及温度纵轴

图 2.18　热分析法测定 Cu-Ni 合金相图

二元合金状态图是通过实验建立的，现以 Cu-Ni 合金为例加以说明。先配制一系列不同成分的铜镍合金，用热分析法分别作出它们的冷却曲线（图 2.18(a)），冷却曲线上的水平线段或转折点对应的温度即为临界点。由图可见，合金一般有两个临界点，说明合金的结晶是在一个温度范围内进行的。然后将这些临界点标在温度—成分坐标中相应的位置，并把各上临界点（结晶开始温度）连接成液相线，把各下临界点（结晶终止温度）连接成固相线。最后，由实验确定液相线以上温区为液相区 L，固相线以下温区为无限固溶体单相区 α，液相线与固相线之间的温区为液相 L 和固溶体 α 两相共存区。从而绘出 Cu-Ni 二元合金状态图（图 2.18(b)）。

2）二元合金状态图的应用　二元合金状态图可用于确定该合金系中某一成分合金在某一温度时的相或组织。例如，$w_{Ni}=20\%$、$w_{Cu}=80\%$ 的合金在 1 000 ℃时，由合金成分和温度决定的点 M 位于 α 固溶体相区（图 2.19），故其相为 α 固溶体，组织为 α 固溶体单相组织。状态图也可用于分析某一成分合金冷却时的结晶和固相转变过程及其得到的组织。它还可用于分析室温时合金的组织和性能随成分而变化的规律。在生产上，应用合金状态图有助于正确制订合金的热处理、铸造、锻造和焊接工艺。

(2)二元合金状态图的基本类型和简要分析

二元合金状态图主要有匀晶状态图和共晶状态图两种基本类型。

1)匀晶状态图　两组元在液态和固态时均无限互溶所构成的状态图,称为匀晶状态图。例如,Cu-Ni、Fe-Ni、Au-Ag 等二元合金状态图。现以 Cu-Ni 二元合金状态图(图 2.19)为例进行分析。图中 *A* 点是纯铜的熔点,*B* 点是纯镍的熔点;*AaB* 线是液相线,*AbB* 线是固相线;液相线以上温区为液相区,固相线以下温区为铜、镍二组元构成的无限固溶体单相区 α,液相线与固相线之间的温区为液相与固溶体共存的两相区 L+α。

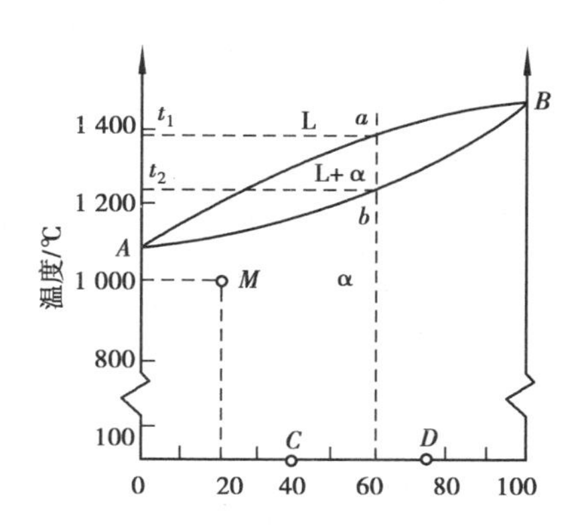

图 2.19　Cu-Ni 二元合金状态图

由图可见,任一成分合金的结晶都是在一个温区内进行的。例如,$w_{Ni}=60\%$、$w_{Cu}=40\%$ 的合金液相从 t_1 温度开始结晶出 α 固溶体,随温度降低结晶出的 α 固溶体增多,剩余液相相应减少,直至 t_2 温度结晶完毕,成为单相 α 固溶体。温度继续下降,合金组织不再变化。任何成分 Cu-Ni 合金结晶后的组织,均为 α 固溶体单相组织,不同的是合金成分不同,其 α 固溶体成分也不同。

2)共晶状态图　两组元在液态时无限互溶,在固态时形成有限固溶体,并有共晶结晶发生的状态图称为共晶状态图。例如,Pb-Sn、Sn-Sb、Al-Si 等二元合金状态图。现以 Pb-Sn 二元合金状态图(图 2.20)为例进行分析。图中 *A* 点是纯铅的熔点,*B* 点是纯锡的熔点,*C* 点是共晶点。*ACB* 线是液相线,*AECFB* 线是固相线。液相线以上为液相区,*AED* 区是锡溶于铅中形成的有限固溶体(α)单相区,*BFG* 区是铅溶于锡中形成的有限固溶体(β)单相区,*DECFG* 区是 α 固溶体和 β 固溶体共存的两相区,*ACEA* 区是液相 L 和 α 固溶体共存的两相区,*BCFB* 区是液相 L 和 β 固溶体共存的两相区。*ED* 线是 α 固溶体溶解度随温度的变化线,*FG* 线是 β 固溶体溶解度随温度的变化线。

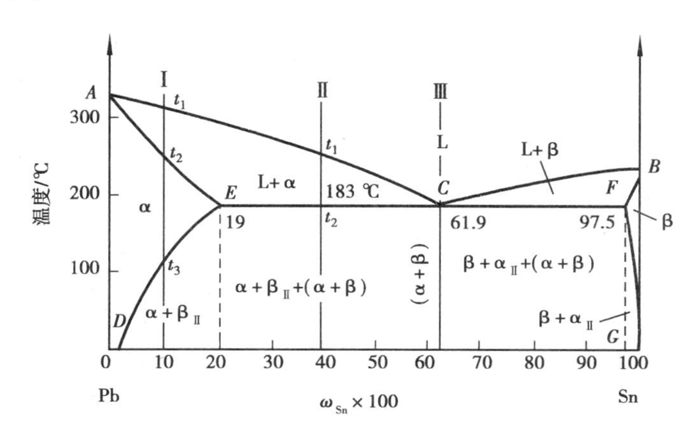

图 2.20　Pb-Sn 二元合金状态图

由图 2.20 可见,不同成分的 Pb-Sn 合金具有不同的结晶特点,下面取三种具有代表性的合金进行分析。

合金Ⅰ($w_{Sn}=10\%$、$w_{Pb}=90\%$)　合金Ⅰ从 t_1 温度慢冷至 t_2 温度时,发生匀晶结晶得到α单相固溶体。从 t_2 温度冷至 t_3 温度时,α固溶体不发生变化。从 t_3 温度继续冷却时,因α固溶体溶解度不断降低,使α固溶体不断析出细小的二次β固溶体(符号为 $\beta_{Ⅱ}$),得到 $\alpha+\beta_{Ⅱ}$ 两相组织,如图2.21所示。

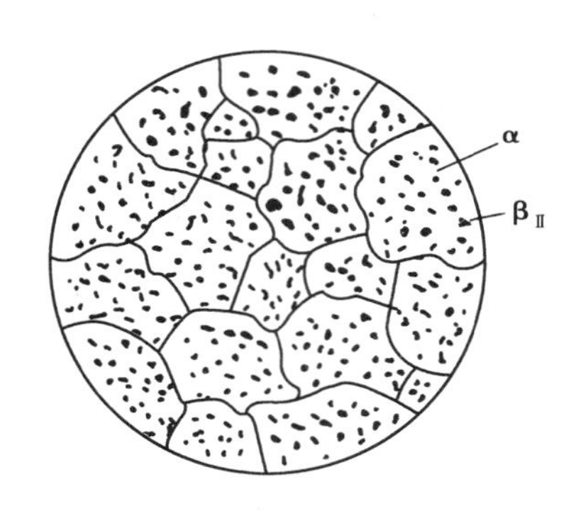

图2.21　w_{Sn}小于 E 点成分合金的组织示意图

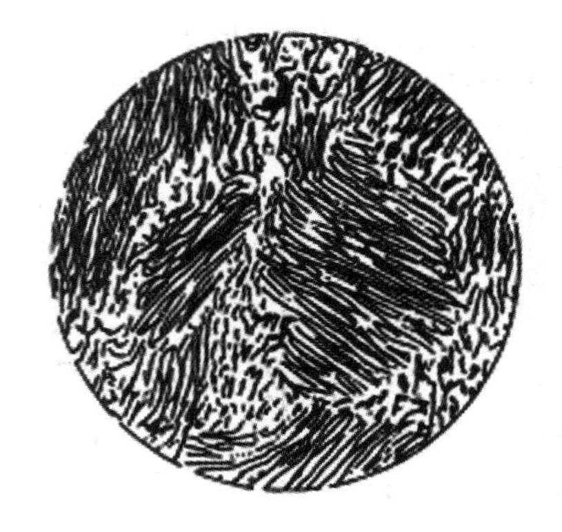
图2.22　Pb-Sn合金共晶组织示意图

凡是 w_{Sn}小于 E 点或大于 F 点对应成分的合金,它们的结晶过程与合金Ⅰ相似。不同的是 w_{Sn}大于 F 点对应成分的合金结晶后得到β固溶体,β固溶体冷却时析出细小的二次α固溶体(符号为 $\alpha_{Ⅱ}$),最终得到($\beta+\alpha_{Ⅱ}$)两相组织。

合金Ⅱ($w_{Sn}=61.9\%$、$w_{Pb}=38.1\%$)　液态合金Ⅱ慢冷至183 ℃时,发生共晶结晶,即液相在恒温下,同时结晶出 E 点对应成分的α固溶体和 F 点对应成分的β固溶体,形成紧密混合的两相组织($\alpha+\beta$),如图2.22所示。Pb-Sn合金的共晶结晶可用下列简式表示:

$$L_C \xrightarrow[183\ ℃]{\text{共晶结晶}} (\alpha+\beta)$$

发生共晶结晶的温度称为共晶温度;共晶结晶形成的组织称为共晶组织或共晶体,用符号($\alpha+\beta$)表示;C 点称为共晶点;C 点对应的成分称为共晶成分;共晶成分的合金称为共晶合金。温度继续下降,其共晶组织($\alpha+\beta$)基本上不再发生变化。

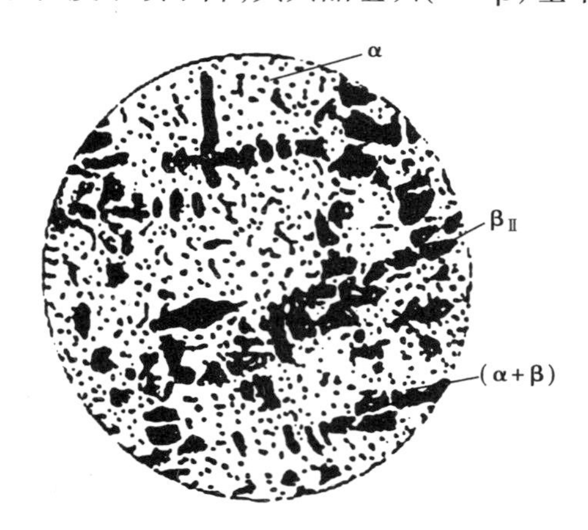

图2.23　Pb-Sn亚共晶合金组织示意图

合金Ⅲ($w_{Sn}=40\%$、$w_{Pb}=60\%$)　w_{Sn}处于 E 点和 C 点对应成分之间的合金称为亚共晶合金,w_{Sn}处于 C 点和 F 点对应成分之间的合金称为过共晶合金,合金Ⅲ属于亚共晶合金。液态合金Ⅲ从 t_1 温度慢冷至 t_2 温度时,一部分液相先结晶成为α固溶体,因α固溶体的 w_{Sn}小,而使剩余液相的 w_{Sn}增大至共晶成分。当冷至 t_2 温度时,共晶成分的剩余液相发生共晶结晶而形成共晶体($\alpha+\beta$)。温度继续下降时,共晶体不再发生变化,但先结晶的α固溶体因溶解度降低而析出 $\beta_{Ⅱ}$,其最终室温组织为 $\alpha+\beta_{Ⅱ}+(\alpha+\beta)$,如图2.23所示。

所有亚共晶合金的结晶过程与合金Ⅲ的结晶过程基本一致,但亚共晶合金的成分不同,其室温组织中先结晶的α固溶体与($\alpha+\beta$)共晶体的比例不同。随合金 w_{Sn}增大,α固溶体减少,

$(\alpha+\beta)$共晶体增多。过共晶合金的结晶过程与亚共晶合金的结晶过程相似,不同的是过共晶合金先结晶形成的是 β 固溶体,剩余液相共晶结晶生成$(\alpha+\beta)$共晶体,继续冷却时从 β 固溶体中析出二次 α 固溶体,最终室温组织为 $\beta+\alpha_{II}+(\alpha+\beta)$。同样,过共晶合金的成分不同,其室温组织中先结晶的 β 固溶体与$(\alpha+\beta)$共晶体的比例不同。随合金 w_{Sn}增大,β 固溶体增多,$(\alpha+\beta)$共晶体减少。

由上可见,Pb-Sn 合金的化学成分不同,其室温组织也不同。

2.3　金属的塑性变形和强化

纯金属的强度与硬度较低,不能满足机械零件和工具的使用要求,故需要通过各种强化途径提高其强度和硬度。提高金属的塑性变形抗力即提高金属的强度,称为金属的强化。要了解金属强化的本质,应先了解金属塑性变形的机理。

2.3.1　金属的塑性变形和强化本质

(1)金属的塑性变形

金属在常温下的塑性变形,主要是通过晶体滑移而进行的。

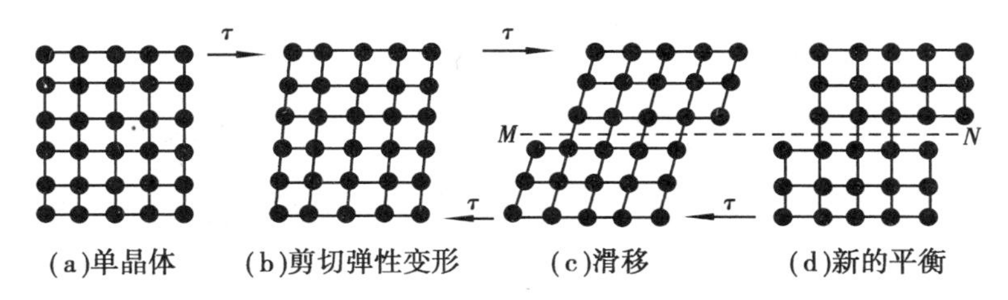

图 2.24　单晶体在切应力作用下的滑移示意图

1)单晶体金属的滑移　在切应力 τ 作用下,晶体的一部分相对于另一部分产生滑动,称为晶体滑移。如图 2.24 所示,在与某一晶面 MN 平行的切应力 τ 作用下,晶体先产生弹性剪切变形(图 2.24(b));当 τ 足够大时,则晶体的一部分相对于另一部分沿该晶面 MN 产生滑动(图 2.24(c))即晶体滑移,其滑移距离为原子间距的整数倍;切应力 τ 去除后,晶体的弹性剪切变形消失而原子处于新的平衡位置(图 2.24(d)),与滑移前相比晶体已产生了塑性变形。

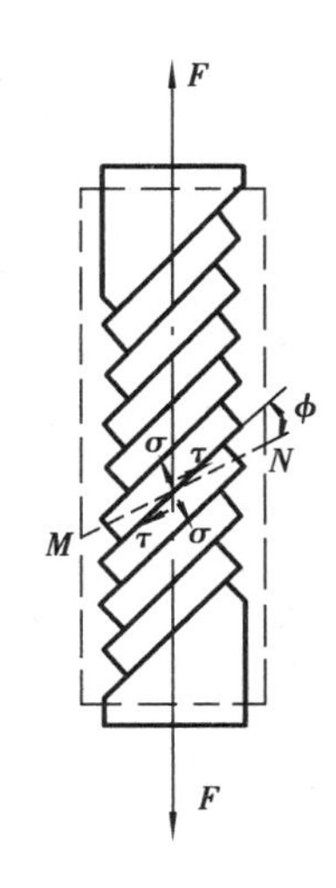

图 2.25　锌单晶体滑移导致宏观塑性伸长示意图

虽然在一个晶面上滑移的距离不大,但因一个晶体内有许多部分沿一系列平行晶面产生滑移,其总体累计导致晶体的宏观塑性变形。图 2.25 所示为锌单晶体试样拉伸时,因晶体滑移并伴随转动而产生宏观塑性伸长的情况。由图可见,在与 MN 晶面平行的一系列晶面上,拉伸力 F 可分解为垂直于晶面的正应力 σ 和平行于晶面的切应力 τ,在切应力 τ 作用下,锌单晶体的各部分分别沿一系列平行晶面产生相对滑移,并在正应力 σ 作用下各滑移晶体产生角度为 ϕ 的转动,从而导致锌单晶宏观塑性伸长,如图 2.25 所示。

上述晶体滑移是晶体的一部分相对于另一部分作整体滑动,而称为刚性滑移。研究表明,实际的晶体滑移并非刚性滑移,而是在切应力作用下晶体内的位错沿晶面从一端逐步运动至另一端的结果,如图 2.26 所示。由图可见,一个位错的运动引起一个原子间距的滑移量,运动的位错越多,引起的晶体滑移量越大。

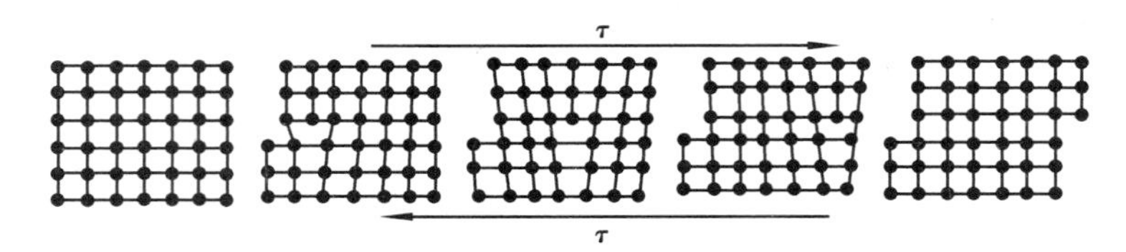

图 2.26　位错运动产生晶体滑移示意图

2)多晶体金属的塑性变形　多晶体金属的塑性变形是通过各晶粒的晶体滑移而进行的。与单晶体滑移不同的是,多晶体中各晶粒的晶体滑移及位错运动受晶界和相邻晶粒位向差的阻碍,导致滑移阻力增大并不同位向晶粒的滑移难易程度不同。因此,多晶体金属的塑性变形过程有如下特点:外力较小时仅有少量最易滑移的晶粒产生滑移,随外力增大有越来越多的晶粒产生滑移,由此逐渐显示宏观塑性变形。

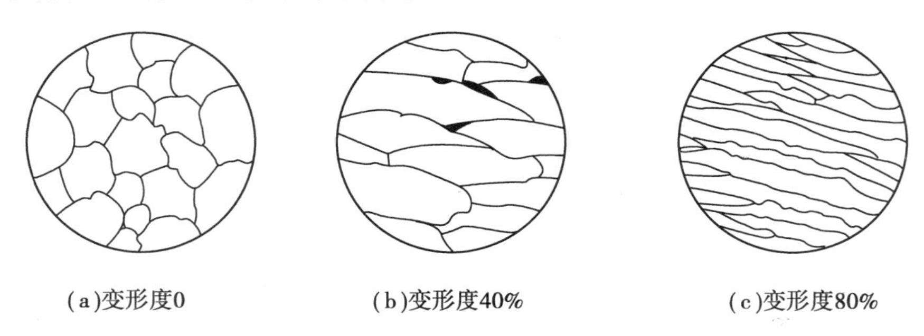

(a)变形度0　(b)变形度40%　(c)变形度80%

图 2.27　塑性变形度对金属显微组织的影响

多晶体金属的塑性变形会使金属组织发生变化,并产生形变残余内应力。塑性变形金属的组织变化如图 2.27 所示。由图可见,随变形度增大,晶粒沿变形方向伸长,最终形成冷加工纤维组织。多晶体金属塑性变形时,因金属各部分变形度或变形特点不同而产生并残留在金属内部的应力,称为形变残余内应力。一般而言,残余内应力的存在对金属的应用有不良作用。当金属零件中的残余内应力方向与外力方向一致时,会降低零件的承载能力;随时间的延长或进行各种加工,金属零件中的残余内应力会逐渐松弛或重新分布,而引起零件变形和降低零件的尺寸稳定性。因此,金属冷塑性变形后一般应进行去应力退火或人工时效,以消除或减小其残余内应力。

(2)金属强化的本质

由上可知,金属的塑性变形主要是通过晶体滑移即位错沿晶面逐步运动而进行的。金属塑性变形时,位错运动的阻力越大,晶体滑移所需的切应力越大,则金属的塑性变形抗力越大,即金属的强度和硬度越高。因此,凡是增大位错运动阻力使晶体滑移困难的因素,均能使金属强化。

2.3.2　金属的强化途径

(1)合金化强化

纯金属的强度很低,难以满足工程使用要求。在金属中加入某些合金元素形成合金即合金化,能有效地使其强化。合金化强化的主要形式是固溶强化和第二相强化。

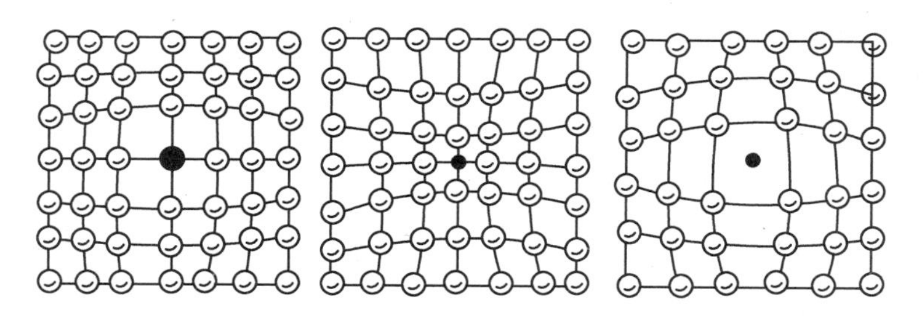

图 2.28　固溶体的晶格畸变

1)固溶强化　合金固溶体因溶质原子溶入溶剂晶格使溶剂晶格畸变(图 2.28),导致位错运动的阻力增大,晶体滑移困难,从而使合金的强度和硬度升高,这一现象称为固溶强化。C、B 等合金元素溶入 α-Fe 中的固溶强化效果,如图 2.29 所示。

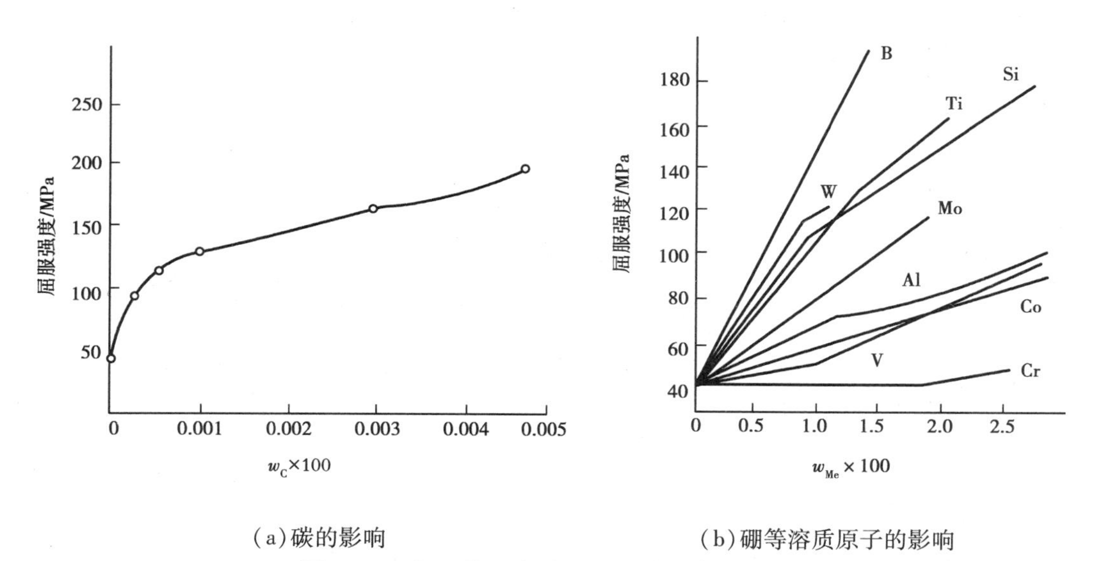

(a)碳的影响　　(b)硼等溶质原子的影响

图 2.29　碳、硼等元素对 α-Fe 固溶强化的影响

2)第二相强化　当合金组织为固溶体基体上分布有金属化合物第二相时,因金属化合物较硬而能阻碍固溶体的晶体滑移,从而使合金强度和硬度升高的现象称为第二相强化。如 C 溶入 α-Fe 的固溶体,其强度 σ_b 为 180 ~ 230 MPa,而在此固溶体上分布有片层状金属化合物 Fe_3C 时,其强度可达 600 ~ 700 MPa。

第二相强化的效果与第二相的数量、形状和大小有关。两相合金中的金属化合物第二相越多,分布越细密,合金的强度越高。金属化合物呈片状分布时,合金强度较高;呈粒状分布时,合金强度稍低,而塑性、韧性较高;呈网状分布时,合金强度低,脆性大。

(2)热处理强化

热处理是指合金经过加热、保温和冷却,以改变其组织和性能的工艺方法。合金的热处理强化主要有钢的马氏体强化和有色合金的第二相弥散析出强化。

1)钢的马氏体强化　钢(w_C =0.02% ~2.06%的铁碳合金)经过一定的热处理得到马氏体(过饱和碳的α-Fe固溶体)组织而实现的强化,称为马氏体强化。马氏体强化是由于碳过饱和使α-Fe产生严重的晶格畸变,强烈阻碍位错运动所致。

在相同化学成分条件下,具有马氏体组织的钢其强度和硬度远高于其他组织的钢。例如,w_C =0.5%马氏体组织的碳钢 σ_b =2 500 MPa,σ_s =1 500 MPa,硬度为62 HRC,约为其平衡组织碳钢强度和硬度的4倍,因此,马氏体强化是钢的主要强化途径。

2)第二相弥散析出强化　某些合金钢和某些有色合金经过一定的热处理后,因第二相弥散硬质点析出而产生的强化,称为第二相弥散析出强化。第二相弥散析出强化是由于析出的大量细小硬质点阻碍固溶体中位错运动所致。例如,第二相弥散析出强化使 w_{Cu} =4%铝铜合金的 σ_b 由250 MPa增至400 MPa。

(3)细化晶粒强化

纯金属和合金固溶体均为多晶体。多晶体的晶界是面缺陷,晶体滑移时位错运动至晶界处受阻,故晶界有阻碍位错运动和晶体滑移的作用。晶粒越细小,多晶体的晶界总面积越大,其阻碍作用就越大,则金属和合金的强度越高,且塑性和韧性也越好。因此,细化晶粒能提高金属和合金的强度和塑性。晶粒大小对纯铁强度和塑性的影响见表2.1。

表2.1　晶粒大小对纯铁强度和塑性的影响

晶粒直径×100/mm	抗拉强度/MPa	断后伸长率/%
9.7	168	28.8
7.0	184	30.6
2.5	215	39.5
0.2	268	48.8
0.16	270	50.7
0.1	284	50.0

(4)加工硬化

金属和合金塑性变形时,随变形度增大其强度和硬度升高、塑性和韧性降低的现象(图2.30),称为加工硬化或冷变形硬化。塑性变形时,由于晶体中位错的不断增殖而使晶体中的位错密度(单位体积中的位错总长度)增大,使位错运动阻力增大,从而导致加工硬化。

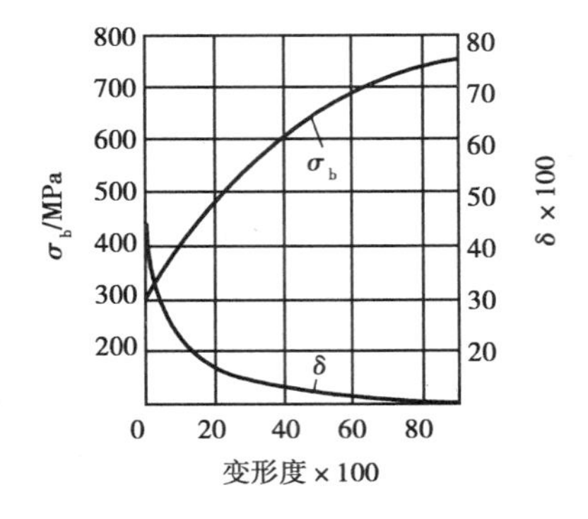

图2.30　塑性变形程度对纯铁力学性能的影响

思考题

2.1　常见的金属晶格有哪三种类型？绘出其晶胞示意图。

2.2　比较固溶体与金属化合物各有何特点。

2.3　什么是组织？试比较纯金属组织、单相固溶体组织和两相组织，其组织与性能各有何特点。

2.4　简述金属结晶的过程以及细化晶粒的主要方法。

2.5　什么是同素异晶转变？说明铁的同素异晶转变，并指出 δ-Fe、γ-Fe、α-Fe 的晶体结构。

第 3 章
铁碳合金

钢铁材料是以铁和碳为基本组元的合金,是生产中应用最广泛的金属材料。铁碳合金的成分和温度不同,其组织和性能也不同。因此,认识铁碳合金的成分、温度与其组织和性能间的关系,是熟悉钢铁材料及制订有关热加工工艺的基础。

3.1 铁碳合金的基本相

在铁碳合金中,碳能分别溶入 α-Fe 和 γ-Fe 的晶格中而形成两种固溶体。当铁碳合金的碳含量超过固溶体的溶解度时,多余的碳与铁形成金属化合物 Fe_3C。因此,铁碳合金有三种基本相:铁素体、奥氏体和渗碳体。

3.1.1 铁素体

碳溶入体心立方晶格的 α-Fe 中形成的间隙固溶体(图 3.1)称为铁素体(符号为 F),其显微组织如图 3.2 所示。

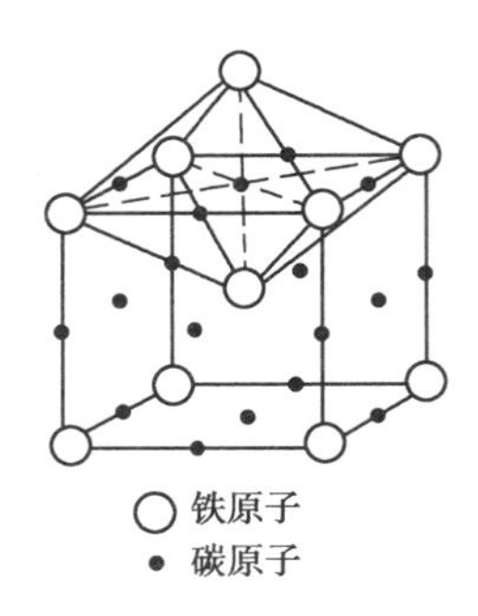

图 3.1　铁素体晶体结构示意图

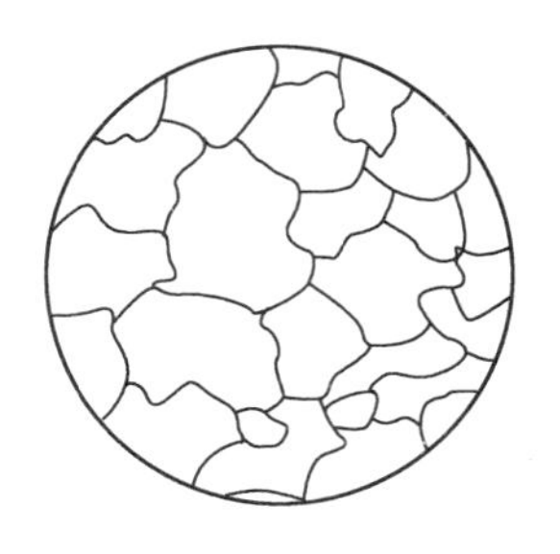

图 3.2　铁素体显微组织示意图

由于体心立方晶格的空隙多而分散,每一个空隙容积很小,故铁素体的溶碳能力弱。在 723 ℃时,碳在铁素体中的最大溶解度为 $w_C = 0.02\%$,随温度下降,其溶解度降低,600 ℃时,降至 $w_C = 0.008\%$。铁素体的性能近似于纯铁,即强度、硬度低,而塑性、韧性好($\sigma_b = 180$ ~

230 MPa,80 HBS,$\delta=40\%$,$a_{ku}\approx 250\ J/cm^2$)。铁素体在768 ℃以下呈铁磁性。

3.1.2　奥氏体

碳溶入面心立方晶格的γ-Fe中形成的固溶体(图3.3)称为奥氏体(符号为A),其显微组织如图3.4所示。

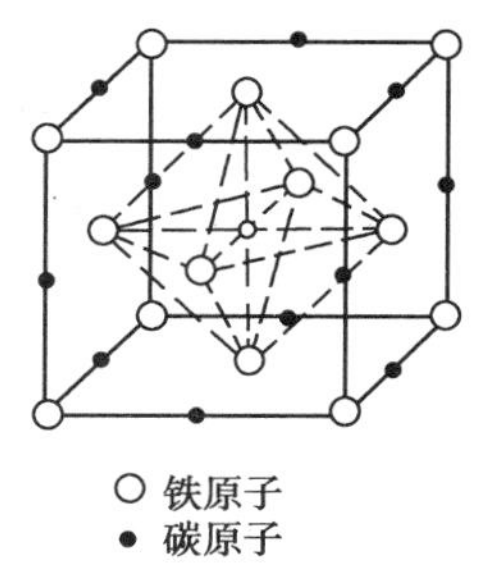

图3.3　奥氏体晶体结构示意图

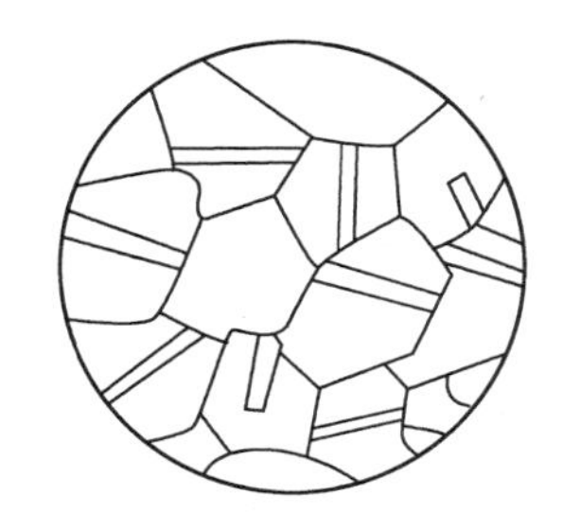

图3.4　奥氏体显微组织示意图

由于面心立方晶格的空隙少而集中,每一个空隙容积较大,故奥氏体的溶碳能力较强。在1 147 ℃时,碳在奥氏体中的最大溶解度达$w_C=2.06\%$,而在723 ℃时降至$w_C=0.8\%$。奥氏体的强度、硬度不高,但塑性、韧性很好($\sigma_b\approx 400$ MPa,160～200 HBS,$\delta=40\%\sim 50\%$),奥氏体呈非铁磁性。

3.1.3　渗碳体

铁与碳形成的金属化合物Fe_3C称为渗碳体。渗碳体的成分固定不变($w_C=6.67\%$),硬度很高(860 HV),但塑性、韧性极差($\delta\approx 0$,$a_{ku}\approx 0$)。

铁碳合金的室温组织,一般是在铁素体基体上分布着片状、粒状或网状渗碳体。由于渗碳体在合金中起第二相强化作用,故随碳含量增高,铁碳合金中的渗碳体增多,而使其硬度强度增高、塑性韧性下降。当w_C高达6.67%时,铁碳合金的组织全部为硬而脆的渗碳体而不能使用。此外,渗碳体的大小、形状和分布对铁碳合金的性能也有很大的影响。

3.2　铁碳合金状态图

铁碳合金状态图是表示在平衡条件(加热或冷却过程均极其缓慢)下,铁碳合金系的成分、温度和组织三者间关系的图形。

因实际可用铁碳合金的$w_C<6.67\%$,并可将渗碳体($w_C=6.67\%$,且为稳定的金属化合物)视为组元,故对铁碳合金状态图只需研究$w_C=0\sim 6.67\%$的部分,即Fe-Fe_3C状态图。将左上角包晶结晶转变简化为匀晶结晶转变(用虚线表示)后的Fe-Fe_3C状态图如图3.5所示。

3.2.1　Fe-Fe_3C状态图概述

状态图的纵坐标表示温度(℃),横坐标表示成分($w_C\times 100$);图中各区域分别表示在相应的成分、温度条件下,铁碳合金所处的组织状态。为了便于理解,现将Fe-Fe_3C状态图分上下

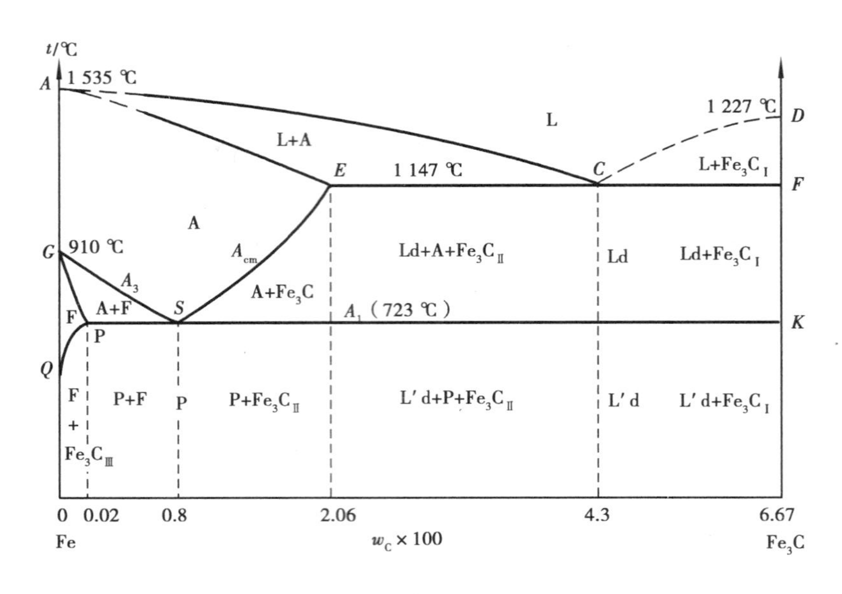

图 3.5　简化后的 Fe-Fe_3C 状态图

两部分介绍如下。

(1)上半部分状态图——铁碳合金的液态共晶转变部分

A、*D* 点分别是纯铁和渗碳体的熔点，*C* 点是共晶点。

ACD 线是液相线，液相线以上合金为单相液态 L。

AECF 是固相线。固相线以下合金为固态。其中奥氏体结晶终了线 *AE* 下方为单相奥氏体(A)区，共晶线 *ECF* 下方是由基本相 A 与 Fe_3C 组成的两相组织(包括 A + Ld + $Fe_3C_{Ⅱ}$、Ld 和 Ld + $Fe_3C_{Ⅰ}$)区。

液、固相线之间左右两封闭区分别为 L + A 和 L + $Fe_3C_{Ⅰ}$(初次渗碳体)的两相区。

(2)下半部分状态图——铁碳合金的固态共析转变部分

G 点是纯铁的同素异晶转变点，*S* 点是共析点，*E*、*P* 点分别表示碳在奥氏体和铁素体中的最大溶解度。

GS、*GP* 分别是奥氏体向铁素体转变的开始和结束温度线，故在 *GS* 温度(用 A_3 表示)线上方为单相奥氏体(A)区，在 *GP* 线下方为单相铁素体(F)区，而两线之间为 A + F 的两相区。

PSK 温度(用 A_1 表示)线是共析线，其下方是由基本相 F 与 Fe_3C 组成的两相组织(包括 P + F、P、P + $Fe_3C_{Ⅱ}$、L′d + P + $Fe_3C_{Ⅱ}$、L′d 和 L′d + $Fe_3C_{Ⅰ}$)区。

ES 线是碳在奥氏体中的溶解度曲线，低于该线温度(用 A_{cm}表示)，则有渗碳体析出，故 *ES* 线下方为 A + $Fe_3C_{Ⅱ}$(二次渗碳体)的两相区。同理，*PQ* 线是碳在铁素体中的溶解度线，低于该线温度，有渗碳体($Fe_3C_{Ⅲ}$)析出，*PQ* 线下方为 F + $Fe_3C_{Ⅲ}$(三次渗碳体)的两相区。

(3)铁碳合金的分类

铁碳合金按碳含量不同，分为以下三类：

①工业纯铁　$w_C \leq 0.02\%$。

②碳钢　$0.02\% < w_C \leq 2.06\%$，按室温组织不同，碳钢又可分为共析钢($w_C = 0.8\%$)、亚共析钢($w_C < 0.8\%$)和过共析钢($w_C > 0.8$)。

③白口铸铁(生铁)　$2.06\% < w_C < 6.67\%$，按室温组织不同，白口铸铁又可分为共晶白

口铸铁（$w_C=4.3\%$）、亚共晶白口铸铁（$w_C<4.3\%$）和过共晶白口铸铁（$w_C>4.3\%$）。

3.2.2 碳钢的结晶过程与组织转变

碳钢的结晶过程为：从液相线 AC 温度慢冷至固相线 AE 温度时，液态钢经过匀晶结晶得到相应 w_C 的单相奥氏体（图3.5左上角部分）。继续冷却时，奥氏体所发生的固态组织转变过程，结合图3.6分别介绍如下。

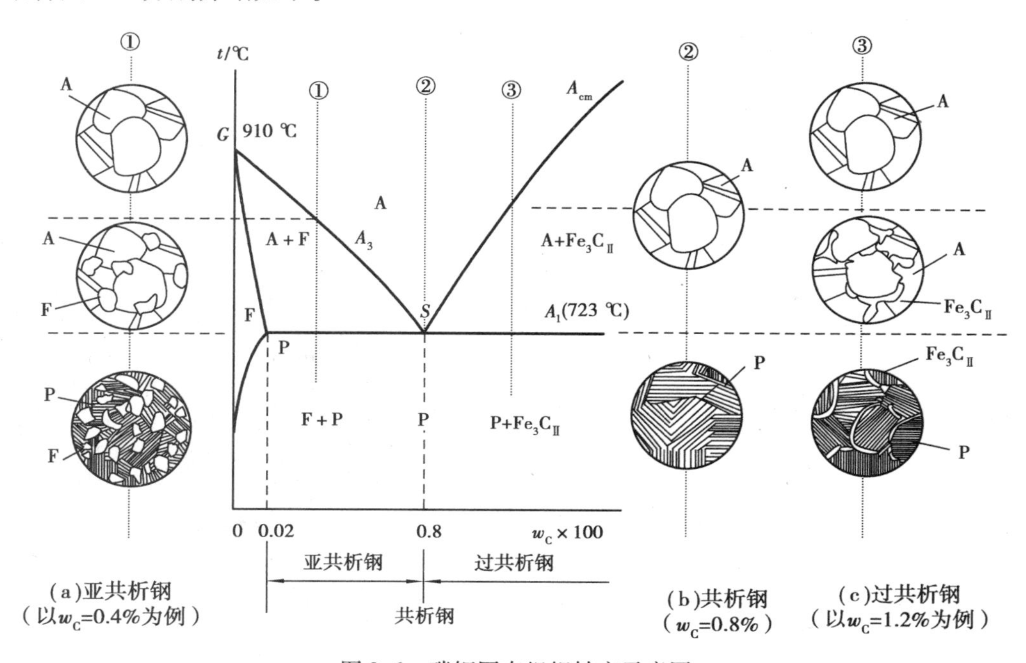

图3.6 碳钢固态组织转变示意图

(1)共析钢的组织转变

如图3.6(b)所示，共析钢从单相奥氏体状态慢冷至 A_1 温度的 S 点时，发生恒温共析转变，即奥氏体（$w_C=0.8\%$）同时转变为铁素体 F_P（$w_C=0.02\%$）和渗碳体 Fe_3C（$w_C=6.67\%$），并可表达为：

$$A_S \xrightarrow{A_1(723\ ℃)} P(F_P + Fe_3C)$$

共析产物是由铁素体和渗碳体以片层状交替排列而成的两相混合组织，称为珠光体（符号为P）。在 A_1 以下温度继续冷却时，其组织不再发生变化，故共析钢在 A_1 以下至室温的平衡组织为珠光体，如图3.7所示。

(2)亚共析钢的组织转变

图3.6(a)所示为 $w_C=0.4\%$ 的碳钢在冷却时的固态组织转变过程：冷至 A_3 温度（GS 线）时，奥氏体开始转变为 w_C 很低的铁素体；温度继续下降，铁素体不断增多，奥氏体相应减少且其 w_C 沿 GS 线向 S 点移动；冷至 A_1 温度（PSK 线）时，剩余奥氏体达到 S 点成分（$w_C=0.8\%$）并经共析转变为珠光体，此后组织不再发生变化。

所有亚共析钢的固态组织转变过程基本相同，故其室温平衡组织均为"珠光体＋铁素体"，差别仅在于随亚共析钢 w_C 增加，组织中的珠光体（黑色部分）增多，而铁素体（白色部分）相应减少（图3.8）。

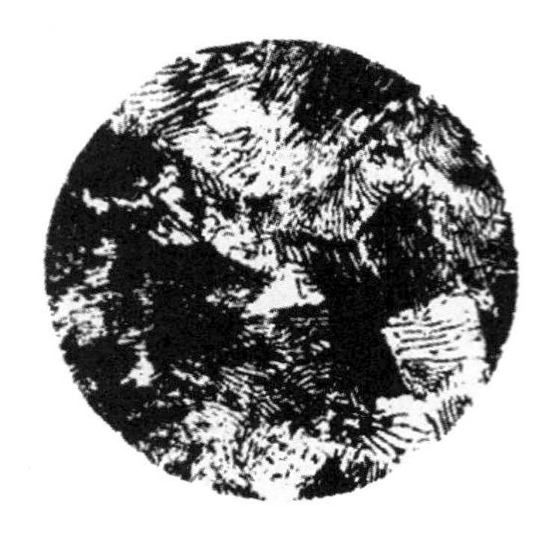

(a)珠光体(×500)

(b)珠光体(×15 000)

图 3.7　共析钢的室温平衡组织

(a) w_C=0.20%

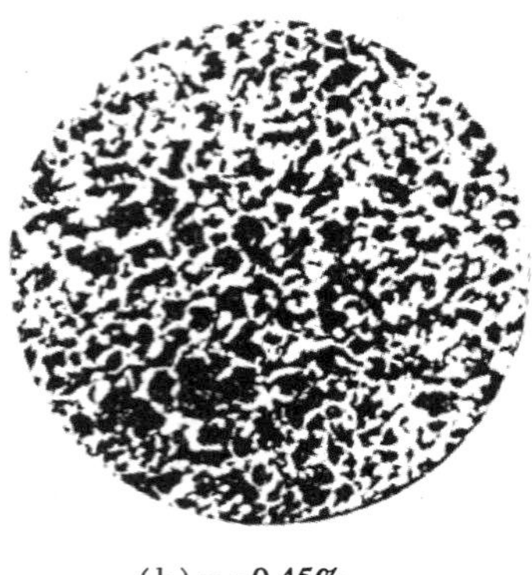

(b) w_C=0.45%

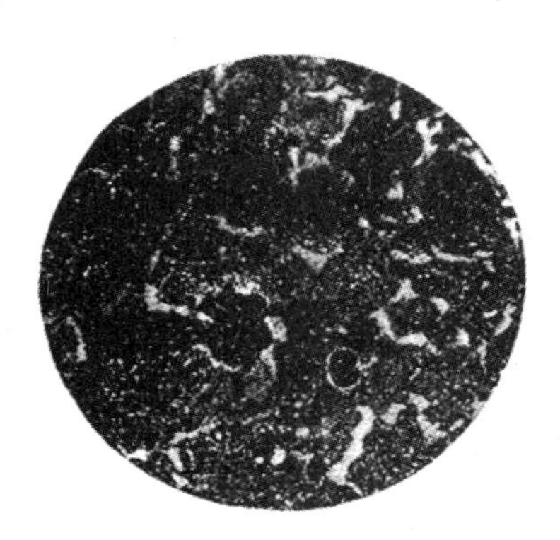

(c) w_C=0.70%

图 3.8　亚共析钢的室温平衡组织

(3)过共析钢的组织转变

图 3.6(c)所示为 w_C = 1.2% 的过共析钢在冷却时的固态组织转变过程：冷至 A_{cm}温度(*ES* 线)时，奥氏体开始沿晶界析出 Fe_3C_{II}(w_C = 6.67%)；温度继续下降，析出的 Fe_3C_{II} 增多并逐渐形成网状，而奥氏体 w_C相应减少并沿 *ES* 线向 *S* 点移动；冷至 A_1 温度(*PSK* 线)时，剩余奥氏体 w_C达到 *S* 点成分(w_C = 0.8%)并经共析转变为珠光体，此后组织不再发生变化。

所有过共析钢的固态组织转变过程都基本相同，故其室温平衡组织均为"珠光体 + 二次渗碳体"，差别仅在于钢的 w_C不同，二次渗碳体的数量和形态不同(图 3.9)。

3.2.3　白口铸铁结晶过程简介

共晶白口铸铁由液态冷至 *C* 点(1 147 ℃)时，共晶结晶为 A + Fe_3C 组成的高温莱氏体(符号为 Ld)。继续冷却至 A_1 温度时，因 A 共析转变为 P 使高温莱氏体转变为 P + Fe_3C 组成的低温莱氏体(符号为 L′d)。

与共晶白口铸铁相比，亚共晶白口铸铁在共晶转变前有部分液体先结晶为树枝状奥氏体，在其随后的冷却过程中还伴有奥氏体的 Fe_3C_{II} 析出和共析转变，故其室温组织为"珠光体 + 二次渗碳体 + 低温莱氏体"；而过共晶白口铸铁则多了先结晶出的条状初次渗碳体，故其室温组织为"低温莱氏体 + 初次渗碳体"。

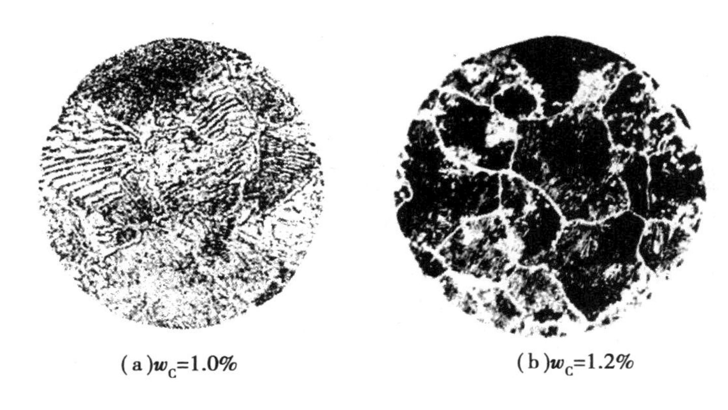
(a)w_C=1.0%　　(b)w_C=1.2%

图3.9　过共析钢的室温组织

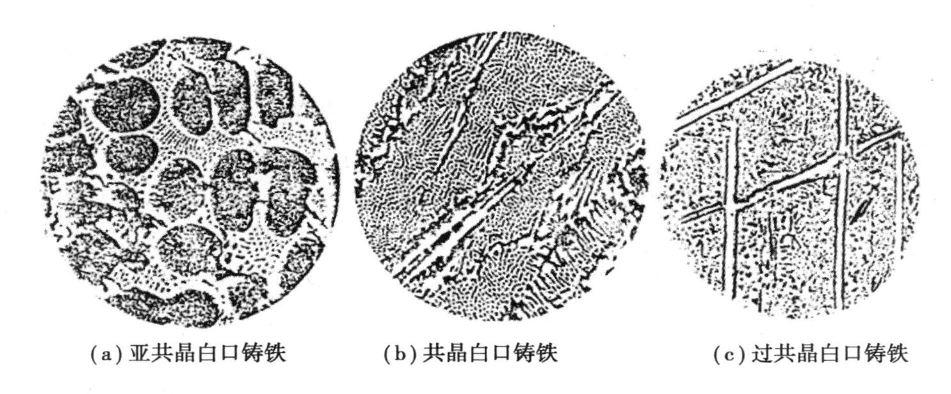
(a)亚共晶白口铸铁　(b)共晶白口铸铁　(c)过共晶白口铸铁

图3.10　白口铸铁的室温组织

三种白口铸铁的室温组织如图3.10所示。三者组织中均含有硬而脆的低温莱氏体,难以切削加工,故在生产中直接应用不多。

3.3　铁碳合金的性能及状态图的应用

3.3.1　碳钢的成分与平衡组织、力学性能的关系

(1)碳钢组织组成物的性能特点

由 $Fe\text{-}Fe_3C$ 状态图知,碳钢的室温平衡组织是由铁素体、珠光体和渗碳体组成。其中铁素体的性能特点是软而韧;渗碳体则硬而脆;珠光体介于两者之间。三种组成物的主要力学性能见表3.1。

表3.1　铁素体、珠光体和渗碳体的主要力学性能

组成物	σ_b/MPa	硬度/HB	$A\times100$	a_{ku}/(J·cm^{-2})
铁素体	150~230	80	40	200
渗碳体	—	相当于800	约为0	约为0
珠光体	800	210	15	10~20

（2）碳钢成分与组织、性能的关系

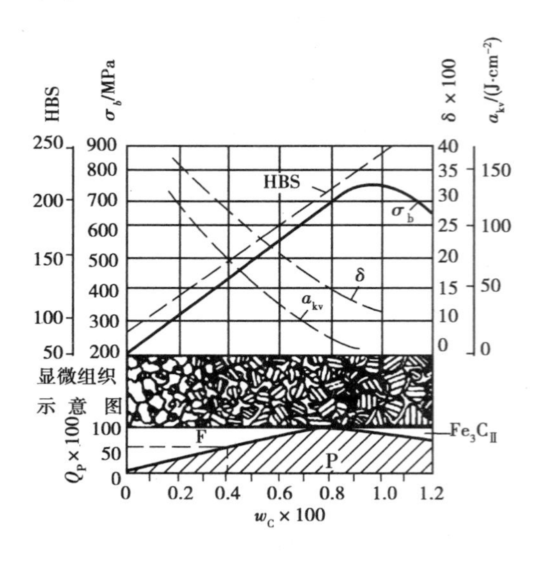

图 3.11　碳钢成分与平衡组织、力学性能的关系

碳钢的成分不同，其组织组成物的种类、数量和分布也不尽相同，从而具有不同的力学性能。

成分对碳钢组织和性能的影响如图 3.11 所示。随 w_C 增加，亚共析钢组织中的珠光体按比例增多，铁素体相应减少，则钢的强度、硬度升高，塑性、韧性下降。过共析钢组织中除珠光体外还有二次渗碳体，当 $w_C<1\%$ 时，少量二次渗碳体一般未连成网状，能使钢的强度、硬度继续升高；当 $w_C>1\%$ 时，因二次渗碳体数量增多而呈连续网状分布，使钢产生很大脆性，不仅塑性、韧性很差，强度 σ_b 也随之下降。故生产中实际使用碳钢的 $w_C<1.35\%$，且应避免二次渗碳体呈连续网状分布。

3.3.2　状态图在制订热加工工艺中的应用

$Fe\text{-}Fe_3C$ 状态图反映了平衡条件下铁碳合金组织随温度的变化规律，故 $Fe\text{-}Fe_3C$ 状态图是制订铁碳合金热加工工艺的重要依据。其主要应用如下：

（1）在铸造工艺方面的应用

铸造是熔炼合金并液态浇注成形的工艺方法。

状态图中的液相线温度代表铁碳合金系的熔点，它是选用铸造熔炉和确定铁碳合金浇注温度（一般在液相线以上 50～100 ℃）的依据。状态图中液相线和固相线之间的温度间隔大小，是铸造用铁碳合金成分选择的重要依据。温度间隔越小，铁碳合金的流动性越好，缩松倾向越小，越易于获得优质铸件，故接近共晶成分的铸铁应用最广。

（2）在锻造工艺方面的应用

钢的锻造是将钢加热至奥氏体温度范围内进行塑变成形的工艺方法。

钢的锻造温度可根据状态图中奥氏体相区的 AE 温度（用 A_4 表示）线、A_3 温度或 A_1 温度进行选择。钢的始锻温度应控制在 AE 温度线以下 100～200 ℃，以免因温度过高造成钢的严重氧化或奥氏体晶界熔化；终锻温度则应控制在 A_3 温度（对亚共析钢）或 A_1 温度（对共析和过共析钢）以上，以免因温度过低引起钢料锻造裂纹。而白口铸铁加热至高温时仍有硬而脆的莱氏体组织，故不能锻造。

（3）在热处理工艺方面的应用

热处理是通过加热、保温和冷却以改变铁碳合金组织及性能的工艺方法。

由状态图知，铁碳合金在固态加热或冷却时均发生组织转变，故铁碳合金可进行热处理，而状态图中的相变临界温度点 A_1、A_3 和 A_{cm} 则是确定热处理加热温度的依据。此外，根据奥氏体的溶碳能力强的特点，还可对钢进行表面渗碳热处理。

状态图除对制订铸造、锻造和热处理工艺具有指导作用外，还是分析钢焊件焊缝区组织转变及焊接质量的重要工具。

思考题

3.1　简述铁素体、奥氏体和渗碳体的概念及性能特点。

3.2　绘出 $Fe\text{-}Fe_3C$ 状态图中钢的固态组织转变部分，并简要分析 w_C 分别为 0.45%、0.8% 和 1.0% 的钢在缓慢加热（约 900 ℃）和冷却过程中的组织转变。

3.3　简述钢的 w_C 与其室温平衡组织及力学性能之间的关系。

3.4　采用何种简便方法可将形状、大小相同的低碳钢与白口铸铁材料迅速区别开？

3.5　试应用铁碳合金状态图知识回答下列问题：

①钢为何要加热到高温（1 000～1 250 ℃）进行锻造？

②为了改变钢的力学性能而进行热处理时，为何一定要加热到 A_1 温度以上？

③为什么绑扎物体时一般用铁丝（用低碳钢制成），而起重机起吊重物却用钢丝绳（用高碳钢制成）？

④钳工锯高碳钢料时为何比锯低碳钢料时费力，且锯条更容易磨损？

第 4 章 钢的热处理及表面强化技术

钢的热处理是指将固态钢进行加热、保温和冷却,以获得所需的组织和性能的工艺方法。通过适当的热处理,能显著提高钢的力学性能,以满足零件的使用要求和延长零件的使用寿命;能改善钢的加工工艺性能,以提高生产率和加工质量;还能消除钢在加工过程中产生的残余内应力,以稳定零件的形状和尺寸。此外,有时还采用表面强化技术,以进一步提高钢的表面硬度和耐磨寿命。因此,热处理在机械制造中应用十分广泛。

按照热处理的作用不同,钢的热处理方法可分为三大类:

①最终热处理　常用方法有淬火、回火,表面淬火,化学热处理(渗碳、渗氮和渗硼等);

②预备热处理　常用方法有退火、正火和再结晶退火;

③补充热处理　常用方法有去应力退火和人工时效。

要了解钢的各种热处理方法特点,应先了解钢在加热(包括保温)和冷却过程中的组织变化规律。

4.1　钢热处理时的组织转变

4.1.1　钢加热时奥氏体的形成

大多数钢热处理加热的目的是获得成分均匀、晶粒细小的奥氏体组织,为后续冷却时组织转变作准备。

(1)奥氏体的形成过程

由 Fe-Fe_3C 状态图知,将钢加热至奥氏体相区,均可获得到奥氏体组织,即使钢奥氏体化。

共析钢加热至 A_1 以上温度,其珠光体组织向奥氏体转变的过程为:形成奥氏体晶核,奥氏体晶核长大,Fe_3C 继续溶解和奥氏体成分均匀化,最终形成成分均匀的单相奥氏体多晶组织(图 4.1)。

亚共析钢和过共析钢的奥氏体化加热温度分别在 A_3 和 A_{cm} 以上。它们在奥氏体化时,除珠光体转变为奥氏体外,还分别伴有铁素体向奥氏体的转变和二次渗碳体的溶解。

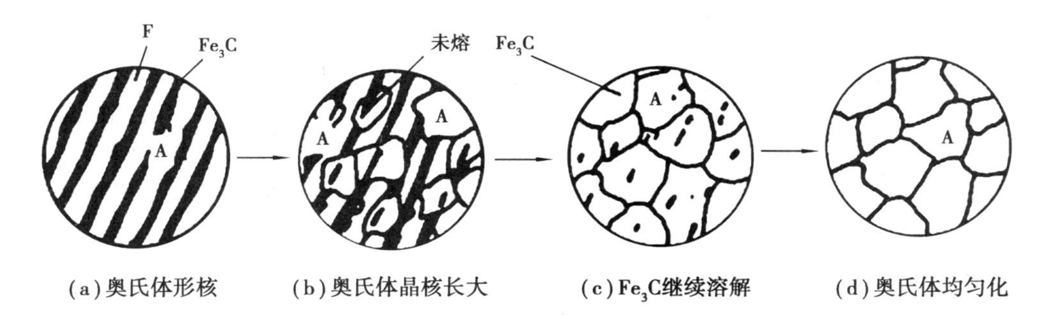

图4.1　奥氏体形成过程示意图

(2)奥氏体晶粒大小的控制

奥氏体晶粒大小可按国家标准(GB 6394—86)评定,该标准规定晶粒度级别分为00、0～10共12级,晶粒度级别越低,奥氏体晶粒越粗大,其中1～10级标准如图4.2所示。

钢奥氏体化的加热温度越高,保温时间越长,得到的奥氏体晶粒越粗大,冷却后钢的强度、塑性和韧性越差,越易引起淬火裂纹。为了获得细晶奥氏体组织,生产中主要是合理控制加热温度和保温时间。此外,选用含钒、钛、钨、钼等元素的合金钢或用铝脱氧的钢,或先通过预备热处理使共析钢、过共析钢中的渗碳体球化等,均有助于获得细晶奥氏体。

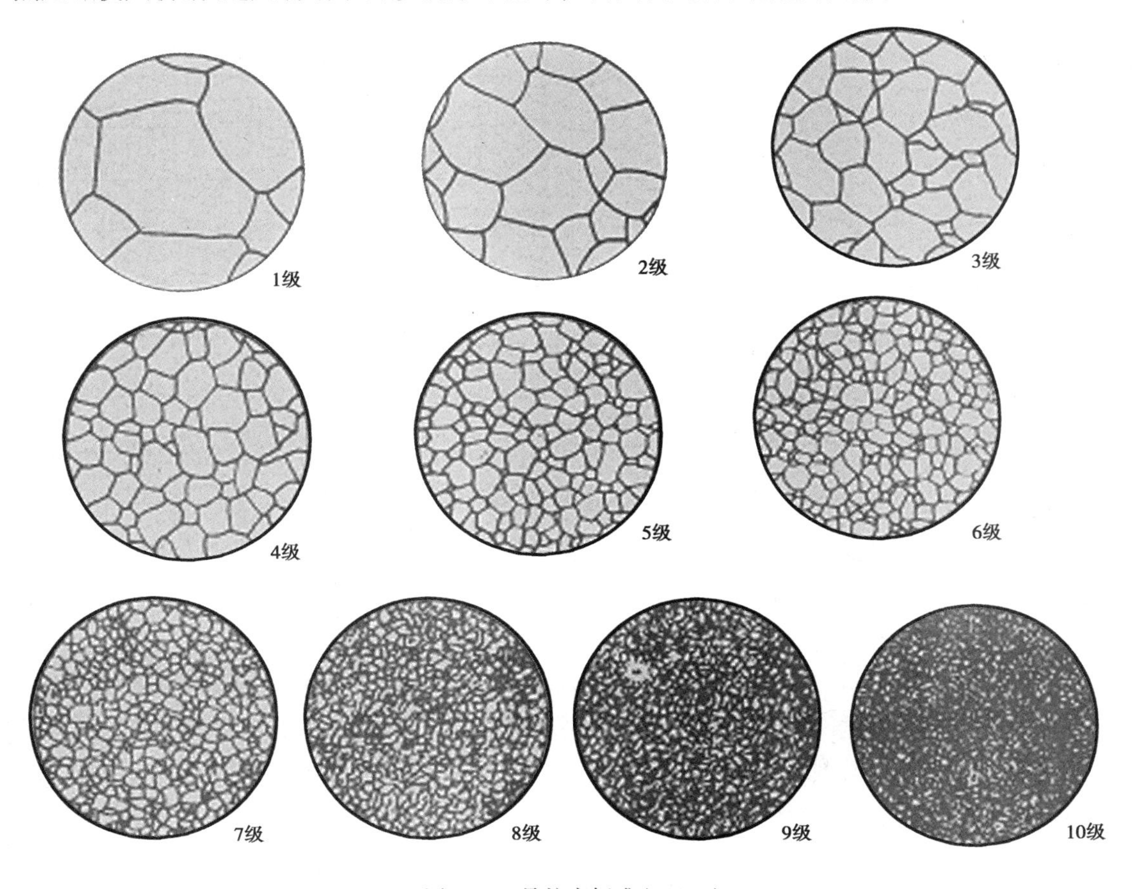

图4.2　晶粒度标准(500×)

4.1.2 奥氏体冷却时的组织转变

钢热处理的冷却过程是决定钢热处理组织和性能的关键工序。将同一成分的钢从奥氏体化温度以不同速度冷却时,可获得不同的力学性能,见表4.1。这是由于随冷速增大,奥氏体在非平衡条件下不再按 $Fe\text{-}Fe_3C$ 状态图所示规律转变为珠光体等平衡组织,而是过冷至 A_1 以下温度转变为其他非平衡组织。

表4.1 共析钢以不同速度冷却后的硬度(直径10 mm,加热800 ℃)

冷却方式	随炉冷却	空气冷却	油中冷却	水中冷却
冷却速度	10 ℃/min	10 ℃/s	150 ℃/s	600 ℃/s
硬度/HRC	(12)	26	41	64

钢的热处理冷却方式有两种:一种是等温冷却,另一种是连续冷却,其冷却曲线如图4.3所示。因此,钢奥氏体冷却时的组织转变,既可在 A_1 以下某一温度等温进行,也可在连续冷却中进行,其组织转变规律可分别用实验测定的过冷奥氏体等温转变图和过冷奥氏体连续冷却转变图来描述。现以共析钢为例,对其过冷奥氏体等温转变图及转变产物介绍如下。

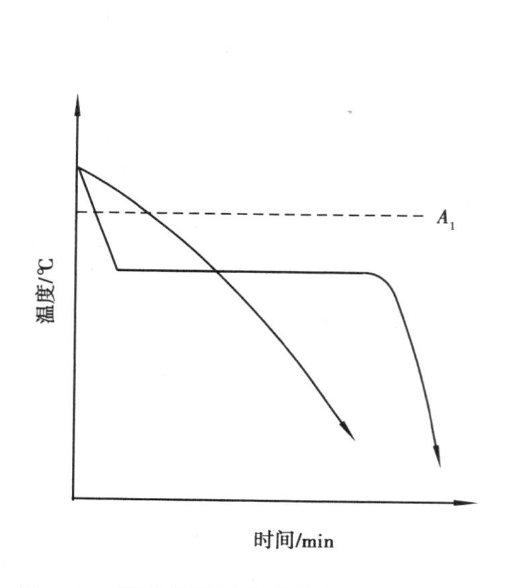

图4.3 钢的等温冷却曲线与连续冷却曲线

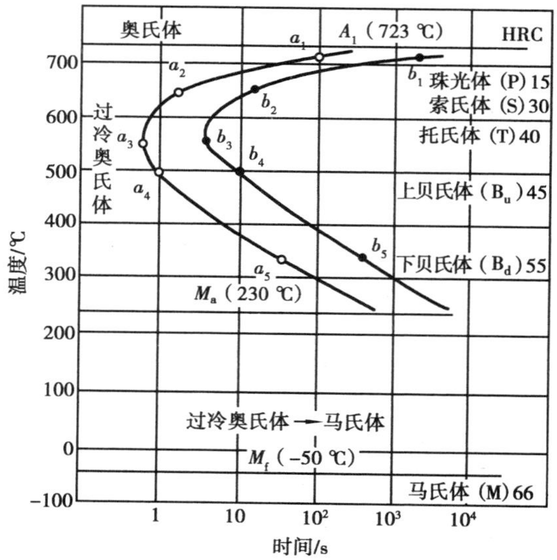

图4.4 共析钢的过冷奥氏体等温转变图

(1)过冷奥氏体等温转变图

过冷至 A_1 以下暂时存在的奥氏体,称为过冷奥氏体。表示过冷奥氏体等温温度与转变产物、等温时间与转变量之间关系的图形,称为过冷奥氏体等温转变图。共析钢的过冷奥氏体等温转变图如图4.4所示,因其形状如字母"C",故又称为C曲线。

1)过冷奥氏体等温转变图概述 图中纵坐标和横坐标(对数坐标)分别代表等温温度和等温时间。共析温度 A_1 线以上区域是奥氏体稳定存在区。

A_1 线以下的左边曲线,是过冷奥氏体等温转变开始线,代表不同温度等温时组织转变的开始时间;右边曲线是过冷奥氏体等温转变终了线,代表不同温度等温时组织转变的结束时间。

转变开始线以左的区域是过冷奥氏体不稳定存在区，表示在 A_1 以下温度等温时，过冷奥氏体开始转变前需停留一段时间，这段时间称为孕育期。过冷奥氏体的等温温度不同，其孕育期不同，在 550 ℃（C 曲线的“鼻尖”处）等温时孕育期最短。转变终了线以右的区域是等温转变产物区：A_1 ~ 550 ℃等温的转变产物是珠光体类组织（珠光体、索氏体和托氏体），550 ℃ ~ M_s（230 ℃）等温的转变产物是贝氏体组织（上贝氏体和下贝氏体）。转变开始线与转变终了线之间的区域是过冷奥氏体与转变产物共存的等温转变区，表示在该区域等温时发生等温转变，转变产物随等温时间而增加直至转变结束。M_s线和 M_f（−50 ℃）线分别是过冷奥氏体向马氏体转变的开始温度线和终止温度线。

2）过冷奥氏体的组织转变特点　由图可见，过冷奥氏体在 A_1 ~ M_s温度范围内等温时发生等温转变。随等温温度降低，等温转变产物依次为珠光体、索氏体、托氏体、上贝氏体和下贝氏体，且硬度也随之增高。

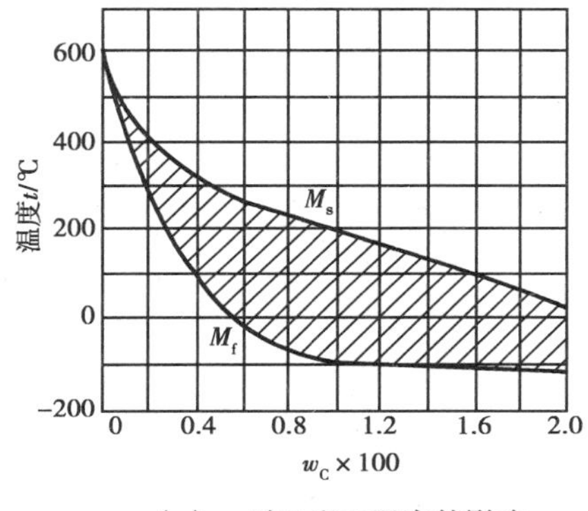

（a）w_C对M_s和M_f温度的影响

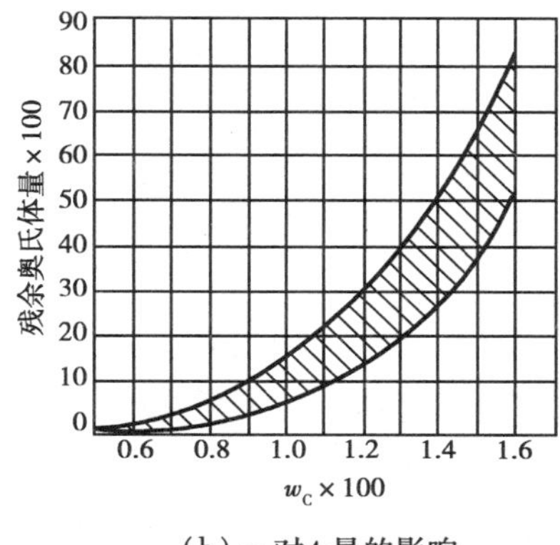

（b）w_C对A_r量的影响

图 4.5　奥氏体的 w_C对 M_s、M_f 和 A_r 量的影响

当奥氏体直接快冷至低温时，过冷奥氏体不再发生等温转变，而是在连续冷却过程中从 M_s温度开始转变为马氏体，并随温度降低转变得到的马氏体增多，直到 M_f 温度转变终止，即过冷奥氏体向马氏体的转变是在 M_s ~ M_f 温度范围内连续冷却时进行的转变。此外，由于 M_s 和 M_f 温度随奥氏体 w_C增加而降低，当 $w_C > 0.6\%$ 时，M_f 温度降至 0 ℃以下（图 4.5（a）），故高碳钢从奥氏体化温度快冷至室温时，仍有部分未转变的残余奥氏体（符号为 A_r），且奥氏体中 w_C越高，残余奥氏体量越多（图 4.5（b））。

（2）奥氏体冷却转变的产物

由 C 曲线知，过冷奥氏体冷却转变温度不同，得到的转变产物不同。根据产物的组织特征，可将其分为珠光体类组织、贝氏体组织和马氏体组织三种类型。

1）珠光体类组织　奥氏体过冷至 A_1 ~550 ℃等温时发生珠光体转变，转变产物为铁素体与渗碳体相间排列而成的片层状组织，称为珠光体类组织。

等温转变温度越低，铁素体与渗碳体片间距越小，渗碳体的分散度越大，则珠光体类组织的强度和硬度越高。例如，在 A_1 ~650 ℃等温时，得到片间距较大的粗片珠光体（图 4.6（a））即为珠光体（符号为 P），其硬度 <22 HRC；在 650 ~600 ℃等温时，得到片间距较小的细片珠光体（图 4.6（b）），称为索氏体（符号为 S），其硬度约 25 ~32 HRC；在 600 ~550 ℃等温时，得到片间距极小的极细片珠光体（图 4.6（c）），称为托氏体或屈氏体（符号为 T），其硬

度为 32 ~40 HRC。

(a) 珠光体　　(b) 索氏体　　(c) 托氏体

图 4.6　珠光体类组织示意图(每图左半部分为 500 ×,右半部分为 15 000 ×)

2)贝氏体组织　奥氏体过冷至 550 ℃ ~ M_s 等温时发生贝氏体转变,转变产物为过饱和碳铁素体与细小碳化物的两相组织,称为贝氏体。按等温温度和组织形态不同,贝氏体组织分为上贝氏体(符号为 $B_{上}$)和下贝氏体(符号为 $B_{下}$)两种。上贝氏体是在约 550 ~350 ℃等温形成的由平行排列的条状过饱和碳铁素体与条间短杆状渗碳体构成的两相组织,其组织特征呈羽毛状(图 4.7(a));下贝氏体是在约 350 ℃ ~ M_s 等温形成的由片状过饱和碳铁素体与片内细粒状过渡型碳化物 $Fe_{2.4}C$ 构成的两相组织,其组织特征呈黑色针状(图 4.7(b))。

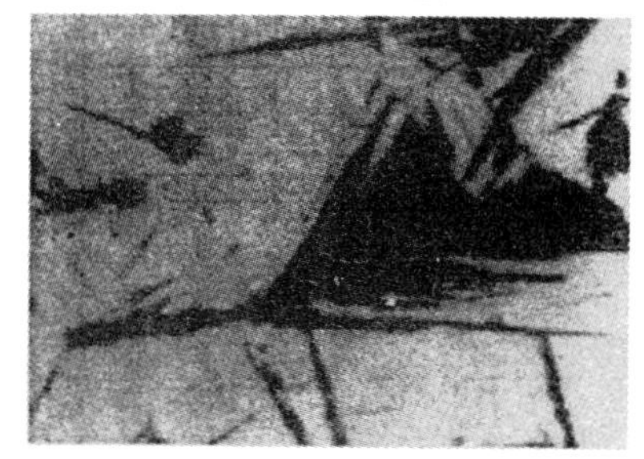

(a) 上贝氏体

(b) 下贝氏体

图 4.7　贝氏体组织示意图

由于铁素体中碳的过饱和固溶强化和碳化物的第二相强化,使贝氏体组织的强度和硬度高于珠光体类组织。上贝氏体的强度和硬度(共析钢约为 45 HRC)虽高于托氏体,但塑性、韧性差而很少应用。下贝氏体的强度和硬度(共析钢约为 55 HRC)高于上贝氏体,且有较高韧性,故生产中常采用等温淬火以获得下贝氏体组织。

3)马氏体组织　奥氏体直接快冷至 M_s 以下温度并连续冷却时发生马氏体转变,转变产物是碳在 α-Fe 中形成的过饱和固溶体,称为马氏体组织(符号为 M)。

马氏体的组织形态主要有板条状马氏体和针(片)状马氏体两种。w_C <0.2% 的低碳马氏体呈板条状称为板条马氏体,其显微组织呈现为许多板条平行成束分布的形貌(图 4.8(a));w_C >1% 的高碳马氏体呈双凸透镜状(其横截面呈针状)称为片(针)状马氏体,其显微组织呈现为许多互不平行的白色针状形貌(图 4.8(b));w_C =0.2% ~1% 的马氏体则是板条状马氏体与片状马氏体的混合组织。

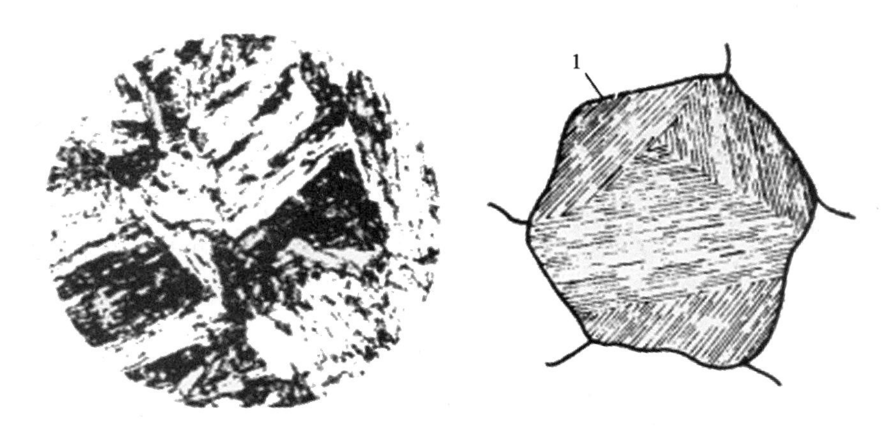

(a) 板条状马氏体（1—原奥氏体晶界）

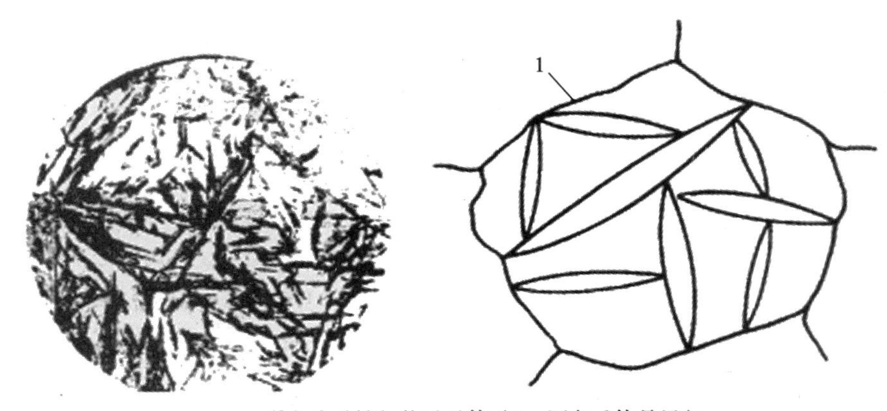

(b) 片（针）状马氏体（1—原奥氏体晶界）

图4.8　马氏体组织形态示意图

由于马氏体强化作用，马氏体组织的硬度(共析钢为66 HRC)高于相同w_C钢的其他组织。马氏体的硬度与其碳过饱和度有关，马氏体的碳过饱和度越大其硬度越高，故钢的w_C越高，其马氏体的硬度越高，但$w_C > 0.6\%$的钢，其马氏体硬度不再显著增加(图4.9)。马氏体的塑性和韧性因其w_C和形态不同而差异很大。高碳片(针)状马氏体硬度高而塑性、韧性很差；低碳板条马氏体不仅强度、硬度较高，且塑性、韧性较好，故生产中采用低碳钢淬火成板条马氏体，是提高零件强韧性的途径之一。

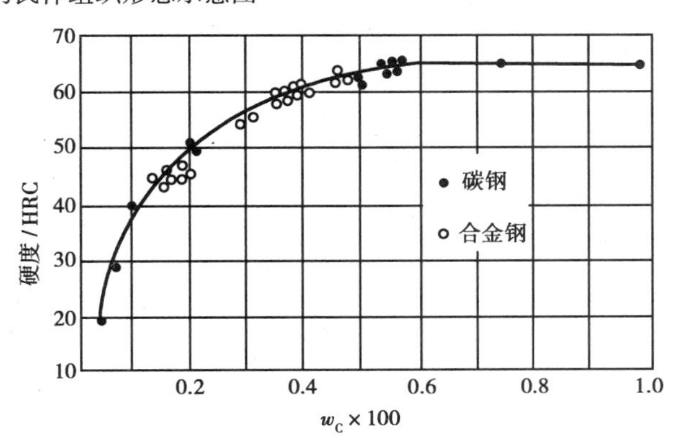

图4.9　马氏体硬度与钢w_C的关系

此外，钢的组织不同其比容也不同：马氏体的比容最大，贝氏体、珠光体和奥氏体的比容依次减小。因此，钢由奥氏体转变为马氏体时，因其体积膨胀而产生淬火应力，会促使淬火零件变形甚至开裂。

(3)用C曲线分析奥氏体的冷却转变

C曲线主要用于分析奥氏体等温冷却转变及其产物,也可用于近似分析奥氏体连续冷却转变及其产物。

现仍以共析钢为例分析如下:

1)奥氏体等温冷却转变的分析　如图4.10所示,将代表奥氏体等温冷却的冷却曲线(曲线1和2)重叠于C曲线上。根据冷却曲线的水平线段与C曲线交点的对应温度,可确定其转变产物;根据水平线段的等温时间与转变开始线和转变终了线的关系,可大致确定其转变量。例如,对于冷却曲线1,其转变产物为100%索氏体组织;对于冷却曲线2,其转变产物为“50%下贝氏体+50%马氏体+少量残余奥氏体”。

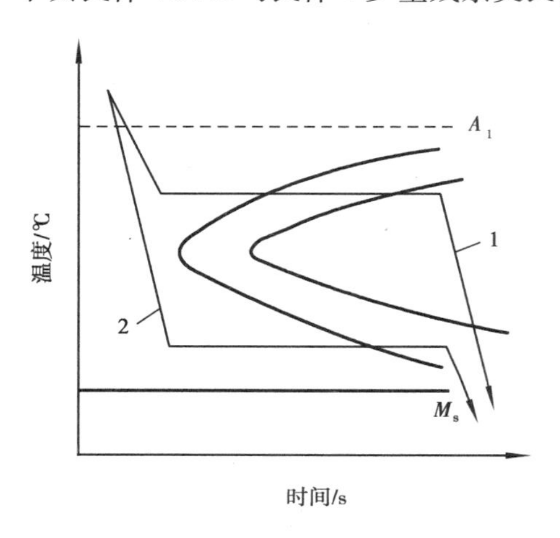

图4.10　钢的等温冷却转变分析示例

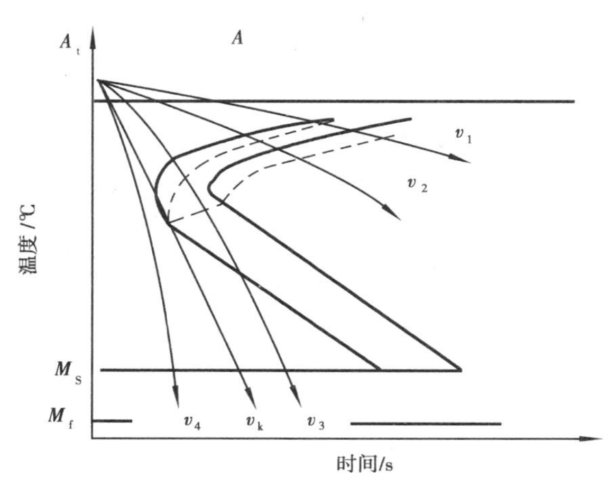

图4.11　钢的连续冷却转变近似分析示例

2)奥氏体连续冷却转变的近似分析　实际热处理生产中的奥氏体冷却大多为连续冷却,例如,炉冷(退火)、空冷(正火)、油冷或水冷(淬火)等。分析过冷奥氏体连续冷却转变及其产物应采用连续冷却转变图(图4.11中虚线)。与C曲线相比,连续冷却转变图的珠光体类组织转变区略向右下方偏移,且下端有一条封闭的转变中止线,并不发生贝氏体转变。因此,在无连续冷却转变图时,也可借用C曲线近似分析钢的连续冷却转变。

如图4.11所示,将代表奥氏体冷却速度的连续冷却曲线(如曲线v_1、v_2、v_3和v_4)重叠于C曲线上,根据冷却曲线与C曲线的相交情况,可大致确定其转变产物。例如,图中v_1和v_2曲线相当于炉冷和空冷,根据它们与C曲线交点的对应温度,可大致确定其转变产物分别为珠光体和索氏体;图中v_3曲线相当于油冷,它只与C曲线的转变开始线相交而未与转变终了线相交,故只有部分奥氏体在“鼻尖”附近温度转变为托氏体,而其余奥氏体被过冷至M_s以下温度转变为马氏体,其转变产物为“托氏体+马氏体+少量残余奥氏体”;图中v_4曲线相当于水冷,它不与C曲线相交,故奥氏体直接冷至M_s以下温度转变为马氏体,其转变产物为“马氏体+少量残余奥氏体”。此外,图示冷速为v_k的冷却曲线与C曲线“鼻尖”相切,表示v_k是只发生马氏体转变的最小冷却速度,称为马氏体转变的临界冷却速度。显然,凡是大于v_k的冷速,均能使全部奥氏体过冷至M_s以下温度转变为马氏体,而不发生其他组织转变。

由上分析可见,奥氏体连续冷却的冷速不同,冷却转变的产物及其性能也不同。随冷速增大,奥氏体连续冷却的转变产物分别为珠光体(炉冷)、索氏体(空冷)、“托氏体+马氏体+少量残余奥氏体(油冷)”和“马氏体+少量残余奥氏体(水冷)”,其硬度也随之增高,但当冷速大于v_k以后,转变产物均为“马氏体+少量残余奥氏体”,其硬度不再随冷速增大而增高。

应当指出,钢的成分不同,其C曲线的形式也不同。亚共析钢和过共析钢的C曲线与共析钢的C曲线之间的主要区别是:在珠光体等温转变区上方各有一条铁素体转变开始线(亚共析钢)或二次渗碳体析出开始线(过共析钢),表示在珠光体转变之前先有部分奥氏体转变为铁素体或先有二次渗碳体从奥氏体中析出(图4.12)。

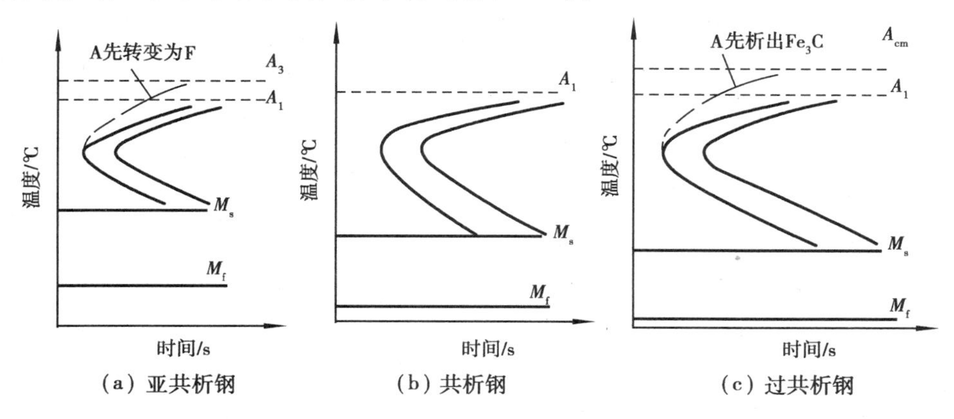

图4.12 亚共析钢、共析钢和过共析钢的C曲线比较

4.2 钢的预备热处理与补充热处理

4.2.1 钢的预备热处理

预备热处理是指为消除毛坯或工件的热加工缺陷或加工硬化,为后续加工和最终热处理作准备的热处理。常用的预备热处理主要有退火、正火和再结晶退火。

(1)钢的退火

退火是将钢加热至一定温度,保温一定时间后缓慢冷却的热处理工艺。其常用方法有完全退火和球化退火。

1)完全退火 完全退火是指将亚共析钢加热至A_3以上30~50 ℃完全奥氏体化(图4.13),然后随炉缓冷或在A_1以下较高温度等温冷却(合金钢),以获得细小均匀、低硬度的珠光体和铁素体组织的退火工艺。

完全退火主要用于消除中、高碳的亚共析钢(尤其是合金钢)锻件、铸件(或焊接件)的晶粒粗大或晶粒大小不均匀等热加工缺陷,同时消除残余内应力,降低硬度,以利于切削加工。对于低碳亚共析钢和过共析钢,则不宜采用完全退火。前者因完全退火后硬度过低,导致零件的切削加工表面粗糙度增大而应改用正火;后者因缓冷时析出网状二次渗碳体,使钢的力学性能降低而应采用球化退火。

2)球化退火 球化退火是指将共析钢或过共析钢加热至A_1以上30~50 ℃(图4.13)保温一定时间后,随炉缓冷或在A_1以下较高温度等温冷却(合金钢),以获得球化体(球状珠光体)组织的退火工艺。球化体是在铁素体基体上分布着球状渗碳体或合金碳化物(合金钢)的两相组织(图4.14)。

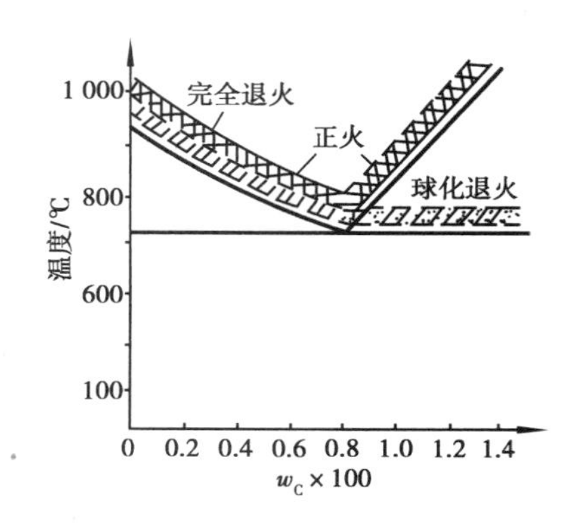

图4.13 碳钢退火与正火的加热温度范围

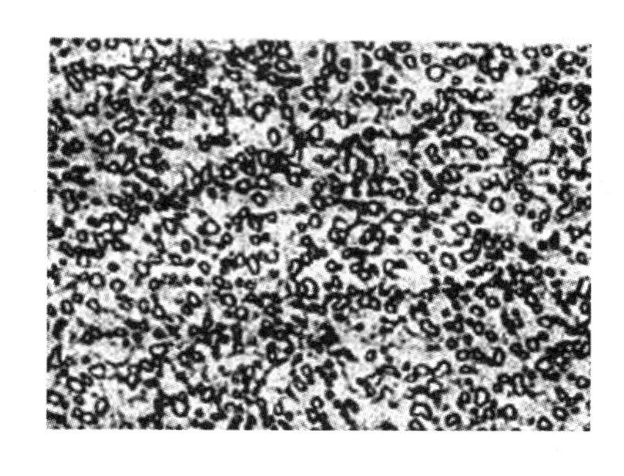

图4.14 球化体组织示意图

球化退火也具有消除晶粒粗大和残余内应力的作用,但不能消除网状二次渗碳体。与片状珠光体相比,球化体不但硬度低、切削性能好,且能减小后续淬火时的过热和变形倾向。因此,球化退火主要用于碳素工具钢、合金工具钢、滚动轴承钢等共析钢或过共析钢锻件,以消除锻造缺陷,改善切削加工性能,或为其最终热处理作组织准备。此外,球化退火也可用作 $w_C >$ 0.6%的亚共析钢的预备热处理。

(2)钢的正火

正火是指将亚共析钢或过共析钢加热至 A_3 或 A_{cm} 以上30~50 ℃(图4.13),经完全奥氏体化后在空气中冷却的热处理工艺。

对于亚共析钢,正火的作用与完全退火相似。由于正火的冷速快于退火,使正火钢的强度、硬度较高(有利于减小零件切削加工表面的粗糙度),且生产周期短,故对中、低碳的亚共析钢通常采用正火代替完全退火。

对于过共析钢,正火能抑制二次渗碳体的网状析出,故对于存在网状二次渗碳体的过共析钢,应先正火后再球化退火。

此外,正火还可用于某些要求不高的中碳钢零件的最终热处理。

(3)冷变形钢和冷变形金属的再结晶退火

1)冷变形金属加热时的组织和性能变化 冷变形金属因加工硬化而处于高能量的不稳定状态。加热时,这种不稳定状态会向稳定的状态转变,因此,冷变形金属加热时将发生组织和性能的变化。随加热温度升高,原子的活动能力提高,冷变形金属的组织和性能变化依次有回复、再结晶和晶粒长大三个阶段(图4.15)。

①回复 冷变形金属在较低温度加热时,因原子活动能力弱,仅使晶格畸变减小而变形晶粒组织不变的现象称为回复。由图4.15可见,回复使冷变形金属的残余内应力显著降低,但仍保留加工硬化效果。

②再结晶 冷变形金属在较高温度加热时,因原子活动能力增强,使变形晶粒组织转变为均匀细小的等轴晶组织的现象称为再结晶。再结晶时因伴随有晶格畸变消除和位错密度减小,使冷变形金属的强度、硬度降低,塑性、韧性提高,从而消除残余内应力和加工硬化效果。

由图4.15可见,在再结晶温度范围内,存在一个开始再结晶温度。冷变形金属的开始再结晶温度与其冷变形度有关,随冷变形度增大,开始再结晶温度降低,冷变形度增至70%~

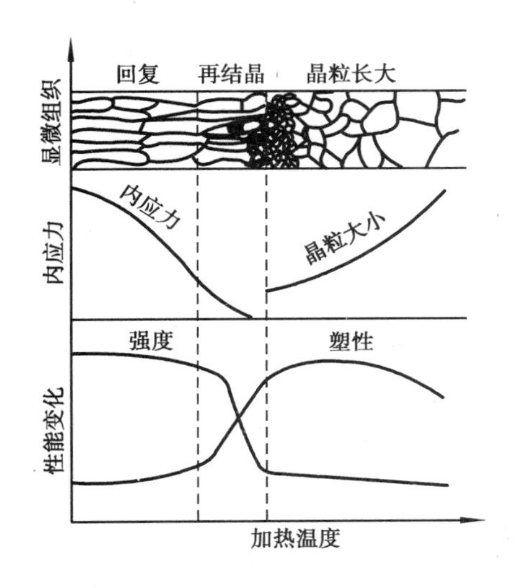

图4.15 冷变形金属加热时组织和性能变化示意图

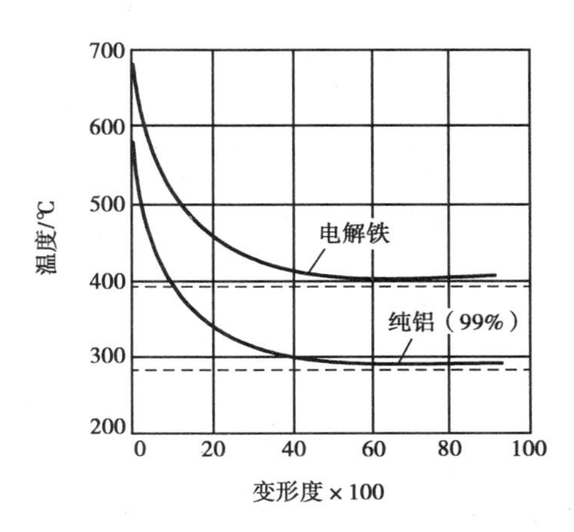

图4.16 开始再结晶温度与冷变形度的关系

80%时,开始再结晶温度趋于恒定值(图4.16)。此恒定温度称为最低再结晶温度(符号为$T_{再}$,单位为K)。研究表明,最低再结晶温度与金属或合金的熔点$T_{熔}$有如下近似关系:

纯金属　　$T_{再} \approx (0.35 \sim 0.4) T_{熔}$

合　金　　$T_{再} \approx (0.50 \sim 0.7) T_{熔}$

③晶粒长大　冷变形金属再结晶后继续提高加热温度或延长保温时间,则发生晶粒长大,从而使金属力学性能恶化。

冷变形合金(包括冷变形钢)加热时,其变化规律与冷变形金属相似。

2)再结晶退火　将冷变形金属或合金加热至最低再结晶温度以上100~200 ℃,使其发生再结晶的热处理工艺称为再结晶退火。再结晶退火的目的是消除冷变形金属或合金的加工硬化(即提高塑性、降低强度),为继续冷变形加工作准备。常用冷变形金属或合金的再结晶退火温度见表4.2。

表4.2　常用冷变形金属的再结晶退火温度

常用冷变形金属	再结晶退火温度/℃
工业纯铁	550~600
碳钢及合金结构钢	680~720
工业纯铝	350~420
铝合金	350~370
铜及铜合金	600~700

(4)预备热处理在零件制造中的应用

1)退火与正火在毛坯制造中的应用　机械制造最常用的钢件毛坯是轧材、锻件和铸件。轧材是钢厂轧制成形的钢材,热轧材在钢厂一般是已经过适当的热处理(如退火)或轧后按规定方法冷却后供应的,故以轧材做毛坯时可直接切削加工而不再进行退火或正火。当以锻钢件或铸钢件做毛坯时,应先退火或正火,然后再行切削加工。

选用退火或正火时,不仅要考虑其热处理工艺能消除铸件或锻件的热加工缺陷,还要考虑

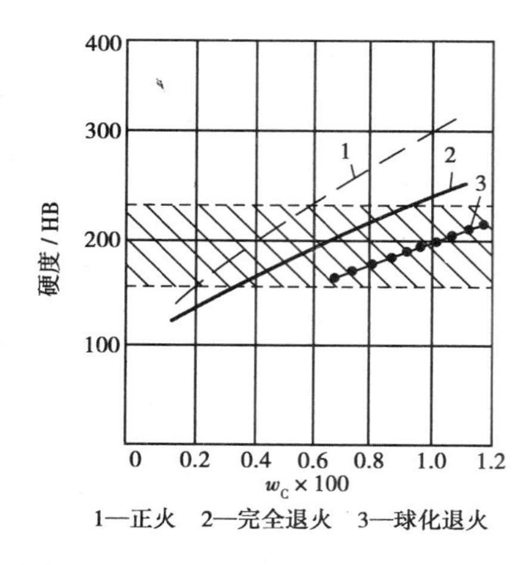

图4.17 碳钢正火与退火后的大致硬度

能改善钢的切削加工性能。钢的切削加工性能与其硬度有关:钢的硬度过高,切削加工困难,刀具磨损大;硬度过低,则加工表面粗糙度大,钢的硬度为160～230 HBS时,其切削加工性能最佳。因此,由图4.17可见,w_C=0.2%～0.6%的中、低碳钢锻件和铸件宜采用正火;w_C>0.6%的高碳钢锻件宜采用球化退火。对于存在二次网状渗碳体的过共析钢锻件,应先正火,然后再球化退火。

2)再结晶退火在冷变形加工中的应用　对变形量大需经多次冷变形成形的金属制件,应在两次冷变形加工之间插入再结晶退火,以消除前一次冷变形加工产生的加工硬化,恢复塑性,以确保后一次冷变形加工的顺利进行。

4.2.2 钢的补充热处理

钢在铸造、焊接、切削加工和冷变形加工过程中会产生残余内应力。存在残余内应力的零件在放置或工作过程中,随金属原子的运动而使残余内应力逐渐松弛,并引起零件的逐渐变形。因此,残余内应力的存在,对尺寸精度要求较高的精密零件十分有害。

为了消除或减小工件在加工过程中产生的残余内应力,以稳定零件的尺寸和形状的热处理,称为补充热处理。

(1)补充热处理的作用

钢补充热处理的作用是,将存在残余内应力的工件加热至A_1以下温度并保持适当时间,以加剧原子运动,使残余内应力较快的松弛,从而消除或减小工件中的残余内应力,以稳定零件的尺寸和形状。显然,补充热处理的加热温度越高,保温时间越长,其消除或减小工件残余内应力的作用越大,但同时会伴有工件的变形。因此,对需要进行补充热处理的工件,应预留足够的加工余量,以便通过后续切削加工校正其变形。

(2)补充热处理的方法

常用补充热处理方法有去应力退火和人工时效。

1)去应力退火　将具有残余内应力的钢制件加热至550～650 ℃并保持适当时间,然后缓冷的补充热处理,称为去应力退火。去应力退火在不改变钢组织的条件下,能有效地消除钢的残余内应力和稳定零件的尺寸和形状,但易使工件氧化和脱碳。因此,去应力退火主要用于铸件、焊接件或经切削粗加工的退火态在制精密零件。

对于经过淬火回火的在制精密零件,为了不降低零件硬度,其去应力退火温度至少应比回火温度低50 ℃。

2)人工时效　将存在残余内应力的钢制件加热至250～280 ℃,或150 ℃以下温度并保持较长时间的补充热处理,称为人工时效(又称低温去应力退火、定型处理等)。由于人工时效温度较低,其消除残余内应力的作用小于去应力退火,但可避免钢的组织变化和氧化、脱碳。

250～280 ℃的人工时效主要用于高强度弹簧钢丝(带)冷变形成形的弹簧,以减小弹簧的冷变形残余内应力,提高其有效强度和稳定弹簧尺寸。150 ℃以下温度的人工时效主要用于经切削半精加工的在制精密零件。

4.3　钢的最终热处理(1)——淬火与回火

最终热处理是指使零件获得最终使用性能的热处理。零件要求的使用性能不同,采用的最终热处理方法不同。钢最常用的最终热处理方法是淬火与回火,即先将钢件淬火至最高硬度,再经回火调整至所要求的硬度,使钢件整体或局部的整个断面上获得均匀一致的使用性能。

4.3.1　钢的淬火

淬火是将钢奥氏体化后以大于v_k的冷速快冷,以获得高硬度的马氏体(或下贝氏体)组织的热处理工艺。

(1)淬火工艺

淬火工艺主要包括淬火加热温度、加热保温时间和淬火冷却方法。

1)淬火加热温度　淬火加热温度主要取决于钢的化学成分。碳钢的淬火加热温度可根据 $Fe\text{-}Fe_3C$ 状态图确定(图4.18)。亚共析钢的淬火加热温度一般为A_3以上30~50 ℃,共析钢和过共析钢的淬火加热温度一般为A_1以上30~50 ℃。淬火加热温度过高,钢的奥氏体晶粒粗大,淬火后得到粗大的马氏体而韧性降低,且零件的淬火变形和淬火开裂倾向增大。淬火加热温度低于A_3或A_1,则淬火后的亚共析钢中出现铁素体,共析钢和过共析钢得到非马氏体组织,均使钢的硬度显著降低。

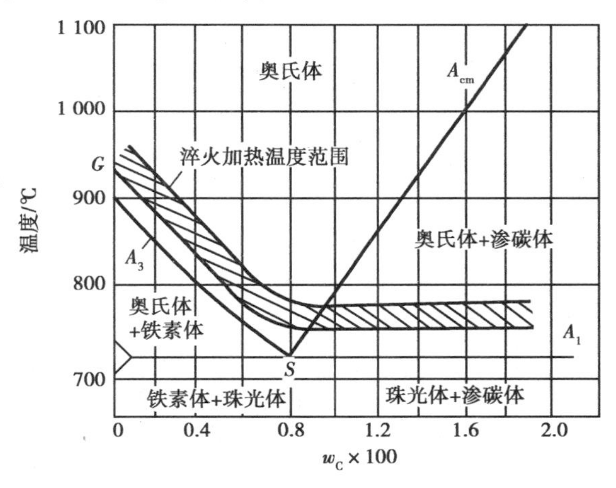

图4.18　碳钢的淬火加热温度范围

常用钢的淬火加热温度参见附录表Ⅱ.1。

2)加热保温时间　加热保温时间应合理。加热保温时间过长,奥氏体晶粒易长大,且零件氧化、脱碳倾向增大;反之,奥氏体化不充分。确定零件的加热保温时间时,应考虑加热方法、钢的种类、工件的形状尺寸和装炉方式等因素。一般可用下列经验公式计算:

$$\tau = \alpha k D$$

式中　τ——加热保温时间,min;

α——加热系数,min/mm;

k——工件的装炉方式修正系数;

D——工件的有效厚度,mm。

加热系数α、工件的有效厚度D和装炉方式修正系数k的确定,可参见热处理手册。

3)淬火介质　钢件淬火所用冷却介质称为淬火介质。为了获得马氏体组织,所用淬火介质对钢的冷速必须大于其临界冷速 v_k。但零件快冷时，因其内外或不同部位的温度差异，导致冷却收缩不一致而产生热应力，以及马氏体转变不同步引起体积膨胀不一致而产生组织应力，两种应力合称为淬火应力。显然，冷却越剧烈，零件内外或不同部位的温差越大，淬火应力也越大，越易引起零件变形和开裂。可见，在保证淬火成马氏体的前提下，淬火介质对钢的冷速越慢越好。因此，应根据钢的种类和零件尺寸合理选用淬火介质。

生产中最常用的淬火介质是水和油。

①水　常采用含5% ~10%食盐的盐水溶液。盐水的冷却能力强，常用于碳钢零件的淬火冷却，其缺点是易引起零件的淬火变形和淬火开裂。

②油　常采用机油、锭子油和变压器油等矿物油。油的冷却能力比水弱得多，一般尺寸的碳钢零件难以在油中淬成马氏体，故不能用于碳钢零件的淬火冷却。油主要用于合金钢零件的淬火冷却，且零件的淬火变形与淬火开裂倾向较小。

冷却能力介于水、油之间的淬火介质有水玻璃水溶液、饱和硝盐水溶液和聚乙烯醇水溶液等。

(2)常用淬火方法

为了保证零件的淬火质量，除合理选用淬火介质外，还应合理选择淬火冷却方法。常用的淬火冷却方法有以下四种。

1)单介质淬火法　钢件奥氏体化后，浸入单一淬火介质中冷却至室温(图4.19中曲线 a)，如合金钢件的油淬，简单形状碳钢件的水淬。此方法操作简便，但淬火应力大，零件易变形或易开裂。

2)双介质淬火法　钢件奥氏体化后，先浸入一种冷却能力较强的淬火介质中快冷至 M_s 温度附近(300 ℃左右)，然后立即转入另一种冷却能力较弱的淬火介质中冷却至室温(图4.19中曲线 b)，如先水冷后油冷，或先油冷后空冷等。此方法可减小工件内外温差和淬火应力，从而有效地减小淬火变形和防止淬火开裂。双介质淬火法常用于形状较复杂的高碳钢件和某些较大的合金钢件。

3)马氏体分级淬火法　钢件奥氏体化后，浸入温度在 M_s 点附近的液体介质中保持适当时间，使工件整体达到介质温度后取出空冷，以获得马氏体(图4.20)。此方法因分级后空冷时工件各部位温差很小，故工件的淬火应力和淬火变形很小，不开裂。

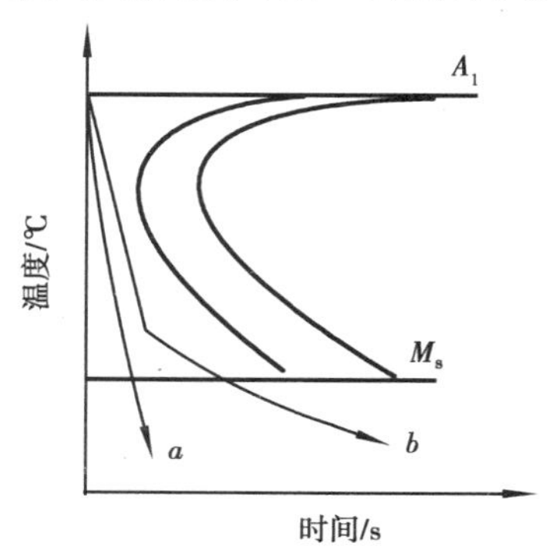

图4.19　钢的单介质和双介质淬火法

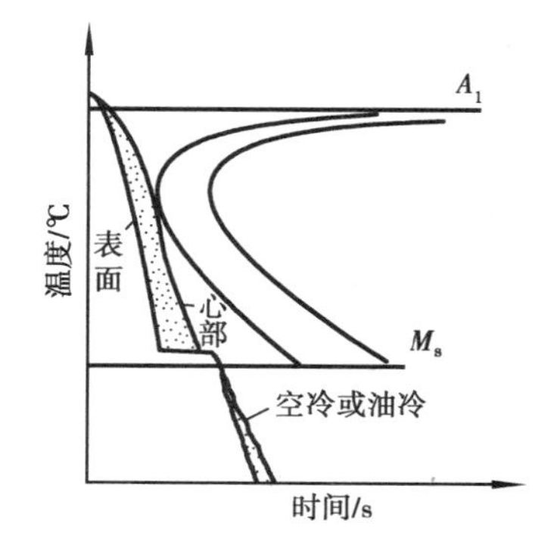

图4.20　马氏体分级淬火法

常用的分级液体介质有180 ~200 ℃的熔融态碱浴和200 ~400 ℃的熔融态硝盐浴。碱浴适用于小型碳钢件，硝盐浴适用于合金钢件。

4）贝氏体等温淬火法　钢件奥氏体化后，浸入温度在下贝氏体转变温区的液体介质中等温较长时间，然后空冷（图 4.21）。此方法使钢在恒温下形成全部或大部分比容较小的下贝氏体，故工件的淬火应力和淬火变形极小，强韧性较高。

常用等温介质是 200～400 ℃的熔融态硝盐浴。等温淬火法多用于形状复杂、尺寸精度和强韧性要求较高的合金钢件。

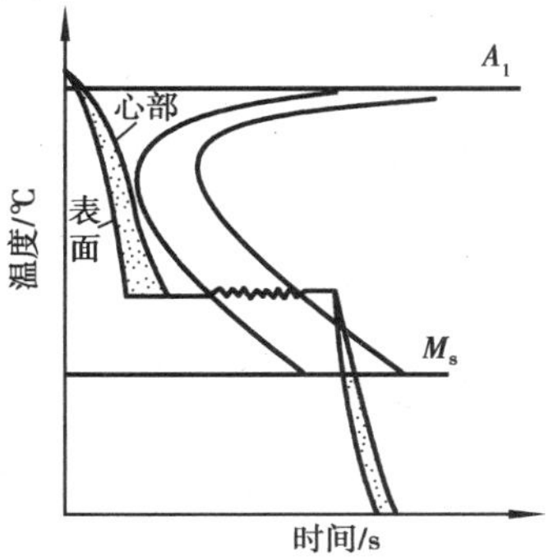

图 4.21　贝氏体等温淬火法

4.3.2　淬火钢的回火

回火是将淬火钢重新加热至 A_1 以下某预定温度并保温一定时间，然后冷却至室温的热处理工艺。回火的目的是：消除或减小淬火应力，降低淬火钢的脆性，达到零件要求的使用性能，稳定钢件的组织和尺寸。

（1）淬火钢回火时的组织转变及产物

淬火高碳钢的组织为马氏体及少量残余奥氏体，两者均为不稳定的非平衡组织。在回火加热时，马氏体和残余奥氏体将逐渐向稳定的平衡组织（“铁素体 + 渗碳体”的两相组织）转变。随回火温度的升高，淬火钢的组织转变大致有以下四个阶段。

1）马氏体的分解（100～350 ℃）　马氏体中的过饱和碳以过渡碳化物 $Fe_{2.4}C$ 形式析出的过程称为马氏体的分解。分解产物是由较低过饱和碳的马氏体与极细小的 $Fe_{2.4}C$ 构成的两相组织，称为回火马氏体。温度升至 350 ℃时，马氏体中碳的溶解度降至平衡成分而成为针状铁素体。

2）残余奥氏体的转变（200～300 ℃）　残余奥氏体转变为回火马氏体。

3）渗碳体的形成（250～400 ℃）　通过 $Fe_{2.4}C$ 向 Fe_3C 转变，形成膜状或短片状渗碳体。

4）渗碳体的球化、长大及铁素体的形态变化（高于 450 ℃）　随回火温度升高，渗碳体逐渐由短片状（或膜状）转变为细粒状并集聚长大。温度高于 550 ℃时，铁素体逐渐由针状转变为等轴状。

综上可知，淬火钢在不同温度回火时，可得到以下三种不同回火产物。

①低温（100～250 ℃）回火时，得到回火马氏体（符号为 M′）及少量残余奥氏体，其组织特征呈黑色针状。

②中温（350～500 ℃）回火时，得到“针状铁素体 + 极细小渗碳体”的两相组织，称为回火托氏体（符号为 T′）。

③高温（500～650 ℃）回火时，主要得到“等轴状铁素体 + 颗粒状渗碳体”的两相组织，称为回火索氏体（符号为 S′），其组织特征与球状珠光体类似。

回火温度越高，回火产物越接近于平衡组织，其稳定性也越高。

（2）淬火钢回火时的性能变化

淬火钢回火时，随组织变化其力学性能也随之变化。力学性能的变化趋势为：随回火温度升高，强度、硬度降低，塑性、韧性提高（图 4.22）。应当注意，在 250～350 ℃回火时，钢的韧性最低，此现象称为低温回火脆性。

不同 w_C 淬火钢的回火硬度曲线如图 4.23 所示。由图可见，回火温度一定时，钢的 w_C 越高

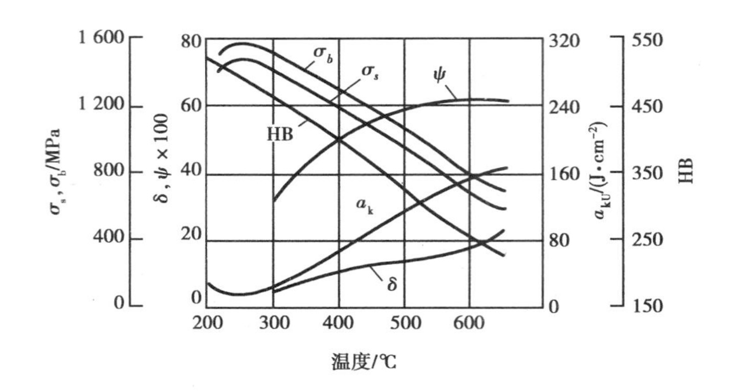

图 4.22　淬火钢（w_C = 0.4%）回火时力学性能的变化

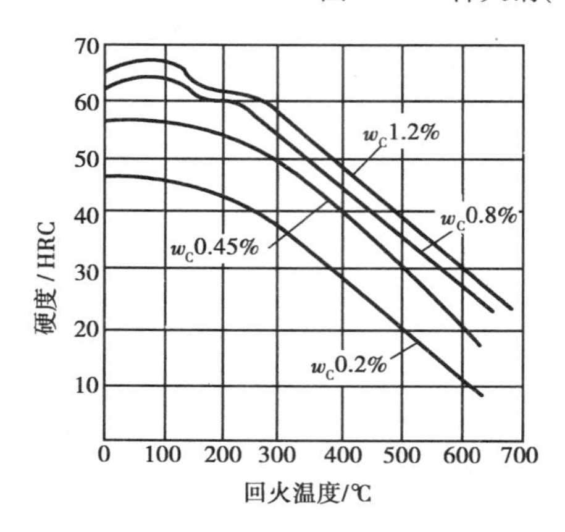

图 4.23　不同 w_C 淬火钢的回火硬度曲线

其回火后硬度越高；回火硬度要求一定时，对 w_C 较高的淬火钢应采用较高的温度回火。各种成分淬火钢的回火硬度曲线可参阅热处理手册。常用淬火钢回火温度与回火硬度的关系见附录表Ⅱ.2。

(3) 回火的种类及应用

对于要求不同力学性能的淬火件，应采用不同温度回火。按回火温度不同，回火分为以下三类：

1) 低温回火　淬火钢在 150 ~ 250 ℃ 回火是低温回火，其组织是马氏体及少量残余奥氏体，其作用是在保持淬火钢的硬度基本不变或略有降低的条件下，降低淬火钢的脆性和淬火应力，稳定钢的组织和零件尺寸。低温回火常用于要求高硬度（56 ~ 64 HRC 或 53 ~ 58 HRC）的各种工具、耐磨零件、渗碳淬火和表面淬火零件等。

2) 中温回火　淬火钢在 350 ~ 500 ℃ 回火是中温回火，其组织是回火托氏体，其作用是使淬火钢的硬度降低至 35 ~ 52 HRC，使钢获得高的强度和足够的韧性。中温回火主要用于各种弹簧、热作模具及某些螺钉、销钉等高强度零件。

3) 高温回火　淬火钢在 500 ~ 650 ℃ 回火是高温回火，其组织是回火索氏体，其作用是使淬火钢的硬度降低至 20 ~ 32 HRC，使钢获得具有一定强度和高韧性的良好综合力学性能。钢的淬火和高温回火的复合热处理，称为调质。调质主要用于要求综合力学性能良好的重要零件，如主轴、曲轴、某些齿轮和表面淬火件，以及渗氮零件等。

4.3.3　淬火钢的冷处理

将淬火钢从室温继续冷却至 0 ℃ 以下温度的工艺称为冷处理。常用的冷处理介质有酒精加干冰（ -78 ℃）、液氮（ -196 ℃）和液氧（ -183 ℃）。

(1) 冷处理的作用

钢淬火冷却至室温时含有残余奥氏体，且钢中碳含量及合金元素含量越高，残余奥氏体越多（低、中碳钢为 1% ~ 2%，高碳钢及高碳合金钢可达 10% ~ 30%）。残余奥氏体的存在，不仅降低淬火钢的硬度和耐磨性，而且使零件在长期使用过程中因残余奥氏体逐渐转变而发生尺寸改变。

对淬火钢进行冷处理，可使残余奥氏体转变为马氏体，从而提高钢的硬度和耐磨性，稳定零件尺寸。

(2)冷处理的应用

冷处理主要用于要求高硬度、高耐磨和尺寸稳定的精密工具及精密零件，如精密量具、高速冲模、拉刀、精密轴承、精密丝杠、柴油机喷油嘴等。此类工具和零件主要采用高碳钢或高碳合金钢制造，并经过淬火、冷处理和低温回火达到其使用要求。但此类淬火钢冷处理后，因有较多残余奥氏体转变为马氏体而产生较大的附加应力，并使淬火钢脆性增大而易于断裂。因此，生产中常采用下列两种工艺方法，以减小冷处理产生的附加应力和脆性。

①工件淬火后先经100 ℃沸水处理1 h，再在液氮或液氧中冷处理1 h，并用60 ℃或室温水使工件"解冻"，然后充分低温回火(两次)。

②工件淬火低温回火后，在液氮或液氧中冷处理1 h，并用60 ℃或室温水使工件"解冻"，然后再次低温回火。

4.3.4 钢的淬硬性与淬透性

(1)钢的淬硬性

1)淬硬性的概念　钢的淬硬性是指淬火钢获得最高硬度或马氏体硬度的能力。淬火钢的最高硬度越高，其淬硬性越高。钢的淬硬性与合金元素无关，而主要取决于钢的 w_C。钢的 w_C 越高，淬火马氏体的硬度越高，则钢的淬硬性越高。由于在生产中一般难于淬得全部马氏体，故钢的实际淬火硬度往往低于淬火马氏体的硬度(图4.24)。

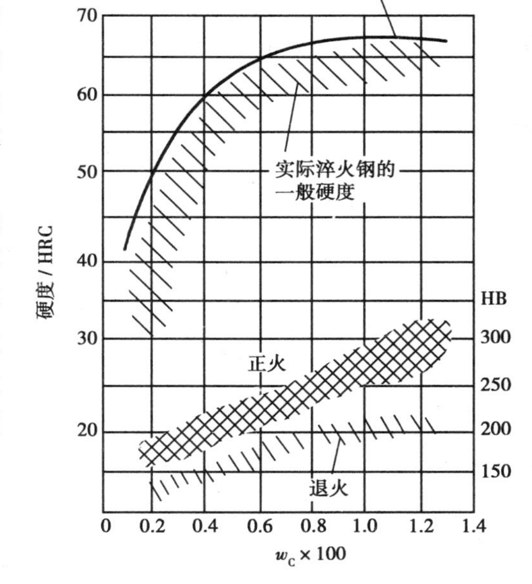

图4.24　碳钢热处理后的硬度

2)淬硬性的应用　淬硬性是零件和工具选材的重要依据。通常钢件淬火回火后的硬度要求越高，所选用钢的 w_C 也越高。例如，对硬度要求为58 HRC以上的高硬度与高耐磨的各种工具，一般选用 $w_C \geqslant 0.8\%$ 的工具钢；对硬度要求为44~52 HRC的高强度的各种弹簧，一般选用 $w_C = 0.5 \sim 0.7\%$ 的弹簧钢；对硬度要求为22~32 HRC的综合力学性能好的轴和部分齿轮等，一般选用 $w_C = 0.3 \sim 0.5\%$ 的调质钢。

(2)钢的淬透性

1)淬透性的概念与衡量指标　淬火冷却时，零件表面的冷速大，越接近心部冷速越小。若零件心部的冷速 $v_心$ 大于钢的临界冷速 v_k，则零件整个截面都能淬得马氏体组织(即被淬透)；若仅表层一定深度的冷速大于钢的临界冷速 v_k，淬火冷却后仅表层得到马氏体组织，而心部因冷速小于 v_k，则心部得到全部或部分非马氏体组织(图4.25)。

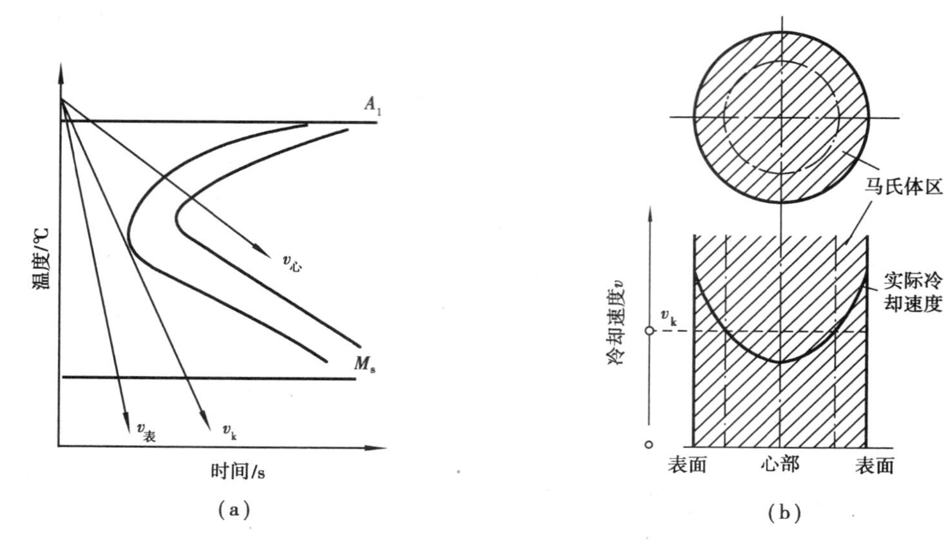

图 4.25 淬火钢实际冷速、临界冷速与马氏体层深度的关系

淬透性是指在规定淬火条件(淬火加热温度和冷却介质)下,钢获得高硬度马氏体层(淬硬层)深度的能力。获得的马氏体层深度越深,钢的淬透性越好。为了便于测定淬硬层深度,生产中常以淬硬件表面至半马氏体(马氏体和托氏体各占50%)层的深度作为淬硬层深度。

衡量钢淬透性高低的常用指标是钢的临界淬透直径(符号为 D_C)。它是指钢的圆棒试样在规定淬火条件下,心部能淬成全部马氏体或半马氏体的最大直径。显然,钢的 D_C 值越大,其淬透性越好。

2)淬透性的主要影响因素　影响钢淬透性的最主要因素是钢中的合金元素及其含量。

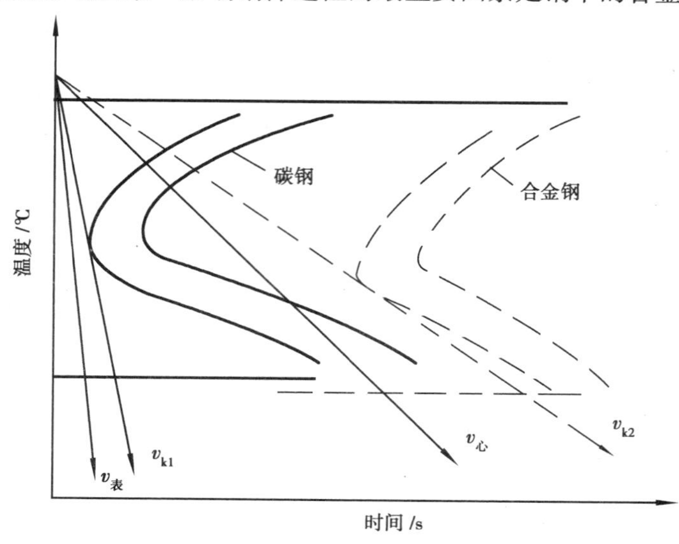

图 4.26 合金元素对钢淬透性的影响示意图

钢中的合金元素(除元素 C_0外)通过淬火加热溶入奥氏体后,均能使过冷奥氏体稳定性显著增大,C 曲线位置右移,v_k大为减小,从而显著提高钢的淬透性(图 4.26)。因此,不同成分的钢具有不同的淬透性。几种常用钢的临界淬透直径 D_C 见表 4.3。由表可知,碳钢的淬透性

较差,且 w_C 对钢的淬透性影响不大;合金钢的淬透性较好,且合金元素含量越高,其淬透性越好。

应当指出,零件的实际淬硬层深度不仅与钢的淬透性有关,还与零件截面尺寸和淬火介质有关。零件截面尺寸越大,淬火介质的冷却能力越小,则零件的实际淬硬层深度越浅,甚至表面也不能淬硬;反之,零件的实际淬硬层深度越深,甚至被淬透。

表 4.3　几种常用钢的临界淬透直径 D_C 比较

钢的种类	钢的牌号	临界淬透直径 D_C/mm	
		水　淬	油　淬
优质碳素结构钢	45	10 ~ 18	6 ~ 8
合金结构钢	40Cr	30 ~ 38	12 ~ 24
	20CrMnTi	32 ~ 50	20 ~ 30
碳素工具钢	T8、T8A、T10、T10A	15 ~ 18	5 ~ 7
低合金工具钢	CrWMn、9SiCr	50 ~ 60	40 ~ 50
高合金工具钢	Cr12、Cr12MoV	—	200

3)淬透性的应用　在零件选材及安排最终热处理工序位置时,常需考虑钢的淬透性。

①用于零件的选材　对于需要淬火的零件,选用钢时应考虑零件截面尺寸对淬透性的要求。对截面性能要求均匀一致的淬透零件,应选用临界淬透直径 D_C 不低于零件直径的钢,以保证淬火回火后零件截面得到均匀的组织和一致的性能。对某些应力集中于外层而不要求淬透的零件(如受弯曲、扭转的轴),选用能使其淬硬层深度达到零件半径的 1/3 ~ 1/2 的钢即可。对无须淬火的零件,可选用淬透性差的碳钢。

此外,对于淬火时易变形或易开裂的零件(如细长杆、薄板或带缺口的零件),虽然有时选用碳钢水淬时也能淬透,但易于变形或开裂,故常选用淬透性较好的合金钢,以便采用油淬或分级淬火,减小淬火变形,或防止淬火开裂。

②用于安排最终热处理的工序位置　在制订零件的加工工艺路线时,为了合理安排最终热处理的工序位置,有时需要考虑钢的淬透性。例如,以淬透性不高的 45 钢制造直径较大并需调质的阶梯轴时,若毛坯(棒材)先调质后车外圆,则轴的小径处因加工量大而使表层调质组织(回火索氏体)被车掉,而使轴的性能变差,因此应先将棒材粗车成阶梯状(留适当加工余量),再进行调质,最后精车成阶梯轴。

4.4 钢的最终热处理(2)——表面热处理

钢的表面热处理是指仅改变钢表层的组织或化学成分,以提高表层性能的热处理工艺。表面热处理常用于表层要求高的强度、硬度和耐磨性,而心部要求良好的综合力学性能或强韧性,并疲劳抗力高的零件。如某些齿轮、凸轮、曲轴、主轴、导轨、镗杆和模具等。

钢的表面热处理方法主要有表面淬火和化学热处理。

4.4.1 表面淬火

(1)概述

钢的表面淬火是指对钢件表层淬火,以提高表层硬度和耐磨性的表面热处理工艺。其基本原理是将钢件表层快速加热至奥氏体状态,而心部保持在 A_1 以下温度,然后快冷使表层淬火成马氏体,心部仍保持原来的调质(或正火)组织,从而使钢件的表层硬而耐磨,心部综合力学性能良好,并有较高的疲劳抗力。

1)表面淬火零件的用钢　用低碳钢制作的表面淬火零件,表面淬火后其表层硬度和耐磨性较低,用高碳钢制作的表面淬火零件,则其心部韧塑性不足。为了保证零件心部获得良好的综合力学性能,表层获得较高的硬度和耐磨性,表面淬火零件一般采用调质钢,即 w_C = 0.4% ~0.5% 中碳钢或中碳合金钢,如45、40Cr、40MnVB等。

2)表面淬火零件的热处理和性能　为了提高零件心部的综合力学性能,减小零件的表面淬火应力和表面脆性,零件在表面淬火前应先进行调质或正火(达到22 ~28 HRC),表面淬火后应进行低温回火(达到52 ~58 HRC)。

经调质、表面淬火和低温回火后,零件表层得到回火马氏体组织,心部得到回火索氏体组织,从而使零件表层有较高的硬度和耐磨性,心部具有良好的综合力学性能。此外,因表层回火马氏体组织的比容较大,心部回火索氏体组织的比容较小,使零件表层处于压应力状态,而能部分抵消在循环载荷作用下产生的表面拉应力,从而提高零件的疲劳抗力。

3)表面淬火层深度　一般而言,减小表面淬火层深度可增加零件的韧性和强度,但会降低零件的耐磨寿命;反之,可延长零件的耐磨寿命,但却增大零件的脆性断裂倾向。为了使零件耐磨寿命、强度、韧性和疲劳抗力得到合理配合,应根据零件截面尺寸合理选择表面淬火层深度。

对于一般尺寸截面的零件,淬火层深度取其半径的1/10左右。对直径为10 ~20 mm的小零件,淬火层深度宜取其半径的1/5。而对于较大截面的零件,淬火层深度则应小于其半径的1/10。对于齿轮,淬火层深度一般取0.2 ~0.4 m(m 为齿轮模数)。

表面淬火主要用于表层要求较高的硬度(52 ~58 HRC)和耐磨性,心部要求良好的综合力学性能(22 ~28 HRC),有时还要求较高疲劳抗力的调质钢零件。此外,有时表面淬火也可用于碳素工具钢、低合金工具钢和铸铁零件,以提高其耐磨寿命。

(2)表面淬火的常用方法

表面淬火的常用方法有感应加热表面淬火和火焰加热表面淬火。

1)感应加热表面淬火　感应加热表面淬火是利用感应电流在零件表层产生的热效应,使零件表层快速加热奥氏体化随即快冷的表面淬火工艺。

①感应加热表面淬火的原理和种类　如图4.27所示，当一定频率的交流电通过感应器时，其周围空间产生交变磁场，并使感应器中的零件内产生自成回路的同频感应电流(即“涡流”)。由于感应电流的“集肤效应”，使零件表层电流密度极大，心部电流密度很小，导致零件表层被迅速加热奥氏体化，而心部组织保持不变，然后由喷水套喷水快冷将表层淬硬。

感应加热时，输入的交流电频率越高，零件表层感应电流的集中深度越浅，淬硬层深度也越浅。根据所用交流电频率不同，感应加热表面淬火分为以下三类：

A.高频感应加热表面淬火(简称高频淬火)　常用电流频率为200～300 kHz，淬硬层深度为1～2 mm，适用于截面尺寸不大的中、小零件，并在实际生产中应用最广。

B.中频感应加热表面淬火(简称中频淬火)　常用电流频率为2.5～8 kHz，淬硬层深度为2～8 mm，适用于截面尺寸较大的零件。

C.工频感应加热表面淬火(简称工频淬火)　所用电流为工业频率(50 Hz)，淬硬层深度为10～30 mm，适用于大截面零件的表面淬火及穿透性加热淬火。

②感应加热表面淬火的特点　与普通淬火相比，感应加热表面淬火的特点是：零件的氧化脱碳少，淬火变形小，淬硬层深度易于控制；加热速度快，生产率高且易于实现机械化和自动化；但需专门设备和专用的感应器，故适用于大批量生产的非异型零件。

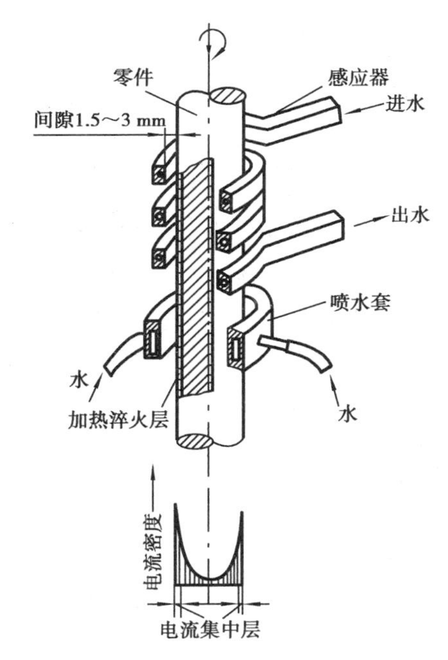

图4.27　感应加热表面淬火原理示意图

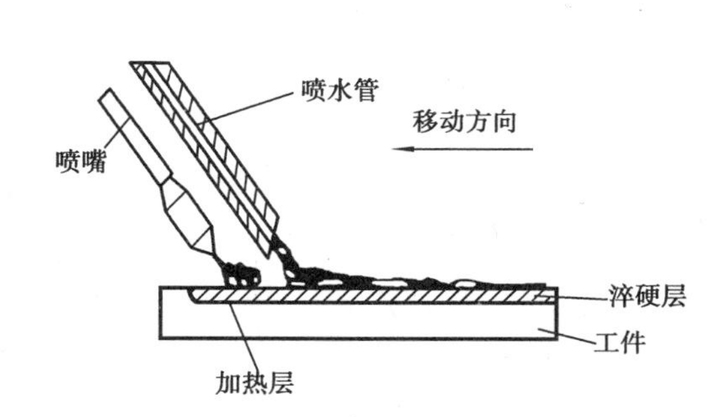

图4.28　火焰加热表面淬火示意图

2)火焰加热表面淬火　火焰加热表面淬火是利用氧-乙炔(或其他可燃气)火焰对零件表面快速加热，然后快速冷却的表面淬火工艺(图4.28)。

火焰加热表面淬火的特点是：设备简单，成本低，灵活性大；但加热温度和淬火层深度不易控制，淬火质量不够稳定。它主要用于单件或小批量生产的大型零件或异型零件的表面淬火，如大型齿轮、轧辊、顶尖等。

4.4.2 化学热处理

化学热处理是指将钢件置于含有某些元素的活性介质中加热、保温，使介质分解释放出这些元素的活性原子并渗入钢件表层，以改变钢表层的化学成分和性能的表面热处理工艺。

化学热处理的种类很多，用于强化零件表面的化学热处理主要有渗碳、渗氮（氮化）和渗硼等。

（1）钢的渗碳

渗碳是将低碳钢件在渗碳介质中加热至 900 ~ 950 ℃（即单相奥氏体状态）保温，使碳原子渗入钢件表层，以增加其表层 w_C 的化学热处理工艺。渗碳零件一般选用渗碳钢，即 w_C = 0.15% ~0.25% 的低碳钢或低碳合金钢，如 20、20Cr、20CrMnTi、18Cr2Ni4WA 等。零件渗碳后还需淬火低温回火，方能使零件获得表层高的硬度和耐磨性，心部较高的强韧性，以及高的疲劳抗力。

1）常用渗碳方法　常用的渗碳方法主要有气体渗碳和固体渗碳。

①气体渗碳　气体渗碳是将工件置于气体渗碳剂中进行的渗碳方法。常用的滴注式可控气氛气体渗碳法如图 4.29 所示。将工件置于气体渗碳炉中，向炉内滴入载体（一般为甲醇）和渗碳剂（如酒精、丙酮、醋酸乙酯等）两种有机液体，并加热至 900 ~ 950 ℃ 对工件渗碳。渗碳剂在高温下裂解为起渗碳作用的混合气体（主要为 CO、CO_2、H_2、H_2O、CH_4 等），并通过下列化学反应释放出活性碳原子[C]：

$$2CO \rightarrow CO_2 + [C]$$
$$CH_4 \rightarrow 2H_2 + [C]$$
$$CO + H_2 \rightarrow H_2O + [C]$$

活性碳原子渗入钢的表层。载体在高温下裂解为 CO_2、H_2、H_2O 和少量 CO 组成的混合气体，在炉内起保持正压力作用。通过调节载体与渗碳剂的滴入比例可控制钢表层的 w_C，通过控制渗碳时间可控制渗碳层深度。

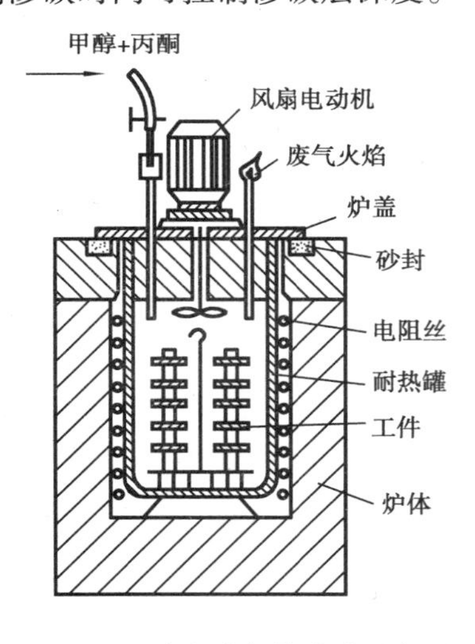

图 4.29　滴注式气体渗碳示意图

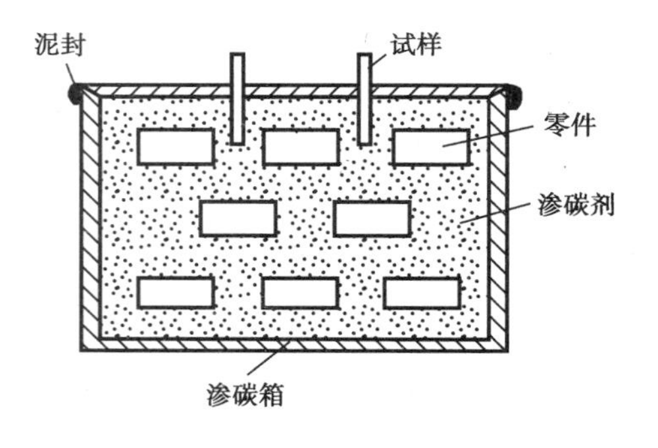

图 4.30　固体渗碳法

滴注式可控气氛气体渗碳的特点是：渗碳速度快，钢件表面的 w_C 和渗碳层深度控制精确，渗碳质量稳定。

②固体渗碳　固体渗碳是将工件在固体渗碳剂中进行的渗碳方法(图4.30)。将工件埋入充填有木炭颗粒和10%催渗剂($BaCO_3$或Na_2CO_3)的密封铁箱中,然后放入箱式炉内加热至900~950 ℃,使渗碳剂发生化学反应释放出活性碳原子,渗入钢的表层。

固体渗碳的特点是:渗碳速度慢,钢件表面的w_C难以控制,渗碳质量差,劳动繁重,但设备简单。

对不允许渗碳的零件局部表面,可预先镀铜或涂覆防渗涂料(如4%铅丹+8%氧化铝+16%滑石粉+72%水玻璃)以防止渗碳,也可预留出两倍渗碳层深度的加工余量,在渗碳后淬火前将其切除。

2)渗碳零件的表面含碳量和渗碳层深度　渗碳表面w_C过高,渗碳层会出现网状渗碳体,使淬火低温回火后零件表层脆性增大而易于剥落;反之,则零件耐磨性不足,疲劳抗力降低。因此,渗碳表面w_C应在0.85%~1.05%为宜。

渗碳层深度过浅,零件的耐磨寿命、抗弯强度和疲劳抗力不足;反之,则零件的韧性降低。因此,合理的渗碳层深度应根据零件的尺寸和工作条件而定。轴类零件的渗碳层深度一般取其半径的10%~20%;齿轮的渗碳层深度一般取其模数的15%~25%;薄片零件的渗碳层深度一般取其厚度的20%~30%。当磨损轻或接触应力小时宜取下限;反之,应取上限。合金钢的渗碳层深度可比碳钢浅。

3)渗碳零件的热处理和性能　渗碳只是使低碳钢零件表层获得高的w_C,而要使零件获得表层高硬度和高耐磨性,心部高强韧性,以及高的疲劳抗力,还必须进行淬火低温回火。为了保证渗碳层的淬火质量,渗碳零件需加热至A_1以上30~50 ℃淬火冷却,然后低温(180~200 ℃)回火。

经渗碳、淬火低温回火后,零件表层组织为高碳回火马氏体+少量粒状二次渗碳体,心部组织为"低碳回火马氏体+铁素体"或"低碳回火马氏体+铁素体+托氏体"等(与钢的淬透性有关)。因此,渗碳零件表层有高的硬度(58~64 HRC)和耐磨性,心部有高的强韧性,并因表层处于压应力状态而使零件有高的疲劳抗力。

渗碳淬火主要用于表面要求高硬度(58~64 HRC)和高耐磨性,心部要求较高强韧性(相当于35~45 HRC),并有高疲劳抗力的渗碳钢零件,如工作条件恶劣的汽车齿轮、石油钻机齿轮、机车轴承等。

(2)钢的渗氮

渗氮(氮化)是向钢表层渗入氮原子的化学热处理工艺。其目的是提高零件的表面硬度、耐磨性、疲劳抗力和耐蚀性等。常用渗氮方法有气体渗氮、离子渗氮和软氮化。

1)气体渗氮　气体渗氮法是将钢件置于渗氮炉(箱)内,通入氨气(NH_3)并加热至500~550 ℃,使氨气按下列反应式分解释放出的活性氮原子[N]:

$$2NH_3 \rightarrow 3H_2 + 2[N]$$

活性氮原子渗入钢的表层形成氮化物硬化层(即渗氮层)。

对于不允许渗氮的零件局部表面,可预先镀锡或涂覆防渗涂料(如加入10%~20%石墨粉的中性水玻璃)以防止渗氮。

①气体渗氮件用钢、热处理及其性能　为了使零件表层获得很高的硬度和耐磨性,并提高零件的疲劳抗力,气体渗氮采用含铝或钛等元素的合金渗氮钢,最常用的渗氮钢是

38CrMoAlA。此类钢渗氮后，在其表层形成硬度极高、弥散的稳定氮化铝和氮化钛质点，使渗氮层硬度达 950 ~ 1 200 HV（相当于 68 HRC 以上），从而保证表层有很高的硬度和耐磨性，并由于渗氮层比容大而处于压应力状态，使零件的疲劳抗力提高。此外，为了保证零件心部有较好的强韧性，渗氮前零件应先进行调质，调质硬度为 28 ~ 32 HRC。

②气体渗氮的特点　与表面淬火和渗碳淬火相比，气体渗氮件具有更高的表面硬度、耐磨性和较高的热硬性（在 500 ~ 600 ℃以下温度其表面硬度不显著降低）；零件热处理变形最小；并具有良好的减摩性、抗黏着性和耐蚀性。其主要缺点是：渗氮速度慢（0.01 mm/h）而时间长；渗氮层浅（一般为 0.1 ~ 0.4 mm）且脆性较大。

气体渗氮主要用于耐磨性和表面硬度要求很高（900 HV 以上），心部强韧性较好（28 ~ 32 HRC），热处理变形很小，以及抗疲劳的精密零件，如，高速精密齿轮、精密机床主轴等。也可用于在较高温度下工作的耐磨件，如汽缸套、压铸模等。

2）离子氮化和软氮化　离子氮化的方法是在离子渗氮炉内，以零件为阴极、炉体为阳极，在 500 ~ 700 V 的直流电压作用下，使通入炉内的氮气（或氨气）电离为氮（或氮与氢）离子并高速轰击零件表面，使零件表层被加热至渗氮温度（450 ~ 650 ℃），部分氮离子在阴极夺得电子还原为氮原子而渗入零件表层。

软氮化（又称低温氮碳共渗）的方法是：在约 570 ℃条件下，使炉内的尿素（或甲酰胺、三乙醇胺）分解释放出活性氮原子和少量碳原子，并渗入零件表层。

离子渗氮和软氮化均能提高零件的表面硬度、耐磨性及疲劳抗力。与气体渗氮相比，离子渗氮和软氮化的优点是：渗氮速度快（是气体渗氮的 2 ~ 4 倍）；渗氮层脆性小；对材料适应性强，可用于碳钢、合金钢、铸铁、粉末冶金材料等零件。其主要缺点是：渗氮层薄，硬度较低（约 450 ~ 900 HV，因材料而异）。

离子氮化和软氮化常用于非重载条件下工作的各种工具，如压铸模、量具、高速钢刀具，以及其他耐磨零件。

（3）钢的渗硼

渗硼是指将钢件置于 800 ~ 1 000 ℃的含硼介质中，使硼原子渗入钢表层形成高硬度的硼化物（Fe_2B 或 $Fe_2B + FeB$）层的化学热处理工艺。

1）常用渗硼方法　钢的常用渗硼方法有盐浴渗硼和固体渗硼。

①盐浴渗硼　盐浴渗硼是将工件浸入约 950 ℃的熔融态硼砂（如硼砂 +10% 还原剂 Al 或 Si-Ca 合金）熔盐中，使熔盐中还原出的活性硼原子渗入钢的表层。液体盐浴渗硼具有操作方便，生产成本低，以及渗后可直接淬火等优点，故被广泛采用。

②固体渗硼　固体渗硼是将工件埋入固体渗硼剂（如硼铁粉 +5% ~10% 催渗剂 KBF_4 + 20% ~30% 填充剂木炭或 SiC）中并装箱密封后，放入箱式炉内加热至 850 ~ 900 ℃，使渗硼剂释放出的活性硼原子渗入钢的表层。固体渗硼设备简单，但渗剂消耗较大，硼化层浅（仅 0.1 mm左右），渗后无法直接淬火，故很少采用。

2）渗硼的特点　渗硼件具有极高的表面硬度（1 200 ~ 2 000 HV）和耐磨性，良好的减摩性和抗黏着性；在 800 ℃以下能保持高硬度和抗氧化性；对硫酸、盐酸和碱具有良好的耐蚀性。但其硼化层较浅（一般在 0.25 mm 以下），脆性大（尤其是以 FeB 为主的硼化层），在较大冲击载荷下易产生表面裂纹和剥落，故钢件渗硼后还应进行淬火低温回火，使其心部获得高的硬度和强度，以增强基体对表面硼化层的支承作用。

渗硼常用于刀具、冷作模、压铸模、高压阀门闸板、泥浆泵缸套、活塞杆等工具和高耐磨零件，以提高其使用寿命。

除渗碳、渗氮和渗硼外，其他化学热处理方法有渗铝、渗铬、渗硅、渗硫和多元共渗等。

4.5　热处理缺陷和热处理技术条件标注

4.5.1　常见的热处理缺陷

零件在热处理（尤其是淬火）时常产生各种热处理缺陷，而使零件的质量和性能降低，甚至成为废品。因此，在实际生产中应尽量避免热处理缺陷的产生。钢的常见热处理缺陷有下列几种。

(1) 过热与过烧

工件淬火时，因加热温度过高或保温时间过长，使奥氏体晶粒显著粗化的现象称为过热。过热不仅降低工件的强度和韧性，而且易于引起淬火变形和淬火开裂。对于过热的工件，一般可通过正火消除缺陷后再重新淬火。

工件淬火时，因加热温度过高并接近熔化温度，使奥氏体晶界氧化或熔化的现象称为过烧。过烧使工件力学性能急剧恶化（强度极低而脆性很大），且无法挽救而报废。

(2) 氧化与脱碳

工件淬火加热时，因加热介质中的氧、二氧化碳和水汽等对钢表面的氧化作用，导致钢件表面形成氧化物的现象称为氧化。氧化不仅降低零件尺寸精度和表面质量，而且使淬火工件出现软点（表面硬度偏低的局部小区域）。

工件淬火加热时，因加热介质中的氧、二氧化碳和水汽等与钢表层碳的作用，使钢表层 w_C 降低的现象称为脱碳。脱碳不仅降低淬火件的硬度、耐磨性和疲劳抗力，而且增大工件的淬火开裂倾向。

防止氧化和脱碳的关键是降低加热介质的氧化性。工件在以空气为加热介质的箱式或井式电炉中淬火加热时，氧化脱碳较严重。采用盐浴炉、真空炉或可控气氛加热炉进行加热，可防止氧化和脱碳。

(3) 淬火变形与开裂

工件淬火时，由于产生很大的淬火应力而易于变形和开裂。

淬火时，工件形状和尺寸发生变化的现象称为淬火变形。如细长件的弯曲，薄板件的翘曲，零件孔的涨大或缩小等。当淬火变形量超过工件后续加工余量，且不能通过机械方法（或其他方法）进行矫正时，应判为废品。

淬火时，工件产生裂纹的现象称为淬火开裂。淬火开裂的工件均应判为废品。

为了减小工件的淬火变形和防止淬火开裂，除了从热处理工艺方面采取措施，还应从零件的选材、形状结构设计和加工制造等方面采取措施（详见第 15 章的 15.1 节、第 18 章的 18.1 节和 18.2 节）。

4.5.2　热处理技术条件的标注

对于需要通过最终热处理达到一定力学性能要求的零件，应在其零件图上标注最终热处理技术条件。其标注内容主要包括：最终热处理的方法，如淬火、调质、表面淬火、渗碳、渗氮等；最终热处理的部位和深度；应达到的性能指标。性能指标一般标注硬度范围（上下限之差为5～6 HRC或30～40 HBS、30～40 HV），对特别重要的零件还应标注其他力学性能要求。

最终热处理技术条件一般用汉字、符号和数字，或汉语拼音字母、符号和数字（见附录表Ⅲ.1）标注在零件图标题栏的上方。常用最终热处理技术条件的标注内容和实例见表4.4。

表4.4　常用最终热处理技术条件标注内容与实例

最终热处理方法	标注内容	示例	
		零件简图及材料	标注
整体淬火	热处理名称，硬度范围	零件：钻套　材料：T10A	热处理：淬火60～64 HRC
局部淬火或不同部位需不同热处理	分别标出不同部位的热处理名称和硬度范围	零件：丝锥　材料：T10A	热处理：刃部淬火58～62 HRC；柄部淬火35～40 HRC
表面淬火	表面淬火名称、硬度范围、部位及深度，此前调质名称和硬度范围	零件：蜗杆　材料：45	热处理：调质220～250 HBS；齿部表面淬火50～54 HRC（深度0.8～1 mm）
渗碳淬火	渗碳名称、部位、深度以及此后淬火名称和硬度范围	零件：齿轮　材料：20	热处理：齿面渗碳深度0.8～1.2 mm。淬火58～62 HRC
渗氮	标出渗氮名称、部位及深度，并标出此前调质名称和硬度范围	零件：精密导轨 材料：38CrMoAlA	热处理：调质28～32 HRC；气体渗氮900 HV以上，深度0.3～0.35 mm

4.6　钢的表面强化技术

精密耐磨件、强力摩擦件和各种工具要求有高的硬度和耐磨性。此类零件和工具除应合理选用钢种并淬硬至高硬度外，有时还需采用表面强化技术进一步提高其表面硬度和耐磨性，以保证其高的耐磨寿命。钢的常用表面强化方法除渗氮、渗硼等化学热处理外，还有电镀硬铬、化学镀镍磷、气相沉积TiN或TiC、熔盐浸镀合金碳化物、热喷镀硬质合金或合金碳化物等。

4.6.1　电镀硬铬和化学镀镍磷

(1)电镀硬铬

电镀是指利用电化学方法在金属表面沉积其他金属或合金的工艺方法。电镀常用于提高金属件表面的耐蚀性和装饰性,如钢件的镀锌、镀铬、镀金等。电镀还可用于提高金属件的某些特殊性能,如镀银可提高表面电导性,镀铜可提高钢件的防渗碳性能,镀硬铬可提高钢件和工具的表面硬度、抗黏着性、减摩性,从而提高其耐磨性。

1)电镀硬铬的原理与特点　电镀硬铬是在含铬干(CrO_3)、硫酸和水的镀液中进行,钢件接直流电源的阴极,铅锑合金接直流电源的阳极(图4.31)。在50~60 ℃和大电流条件下,镀液中的铬离子从阴极钢件上获得电子成为铬原子并沉积在钢件表面上,从而形成镀铬层。

与装饰镀铬相比,电镀硬铬具有直接在钢件上镀铬而不需预镀铜层、电流密度大、镀层厚(10~150 μm)等特点。

2)电镀硬铬层的性能与应用　电镀硬铬层具有高的硬度(750~1 100 HV,相当于65 HRC以上)、良好的抗黏着性和减摩性(优于淬火钢),故其耐磨性高于淬火钢件。电镀硬铬层还具有良好的耐蚀性。

电镀硬铬常用于提高引深模、弯曲模、冷挤模、量具及其他耐磨件的耐磨性,其镀层厚度一般为50~150 μm;也可用于提高注塑模、橡胶模及其他耐蚀件的耐蚀性,其镀层一般为10~50 μm;还可用于超差件、磨损件的尺寸修复。

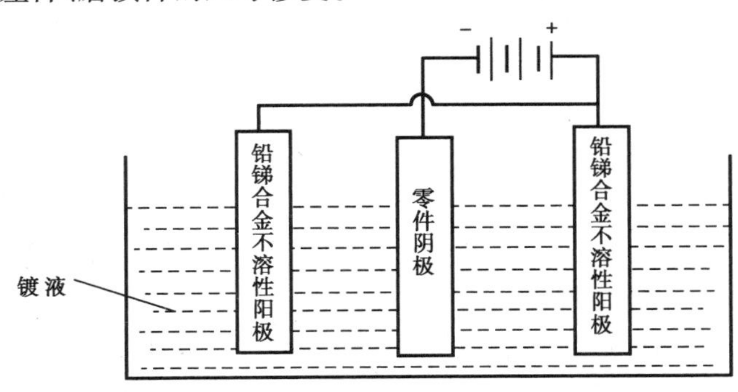

图4.31　电镀硬铬示意图

(2)化学镀镍磷合金

化学镀是指在无外加电流条件下,利用化学方法在金属表面沉积其他金属或合金的工艺方法。化学镀镍磷合金可提高零件和工具表面的硬度、抗黏着性、减摩性,从而提高其耐磨性。

1)化学镀镍磷的原理和强化机理　化学镀镍磷在含镍离子、次磷酸盐还原剂、其他添加剂的镀液中进行。在60~90 ℃条件下,次磷酸根离子$[H_2PO_2]^-$在钢件表面脱氢并使氢原子附着在钢件表面上,然后镀液中的镍离子和次磷酸根离子$[H_2PO_2]^-$被钢件表面的氢原子还原为镍原子和单质磷并沉积在钢件表面上,从而形成镍磷合金镀层。镍磷合金镀层为w_{Ni} = 90% ~92%、w_P = 10% ~8%的单相非晶结构,其常温硬度为600 HV(相当于50~55 HRC)。经1 h的250~400 ℃热处理后,其单相非晶结构组织转变为非晶Ni_3P基体与弥散非晶镍构成的两相组织,并使其硬度提高至650~1 100 HV。

2)镍磷镀层的特性与应用　经热处理的镍磷镀层具有与硬铬镀层相近的硬度、抗黏着性、减摩性和耐磨性，但耐蚀性弱于硬铬镀层。化学镀镍磷常用于提高引深模、弯曲模、冷挤模、量具及其他耐磨件的耐磨性，其镀层厚度一般为 20 ~ 50 μm；也可用于提高注塑模、橡胶模的耐蚀性，其镀层一般为 8 ~ 20 μm；还可用于超差件和磨损件的尺寸修复。

4.6.2　气相沉积 TiN 和 TiC

气相沉积是指在一定成分的气体中加热至一定温度，通过化学或物理作用在钢件表面沉积其他金属或金属化合物的工艺方法。在钢件表面沉积 TiN、TiC 等超硬金属化合物，能大大提高其表面的硬度、耐磨性、耐蚀性和高温抗氧化性。

(1) 气相沉积的方法和原理

气相沉积分为化学气相沉积（简称 CVD）和物理气相沉积（简称 PVD）。物理气相沉积有真空蒸镀、离子镀、溅射镀三种方法，物理气相沉积 TiN、TiC 的方法主要是离子镀。

1) 化学气相沉积 TiN 的原理　将钢件置于含氮和含钛成分的气体（如 $N_2 + TiCl_4 + H_2$）中加热至 900 ~ 1 000 ℃，在钢件表面发生下列化学反应：

$$TiCl_4 + 1/2N_2 + 2H_2 \longrightarrow TiN + 4HCl$$

从而在钢件表面沉积 TiN 涂层。

2) 离子镀 TiN 和 TiC 的原理　如图 4.32 所示，将钢件置于氩气中，先通过蒸发电源加热将钛蒸发为钛原子，然后在钢件与钛料之间接入直流高压电源（钢件为阴极，钛料为阳极）使阴阳两极间产生辉光放电，并使钛原子、氩原子离子化，钛离子和氩离子经高压电场加速轰击钢件表面，以净化表面并将表面加热至 500 ℃。然后通入 N_2 或 CO_2 气体，并在高压电场中电离为氮离子或碳离子，经高压电场加速使钛、氮或碳的离子抵达表面后发生化学反应，生成 TiN 或 TiC 涂层。

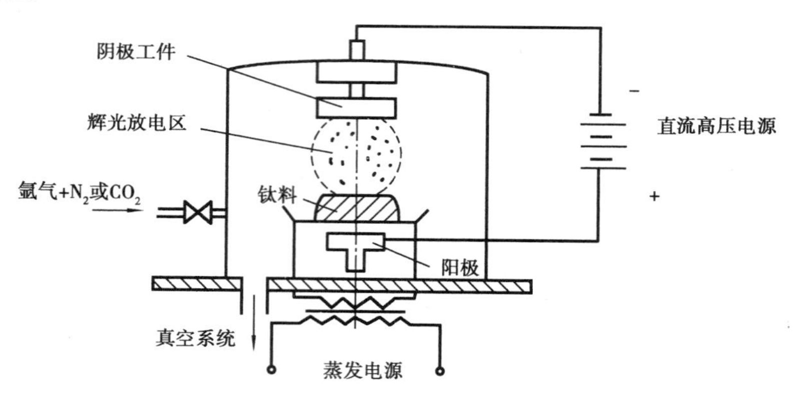

图 4.32　直流二极型离子镀示意图

化学气相沉积法具有设备和工艺简单、成本低的优点，应用较广泛；物理气相沉积法具有涂层均匀、组织致密、与基体结合牢固等优点，但设备复杂、成本高，应用不如化学气相沉积法广泛。

(2) TiN 涂层与 TiC 涂层的特点及应用

气相沉积 TiN 或 TiC 涂层的厚度一般为 3 ~ 10 μm。TiN 涂层具有高的硬度（1 800 ~ 2 400 HV）、热硬性（500 ℃时硬度不降低）、抗黏着性、耐磨性、耐蚀性和高温抗氧化性，其性能优于硬质合金、硬铬镀层、镍磷镀层、渗氮层、渗硼层等，TiN 涂层还具有与基体结合牢固、韧性较好、工艺稳定性好、美观（金黄色）等优点，故应用广泛。TiC涂层的硬度（2 980～3 800 HV）、热硬性、抗黏着性、减摩性、耐磨性均高于TiN涂层，但其工艺稳定性较差，与钢的基体结合不牢固，故应用较少。

气相沉积TiN主要用于刀具、引深模、冷挤模、压铸模的表面强化，也可用于加玻璃纤维填充料塑件的注塑模和其他耐磨钢件。

(3) 适用材料

气相沉积TiN的钢件必须经淬火回火，使其基体获得较高的硬度，以支撑TiN涂层在压应力作用下不破裂。故其用钢应具有较高的w_C（$w_C>0.5\%$），高温（900～1 000 ℃）奥氏体化时奥氏体晶粒不长大，淬火变形小，以及与TiN的膨胀系数相近等特点。气相沉积TiN零件和工具的常用材料有合金工具钢、合金结构钢、高速钢、不锈钢、硬质合金等，其中Cr12MoV钢应用较多。

4.6.3　熔盐浸镀合金碳化物

高温时利用钢中碳向表面扩散，并使表面的碳与介质中的V、Nb、Cr等元素结合形成超硬合金碳化物而强化表面的方法，称为扩散表面强化（简称TD法）。扩散表面强化的方法主要有熔盐浸镀法、电解法和粉末法，常用的是熔盐浸镀法。熔盐浸镀VC、NbC、$Cr_7C_3+Cr_{23}C_6$等超硬合金碳化物的强化效果与气相沉积TiN、TiC相近，并具有设备和工艺简单、成本低廉等优点，故而是一种很有前途的表面强化技术。

(1) 熔盐浸镀合金碳化物的原理

所用熔盐由70%～90%硼砂与能形成合金碳化物的物质（如Fe-V、Fe-Nb或Nb_2O_5、Fe-Cr或Cr_2O_3等合金或金属氧化物的粉末）组成。将钢件浸入加热至800～1 200 ℃熔盐中并保持1～10 h，使熔盐中的V、Nb、Cr等原子与钢表层中的碳结合形成VC、NbC、Cr_7C_3等合金碳化物涂层，从而强化表面。

(2) 合金碳化物涂层的特性及应用

TD法合金碳化物涂层的厚度一般为4～8 μm。合金碳化物涂层具有高的硬度和热硬性，如VC、TiC涂层的硬度为3 000～3 800 HV，NbC涂层的硬度为2 400 HV，VC、TiC、NbC涂层加热至800 ℃时仍保持800 HV以上硬度；还具有良好的抗黏着性、减摩性、耐磨性和高温抗氧化性，其性能与气相沉积TiN、TiC涂层相当。

TD法合金碳化物涂层常用于切削刀具、冷挤模、引深模、热挤模及其他高耐磨钢件，提高寿命10～100倍。

(3) 适用材料

为了保证钢件表面形成足够多的VC、TiC、NbC等合金碳化物，使钢件能支撑合金碳化物涂层在压应力作用下不破裂，所用钢应具有高的w_C和淬火硬度及小的淬火变形，以防止涂层剥落。因此，需TD处理的钢件应采用w_C高、淬火变形小的合金钢，如CrWMn、Cr6WV、Cr12MoV等合金工具钢，65Cr4W3Mo2VNb等基体钢及高速钢。

4.6.4　其他表面强化技术

(1) 激光表面强化

激光是指由激光器发射的单色、定向、高能的平行光束。利用大功率激光器（工业上常用

的是 CO_2激光器）发射的激光照射钢件表面，能改变钢件表面的组织或成分，使钢件表面强化。激光表面强化方法主要有激光表面相变强化（激光表面淬火）、激光表面熔凝处理（激光表面非晶化处理）和激光表面合金化。模具和耐磨钢件常用的激光表面强化方法主要是激光表面淬火和激光表面非晶化处理。

1）激光表面淬火和激光表面非晶化处理的原理与性能　用低功率密度（10^3 ~ 10^4 W/cm^2）激光束照射钢件表面，使表面快速加热（加热速度为 10^3 ~ 10^6 ℃/s）至极细晶奥氏体，然后靠基体对表面的快速冷却（冷却速度为 10^5 ~ 10^6 ℃/s），使奥氏体转变为极细晶马氏体的表面强化方法，称为激光表面淬火。由于激光淬火马氏体的位错密度高、晶格畸变大，使钢件表面具有比普通淬火更高的硬度（硬度高 20%）、耐磨性和较高的韧性。此外，因表面马氏体层的体积膨胀受到基体的制约，使表面产生几百兆帕残余压应力而提高钢件的疲劳抗力。

用高能量密度（10^4 ~ 10^6 W/cm^2）激光束照射钢件表面，使其快速熔融及随后快速冷却而在钢件表面形成非晶层（金属玻璃层）的方法，称为激光表面非晶化处理。与激光表面淬火层相比，表面非晶层具有更高的硬度、耐磨性、韧性和耐蚀性。

2）工艺特点　与其他表面强化技术相比，激光表面强化的工艺特点是：能准确控制表面强化部位，并对难于强化的部位（如内腔、侧壁）也能实现激光强化；调节功率密度、作用时间，可准确控制强化层深度。

（2）热喷涂表面强化

将喷涂材料加热熔化，以高速气流将其雾化成极细颗粒，并喷射到预先准备好的工件表面而形成涂层的方法，称为热喷涂。按加热源不同，热喷涂分为火焰喷涂（加热温度 3 000 ℃以下）、电弧喷涂（加热温度 5 000 ℃以下）和等离子喷涂（加热温度 16 000 ℃以下）。按喷涂材料形状不同，热喷涂又分为粉末喷涂、金属丝喷涂和金属带喷涂。

热喷涂的特点是：适用材料范围广，喷涂材料可为金属、合金、硬质合金、金属氧化物、合金碳化物、塑料等，工件材料可为金属、非金属（陶瓷和塑料等）；涂层厚度范围大（0.5 ~ 5 mm）；工件受热温度低并可控制（受热温度不高于 250 ℃）；生产效率高。

耐磨钢件和工具可采用热喷涂硬质合金、金属氧化物、合金碳化物等超硬物质以强化表面。如冲裁模、引深模、冷挤模等热喷涂钨钴类硬质合金粉末，用于高温合金的热挤模喷涂氧化铬粉末（挤压温度可达 1 650 ℃）和氧化锆粉末（挤压温度可达 2 300 ℃）。

（3）离子注入表面强化

利用小型离子加速器将要注入元素的原子电离为离子，并由高压电场加速为高速高能离子流，强行注入金属表面（深度一般小于 1 μm）以获得表面合金层的方法，称为离子注入表面强化。

1）离子注入法的特点　离子注入法有下列优点：

①注入元素和工件材料不限　因注入离子能量高，故原则上任何元素可注入任何金属表面，并不受金属固溶度限制。

②注入温度低　因注入温度低，故工件不变形，硬度不降低，表面粗糙度不改变。

③可控性好　注入元素的注入深度、注入量、分布位置和范围可控制。

④表面可获得两层或多层性质不同复合材料。

其缺点是注入深度浅（小于 1 μm）、价高、复杂形状工件及内孔难于离子注入，故应用不广。

2）离子注入的表面强化效果及应用　离子注入金属表面时，由于在表面形成过饱和合金固溶体和弥散细小的硬质金属化合物，以及高能离子与表面金属原子碰撞而产生大量晶体缺陷（空位、间隙原子与位错），从而强化金属表面。

离子注入有如下表面强化效果：

①提高表面硬度、减摩性和耐磨性　金属表面注入N、C、B、Ti等元素，其表面硬度可提高30%～120%；注入Sn、Mo等元素，可提高减摩性，由此提高耐磨性1～4倍。

②提高表面耐蚀性　金属表面注入Cr、N、C、Ta、Mo、P等元素可提高耐蚀性。

离子注入常用于工具钢、高速钢、硬质合金制造的各种模具、刀具和钢制耐磨件。

思考题

4.1　简述热处理的含义、作用与分类方法。

4.2　简述共析钢在加热和冷却过程中组织转变的基本规律。

4.3　何谓马氏体转变临界冷却速度v_k？它对钢的淬火有何意义？

4.4　将一退火状态的共析钢零件（$\phi10\times100$）整体加热至800 ℃后，将其A段浸入水中冷却，B段空冷，冷却后零件的硬度如题图4.1所示。试判断各点的显微组织，并用C曲线分析其形成原因。

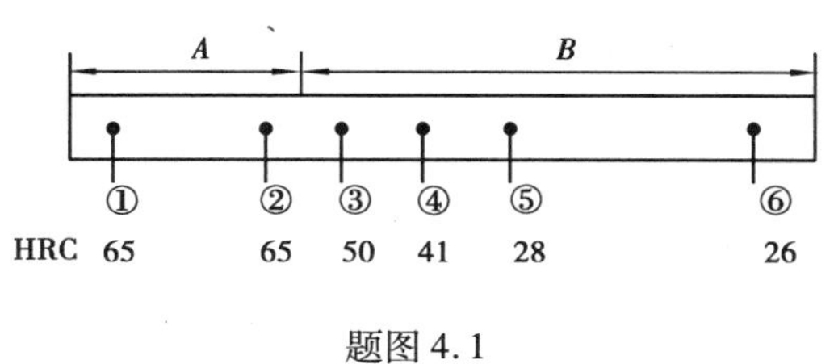

题图4.1

4.5　若仅将题4.4中零件A段加热至800 ℃，B段不加热（温度低于A_1），然后整体置于水中冷却。试问冷却后零件各部位的组织和性能如何？写出其大致硬度值并简要分析原因。

4.6　分析下列说法在什么情况下正确，在什么情况下不正确？

①钢奥氏体化后，冷得越快，钢的硬度越高；

②淬火钢硬而脆；

③钢中含碳或含合金元素越多，其淬火硬度越高。

4.7　何谓退火、正火？下列情况该用退火、正火或不需要？并简述原因。

①45钢小轴轧材毛坯；

②45钢齿轮锻件；

③T12钢锉刀锻件。

4.8　冷变形金属加热时，其组织和性能有何变化？

4.9　再结晶退火的作用是什么？冷变形纯铜（熔点1 083 ℃）的再结晶退火温度是多少？

4.10　去应力退火和人工时效的作用是什么？加热温度各是多少？各用于何种情况？

4.11　何谓淬火？何谓钢的淬硬性和淬透性？试比较下列几种钢的淬硬性和淬透性。

①08F；

②18CrNi4WA；

③40Cr；

④T10A。

4.12　下列零件的材料、热处理或性能要求是否合理，为什么？

①某零件要求56～60 HRC，用15或20钢制造经淬火来达到；

②采用工具钢（如T8A、T10A）制作的刀具，要求淬硬至67～70 HRC。

4.13　何谓回火？为何淬火钢均应回火？

4.14　按回火温度不同，回火分为哪三类？分别得到怎样的组织和性能？

4.15　将调质后的45钢（250 HBS）再进行200 ℃回火，其硬度有何变化？将淬火低温回火后的45钢（58 HRC）再进行600 ℃回火，其硬度有何变化？简述理由。

4.16　比较表面淬火、渗碳淬火和气体渗氮的异同点。

4.17　根据下列性能要求，零件所用材料和热处理是否正确？应怎样修正？

①某零件要求表面60～64 HRC，心部强韧性高（35～40 HRC），用45钢制造经表面淬火低温回火来达到；

②某零件要求表面54～58 HRC，心部综合性能好（23～27 HRC），用T8钢制造经渗碳淬火低温回火来达到；

③某零件要求表面950～1 000 HV，心部具有较好的强韧性（28～32 HRC），用20钢制造经渗碳淬火低温回火来达到。

4.18　常见热处理缺陷主要有哪些？它们有何危害？

4.19　零件的热处理技术条件如何标注？

4.20　钢的表面强化技术与表面热处理的强化效果有何不同？表面强化技术主要用于哪些零件？

第 5 章 工业用钢

钢是工业中广泛应用的金属材料。工业用钢分为碳钢和合金钢两大类。碳钢是指碳含量为0.02% ~2.06%,并含有少量硅、锰、硫、磷和非金属夹杂物的铁碳合金。合金钢是指为改善钢的性能,而在碳钢基础上专门加入某些化学元素(称为合金元素)所形成的多元合金。碳钢的性能可满足一般机械零件、工具、工程构件和日用轻工业产品的使用要求,且价格低廉,故在工业中应用十分广泛。合金钢的性能优于碳钢,能满足较高性能或较大尺寸的机械零件和工具的使用要求,故应用也很广泛。

5.1 钢材质量与钢中合金元素的作用

5.1.1 钢材质量

钢材是通过炼铁、炼钢及钢的脱氧、浇注钢锭、轧制或其他压力加工,而得到的各种形状和尺寸规格的型材。钢材在冶炼和轧制过程中带入杂质和产生冶金缺陷,使钢材的质量降低而导致性能下降。

(1)杂质对钢材性能的影响

钢材中的杂质主要有硅、锰、硫、磷等杂质元素和非金属夹杂物。

硅和锰在钢中属于无害杂质元素。它们溶入铁素体能使铁素体强化,提高钢的强度和硬度。锰在钢中还能与硫形成化合物 MnS,减少硫对钢的危害。

硫和磷在钢中属于有害杂质元素。硫在钢中与铁生成 FeS,而 FeS 与铁形成低熔点(985 ℃)共晶体分布于晶界上,当钢在1 000 ~1 200 ℃进行压力加工时,因共晶体熔化而使钢易于开裂,这种现象称为热脆。热脆使钢材的高温变形能力变差。磷在钢中主要溶入铁素体中,使钢在室温和低温时的脆性增大,这种现象称为冷脆。冷脆使钢材的室温变形能力和低温抗脆断能力变差。

非金属夹杂物主要有氧化物、硫化物、氮化物和硅酸盐等,它们的存在使钢的力学性能(尤其是韧性和疲劳抗力)降低。

因此,要提高钢材质量和性能,就应减少硫、磷和非金属夹杂物的含量。

(2)冶金缺陷对钢材性能的影响

冶金缺陷是指钢材表面或内部在冶炼或压力加工过程中产生的缺陷。常见冶金缺陷有裂纹、疏松、成分偏析和碳化物不均匀分布等。

裂纹包括内部裂纹(白点、发纹、轴心晶间裂纹等)和表面裂纹(皮下气泡、折叠等)。裂纹的存在使钢材的强度、塑性、韧性和疲劳抗力急剧下降,导致零件工作时极易断裂和淬火时开裂。

疏松是指在钢材的中心部位或整个截面存在许多微小孔隙的现象。疏松使钢材不致密,降低其强度、韧性和疲劳抗力。

成分偏析是指钢材各部分的化学成分(包括杂质元素和非金属夹杂物)呈不均匀分布,引起钢材各部分性能不均匀的现象。严重的成分偏析使钢材的强度和塑性显著降低,导致零件工作时易于断裂。

碳化物不均匀分布是指高碳高合金钢中大量共晶碳化物呈不均匀分布的现象。碳化物不均匀分布使钢的脆性增大,易于脆性断裂。

(3)钢材质量的检验

为了防止不合格钢材用于制造零件,生产中应对钢材进行质量检验。常用检验方法有化学分析法、金相分析法和无损探伤法等。

化学分析法主要用于检验钢材的化学成分、成分偏析及杂质元素的含量。

金相分析法主要用于检验钢材中的疏松、内部微裂纹和非金属夹杂物的含量及分布,碳化物不均匀度等。

无损探伤法有磁粉探伤、着色探伤、X 射线探伤和超声波探伤等。磁粉探伤和着色探伤主要用于检验钢材表面裂纹,X 射线探伤和超声波探伤主要用于检验钢材内部裂纹(详见第 9 章的 9.1.2)。

5.1.2 合金元素在钢中的作用

合金元素是指为了改善钢的性能专门加入钢中的化学元素。钢中常加入的合金元素有钛(Ti)、钒(V)、钨(W)、钼(Mo)、铬(Cr)、锰(Mn)、钴(Co)、镍(Ni)、硅(Si)、铝(Al)、硼(B)、铜(Cu)及稀土元素等。合金元素通过对钢的基本相、Fe-Fe_3C 状态图及热处理的作用,改变钢的组织和改善钢的性能。

(1)合金元素对钢基本相的作用

1)强化铁素体和稳定奥氏体　大多数合金元素都能溶入铁的晶格,形成合金铁素体和合金奥氏体。合金元素溶入铁素体后产生固溶强化,使合金铁素体的强度、硬度增高,如图 5.1(a)所示。硅和锰的强化效果较为显著,其他合金元素的强化效果较弱。合金元素溶入铁素体中还能改变铁素体的韧性,如图 5.1(b)所示。镍和少量的铬、锰能改善韧性,其他合金元素则降低韧性。合金元素溶入奥氏体后使奥氏体稳定性增加(Co 除外),从而延缓奥氏体冷却时向珠光体或贝氏体的转变。

2)形成合金碳化物　钢中的合金元素可分为碳化物形成元素和非碳化物形成元素。不能与碳形成合金碳化物的元素称为非碳化物形成元素,如 Ni、Si、Co、Al、Cu、B 等,这类合金元素全部溶入铁的晶格。能与碳形成合金碳化物的元素称为碳化物形成元素,按其与碳结合能力由强至弱排列,依次为 Ti、V、W、Mo、Cr、Mn。合金元素与碳的结合能力越强,形成的合金碳

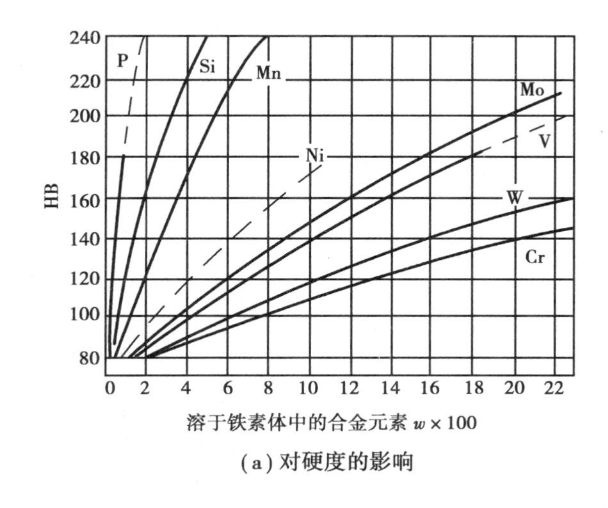

(a) 对硬度的影响

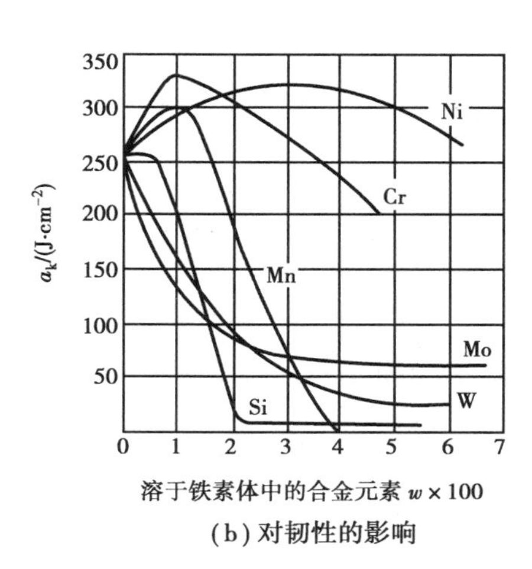

(b) 对韧性的影响

图 5.1　合金元素对铁素体力学性能的影响

化物越稳定,硬度和熔点越高,加热时越难溶入奥氏体,见表 5.1。钢中合金碳化物的硬度越高,数量越多,钢的耐磨性也越高。

表 5.1　钢中常见的碳化物及性能

碳化物	Fe_3C	$(Fe、Mn)_3C$	$Cr_{23}C_6$	Cr_7C_3	Mo_2C	MoC	W_2C	WC	VC	TiC
熔点/℃	1 650	≈1 600	1 550	1 650	2 700	2 700	2 750	2 870	2 830	3 150
硬度/HV	≈860	—	1 650	2 100	1 600	1 500	3 000	2 200	2 100	3 200
稳定性	弱————————————————→强									

(2) 合金元素对 $Fe\text{-}Fe_3C$ 状态图的作用

1) 使奥氏体相区温度范围发生变化　合金元素溶入铁中,使铁的同素异晶转变温度发生变化,从而使 $Fe\text{-}Fe_3C$ 状态图中奥氏体相区温度范围扩大或缩小。镍、锰等合金元素使 A_1、A_3 温度降低,A_4(固相线)温度升高,使奥氏体相区温度范围扩大(图 5.2(a))。当镍、锰含量足够多时,可使奥氏体相区扩大至室温以下,即钢在室温时也保持奥氏体组织,这类钢称为奥氏体钢。铬、钨、钼、硅等合金元素使 A_1、A_3 温度升高,A_4 温度降低,使奥氏体相区温度范围缩小(图 5.2(b))。当这些合金元素含量足够多时,可使奥氏体相区消失,这类钢称为铁素体钢。

2) 使 S、E 点位置发生变化　由图 5.2 可知,合金元素使 $Fe\text{-}Fe_3C$ 状态图中 S、E 点位置左移。S 点左移即共析点 w_C 降低,使原来的亚共析钢变为共析钢或过共析钢。例如,钢中 $w_{Cr}=13\%$ 时,其 S 点 w_C 降至 0.3%,故 $w_C=0.3\%$、$w_{Cr}=13\%$ 的合金钢为共析钢。E 点左移即碳在奥氏体中的最大溶解度降低,使高碳高合金钢的铸态出现莱氏体,使其成为莱氏体钢。例如,$w_C=1.5\%\sim1.7\%$、$w_{Cr}=12\%$ 的高碳高铬钢及 $w_C=0.7\%\sim0.8\%$、$w_W=18\%$、$w_{Cr}=4\%$ 和 $w_V=1\%$ 的高速钢,称为莱氏体钢。

(3) 合金元素对钢热处理的作用

1) 对淬火加热的作用

①延缓奥氏体形成　合金钢淬火加热时,由于合金元素(铝、钴除外)能减慢碳原子在钢中的运动速度,且合金碳化物稳定性高难于溶入奥氏体,从而延缓奥氏体的形成。因此,与碳

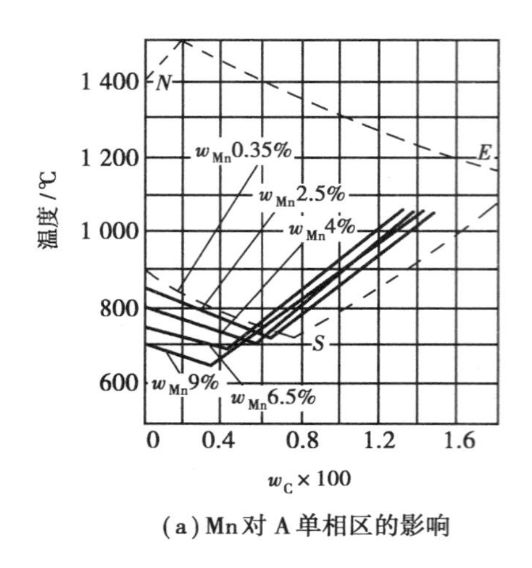

(a) Mn对A单相区的影响

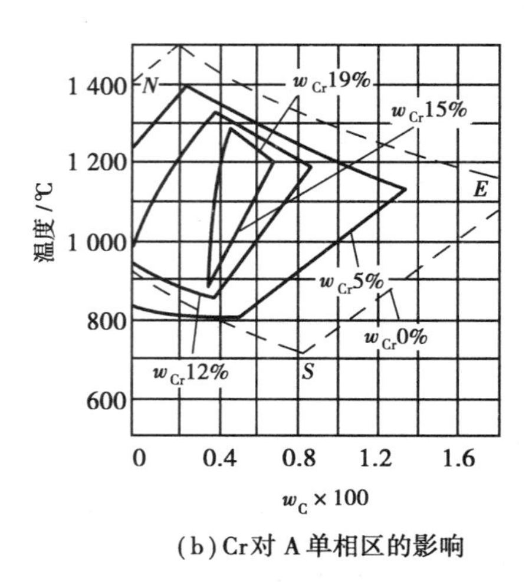

(b) Cr对A单相区的影响

图 5.2　合金元素对奥氏体单相区的影响

钢相比,合金钢淬火加热时需要更高的加热温度和更长的保温时间。

②细化奥氏体晶粒　含有钛、钒、钨、钼等元素的合金钢,因其合金碳化物稳定性很高难于溶入奥氏体,而能阻碍奥氏体晶粒长大,从而起到细化奥氏体晶粒的作用。

2) 对淬火冷却的作用

①提高钢的淬透性,减小零件淬火变形　合金元素(铝、钴除外)溶入奥氏体后能增大过冷奥氏体的稳定性,使C曲线右移(图5.3(a)),减小钢的临界冷速 v_k,从而提高钢的淬透性。同时,淬透性高的合金钢可采用冷却能力较弱的淬火介质冷却,减小淬火应力,达到减小零件淬火变形和淬火开裂倾向的目的。提高钢的淬透性,减小零件淬火变形最有效的合金元素是锰、铬、镍、钼等。此外,某些合金元素(如铬、钼、钨等)还可使C曲线形状发生变化(图5.3(b))。

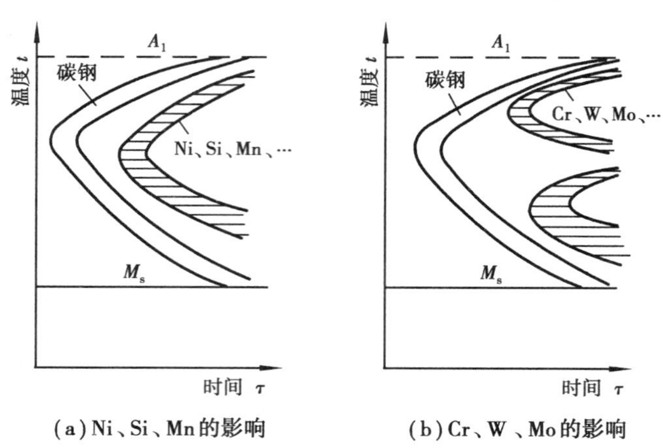

图 5.3　合金元素对C曲线的影响

②增加淬火钢的残余奥氏体　合金元素(铝、钴除外)溶入奥氏体后,可降低马氏体转变温度 M_s,如图5.4所示。M_s 点的降低,使钢淬火至室温时的残余奥氏体增多,使钢的硬度、耐磨性和零件尺寸稳定性降低。淬火后增加冷处理工序,能减少残余奥氏体,提高工件的耐磨性

和尺寸稳定性。

3)对淬火钢回火的作用

①提高钢的抗回火性　淬火钢回火时抵抗硬度下降的能力,称为抗回火性或回火稳定性。淬火合金钢回火时,溶入马氏体的某些合金元素(如钒、钨、钼、硅等)具有阻碍马氏体分解的作用,从而使回火钢硬度下降的程度减弱,如图5.5所示。因此,这些合金元素能提高钢的抗回火性。

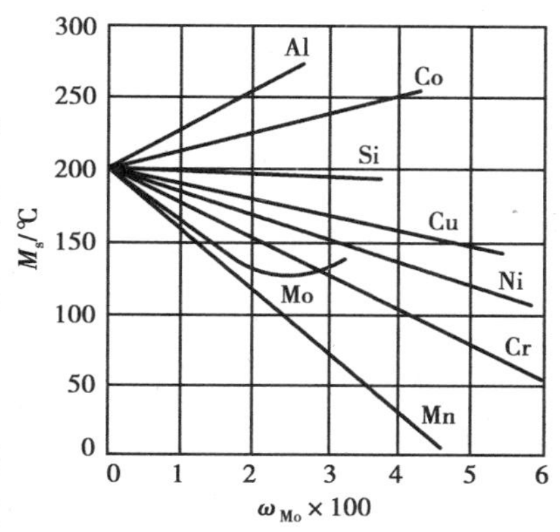

图5.4　合金元素对 M_s 温度的影响

②产生二次硬化　含有较多Mo、W、V等碳化物形成元素的淬火钢,经高温(500~600 ℃)回火后,钢的硬度重新升高的现象称为二次硬化,如图5.5所示。这是由于在500~600 ℃回火时,从马氏体中析出极细的特殊碳化物(Mo_2C、W_2C、VC等),对钢产生了强烈的第二相弥散析出强化。

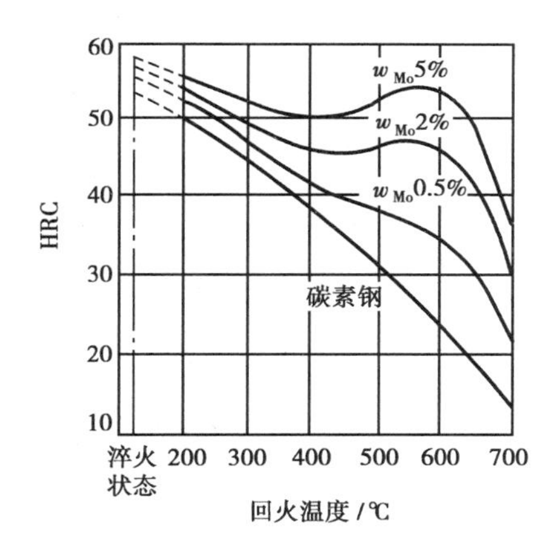

图5.5　Mo对钢($w_C\approx0.35\%$)回火硬度变化的影响

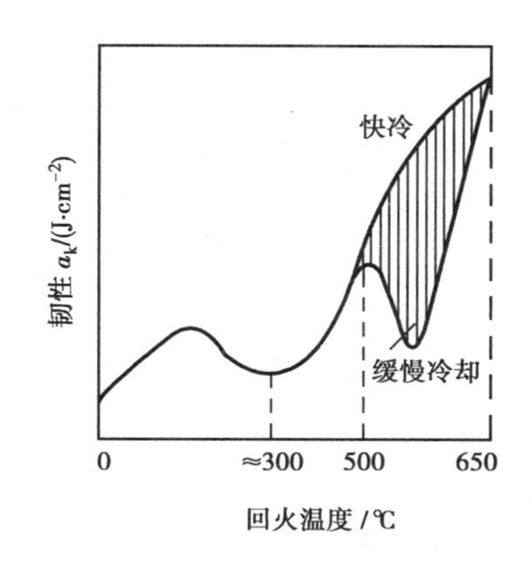

图5.6　合金钢的回火脆性示意图

③产生高温回火脆性　含有Cr、Mn、Ni、Si等元素的淬火钢,经高温(500~600 ℃)回火后慢冷,使钢脆化的现象,称为高温回火脆性(第二类回火脆性),如图5.6所示。为了避免高温回火脆性,回火后宜快冷或选用含有Mo、W元素的合金钢。

综合合金元素在钢中的作用,与碳钢相比合金钢具有下列优点:

①淬透性好及淬火变形淬火开裂倾向小　合金钢的淬透性好,且合金元素含量越高其淬透性越好。由于合金钢淬透性好,淬火时常采用油淬或分级淬火,以减小淬火应力,从而降低钢件的淬火变形与淬火开裂倾向。

②具有优良的力学性能　由于合金元素能强化铁素体,细化奥氏体晶粒,提高淬透性和抗回火性,使合金钢热处理后具有高的强度和较好的韧性。

③合金工具钢具有高的耐磨性和热硬性　由于合金工具钢含有硬度很高的合金碳化物,而使其具有高的耐磨性,且钢中合金碳化物越多,其耐磨性越高。热硬性又称“红硬性”,是钢在高温下保持高硬度的能力。因合金元素提高钢的抗回火性及产生二次硬化效应,使合金工

具钢(尤其含 W、Mo、V 元素较多的钢)具有较高的热硬性。

此外,某些合金钢还具有某些特殊的物理、化学性能(如耐蚀性等)。

5.2 钢的分类和牌号表示法

为了便于钢的生产和使用,对钢应进行分类和编号(即牌号)。长期以来,我国钢的分类和牌号基本采用前苏联的分类方法和牌号表示法,但牌号中所用符号不同。根据 GB/T 13304—91 规定,我国钢的分类采用欧美的分类方法。由于钢的牌号表示方法尚未作相应的改变,从而使钢的分类和钢的牌号之间难以适应,因此,本节主要介绍钢的原有分类方法和牌号表示法。

5.2.1 钢的分类

(1)按化学成分分类

按化学成分钢分为碳钢与合金钢两大类。

1)碳钢　按钢中碳含量分为:

低碳钢——$w_C < 0.25\%$

中碳钢——$w_C = 0.30\% \sim 0.60\%$

高碳钢——$w_C > 0.6\%$

2)合金钢　按钢中合金元素总量分为:

低合金钢——$w_{Me} < 5\%$

中合金钢——$w_{Me} = 5\% \sim 10\%$

高合金钢——$w_{Me} > 10\%$

(2)按质量分类

按钢中 S、P 的含量,钢分为普通钢、优质钢、高级优质钢三类。

普通钢——钢中 S、P 含量较高($w_S \leqslant 0.050\%$,$w_P < 0.045\%$)

优质钢——钢中 S、P 含量较低($w_S \leqslant 0.035\%$,$w_P \leqslant 0.035\%$)

高级优质钢——钢中 S、P 含量很低($w_S \leqslant 0.020\%$,$w_P \leqslant 0.030\%$)

(3)按用途分类

钢按其主要用途分为结构钢、工具钢和特殊钢三类。

(4)按脱氧程度分类

1)镇静钢　钢液用锰铁、硅铁和铝充分脱氧,浇入锭模后能平静凝固的钢。镇静钢的化学成分和性能较均匀,组织较致密,质量较好,但生产成本较高。机械制造所用的钢多为镇静钢。

2)沸腾钢　钢液脱氧不完全,钢液中的氧化铁与碳反应生成 CO 气体,使钢液产生沸腾现象的钢。沸腾钢的质量不如镇静钢,但生产成本较低。

3)半镇静钢　脱氧程度介于镇静钢和沸腾钢之间的钢。

5.2.2　常用钢的牌号表示法

(1) 碳钢的牌号

1) 优质碳素结构钢的牌号　优质碳素结构钢是保证一定 w_C(w_C = 0.08% ~ 0.7%)和含较少有害杂质(硫、磷)的优质钢。其牌号用 w_C 的万倍数的两位数字表示,如 45 钢代表 w_C = 0.45% 的优质碳素结构钢。数字后的"F"代表沸腾钢,没有"F"则是镇静钢。较高含锰量的优质碳素结构钢,其牌号是两位数字后加"Mn",如 65Mn 钢代表 w_C = 0.65% 的较高含锰量的优质碳素结构钢。

2) 碳素工具钢的牌号　碳素工具钢是 w_C = 0.65% ~ 1.35% 的优质钢和高级优质钢。其牌号用字母 T("碳"的汉语拼音字首)和一位或两位数字表示,数字代表钢 w_C 的千倍数,如 T7 代表 w_C = 0.7% 的优质碳素工具钢。高级优质碳素工具钢的牌号是在上述牌号后加"A",如 T7A。

(2) 合金钢的牌号

我国合金钢的牌号用数字、化学元素符号及汉语拼音字母的组合表示。

合金元素在牌号中用化学元素符号表示。某元素在钢中的平均含量小于 1.5% 时,在牌号中只标元素符号,不标含量数字;某元素在钢中的平均含量在 1.5% ~ 2.49% 或 2.5% ~ 3.49% 时,元素符号后标数字 2 或 3,其余类推。

合金钢的碳含量在牌号中用数字表示。合金结构钢的碳含量用其万倍数的两位数字标在牌号前面。w_C < 1% 的合金工具钢用其 w_C 的千倍数即一位数字标在牌号前面;$w_C \geq 1\%$ 的合金工具钢及高速工具钢,其牌号中不标碳含量。

例如:

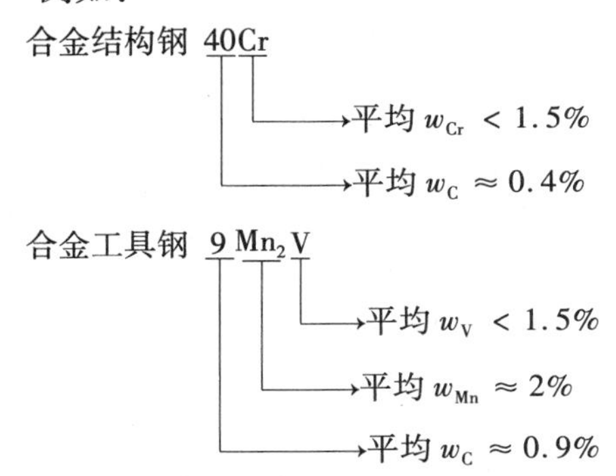

此外,碳素结构钢、特殊钢和某些专用钢的牌号表示法将在相应章节中介绍。

5.3　结构钢

结构钢分为机器用钢和工程用钢。机器用钢主要用于制造机器零件,它们多为优质碳素结构钢、优质或高级优质合金结构钢。此类钢制造的零件一般需经过热处理后使用。按热处理和用途特点,机器用钢又分为渗碳钢、调质钢、弹簧钢、滚动轴承钢和易切削钢等。工程用钢主要用于各种工程构件,它们多数是普通质量的碳素结构钢和低合金结构钢。用此类钢制造的工程构件一般经冷加工或焊接后直接使用，而不热处理。

5.3.1 渗碳钢

用做需要经过渗碳及淬火、低温回火零件的钢，称为渗碳钢。渗碳钢分为碳素渗碳钢和合金渗碳钢。

(1)成分特点

渗碳钢的碳含量低(一般为0.10% ~0.25%)。碳含量低能保证渗碳、淬火低温回火后，零件表面具有高的硬度和耐磨性，心部具有高的韧性和较高的强度，并使零件有高的疲劳抗力。不含合金元素的渗碳钢是碳素渗碳钢，含合金元素的渗碳钢是合金渗碳钢。

合金渗碳钢常加入Cr、Mn、Ni等元素，以提高钢的淬透性和固溶强化铁素体，淬火后使较大截面零件的心部能获得较高的韧性和强度。加入少量W、Mo、V、Ti等元素能形成稳定而细小的合金碳化物，提高渗碳层的耐磨性，防止渗碳时晶粒长大。

(2)热处理及性能特点

渗碳钢零件的热处理是渗碳及淬火低温回火。经上述热处理后，零件表面获得高的硬度(58 ~64 HRC)和耐磨性，心部获得高的韧性和较高的强度(35 ~45 HRC)。由于渗碳淬火表层的马氏体比容大于心部比容，使表层为压应力状态，故零件还具有高的疲劳抗力。

(3)常用渗碳钢及其应用

常用渗碳钢的成分、热处理、性能及用途见表5.2。

1)碳素渗碳钢　常用碳素渗碳钢是20钢。其特点是：淬透性差，较大截面零件难以淬透；缺少合金元素对铁素体的固溶强化，而使零件心部强度不足；渗碳层不能形成合金碳化物，使零件表层耐磨性不足；因采用水淬，使零件淬火变形大。因此，碳素渗碳钢主要用做受力较小、截面尺寸小于10 mm、形状简单的渗碳淬硬零件，如小型活塞销。

2)合金渗碳钢　合金渗碳钢的特点是：淬透性好，较大截面的零件也能淬透；因合金元素强化铁素体，使零件心部有较高的强度；渗碳层能形成合金碳化物，提高零件表面的耐磨性；可采用油淬或熔盐分级淬火，减小零件的淬火变形。钢中的合金元素含量越多，淬透性越好、心部强度越高、淬火变形越小。

由表可见，常用的低淬透性合金渗碳钢是20Cr、20Mn2钢等，它们适用于截面尺寸不超过20 mm中等受力的渗碳淬硬零件，如机床齿轮、齿轮轴、螺杆、活塞销、气门顶杆等。常用的中淬透性合金渗碳钢是2OCrMnTi、20CrMnMo钢等，它们适用于截面尺寸为20 ~35 mm形状复杂、受力较大的渗碳淬硬零件，如汽车、拖拉机、工程机械的变速齿轮，凸轮、活塞销等。常用的高淬透性合金渗碳钢是12CrNi3、12Cr2Ni4钢等，它们适用于截面尺寸很大(大于35 mm)、受力很大、淬火变形很小的渗碳淬硬零件，如机车轴承、飞机发动机齿轮等。

5.3.2 调质钢

主要用做需要经过调质处理零件的钢，称为调质钢。调质钢分为碳素调质钢和合金调质钢。

(1)成分特点

调质钢的碳含量为0.30% ~0.50%，碳含量过低调质后强度不足，碳含量过高则韧性不足。不含合金元素的调质钢是碳素调质钢，含合金元素的调质钢是合金调质钢。

表5.2　常用渗碳钢的成分、热处理、性能和用途(摘自GB 3077—82)

牌号	化学成分×100			试样毛坯尺寸/mm	热处理				力学性能(不小于)				说明
	w_C	w_{Mn}	w_{Cr}		淬火		回火		σ_b/MPa	σ_s/MPa	$A\times100$	$Z\times100$	
					温度/℃	冷却	温度/℃	冷却					
15	0.12~0.19	0.35~0.65	—	25	920	水	200	水、空气	≥490	≥294	15	—	形状简单、受力较小、截面尺寸小于等于10 mm的渗碳淬硬件,如活塞销等
20	0.17~0.24	0.35~0.65	—	25	900	水	200	水、空气					
20Cr	0.18~0.24	0.5~0.8	0.70~1.00	15	880	水、油	200	水、空气	835	540	10	47	淬透性和强度比20钢好,用于中等受力、截面尺寸要求心部有较高强度的小截面渗碳件
20Mn2	0.17~0.24	1.5~1.8	—	15	880	油	200	水、空气	980	785	10	55	
20CrMnTi	0.17~0.23	0.8~1.1	1.0~1.3	15	880	油	200	水、空气	1 080	835	10	55	受力大、形状复杂、截面尺寸小于35 mm的渗碳淬硬件,如汽车、拖拉机、工程机械的传动齿轮、凸轮、活塞销等
20MnVB	0.17~0.23	1.2~1.6	—	15	860	油	200	水、空气	1 080	885	10	55	
20CrMnMo	0.17~0.23	0.9~1.20	1.1~1.4	15	850	油	200	水、空气	1 080	885	10	55	
18Cr2Ni4WA	0.13~0.19	0.3~0.6	1.35~1.65	15	950	空气	200	水、空气	1 175	835	10	78	高强度、高韧性和良好的淬透性,是渗碳钢中力学性能最好的钢种,用做大截面重要的渗碳零件
20Cr2Ni4	0.17~0.23	0.3~0.6	1.25~1.65	15	880	油	200	水、空气	1 175	1 080	10	63	

表 5.3　常用调质钢的成分、热处理、性能和用途(摘自 GB3077—82)

牌　号	化学成分×100				热处理				力学性能(不小于)					说　明
	w_C	w_{Si}	w_{Mn}	w_{Cr}	淬　火		回　火		σ_b/MPa	σ_s/MPa	$A\times100$	$Z\times100$	a_k/J·cm^{-2}	
					温度/℃	冷却	温度/℃	冷却						
40	0.37~0.45	0.17~0.37	0.50~0.80	—	840	水	600	水、油	570	335	19	45	47	形状简单、受力不大、截面尺寸小于 20 mm 的调质件或表面淬火件,如机床中的轴、曲轴、齿轮、连杆等
45	0.42~0.50	0.17~0.37	0.50~0.80	—	840	水	600	水、油	600	335	16	40	39	
40Cr	0.37~0.44	0.17~0.37	0.50~0.80	0.80~1.10	850	油	520	水、油	980	785	9	45	47	淬透性和力学性能比 45 钢好,淬火变形和开裂倾向小。用于尺寸稍大、较重要的调质件或淬硬零件
40Mn2	0.39~0.45	0.17~0.37	1.40~1.80	—	850	油	550	水、油	885	735	10	45	47	
40MnVB	0.37~0.44	0.17~0.37	1.10~1.40	—	850	油	520	水、油	980	785	10	45	47	形状复杂、受力较大、截面较大(40~60 mm)的调质件或表面淬硬件,如汽车、拖拉机、机床的轴、齿轮、联轴器等
30CrMnSi	0.27~0.34	0.90~1.20	0.80~1.10	0.80~1.10	880	油	520	水、油	1 080	885	10	45	89	
40CrNiMo	0.37~0.44	0.17~0.37	0.50~0.80	0.60~0.90	850	油	600	水、油	980	835	12	55	78	冲击力较大、截面很大的高强度零件,如锻压机的偏心轴、压力机曲轴等
40CrMnMo	0.37~0.45	0.17~0.37	0.90~1.20	0.90~1.20	850	油	600	水、油	980	785	10	45	63	
38CrMoAlA	0.35~0.42	0.20~0.45	0.30~0.60	1.35~1.65	940	油	640	水、油	980	835	14	50	71	渗氮钢,用于表面硬度大于 900HV 的精密机件,如镗杆、精密主轴等

合金调质钢中常加入Cr、Mn、Ni等元素,以提高钢的淬透性,固溶强化铁素体,减小零件的淬火变形。加入少量W、Mo、V、Ti等元素能形成稳定的合金碳化物,以细化奥氏体晶粒提高钢的韧性。W和Mo还具有减小高温回火脆性的作用。

(2)热处理及性能特点

1)调质 零件经调质后具有良好的综合力学性能,即高的韧性和足够的强度,其硬度相当于22~32 HRC。

2)调质及表面淬火低温回火 零件调质后,对其表面进行表面淬火,然后整体低温回火。经此热处理后,零件表面具有较高的硬度(52~58 HRC)和耐磨性,心部具有良好的综合力学性能(22~32 HRC),零件还具有较高的疲劳抗力。

3)调质及渗氮 渗氮钢(38CrMoAlA)零件先调质,然后表面渗氮,使零件表面具有很高的硬度(900~1 200 HV)和耐磨性,心部有较好的强韧性,零件有较高的疲劳抗力。

此外,调质钢零件也可根据需要进行淬火中温回火,以获得高的强度。

(3)常用调质钢及其应用

常用调质钢的成分、热处理、性能及用途见表5.3。

1)碳素调质钢 常用碳素调质钢是45、40Mn钢等。其特点是:淬透性差,截面较大的零件难以淬透;缺少合金元素对铁素体的固溶强化,零件调质后强度不足;因采用水淬使零件淬火变形大。因此,碳素调质钢主要用于截面尺寸小于20 mm、受力不大、形状简单的调质零件或调质表面淬硬零件。例如,机床中的轴、齿轮,柴油机中的曲轴、连杆及万向接头轴等。

2)合金调质钢 合金调质钢的特点是:淬透性好,调质后大截面零件具有均匀、良好的综合力学性能;因合金元素强化铁素体,使零件调质后有较高的强度;可采用油淬或盐浴分级淬火,使零件淬火变形小。钢中的合金元素含量越多,其淬透性越好,调质后强度越高,淬火变形越小。

由表5.3可见,低淬透性合金调质钢主要用于中等受力、形状较复杂、截面尺寸为20~40 mm的调质件或调质表面淬硬件;中淬透性合金调质钢主要用于受力大、形状复杂、截面尺寸大(40~60 mm)的调质件或调质表面淬硬件;高淬透性合金调质钢主要用于受力很大、形状复杂、截面尺寸很大(大于60 mm)的调质件或调质表面淬硬件。

5.3.3 弹簧钢

弹簧钢是指主要用于制造弹簧的钢。

(1)弹簧的工作特点和性能要求

弹簧工作时,在交变载荷、冲击载荷或振动的作用下,通过弹性变形吸收能量,缓和冲击载荷,吸收振动,起到减震作用,如汽车弹簧、火车弹簧等;或利用弹簧储存的弹性能驱动机械零件,如汽阀弹簧、钟表发条等。因此,为了保证弹簧有良好的工作性能,弹簧应有高的弹性极限,以保证其有高的弹性变形能力而不发生塑性变形;应有高的疲劳抗力,以防止弹簧发生疲劳断裂;还应有一定的塑性和韧性,以防止冲击断裂和脆性断裂。

(2)成分特点

弹簧钢分为碳素弹簧钢与合金弹簧钢两类。碳素弹簧钢的碳含量为0.6%~0.85%,如65、65Mn钢等。合金弹簧钢的碳含量为0.5%~0.7%,并含某些合金元素,如60Si2Mn、50CrVA钢等。合金弹簧钢中常加的合金元素有Si、Mn、Cr等,以固溶强化铁素体和提高钢的淬透性，使大截面弹簧淬火回火后获得高而均匀的弹性极限。某些合金弹簧钢中还加有少量的 Mo、V，以防止淬火加热时奥氏体晶粒长大和出现高温回火脆性，使弹簧具有一定的韧性。

(3)常用弹簧钢及热处理

常用弹簧钢的成分、热处理、性能和用途见表5.4。

表5.4 常用弹簧钢的成分、热处理、性能及用途(摘自 GB/T 1200—2007)

牌号	化学成分×100			热处理		力学性能(不小于)				用途
	w_C	w_{Si}	w_{Mn}	淬火温度/℃	回火温度/℃	σ_b/MPa	σ_s/MPa	$\delta\times$100	$\Psi\times$100	
70	0.65 ~ 0.74	0.17 ~ 0.37	0.50 ~ 0.80	840 油	500	1 000	800	9	35	截面尺寸小于 12 mm 的汽车、拖拉机及一般用途弹簧
65Mn	0.62 ~ 0.70	0.17 ~ 0.37	0.90 ~ 1.20	830 油	540	1 000	800	6	30	
60Si2Mn	0.56 ~ 0.64	1.50 ~ 2.00	0.60 ~ 0.90	870 油	480	1 300	1 200	5	25	截面尺寸为 12 ~ 40 mm 的各种弹簧
50CrVA	0.46 ~ 0.54	0.17 ~ 0.37	0.50 ~ 0.80	850 油	500	1 300	1 150	10	40	
50CrMnVA	0.46 ~ 0.54	0.70 ~ 1.00	1.00 ~ 1.30	860 油	460	1 400	1 250	5	30	

注：表中的热处理规范和力学性能数据是出厂时的检验指标，这些数据不能作为设计计算的依据。

1)碳素弹簧钢　常用的碳素弹簧钢有70、65Mn钢等。这类钢由于淬透性差，缺少合金元素对铁素体的固溶强化，使较大截面的弹簧淬火回火后的强度相对较低，故碳素弹簧钢主要用于强度不很高、截面尺寸小于12 mm的小型弹簧，经淬火中温回火至硬度45 ~ 52 HRC后使用。碳素弹簧钢还可由冶金厂通过索氏体化处理(奥氏体化后在500 ~ 550 ℃盐浴中等温得到索氏体或托氏体组织)，并冷拔、冷轧加工成直径或厚度小于6 mm具有高强度(σ_b = 1 300 ~ 2 500 MPa)的弹簧钢丝或钢带，供用户使用。因此，对于直径或厚度小于6 mm的弹簧，也可采用高强度弹簧钢丝或钢带，经冷变形成形为一定形状的弹簧，然后经250 ~ 280 ℃人工时效，消除冷变形残余内应力后直接使用，而不需淬火中温回火。

2)合金弹簧钢　常用合金弹簧钢有60Si2Mn、50CrVA钢等。这类钢由于淬透性好和合金元素对铁素体的固溶强化作用，使较大截面弹簧淬火中温回火后具有高而均匀的强度，故常用于强度高、截面尺寸较大(大于12 mm)的弹簧，经淬火中温回火至硬度45 ~ 54 HRC后使用。如60Si2Mn钢常用于截面尺寸为12 ~ 25 mm的各种弹簧，50CrVA钢常用于截面尺寸为25 ~ 35 mm的弹簧。

5.3.4　滚动轴承钢

滚动轴承由滚动体(滚珠或滚柱)和内外圈组成。滚动轴承工作时，滚动体承受交变接触压应力，并与内外圈产生强烈地滚动摩擦。因此，滚动轴承应具有高的硬度、耐磨性、接触疲劳抗力和抗压强度。

(1)滚动轴承钢的成分和热处理

用于制造滚动轴承零件的钢称为滚动轴承钢。滚动轴承钢碳含量高(w_C = 0.95% ~

1.05%),以保证高的淬硬性和耐磨性;钢中加入少量合金元素Cr(w_{Cr}=0.4%~1.65%),以细化碳化物,提高钢的接触疲劳抗力,并提高钢的淬透性;钢中有害杂质元素(P、S和非金属夹杂物)需要控制严格,以保证钢具有较高的接触疲劳寿命。因此,滚动轴承钢热处理后具有高的硬度、耐磨性、接触疲劳抗力和抗压强度。

滚动轴承零件常用的热处理是淬火低温回火,硬度一般为62 HRC左右。

(2)常用滚动轴承钢

滚动轴承钢的牌号由“G”(“滚”字汉语拼音字首)、化学元素符号Cr和数字组成,数字代表w_{Cr}的千倍数。例如,GCr15代表w_{Cr}=1.5%的滚动轴承钢。常用滚动轴承钢的成分、热处理及用途见表5.5。

滚动轴承钢除主要用作滚动轴承外,还可用作量具、刀具、冷冲模和耐磨机械零件(如柴油机喷油嘴、精密淬硬丝杠)。

表5.5 铬轴承钢的牌号、成分、热处理及用途(摘自YB(T)1—80)

牌号	化学成分×100				热处理			用途
	w_C	w_{Cr}	w_{Mn}	w_{Si}	淬火温度/℃	回火温度/℃	回火硬度/HRC	
GCr9	1.0~1.10	0.9~1.2	0.25~0.45	0.15~0.35	810~830	150~170	62~66	ϕ为10~20 mm钢球
GCr15	0.95~1.05	1.4~1.65	0.25~0.45	0.15~0.35	825~845	150~170	62~66	壁厚接近20 mm的中小型套圈,小于ϕ50 mm钢球
GCr15SiMn	0.95~1.05	1.4~1.65	0.95~1.25	0.45~0.75	820~840	150~180	≥62	壁厚大于30 mm的大型套圈,ϕ为50~100 mm钢球

5.3.5 其他常用结构钢

(1)低淬透性钢

低淬透性钢是指淬透性很低专供感应加热表面淬火件使用的优质结构钢。其成分特点是:w_C=0.5%~0.7%,以保证表面淬火后零件表面有较高的硬度和耐磨性;Mn、Si的含量降低至最低限度(w_{Mn}=0.10%~0.20%、w_{Si}=0.10%~0.20%),以降低钢的淬透性;加入少量Ti、V,因Ti、V的碳化物在淬火加热时不易溶入奥氏体,能细化奥氏体晶粒,冷却时碳化物成为珠光体转变的核心,从而降低过冷奥氏体的稳定性和钢的淬透性。

低淬透性钢用于中、小模数齿轮时,即便感应加热使齿轮全部热透,在冷却时也只能使齿表层淬硬,而齿的心部仍保持良好的强韧性,从而解决调质钢中、小模数齿轮表面淬火时齿心硬度过高的不足。

低淬透性钢可以代替渗碳钢用于汽车、拖拉机和农机中的中、小模数齿轮,以及用于承受冲击载荷的半轴、花键轴、活塞销等零件,并经正火和感应加热表面淬火低温回火后使用。常用的低淬透性钢的牌号、成分、力学性能和用途见表5.6。

表 5.6 低淬透性钢的牌号、化学成分、力学性能及用途

牌号	化学成分×100		正火温度/℃	试样尺寸/mm	力学性能(不大于)				用途
	w_C	w_{Ti}			σ_b/MPa	$\sigma_{0.2}$/MPa	$\Psi\times100$	$\delta\times100$	
55Ti	0.51 ~ 0.59	0.03 ~ 0.10	830	25	539	294	35	16	模数 5 以下的小齿轮
60Ti	0.57 ~ 0.65	0.03 ~ 0.10	825	25	588	343	30	14	模数 6 以上的大、中型齿轮
70Ti	0.64 ~ 0.73	0.04 ~ 0.12	815	25	687	392	25	12	

(2)易切削钢

易切削结构钢简称易切削钢。它具有优良的切削加工性,即切削抗力小、排屑容易、加工表面粗糙度小、刀具寿命长。它主要用做成批大量生产和在自动机床上加工,以及对力学性能要求不高的各种紧固件(螺钉、销钉)和小型零件。

易切削钢的成分特点是含有一定量的 S、Pb、Ca 等元素。铅以极细小的颗粒分布于钢中;硫、钙形成 MnS、CaS 等化合物,热加工后以细小条状或纺锤状形态存在。这些夹杂物破坏钢的连续性,切削加工时易断屑和减小切削抗力,同时具有润滑作用,从而降低刀具磨损,提高零件表面质量。

易切削钢的牌号由"Y"("易"字汉语拼音字首)和数字组成,数字代表钢平均碳含量的万倍数。如"Y12"代表 $w_C=0.12\%$ 的易切削钢。常用易切削钢的成分、性能和用途见表 5.7。

表 5.7 常用易切削钢的成分和性能(摘自 GB 8731—83)

牌号	化学成分×100			力学性能				应用
	w_C	w_{Si}	w_{Mn}	σ_b/MPa	$\delta\times100$	$\Psi\times100$	HBS	
					≥		≤	
Y12	0.08 ~ 0.16	0.15 ~ 0.35	0.70 ~ 1.00	390 ~ 540	22	36	170	不重要的标准件,如螺栓、螺母、销钉等
Y15	0.10 ~ 0.18	≤0.15	0.80 ~ 1.20	390 ~ 540	22	36	170	
Y20	0.17 ~ 0.25	0.15 ~ 0.35	0.70 ~ 1.00	450 ~ 600	20	30	175	仪器、仪表渗碳件
Y30	0.27 ~ 0.35	0.15 ~ 0.35	0.70 ~ 1.00	510 ~ 655	15	25	187	强度较高的标准件、小零件
Y40Mn	0.37 ~ 0.455	0.15 ~ 0.35	1.20 ~ 1.55	590 ~ 735	14	20	207	强度、硬度较高的零件,如机床丝杠、齿轮轴、花键轴、螺钉、销子等
Y45Ca	0.42 ~ 0.50	0.20 ~ 0.40	0.60 ~ 0.90	600 ~ 745	12	26	241	

(3)碳素结构钢和低合金结构钢

1)碳素结构钢 碳素结构钢是指保证一定力学性能,碳含量为 0.06% ~0.38%,并含有

较多有害杂质的普通碳钢。此类钢一般经焊接或机械加工后直接使用,而不进行热处理、铸造和锻造加工。

碳素结构钢的牌号由Q(屈服点)、屈服点数值、质量等级符号和脱氧方法符号组成。质量等级按硫、磷含量从高至低分为A、B、C、D四级;脱氧方法用汉语拼音字首表示:"F"代表沸腾钢,"BZ"代表半镇静钢,"Z"代表镇静钢(可省略)。例如,"Q215-A. F"代表 $\sigma_s \geq 215$ MPa,质量等级A,沸腾碳素结构钢。

常用碳素结构钢的成分和力学性能见表5.8。此类钢一般具有良好的塑性和焊接性能及一定的强度,主要用于一般工程构件和要求不高的机械零件。Q195、Q215用做桥梁、钢架、铆钉、地脚螺钉、开口销和冲压零件等;Q235用做心轴、转轴、吊钩和冲模柄等,其中Q235-C、Q235-D因质量相对较好,可用做重要焊接结构件;Q255、Q275用做摩擦离合器、主轴、刹车钢带等。

表5.8　常用碳素结构钢的化学成分和力学性能(摘自GB/T 700—2006)

牌　号	质量等级	化学成分×100		脱氧方法	钢材厚度/mm	力学性能		
		w_C	w_{Mn}			σ_s/MPa ≥	σ_b/MPa	A×100 ≥
Q195		0.06~0.12	0.25~0.50	F、B、Z	≤16	(195)	315~390	33
					17~40	(185)		32
Q215	A	0.09~0.15	0.25~0.55	F、B、Z	≤16	215	335~410	31
	B				17~40	205		30
Q235	A	0.14~0.22	0.30~0.65	F、B、Z	≤16	235	375~460	26
	B	0.12~0.20	0.30~0.70		17~40	225		25
	C	≤0.18	0.35~0.80	Z	≤16	235	375~460	26
	D	≤0.18		TZ	17~40	225		25
Q255	A	0.18~0.28	0.40~0.70	Z	≤16	255	410~510	24
	B				17~40	245		23
Q275		0.28~0.38	0.50~0.80	Z	≤16	275	490~610	20
					17~40	265		19

2)低合金结构钢　低合金结构钢是指保证一定力学性能,碳含量为0.10%~0.25%,并含有少量合金元素的普通低碳低合金钢。钢中加入少量硅、锰以增加珠光体和强化铁素体,加入少量钛、钒形成TiC、VC以细化晶粒并起弥散强化作用,有时还加入少量铜和磷,以提高耐大气腐蚀能力。因此,与碳素结构钢相比,低合金结构钢具有较高的强度,良好的塑性和韧性,优良的焊接性,还具有较好的耐大气腐蚀能力。

低合金结构钢由于保证一定的力学性能,故一般经焊接或机械加工后直接使用,而不进行热处理和铸造、锻造加工。低合金结构钢常用于建筑、石油、化工、铁路、桥梁、船舶、机车车辆、锅炉、压力容器和农机等领域的各类构件。常用低合金结构钢的成分、性能和用途见表5.9。

表5.9 常用低合金结构钢的成分、性能及用途(摘自GB 1591—88)

钢号	化学成分×100			钢材厚度	力学性能			用途
	w_C	w_{Si}	w_{Mn}		σ_b/MPa	σ_s/MPa	$A\times100$	
09MnV	≤0.12	0.20~0.55	0.80~1.20	≤16 16~25	430~580	295 275	23	拖拉机轮圈、建筑结构、冷弯型钢及各种容器
16Mn (16MnCu)	0.12~0.20	0.20~0.55	1.20~1.60	≤16 17~25	510~660	345 325	22 21	桥梁、电视塔、汽车的纵横梁、厂房结构等
15MnTi (15MnTiCu)	0.12~0.18	0.20~0.55	1.20~1.60	≤25 26~40	540 520	390 375	20	船舶、压力容器、电站设备等
15MnV (15MnVCu)	0.12~0.18	0.20~0.55	1.20~1.60	5~16 17~25	510~660	390 375	18	船舶、压力容器、桥梁、车辆、起重机械等

(4)冷冲压钢

用于室温下冲压成形的钢,称为冷冲压钢。此类钢要求高的塑性和低的屈服强度,即良好的冲压工艺性,并要求冲压件有光滑的表面。为此,冷冲压钢的化学成分和组织应具有以下特点:

1)成分特点　碳含量小于0.2%~0.3%,硫、磷含量小于0.035%,硅和锰含量越低越好。

2)组织特点　铁素体基体上分布极少量非金属夹杂物,若钢中存在珠光体时,则应为球状珠光体;铁素体晶粒应细(晶粒度6级)而均匀,晶粒过细或过粗均使钢的冲压性能降低;避免出现连续条状非金属夹杂物和沿铁素体晶界分布的三次渗碳体,以防止钢的塑性降低。

由上述可知,冷冲压钢板应为优质碳素结构钢。对于冲压变形量大、形状复杂的冲压件,主要采用冷轧深冲薄钢板08F和08Al。其中,对于外观要求不高的冲压件,可采用价廉的08F;对于冲压性能和外观要求高的冲压件,宜采用08Al;对于冲压变形量不大的一般冲压件,可采用10、15、20钢板。

5.4 刃具钢

用于切削加工的刀具主要有车刀、铣刀、刨刀、钻头、丝锥、板牙、锯条和锉刀等。不同的刀具因工作条件和性能要求不同,应采用不同的材料制造。常用的刀具材料有碳素工具钢、低合金刃具钢、高速钢和硬质合金等。

5.4.1 刀具的工作特点和性能要求

刀具切削材料时,其刃口承受切屑的剧烈摩擦,摩擦热使刃口温度升高,刃口还承受较大的压应力和一定的冲击载荷。被切削材料越硬,切削速度越高,刃口承受的摩擦越剧烈,温升越高,压应力越大。因此,刀具要求高的硬度(大于等于60 HRC)、耐磨性,较高的强度和一定的韧性,根据被切削材料的硬度和切削速度不同,刀具还要求不同的热硬性。

5.4.2　碳素工具钢和低合金刃具钢

(1)碳素工具钢

碳素工具钢是碳含量为0.65%~1.35%的优质或高级优质高碳钢,如T7、T8、T10等。碳素工具钢因含碳量高,淬火低温回火后,具有高的硬度(60~64 HRC)和较高的耐磨性。但与其他刃具钢相比,碳素工具钢的耐磨性、热硬性和淬透性相对较低,淬火变形大。因此,碳素工具钢主要用于切削软材料,以及切削速度很低、热硬性不作要求的手用刀具(如手用丝锥、板牙、锯条、锉刀及木工刀具等),经淬火低温回火至60~64 HRC后使用。

常用碳素工具钢的成分、热处理、性能和用途见表5.10。

(2)低合金刃具钢

1)成分和热处理特点　在碳素工具钢的基础上,加入少量铬、硅、锰、钨、钒等合金元素,形成低合金刃具钢,如9SiCr、Cr2、CrMn、9MnSi等。Cr、Si、Mn等元素能提高钢的强度和淬透性,减小淬火变形;W、V等元素能提高钢的耐磨性,细化淬火加热时的奥氏体晶粒,提高钢的韧性。

低合金刃具钢经淬火低温回火后,获得高硬度(60~64 HRC)、高耐磨性。

2)常用低合金刃具钢　低合金刃具钢因耐磨性、热硬性和淬透性高于碳素工具钢,而低于高速钢。因此,低合金刃具钢常用于切削软材料、较低切削速度的刀具,如低速切削铝、铜、软钢等材料的车刀、铣刀、机用丝锥和板牙、手用绞刀等。常用低合金刃具钢的成分、热处理、性能和用途见表5.10。其中,9SiCr因合金碳化物细小均匀分布而具有较高的韧性,主要用做切削速度较低的薄刃口刀具,如丝锥、板牙、绞刀等。Cr2因合金碳化物较多且细小均匀分布而具有较高的耐磨性,常用做切削速度较低、切削软材料的车刀、插刀、绞刀和钻头等。

5.4.3　高速工具钢

刀具在高速切削软材料或低速切削硬材料时,因刃口承受剧烈摩擦,使其温度升至600 ℃左右,热硬性、耐磨性较低的碳素工具钢和低合金刃具钢难以满足高速切削刀具的要求,需使用高速切削工具钢(简称高速钢)。

(1)高速钢的成分和性能特点

高速钢的碳含量高(w_C=0.75%~0.9%)、合金元素(W、Mo、V、Cr)含量高。加入大量W、Mo能有效提高钢的热硬性和耐磨性。由于淬火后W、Mo大量溶入马氏体,在560 ℃回火时,从马氏体中弥散析出大量W_2C、Mo_2C而产生二次硬化,使钢获得高硬度和高热硬性。同时,由于大量W、Mo、C的存在使高速钢成为莱氏体钢,使钢中含有较多的共晶碳化物,从而提高钢的耐磨性。V也具有产生二次硬化的作用而进一步提高钢的热硬性。Cr的作用是提高钢的淬透性。

因此,高速钢具有高硬度(65 HRC)、高耐磨性、高热硬性(600 ℃时保持硬度60 HRC)和高强度。此外,高速钢还具有高的淬透性和小的淬火变形。

表 5.10　碳素工具钢和低合金刃具钢的成分、性能和用途(摘自 GB/T 1298—2008)

牌　号	化学成分×100				淬　火			临界淬透直径/mm		用　途
	w_C	w_{Mn}	w_{Si}	w_{Cr}	淬火温度/℃	冷却	HRC(不低于)	D_C 水	D_C 油	
T7 T7A	0.65~0.74	—	—	—	800~820	水	62	—	—	受冲击力,韧性较好的木工刀具
T8 T8A	0.75~0.84	—	—	—	780~800		62	13~19	5~12	受冲击力,硬度较高的木工刀具
T10 T10A	0.95~1.04	—	—	—	760~780		62	22~26	14	不受剧烈冲击,耐磨的手用丝锥、手用锯条等
T12 T12A	1.15~1.24	—	—	—	760~780		62	28~33	18	不受冲击,耐磨的锉刀、刮刀、手用丝锥等
9SiCr	0.85~0.95	0.30~0.60	1.20~1.60	0.95~1.25	830~860	油	62	51	36~39	薄刃口刀具,如丝锥、板牙、铰刀、低速切削钻头等
Cr2	0.95~1.10	—	—	1.30~1.65	830~860		62	51	40	低速切削的车刀、插刀、铰刀等
9MnSi	0.85~0.95	0.80~1.10	0.30~0.60	—	800~820		60	—	—	长铰刀、长丝锥、木工凿子、手用锯条等
CrMn	1.30~1.50	0.45~0.75	—	1.30~1.60	840~860		62	28	—	长丝锥、拉刀等

(2) 高速钢的热处理特点

高速钢优良性能的获得与正确的热处理工艺有关。W18Cr4V 高速钢的热处理工艺曲线如图 5.7 所示。由图可见，与一般工具钢相比，其主要工艺特点是淬火温度高、回火温度高、多次回火。

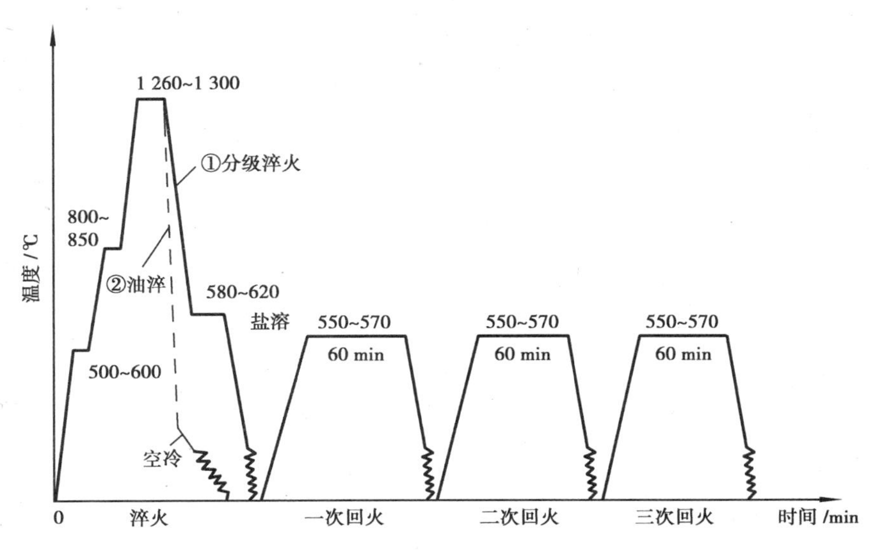

图 5.7　W18Cr4V 高速钢的淬火、回火工艺曲线

高速钢淬火温度高是为了使 W、Mo、V 的合金碳化物尽可能多地溶入奥氏体，淬火后获得高合金马氏体，回火时才能充分产生二次硬化，使钢得到高的硬度和热硬性。但淬火温度不能过高，否则高速钢易产生过热甚至过烧，导致性能恶化。高速钢淬火组织为马氏体、20% ~30% 的较稳定残余奥氏体和大量未溶共晶碳化物。淬火高速钢的回火目的除了降低淬火钢的脆性和淬火应力外，主要是产生二次硬化和消除残余奥氏体。淬火高速钢在 560 ℃回火能使马氏体产生二次硬化(图 5.8)，使残余奥氏体稳定性降低及冷却时转变为马氏体。为了使这两种转变充分完成，应高温(560 ℃)多次回火。

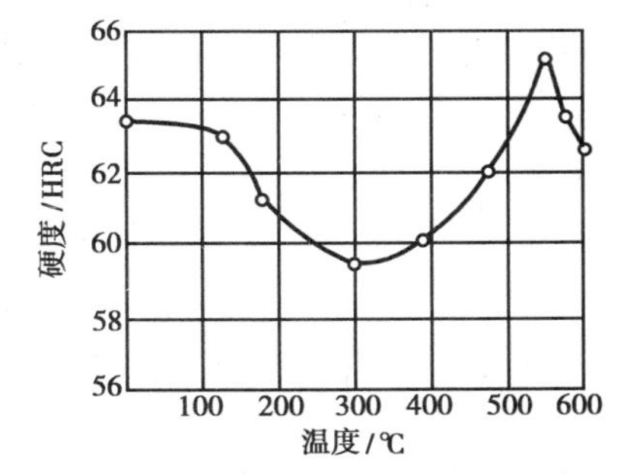

图 5.8　W18Cr4V 钢硬度与回火温度的关系

另外，为了进一步提高高速钢刀具的使用寿命，还可采用离子渗氮、软氮化、氧氮化等化学热处理。

(3) 高速钢的碳化物不均匀分布

高速钢属于莱氏体钢，组织中有较多的过剩共晶碳化物，其共晶碳化物沿轧制方向呈带状不均匀分布(图 5.9)，使钢的脆性、淬火变形及开裂倾向增大，并使钢的抗拉强度呈各向异性，即沿轧制方向强度高，沿垂直方向强度低。

轧制时钢表层的变形量大，越往心部变形量越小，导致高速钢轧材(圆钢)的碳化物不均匀分布。其特点是轧材直径越大，其碳化物分布越不均匀；表层碳化物分布较均匀，越往心部越不均匀。我国将高速钢的碳化物不均匀度分为八级，级别越低碳化物分布越均匀，级别越高

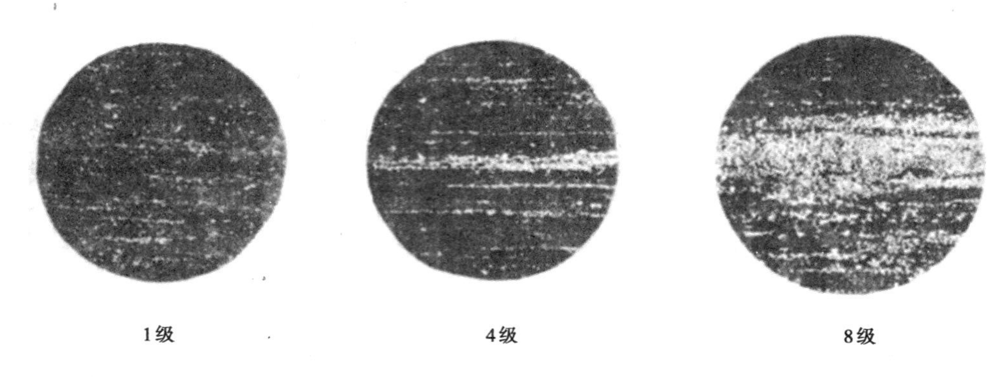

图 5.9　高速钢碳化物不均匀度级别参考图(选摘)(100×)

碳化物分布越不均匀。改善高速钢碳化物不均匀度的有效方法是锻造,故制造尺寸较大的高速钢刀具应先将轧材锻造成锻件毛坯,经等温球化退火后再进行其他加工。

(4)常用高速钢

常用普通高速钢主要有钨系高速钢(如 W18Cr4V、W9Cr4V2)和钨钼系高速钢(如 W6Mo5Cr4V2、W9Mo3Cr4V)。W18Cr4V(简称 18-4-1)钢是使用历史最长(过去应用最广)的典型钨系高速钢。其热硬性高,耐磨性好,淬火温度范围较宽,磨削性好。因此,W18Cr4V 钢主要用做切削铸铁、铝合金、铜合金及硬度为 240～320 HBS 的钢,切削速度为 25～55 m/min 的车刀、铣刀、滚刀和钻头等,以及某些耐磨零件(如车床顶尖)。但 W18Cr4V 存在碳化物不均匀度大、脆性大、热塑性差的缺点,故目前使用较少。W6Mo5Cr4V2(简称 6-5-4-2)钢是目前应用广泛的典型钨钼系高速钢。其热硬性高,耐磨性与 W18Cr4V 相近;因合金元素总量减少,使碳化物不均匀度改善,其强度和韧性高于 W18Cr4V;高温(950～1 100℃)热塑性好。因此,W6Mo5Cr4V2 钢除可替代 W18Cr4V 钢制作刀具外,还可用做热扭成形的麻花钻和强韧性较好的冷冲模、引深模等。

随着工业发展,要求高速钢具有更高的热硬性和耐磨性,由此出现了高性能高速钢。热处理后硬度为 67～69 HRC 的高速钢称为高性能高速钢(超硬高速钢),它是在普通高速钢的基础上,增加碳的含量或钴和钒的含量形成的新型高速钢。高性能高速钢的硬度、耐磨性和热硬性均超过普通高速钢,主要用做加工硬度超过 32 HRC 的高强度钢,以及难加工的耐热钢和特种合金的切削刀具。常用高性能高速钢有高碳 W6Mo5Cr4V2Al、W6Mo5Cr4V2Co5、Wl8Cr4VCo5、Wl2Cr4V5Co5 等。

5.5　模具钢

用于制造模具主要工作零件的钢称为模具钢。常用的模具主要有冷作模、热作模和塑料模等。

5.5.1　冷作模具钢

用于冲压常温金属的模具称为冷作模具。常用的冷作模具有冲裁模、引深模、拉丝模和冷挤模等。冷作模具的主要工作零件是凸模和凹模,用于制造冷作模中凸模和凹模的钢称为冷作模具钢。为了便于叙述,以下将凸模和凹模统称为模具。

(1)冷作模的工作特点和性能要求

冲裁模、引深模、拉丝模等冷作模在工作时,模具刃口或工作部位承受很大的摩擦力而易于磨损。冷挤模挤压金属时,除承受强烈摩擦外,还承受很大的挤压力(最大可达2 500 MPa)而易于断裂。

因此,冲裁模、引深模等以磨损为主的冷作模具主要应具有高的硬度(58～64 HRC)和耐磨性;冷挤模除应具有高的硬度(58～62 HRC)和耐磨性外,还应具有高的强度和一定的韧性。对于尺寸较大或精度较高的模具,还要求高的淬透性和小的淬火变形。

(2)冷作模具钢的成分和热处理特点

1)成分特点　要求以高耐磨性为主的冷作模,所用冷作模具钢应具有高的碳含量($w_C \geq 0.8\%$),以保证模具热处理后有高的硬度和耐磨性。为了提高钢的耐磨性、淬透性,减小淬火变形,常加入合金元素Cr、W、Mo、Mn、V而形成合金模具钢。上述合金元素含量越多,钢的耐磨性和淬透性越高,淬火变形越小。

要求以高耐磨性、高强度和一定韧性为主的冷作模,所用冷作模具钢应具有中等偏高的碳含量($w_C = 0.50\% \sim 0.65\%$),及高的合金元素(W、Mo、Cr、V)总含量($w_{Me} \geq 10\%$),使钢热处理后具有高的硬度和耐磨性,高的强度和较高的韧性。

2)热处理特点　用于冲裁模、引深模、拉丝模等以高耐磨性为主的冷作模具钢,其热处理是淬火低温回火,以获得高的硬度和耐磨性。对于引深模,淬火低温回火后表面镀硬铬或磷化可进一步提高耐磨性。

用于冷挤压模的冷作模具钢(如基体钢、中碳高速钢),其热处理是高温淬火、高温(560 ℃)多次回火,以获得高的硬度和耐磨性,高的强度和较高的韧性。热处理后表面进行软氮化、离子氮化、物理气相沉积TiN等,可进一步提高耐磨性。

(3)常用冷作模具钢

常用冷作模具钢主要有碳素工具钢、合金模具钢、基体钢和中碳高速钢,见表5.11。

1)碳素工具钢　T8A、T10A等碳素工具钢淬火低温回火后,具有高的硬度和一定的耐磨性,但淬透性差,淬火变形大,水淬易裂,耐磨性不足,使用寿命低。因此,碳素工具钢主要用于制造冲裁软材料板(硬纸板、铝板等),工作寿命不长,形状简单的小截面冲裁模,经淬火低温回火后使用。

2)合金模具钢　常用合金模具钢有9Mn2V、9CrWMn、CrWMn、Cr4W2MoV、Cr12MoV等。与碳素工具钢相比,此类钢淬火低温回火后不仅具有高的硬度(58～64 HRC),而且具有高的耐磨性、淬透性,以及小的淬火变形。钢中合金元素越多,其耐磨性越高,淬透性越好,淬火变形越小,工作寿命越长。

低合金模具钢9Mn2V、9CrWMn、CrWMn等主要用做冲裁较硬金属(铜及铜合金)板,以及工作寿命较长、形状较复杂、截面较大的冲裁模,也可用做引深铝板的引深模。CrWMn是低合金模具钢中耐磨性最高、淬透性最好、淬火变形最小的钢,故应用广泛。

中、高合金模具钢Cr4W2MoV、Cr12MoV,主要用做冲裁硬金属(钢、硅钢)板,以及工作寿命较长、形状复杂的大截面冲裁模,也可用做引深铜、软钢、奥氏体不锈钢的引深模,以及冷挤软金属(铝及铝合金等)的冷挤模。Cr12MoV钢因含有高碳高铬而存在大量过剩共晶碳化物,属于莱氏体钢,故其是合金模具钢中耐磨性最高、淬透性最好、淬火变形最小的钢,而应用广泛。

表 5.11 常用冷作模具钢(摘自 GB/T 1299—2000)

牌号	化学成分×100				热处理					用途
	w_C	w_{Cr}	w_{Mn}	其他	淬火/℃	回火/℃	硬度/HRC	耐磨性	变形度	
T8	0.75~0.84	—	—	—	780~800	160~180	58~62	较低	大	冲裁铝合金等软金属,使用寿命不长,形状简单,小截面冲裁模
T10	0.95~1.04				760~780					
9Mn2V	0.85~0.94	—	1.70~2.00	w_V:0.10~0.25	780~810	160~200	60~62	较高	较小	冲裁铜合金,寿命较长,形状较复杂,截面较大的冲裁模;引深铝、铜的引深模
9CrWMn	0.85~0.95	0.50~0.80	0.90~1.20	w_W:0.50~0.80	800~830				较小	
CrWMn	0.90~1.05	0.90~1.20	0.80~1.10	w_W:0.20~1.60	800~830				小	
Cr4W2MoV	1.12~1.25	3.50~4.00	w_W:1.80~2.60 w_{Mo}:0.80~1.20 w_V:0.80~1.10		960~980		61~63	高	很小	冲裁钢、硅钢片,寿命较长,形状复杂,截面大的冲裁模;引深软钢、奥氏体不锈钢的引深模;冷挤铜、铝的冷挤模
Cr12MoV	1.45~1.70	11.0~12.50	w_{Mo}:0.40~0.60 w_V:0.15~0.30		1 020~1 040					
65Cr4W3Mo2VNb	0.60~0.70	3.80~4.40	w_W:2.5~3.5 w_{Mo}:2.0~2.5 w_V:0.80~1.20		1 100~1 180	550	60~62	较高		冷挤铜合金、软钢的冷挤模
6W6Mo5Cr4V2	0.55~0.65	3.70~4.30	w_W:6.0~7.0 w_{Mo}:4.5~5.5 w_V:0.70~1.10		1 200					

3)基体钢和中碳高速钢　化学成分相当于淬火高速钢马氏体基体成分的钢称为基体钢,常用基体钢有5Cr4Mo3SiMnVAl、65Cr4W3Mo2VNb、6Cr4Mo3Ni2WV等。由于基体钢不存在过剩的共晶碳化物,使基体钢具有高速钢的硬度和热硬性,又具有较高的强度、韧性和疲劳抗力。因此,基体钢适宜于制造较高强度和韧性的冷挤模,其工作寿命高于高速钢和Cr12MoV钢。

$w_C = 0.6\%$ 的W6Mo5Cr4V2高速钢称为中碳高速钢或降碳高速钢,其牌号是6W6Mo5Cr4V2。由于中碳高速钢的碳含量较低,使钢中的过剩共晶碳化物减少,从而使其有高速钢的硬度和热硬性,又具有较高的强度、韧性和疲劳抗力。因此,中碳高速钢也适宜于制造冷挤模,并有较高的工作寿命。

用基体钢或中碳高速钢制造的冷挤模,经高温淬火、高温(560 ℃)多次回火后使用,或经热处理后再进行表面软氮化、离子氮化、物理气相沉积TiN后使用。

此外,对于要求高耐磨性的冷作模,当其冲压硬材料并要求使用寿命很长时,宜采用硬质合金。

5.5.2　热作模具钢

(1)热作模的工作特点和性能要求

用于成形高温金属的模具称为热作模。常用热作模有热锻模、热挤模和压铸模等。用于制造热作模主要工作零件的钢称为热作模具钢。

热作模工作时,模具型腔承受高温及温度循环变化的作用,还承受较大的循环静载荷或循环冲击载荷及剧烈的摩擦作用。因此,热作模要求较高的热耐磨性、高温强度、热疲劳抗力及足够的高温韧性,其淬火回火后的硬度一般为37~52 HRC。

金属加热表面膨胀时,因受低温内层金属约束而产生表面压应力;金属冷却表面收缩时,因受高温内层金属约束而产生表面拉应力。当金属经受加热和冷却的温度循环时,引起表面循环热应力,导致金属产生表面裂纹的现象称为热疲劳或冷热疲劳。表面循环温差越大,表面热应力越大,则金属的热疲劳寿命越短。

(2)热作模具钢的成分和热处理特点

热作模具钢的碳含量一般为0.3%~0.5%,以保证钢的耐磨性、强度、韧性和热疲劳抗力。热作模具钢还含一定量的Cr、W、Mo、V等合金元素,这些合金元素不仅提高钢的淬透性,减小淬火变形,更重要的是提高钢的抗回火性,形成稳定的合金碳化物,以提高钢的热耐磨性、热稳定性和高温强度。钢中合金元素越多,上述性能的提高越显著。

硬度对热作模具钢的高温性能也有影响。硬度越高,热作模具钢的热耐磨性和高温强度越高,高温韧性和热疲劳抗力越低;反之,热耐磨性和高温强度越低,高温韧性和热疲劳抗力越高。因此,热作模具钢的热处理硬度宜为37~52 HRC,其热处理为淬火中温回火或淬火高温回火。

(3)常用热作模具钢

常用热作模具钢的成分、性能和用途见表5.12。由表可知,低合金热作模具钢5CrMnMo、5CrNiMo,具有高的高温韧性和高温塑性,常用做小型锤锻模。5CrMnMoSiV、4Cr2NiMoVSi钢不仅具有高的高温韧性和高温塑性,而且具有较高的高温强度,常用做压力机锻模,也可用做大型锤锻模。中合金热作模具钢4Cr5MoSiV、4Cr5MoSiV1和4Cr5W2Si,具有高的高温强度,较高的高温韧性、高温塑性和热稳定性,主要用做成形铝合金、铜合金的热挤模和压铸模,也可用

表 5.12　常用热作模具钢的成分、性能及用途(摘自 GB/T 1299—2000)

牌号	化学成分×100				热处理后的硬度/HRC	高温性能(650 ℃)						用途
	w_C	w_{Cr}	w_{Mo}	其他		σ_b/MPa	σ_s/MPa	$\delta\times100$	$\Psi\times100$	A_k/J	硬度/HV	
5CrMnMo	0.5~0.6	0.6~0.9	0.15~0.3	w_{Mn}1.2~1.6	—	—	—	—	—	—	—	小型锤锻模
5CrNiMo	0.5~0.6	0.5~0.8	0.15~0.3	w_{Ni}1.4~1.8	41	177	142	101	96	36.3	201.7	大型锤锻模、压力机锻模
4CrMnMoSiV	0.35~0.45	1.3~1.5	0.4~0.6	w_{Mn}0.8~1.1 w_{Si}0.8~1.0 w_V0.2~0.6	40~41	262	204	71.6	96.4	68	255.3	
4Cr5MoSiV	0.32~0.42	4.5~5.5	1.2~1.5	w_{Si}0.8~1.2 w_V0.3~0.5	49~50	471	402	33	85.5	36	302.5	大型压力机锻模,铝合金、铜合金热挤模,铝合金压铸模
4Cr5MoSiV1	0.32~0.42	4.5~5.5	1.2~1.5	w_{Si}0.8~1.2 w_V0.8~1.1	47~48	620	556	24	83	66.1	362	
4Cr5W2VSi	0.32~0.42	4.5~5.5	—	w_W1.6~2.4 w_{Si}0.8~1.2 w_V0.6~1.0	48~49	605	530	21	71	47.1	314.5	
4Cr2NiMoVSi	0.32~0.42	1.54~2.0	0.8~1.2	w_{Ni}0.8~1.2 w_{Si}0.8~1.2 w_V0.3~0.5	39~40	469	400	38.4	92.5	9.2	277	大型压力机锻模
3Cr2W8V	0.3~0.4	2.2~2.7		w_W7.5~9.0 w_V0.2~0.5	42~43	535	471	11	17.1	27.4	304	铝合金、铜合金压铸模,低碳钢的热挤模
4Cr3Mo3W2V	0.32~0.42	2.8~3.3	2.5~3.0	w_W1.2~1.8 w_V0.8~1.2	43~44	662	587	21.3	67	31.4	340	

做大型压力机锻模。高合金热作模具钢3Cr2W8V、4Cr3Mo3W2V,具有高的高温强度和热稳定性,但高温韧性和高温塑性较低,常用做成形低碳钢的热挤模,也常用做成形铜合金的热挤模和压铸模。

此外,基体钢和中碳高速钢也可用做成形低碳钢的热挤模和压铸模,其工作寿命高于热作模具钢。

5.5.3　塑料模具钢

用于成形塑料制件和制品的模具称为塑料模,如注塑模、挤塑模、吹塑模和压塑模等。用于制造塑料模主要工作零件的钢称为塑料模具钢。

(1)塑料模的工作特点和性能要求

塑料的成形温度不高(通常小于等于240 ℃);塑料模的承载不大(如注塑模承受的压力为70 ~ 140 MPa),其闭模力是注塑压力的三倍;流动的塑料熔体对模腔表面有一定的摩擦作用,添加玻璃纤维的增强塑料熔体对模腔表面有较大的摩擦作用;某些塑料(如聚氯乙烯、加阻燃剂的热塑性塑料)注塑时会释放出腐蚀性气体,对模腔表面产生腐蚀作用。另外,塑料制品一般要求有小的粗糙度和较高的尺寸精度。

综合塑料模的上述工作特点,塑料模的模腔表面应有较高的硬度,以保证模腔表面有良好的耐磨性和抛光性;应有小的淬火变形,以保证模腔的尺寸精度;有的塑料模还要求良好的耐蚀性,以防止模腔表面产生腐蚀。对于某些成形温度较高的塑料制品,塑料模还应有较高的耐热性。

(2)常用塑料模具钢及热处理

我国尚未形成独立的塑料模具钢系列。通常,根据塑料模型腔的加工方法,塑料的特性,塑件的尺寸、精度和产量等因素,选用符合要求的其他相应钢种。适用于机械切削法制造型腔的相应钢种主要有调质钢、热作模具钢、冷作模具钢、不锈钢和易切削预硬钢;适用于冷挤法制造型腔的相应钢种主要是合金渗碳钢。

1)调质钢　常用的调质钢有45、55、50Cr等。这类钢因耐磨性不高、淬透性差、淬火变形大,故用于形状简单、尺寸较小、精度不高且生产量不大的一般注塑模,经淬火回火至50 ~ 55 HRC后使用。

2)热作模具钢　常用的热作模具钢有5CrMnMo、5CrNiMo、4Cr5MoSiV等。5CrMnMo和5CrNiMo因耐磨性和淬透性高于调质钢,淬火变形小于调质钢,故用于制造形状较复杂、尺寸较大、精度和表面质量要求较高、生产量较大的一般注塑模,经淬火回火至50 ~ 55 HRC后使用。

4Cr5MoSiV因耐磨性和热稳定性高,一般用于制造成形温度较高塑料的注塑模,经淬火回火至48 ~ 52 HRC后使用。

3)冷作模具钢　常用的冷作模具钢有9Mn2V、CrWMn、Cr4W2MoV、Cr12MoV等。这类钢因耐磨性高,一般用做生产热固性塑件及加有玻璃纤维的热塑性塑件等高耐磨的注塑模,经淬火回火至54 ~ 58 HRC并镀硬铬后使用,以防止模腔擦伤和提高模腔抛光性。其中,9Mn2V和CrWMn用于形状不太复杂、精度要求不太高的中小型模具,Cr4W2MoV和Cr12MoV用于形状复杂、精度要求高、淬火变形很小的大型模具。

4)不锈钢　常用的不锈钢有3Cr13、4Cr13、9Cr18、Cr18MoV等。这类钢因耐蚀性好,故用于有耐蚀性要求的塑料模。其中,9Cr18 和 Cr18MoV 因碳含量高,淬火回火后具有高的硬度和耐磨性,常用于要求高耐蚀性和耐磨性的塑料模,经淬火回火至 50 ~ 55 HRC 后使用。用 3Cr13 和 4Cr13 制造的塑料模,经淬火回火至 45 ~ 50 HRC 后使用。

5)易切预硬模具钢　常用的易切预硬模具钢有 3Cr2Mo、8Cr2MnWMoVS、4Cr5MoSiVS 等。3Cr2Mo 是经淬火回火预硬至 300 HBS 左右,并以一定尺寸的模板供用户加工使用。采用 3Cr2Mo 预硬模具钢制造塑料模时,只需经切削加工成形和软氮化即可使用。这种钢一般用做形状较复杂、尺寸较大、精度和表面质量要求较高、生产量较大的一般注塑模。8Cr2MnWMoVS 和 4Cr5MoSiVS 钢是经淬火回火至 43 ~46 HRC,并以一定尺寸的模板供用户加工使用。这类钢因加有硫而具有良好的切削性能,在预硬至 43 ~46 HRC 条件下,可采用特种陶瓷刀具进行切削加工,以保证模具的高精度。采用这类钢制造模具时,只需经切削加工成形和对模腔表面软氮化即可使用。这类钢一般用做大型精密塑料模。

6)合金渗碳钢　常用合金渗碳钢有 20Cr、12CrNi3、12Cr2Ni4 等。这类钢因 w_C 低、塑性高、强度低,适用于冷挤法制造型腔的塑料模。用这类钢冷挤制造的塑料模,需对其型腔表面渗碳、淬火回火至 52 ~57 HRC,以提高型腔的耐磨性、抛光性和使用寿命。

5.6　特殊钢

具有特殊物理、化学性能的钢称为特殊钢。常用的特殊钢有不锈钢、耐热钢和耐磨钢等。

5.6.1　不锈钢

不锈钢是指在大气及其他腐蚀性介质中不易锈蚀的钢。按其成分特点,不锈钢分为铬不锈钢和铬镍不锈钢;按其组织特点,不锈钢分为马氏体不锈钢和奥氏体不锈钢。

(1)不锈钢的耐蚀原理

金属的腐蚀分为化学腐蚀和电化学腐蚀。钢在常温下的腐蚀主要是电化学腐蚀。由于钢中不同的相具有不同的电极电位(碳化物电极电位高于铁素体电极电位),处于大气中的钢,其表面吸附了一层水膜而成为电解质溶液,使钢表面两个不同电极电位的相与水膜构成了微电池。在微电池作用下,低电位的铁素体被腐蚀而使钢产生电化学腐蚀。

不锈钢提高耐蚀性的途径有:加入大量合金元素铬(大于等于 12%)使其溶入铁素体,以提高铁素体的电极电位,合金元素铬还使钢表面形成稳定的 Cr_2O_3 保护膜,以阻断钢与电解质溶液的接触;加入大量合金元素铬和镍使钢成为单相奥氏体,阻止微电池的形成。

(2)铬不锈钢

铬不锈钢是指碳含量为 0.1% ~1.0%、铬含量为 13% ~18% 的不锈钢。因其淬透性高,空冷时形成马氏体,故又称为马氏体不锈钢。铬的主要作用是:提高马氏体的电极电位,并在钢表面形成 Cr_2O_3 保护膜,故铬不锈钢在大气和弱腐蚀性介质中有良好的耐蚀性。

随碳含量的增加,铬不锈钢的强度、硬度和耐磨性显著提高。1Cr13、2Cr13 不锈钢经淬火高温回火后,具有良好的塑性、韧性及一定的强度,常用做汽轮机叶片、小型仪表齿轮等。3Cr13、4Cr13 不锈钢经淬火低温回火后,具有较高的硬度(48 ~52 HRC),常用做医疗器械、仪

表 5.13　铬不锈钢的成分、热处理、性能和用途

牌　号	化学成分×100			热处理		力学性能(不小于)					用　途
	w_C	w_{Cr}	其他	淬火/℃	回火/℃	σ_b/MPa	$\sigma_{0.2}$/MPa	$\delta\times100$	$\Psi\times100$	硬度/HRC	
1Cr13	≤0.15	11.5~13.5	—	1 000~1 050	700~750	540	345	25	55	—	用做耐弱腐蚀介质、受冲击、要求较高韧性的零件，如汽轮机叶片、水压机阀、机载雷达齿轮等
2Cr13	0.16~0.25	12.0~14.0	—	1 000~1 050	600~750	635	440	20	50	—	
3Cr13	0.26~0.4	12.0~14.0	—	1 000~1 050	200~300	735	540	12	40	48	热油泵轴、阀片、阀门、弹簧、手术刀片及医疗器械等
4Cr13	0.35~0.45	12.0~14.0	—	1 050~1 100	200~300	—	—	—	—	50	
9Cr18	0.9~1.0	17.0~19.0	—	950~1 050	200~300	—	—	—	—	56	不锈切片机械刀具、手术刀片、耐蚀工具、耐蚀轴承、耐蚀耐磨零件等
Cr18MoV	0.95~1.05	17.0~19.0	w_{Mo}0.8~1.2 w_V0.5~0.8	1 050~1 075	150~200	—	—	—	—	59	

表弹簧和阀门等。9Cr18、Cr18MoV 不锈钢经淬火低温回火后,具有高的硬度(56～59 HRC)和耐磨性,常用做耐蚀工具、耐蚀轴承等。

常用铬不锈钢的成分、热处理、性能和用途见表 5.13。

(3)铬镍不锈钢

碳含量低于 0.12%、铬含量为 17%～25%、镍含量为 8%～25% 的不锈钢称为铬镍不锈钢。因大量的镍使钢的 A_1 和 M_s 温度降至室温以下,经固溶处理(俗称"淬火")后,得到单相奥氏体组织,故又称奥氏体不锈钢。由于大量合金元素铬溶入奥氏体,提高其电极电位,并在钢表面形成 Cr_2O_3 保护膜,故铬镍不锈钢比铬不锈钢具有更优良的耐蚀性,在酸、碱、盐等腐蚀性介质中不易锈蚀。部分常用铬镍不锈钢的成分、热处理和力学性能见表 5.14。

表 5.14　部分常用铬镍不锈钢(摘自 GB 1220-92)

牌　号	主要化学成分				热处理	力学性能				
	w_C	w_{Cr}	w_{Ni}	w_{Ti}		σ_b/MPa ≥	σ_p/MPa ≥	$\delta\times100$≥	$\psi\times100$≥	HBS≤
0Cr19Ni9	≤0.08	18.00～20.00	8.00～10.50	—	1 010～1 150 ℃快冷	520	205	40	60	187
1Cr18Ni9	≤0.15	17.00～19.00	8.00～10.00	—	1 010～1 150 ℃快冷	520	205	40	60	187
1Cr18Ni9Ti	≤0.12	17.00～19.00	8.00～11.00	≤0.42	1 030～1 100 ℃快冷	520	205	40	60	187

1Cr18Ni9 不锈钢经 450～800 ℃加热后易产生"晶间腐蚀",即沿奥氏体晶界发生腐蚀。其原因是当钢在 450～800 ℃加热时,沿晶界析出 $Cr_{23}C_6$,而降低了晶界附近的铬含量,使其易于腐蚀。在钢中加入 Ti、V 等强碳化物形成元素与碳形成稳定的 VC、TiC,或将碳含量降至接近于零,可避免晶间腐蚀。

铬镍不锈钢的热处理主要是固溶处理。固溶处理是指将钢加热至 1 100 ℃左右保温后水冷,以获得单相奥氏体组织,从而提高钢耐蚀性的热处理方法。固溶处理不能提高铬镍不锈钢的强度,其强化方法主要是加工硬化。铬镍不锈钢的切削性很差,刀具易于磨损。

铬镍不锈钢常用于制造在腐蚀性介质(如硝酸、大多数有机酸和无机酸的水溶液等)中使用的容器,管道,结构零件和医疗器械等。

5.6.2　耐热钢

耐热钢是指在高温下能持续工作的钢。耐热钢应具有高温化学稳定性(又称高温抗氧化性)和热强性。

高温化学稳定性是指钢在高温下长期工作时抵抗氧化的能力。在钢中加入铬、铝、硅等元素,能在钢的表面生成稳定而致密的合金氧化膜,以提高钢的抗氧化能力。热强性是指钢在高温下抵抗塑性变形与断裂的能力。在钢中加入铬、钼、钨、镍等元素,通过合金元素对固溶体的固溶强化,对晶界的强化,以及热处理时碳化物的弥散析出强化,使钢的热强性提高。

耐热钢按其组织特点不同,分为珠光体耐热钢、马氏体耐热钢、铁素体耐热钢和奥氏体耐热钢等四类。后三类是在 1Cr13 铬不锈钢、铬镍不锈钢的基础上发展起来的,详见 GB 1221—84。

5.6.3　耐磨钢

耐磨钢是指在巨大压力和高冲击载荷作用下具有高耐磨性的钢。耐磨钢是碳含量为0.9%～1.5%、锰含量为11.0%～14.0%的高锰钢。

高锰钢在1 000～1 100 ℃加热保温后水冷(俗称水韧处理),得到高碳单相奥氏体,而具有很高的冲击韧性和低的硬度(180～220 HBS)。当受到巨大压力、高冲击载荷或强烈摩擦时,其表层迅速产生加工硬化硬度可达45～56 HRC,具有很好的耐磨性,而内部仍保持原来的性能。由于高锰钢具有很强的加工硬化能力,故难于切削加工,常采用铸造成形。

高锰钢的基本牌号为ZGMn13,“ZG”表示铸钢,“Mn13”表示钢的平均锰含量为13%。高锰钢主要用做承受高压力、强烈摩擦及高冲击载荷的零件,如锤式破碎机的锤头、球磨机衬板、挖掘机斗齿、坦克和拖拉机履带板等。但是,高锰钢在不受冲击和压力不高的普通摩擦条件下,因不能产生表层加工硬化而不具有高的耐磨性。

思考题

5.1　合金元素主要以什么形式存在于钢中?

5.2　合金钢淬火变形倾向较小的原因是什么?

5.3　何谓二次硬化?何谓高温回火脆性?

5.4　试从下表所列的几个方面,小结对比几类结构钢的主要特点。

合金结构钢的主要特点

钢的种类	$w_C \times 100$	常用牌号	常用最终热处理	主要性能及用途
合金渗碳钢				
合金调质钢				
合金弹簧钢				
滚动轴承钢				

5.5　W18Cr4V和W6Mo5Cr4V2是什么钢?简要分析这两种钢的性能特点及其成分、性能的差异。

5.6　试从下表所列的几个方面,小结对比几类工具钢的主要特点。

工具钢的主要特点

材料种类	常用牌号	主要特点对比					
		淬火回火硬度/HRC	淬透性高低	淬火变形倾向	热硬性/℃	耐磨性高低	强度高低
碳素工具钢							
低合金刃具钢							
冷作模具钢							
高速钢							

5.7 “高速钢因含大量合金元素,淬火硬度高于其他工具钢,故适于用做现代高速切削刀具。”此说法对不对?为什么?

5.8 钳工用废的锯条(T8、T10A)烧红(600 ℃或800 ℃)后空冷即可变软,而机用锯条(W18Cr4V、W6Mo5Cr4V2)烧红(900 ℃)后空冷却仍然相当硬,为什么?

5.9 何谓不锈钢?合金钢都耐腐蚀吗?

第 6 章 铸　铁

6.1　概　述

铸铁是 $w_C > 2.06\%$，以铁和碳为基本组元并含有较多硅、锰、磷、硫等杂质元素的合金。铸铁因具有良好的铸造性能，熔炼方便，价格便宜，在工业生产中应用广泛。

6.1.1　铸铁的分类

铸铁中的碳主要以渗碳体（Fe_3C）或石墨（G）的形式存在。根据碳的存在形式不同，铸铁可分为三大类。

（1）白口铸铁

白口铸铁是指碳全部形成渗碳体的铸铁，断口呈银白色。白口铸铁硬度高，塑性、韧性差，难以切削加工，一般不直接用于制造机械零件。

（2）灰口铸铁

灰口铸铁是指碳主要以石墨形式存在的铸铁，断口呈灰色。根据铸铁中石墨形态的不同，灰口铸铁又分为灰铸铁、球墨铸铁和可锻铸铁等。灰铸铁是机械制造中最常用的铸铁。

（3）麻口铸铁

麻口铸铁中的一部分碳形成石墨，另一部分碳形成渗碳体，断口呈麻灰色。因麻口铸铁中渗碳体较多，故其性质与白口铸铁相似，一般也不用于制造零件。

6.1.2　铸铁中碳的石墨化

铸铁中的碳以石墨形式析出的现象称为铸铁的石墨化。石墨是一种简单六方晶体，其强度、硬度和塑性均极低（$\sigma_b \approx 20$ MPa，3 ~ 5 HBS，$\delta \approx 0$）。与铸铁基体组织相比，石墨的力学性能几乎为零。

（1）铸铁的石墨化过程

铸铁自高温液态冷却时，碳可以形成渗碳体，也可以形成石墨。因此，反映铸铁结晶过程的铁碳状态图可有两种形式：Fe-FeC 状态图和 Fe-G 状态图，如图 6.1 所示。

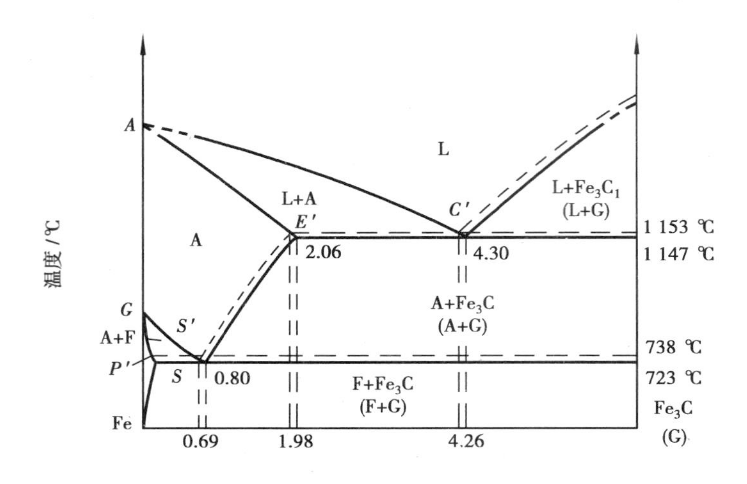

图 6.1 铁碳合金双重相图

图中实线表示 Fe-FeC 状态图,虚线表示 Fe-G 状态图,重合部分只标实线。

由图可见,铸铁的石墨化过程可分为三个阶段:从液相中结晶出一次石墨和在共晶温度形成共晶石墨;由共晶温度冷至共析温度时,从奥氏体中析出二次石墨;在共析温度形成共析石墨。

上述三个阶段的石墨化程度不同,则铸铁的组织不同,见表 6.1。

表 6.1 铸铁石墨化程度与组织的关系

铸铁名称	石墨化进行程度			铸铁的显微组织
	第一阶段	第二阶段	第三阶段	
灰口铸铁	完全石墨化		完全石墨化	铁素体(F)+石墨(G)
			部分石墨化	铁素体(F)+珠光体(P)+石墨(G)
			未石墨化	珠光体(P)+石墨(G)
白口铸铁	未石墨化		未石墨化	珠光体(P)+莱氏体(Ld)

(2)铸铁石墨化的影响因素

影响铸铁石墨化的因素很多,最主要的是铸铁的化学成分和结晶时的冷却速度。

1)化学成分的影响　铸铁主要由 Fe、C、Si、Mn、S、P 等元素组成。C 和 Si 是强烈促进石墨化的元素,铸铁中的 w_C 和 w_S 越高,石墨化越充分;Mn、S 是阻碍石墨化的元素,易使 C 形成渗碳体,促使铸铁白口化;P 对石墨化影响不大。要使 C 主要以石墨形式存在,获得灰口铸铁,可适当提高铸铁中 C 和 Si 的含量,限制 Mn、S、P 的含量。

2)冷却速度的影响　一定成分的铸铁,其石墨化程度决定于冷却速度。铸铁的冷却速度越慢,越有利于石墨化;反之,则易于得到白口铸铁。生产中,适当增加铸件壁厚及使用保温能力较好的造型材料,均有利于防止铸件出现白口铸铁组织。铸铁的 C 和 Si 含量(成分)、铸件壁厚(冷速)对铸铁组织的综合影响如图 6.2 所示。

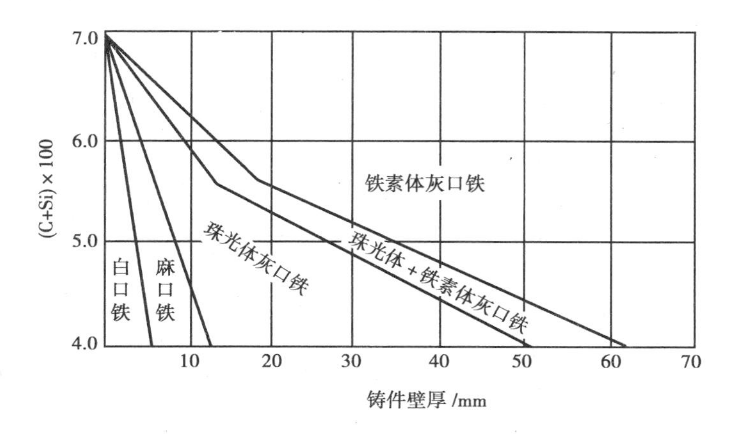

图6.2　铸铁成分和冷却速度(铸件壁厚)对铸铁组织的影响

6.2　灰铸铁

石墨呈片状分布的铸铁称为灰铸铁。

6.2.1　灰铸铁的成分、组织与性能

(1)灰铸铁的成分与组织

灰铸铁的成分范围一般是 $w_C=2.5\% \sim 4.0\%$、$w_{Si}=1.0\% \sim 2.5\%$、$w_{Mn}=0.6\% \sim 1.2\%$、$w_P \leqslant 0.30\%$、$w_S \leqslant 0.15\%$。

灰铸铁的组织由基体和片状石墨组成。因第三阶段石墨化程度不同,基体可分为铁素体、珠光体、铁素体加珠光体三种。故灰铸铁有三种不同的组织:铁素体基体上分布着片状石墨,珠光体基体上分布着片状石墨,铁素体和珠光体基体上分布着片状石墨,如图6.3所示。

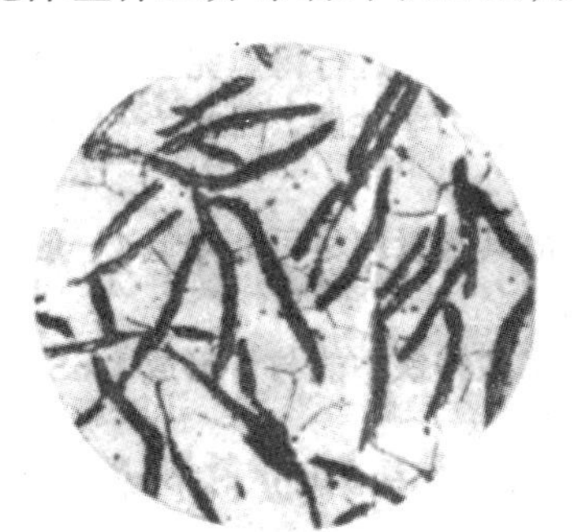

(a)铁素体灰铸铁(200×)

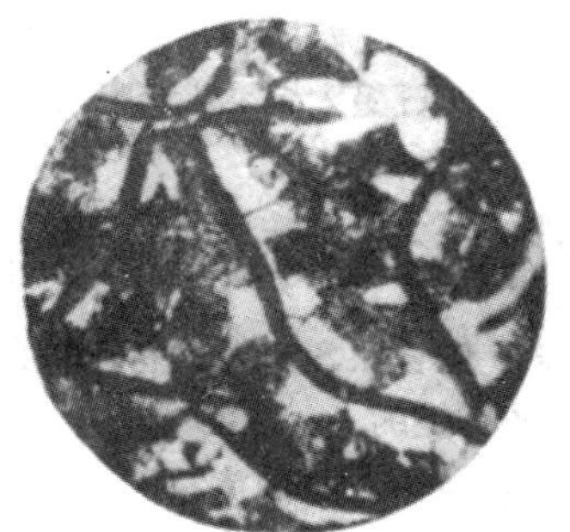

(b)铁素体 珠光体 灰铸铁(250×)

(c)珠光体灰铸铁(250×)

图6.3　灰铸铁的显微组织

(2)灰铸铁的性能

1)灰铸铁的力学性能　灰铸铁的力学性能与其组织密切相关。灰铸铁的组织可视为在钢或工业纯铁的基体上分布着片状石墨。力学性能极差的片状石墨相当于裂缝,对基体起割

裂作用,而使其抗拉强度、塑性和韧性显著下降,但对抗压强度和硬度影响不大。因此,与钢或工业纯铁相比,灰铸铁的抗拉强度、塑性和韧性很低,而抗压强度和硬度变化不大。而且,片状石墨越粗大、数量越多,灰铸铁的抗拉强度、塑性和韧性越低;基体中珠光体越多,灰铸铁的抗压强度和硬度越高。

由此可见,改善灰铸铁抗拉强度、塑性和韧性的有效途径是细化石墨。其方法是孕育处理,即在浇注前向铁水中加入少量孕育剂(常用硅铁和硅钙合金),以细化组织中的片状石墨。经孕育处理后的铸铁称为孕育铸铁。

2)灰铸铁的其他性能　由于灰铸铁中石墨的作用,使灰铸铁具有钢所不及的如下性能:

①铸造性能好:由于熔点较低、流动性好,凝固和冷却时析出比容较大的石墨,使铸铁的收缩率小,故铸造性能好。

②切削加工性良好:由于石墨使切屑易脆断,铸铁切屑呈碎粒状而便于排屑;石墨可起到一定的润滑作用,降低刀具磨损,使铸铁表现出良好的切削加工性。

③减摩性好:由于石墨的自润滑作用,能有效减少零件之间的摩擦和磨损。

④减震性好:由于石墨割裂基体,能阻止震动的传播,而具有吸收震动能的作用,使灰铸铁具有良好的减震性。

6.2.2　灰铸铁的牌号和应用

我国灰铸铁的牌号用“灰铁”的汉语拼音首字母“HT”和表示抗拉强度的一组数字组成。例如:

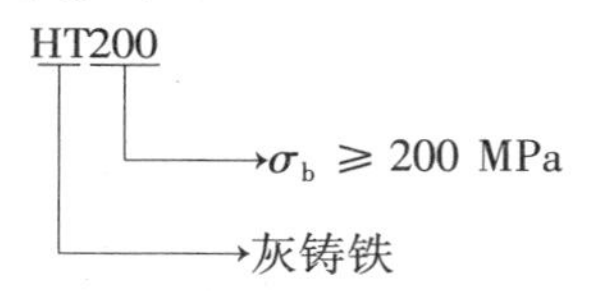

常用灰铸铁的牌号、性能及主要用途见表6.2。

表6.2　常用灰铸铁的牌号、性能及主要用途(摘自GB/T 9439—1988)

牌　号	σ_b/MPa≥	旧牌号(GB 976—67)	主要用途
HT100	100	HT10-26	受力很小、不重要的铸件,如盖、手轮、重锤等
HT150	150	HT15-33	受力不大的铸件,如底座、罩壳、刀架座、普通机器座子等
HT200 HT250	200 250	HT20-40 HT25-47	较重要的铸件,如机床床身、齿轮、划线平板、冷冲模上托、底座等
HT300 HT350	300 350	HT30-54 HT35-61	要求高强度、高耐磨性、高度气密性的重要零件,如重型机床床身、机架、高压油缸、泵体等

鉴于灰铸铁的性能特点,灰铸铁主要应用于受力不大或主要受压、形状复杂而需要铸造成形的薄壁空腔零件,如各种手轮、支座、机床床身、机架及冷冲模模架等。

6.2.3　灰铸铁的热处理

灰铸铁的力学性能主要与片状石墨的形态和大小有关,而片状石墨的形态与大小主要在结晶时形成,故热处理只能改变基体组织,不能改变石墨的形态与大小。因此,热处理对改善灰铸铁的抗拉强度、塑性和韧性等作用不大。热处理的主要目的是消除铸造应力和提高铸铁表面硬度与耐磨性。

(1)低温退火

将灰铸铁件加热至530~550 ℃,保温后缓慢冷却的方式,称为低温退火。其作用是消除铸件的铸造应力,防止铸件变形,稳定尺寸。

在实际生产中,当条件(主要是时间)允许时,常将铸铁件在露天长期放置(数月乃至数年),以达到减小铸造应力的目的,这种处理称为天然稳定化处理,又称"天然时效"。

(2)表面淬火

将灰铸铁件的局部表面快速加热到900~1 000 ℃高温,然后进行快冷(如喷水)淬火,使零件表面获得一层马氏体加石墨的淬硬层,以提高灰铸铁件表面硬度和耐磨性,提高疲劳抗力。

另外,灰铸铁还可根据需要进行正火或高温退火,消除少量白口组织,改善切削性能。

6.3 球墨铸铁

石墨呈球状分布的铸铁称为球墨铸铁(简称球铁)。

6.3.1 球墨铸铁的成分、组织与性能

在铸铁液中加入球化剂进行球化处理后,可得到球墨铸铁,常用的球化剂是镁和稀土镁合金两种。与灰铸铁相比,球墨铸铁的成分特点是碳、硅含量更高,对杂质元素限制较严,其成分范围是:$w_C=3.7\%\sim4.0\%$、$w_{Si}=2.0\%\sim2.8\%$、$w_{Mn}=0.6\%\sim0.8\%$、$w_S\leqslant0.04\%$、$w_P\leqslant0.1\%$、$w_{Mg}=0.03\%\sim0.05\%$、$w_{Re}=0.03\%\sim0.05\%$。

球墨铸铁的组织由基体组织和球状石墨组成。其基体组织有铁素体、珠光体、"铁素体+珠光体"以及下贝氏体等多种。其中,铁素体球墨铸铁和铁素体珠光体球墨铸铁的组织如图6.4所示。

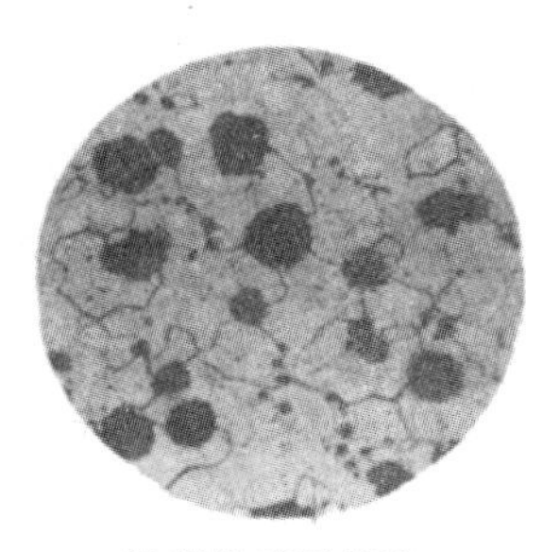

(a)铁素体球墨铸铁

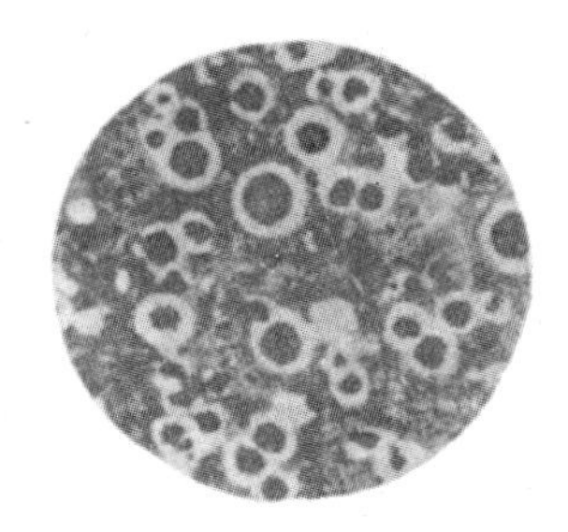

(b)铁素体珠光体球墨铸铁

(c)珠光体球墨铸铁

图6.4 球墨铸铁的显微组织

与片状石墨相比,球状石墨对基体的割裂作用大为减弱,基体组织的性能可较充分地发挥作用。因此,球墨铸铁的抗拉强度与某些钢相近,塑性和韧性大为改善(但仍低于钢),同时也具有较好的铸造性,良好的切削加工性,以及良好的耐磨性和减震性。

6.3.2 球墨铸铁的牌号和应用

球墨铸铁的牌号由“球铁”的汉语拼音首字母“QT”和两组数字组成。第一组数字表示最低抗拉强度,第二组数字代表最小伸长率。

常用球墨铸铁见表6.3。

表6.3 球墨铸铁的牌号、组织和性能(GB/T 1348—2009)

牌 号	基体组织	σ_b/MPa	$\sigma_{0.2}$/MPa	$\delta\times100$	硬度/HBS
		≥			
QT400-18	铁素体	400	250	18	130~180
QT400-15	铁素体	400	250	15	130~180
QT450-10	铁素体	450	310	10	160~210
QT500-7	铁素体+珠光体	500	320	7	170~230
QT600-3	铁素体+珠光体	600	370	3	190~270
QT700-2	珠光体	700	420	2	225~305
QT800-2	珠光体或回火组织	800	480	2	245~335
QT900-2	贝氏体或回火马氏体	900	600	2	280~360

由于球墨铸铁的强度高,有一定的塑性和韧性,而且可通过热处理来调整基体组织,改善性能。因此,球墨铸铁有时被用来代替45钢生产受力较大、受冲击与震动、形状复杂的较重要零件和耐磨零件,如柴油机曲轴、压缩机汽缸、连杆、齿轮、凸轮轴、锻锤座等,也可代替灰铸铁生产要求较高的箱体类零件及压力容器。

6.3.3 球墨铸铁的热处理

因为球墨铸铁的力学性能与基体组织有关,通过热处理可改变球墨铸铁的基体组织,从而改善其力学性能。球墨铸铁的热处理与钢相似,其常用的热处理如下。

(1)去应力退火

去应力退火是指将球墨铸铁加热至550~650 ℃,保温后缓冷至200~250 ℃出炉空冷的方法,其目的是消除铸造应力。由于球墨铸铁铸造后产生残余应力的倾向比灰铸铁大2~3倍,所以,对于形状复杂、壁厚不均匀的铸件,应及时进行去应力退火。

(2)正火

球墨铸铁正火的目的是为了增加基体组织中珠光体的数量和减小珠光体的层间距,提高其强度、硬度和耐磨性。正火分为高温正火和低温正火两种。

1)高温正火　将铸铁加热至900~950 ℃,保温1~3 h,使基体组织全部奥氏体化,然后空冷或风冷、喷雾冷却,以获得层间距较细的珠光体基体。

2)低温正火　将铸铁加热至820~860 ℃,保温1~4 h,使基体组织部分奥氏体化,然后空冷,以获得“珠光体+铁素体”的基体组织,从而提高铸件的韧性和塑性。

(3)等温淬火

球墨铸铁的等温淬火与钢相似,它是发挥球墨铸铁性能潜力最有效的工艺方法。通过等温淬火,获得下贝氏体基体,使球墨铸铁具有高强度、高硬度和较高韧性的良好配合,可满足高速、大功率、复杂受力等工作条件下零件力学性能的要求,但等温淬火工艺目前只适用于截面尺寸不大的零件。

(4)调质

球墨铸铁调质后,可获得"回火索氏体基体+球状石墨"的调质组织,而具有较好的综合力学性能。调质主要适用于受力复杂的重要零件,如连杆、曲轴等。

(5)软氮化

对球墨铸铁进行软氮化,可在球墨铸铁表面形成较高硬度的渗氮层,从而提高铸件的疲劳抗力、表面硬度和耐磨性。

6.4 其他铸铁

6.4.1 可锻铸铁

石墨呈团絮状分布的铸铁称为可锻铸铁。由白口铸铁经石墨化退火可获得可锻铸铁。

可锻铸铁的组织由基体和团絮状石墨组成。根据基体组织的不同,可锻铸铁主要有铁素体可锻铸铁和珠光体可锻铸铁。铁素体可锻铸铁的显微组织如图6.5所示。

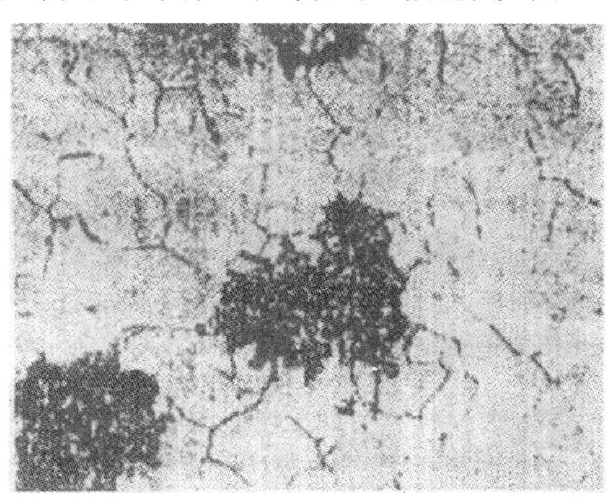

图6.5 铁素体可锻铸铁显微组织

由于团絮状石墨对基体的割裂作用比片状石墨小,故可锻铸铁的强度和韧性好于灰铸铁,但并不可锻。

可锻铸铁主要用于制造承受冲击和震动的零件,如农用机械、汽车及机床零件、管道配件、柴油机曲轴、连杆、凸轮轴等。由于可锻铸铁的石墨化退火时间较长,能耗高,生产率低,力学性能不如球墨铸铁,故其应用正逐步减少。

6.4.2 蠕墨铸铁

蠕墨铸铁是指石墨呈蠕虫状形态的铸铁,它是近20年来发展起来的一种新型铸铁。

在铁水中加入蠕化剂后可得到蠕墨铸铁。目前采用的蠕化剂有稀土镁钛合金和稀土镁钙合金等。

由于蠕虫状石墨对基体的割裂作用小于片状石墨而大于球状石墨,因此,蠕墨铸铁的力学性能介于灰铸铁与球墨铸铁之间。

蠕墨铸铁已在机械制造中推广应用,主要用于代替灰铸铁或铸钢生产汽车底盘零件、变速箱箱体、汽缸盖、汽缸套、钢锭模和液压阀等。

6.4.3 合金铸铁

合金铸铁是指含有合金元素并具有某些特殊性能的铸铁。

根据加入的合金元素不同,合金铸铁可具有不同的物理、化学或力学性能。常用的合金铸铁有以下两种。

(1)耐蚀铸铁

在铸铁中加入硅、铝、铬等合金元素,使其表面形成致密的保护膜,或在铸铁中加入铜、镍、钼等元素,以提高基体的电极电位,均能使铸铁获得良好的耐蚀性,而可用于化工行业中的泵体、蒸馏塔、耐酸管道等。目前应用较普遍的是高铝耐蚀铸铁、高铬耐蚀铸铁和高硅耐蚀铸铁。

(2)耐磨铸铁

在铸铁中加入铬、钼、磷、锰等合金元素,可使铸铁基体组织中铁素体减少,珠光体或马氏体增加,并形成一些高硬度化合物,使铸铁获得良好的耐磨性。耐磨铸铁主要用于制造发动机汽缸套、球磨机衬板、磨球以及拖拉机配件等耐磨零件。

常用的耐磨铸铁有磷铬钼铸铁、磷铬钼铜铸铁、稀土镁钒钛铸铁、稀土镁锰铸铁等。

思考题

6.1 铸铁分为哪几类？分类的主要依据是什么？

6.2 影响石墨化的主要因素有哪些？

6.3 灰铸铁的显微组织的主要特点是什么？

6.4 灰铸铁的力学性能有何优缺点？它还有哪些优良性能？

6.5 灰铸铁的常用热处理方法和目的是什么？

6.6 球墨铸铁的组织、性能有何特点？其热处理和主要用途是什么？

6.7 灰铸铁和球墨铸铁的牌号怎样表示？

第 7 章 有色金属与粉末冶金材料

除黑色金属(钢铁)外的其他金属与合金,统称为有色金属。有色金属具有许多与钢铁不同的特性,如铝、镁、钛及其合金密度小,银、铜、铝及其合金电导性和热导性好,镍、钨、钼、铌、钽及其合金高温力学性能和高温抗氧化性好等,而在航空、航海、电器、电子、仪表等行业得到广泛应用。用于机械行业的有色金属主要有铝及铝合金、铜及铜合金、滑动轴承合金等。

用粉末冶金法制得的金属材料称为粉末冶金材料。各种粉末冶金材料具有各自独特的性能,如硬质合金的硬度、耐磨性、热硬性很高,含油轴承材料的减摩性好等,在机械、家电、电子等行业得到广泛应用。

7.1 铝及铝合金

7.1.1 工业纯铝

铝是具有面心立方晶格的非铁磁性金属,其熔点为 660.4 ℃。其特点是:密度(2.7 g/cm^3)小,约为铁或钢的 1/3;电导性和热导性较好,仅次于银和铜;对大气有良好的耐蚀性(因铝表面在大气中形成致密的 Al_2O_3 薄膜),但对酸、碱、盐的耐蚀性差;塑性好($\Psi \approx 80\%$),强度低($\sigma_b = 80 \sim 100$ MPa)。

工业纯铝的纯度为 99.7% ~98%。它常制成丝、线、箔、片、棒、管等各种规格的压力加工产品供应用户。工业纯铝的压力加工产品按纯度不同有 L1、L2、…、L7 七个代号。代号中的“L”是“铝”的汉语拼音字首,数字代表序号,数字越大其纯度越低。工业纯铝主要用做导电体、导热体和耐大气腐蚀而强度要求不高的用品和制件,如导线、散热片等。

7.1.2 铝合金的分类和热处理强化

在铝中加入某些合金元素所形成的合金,称为铝合金。铝合金因固溶强化和第二相强化而具有较高的强度,某些铝合金还可通过热处理强化进一步提高强度。因此,铝合金的比强度(强度与密度之比)高,可用做重量轻或耐蚀的受力构件。

(1)铝合金的分类

根据成分和工艺特点不同,铝合金分为变形铝合金和铸造铝合金。变形铝合金又可分为热处理能强化的铝合金和热处理不能强化的铝合金。这种分类特点可在铝合金状态图上得到反映。常用铝合金的状态图一般为共晶状态图。如图 7.1 所示,成分位于 D'以右的铝合金,因产生不同程度的共晶结晶,铸造时流动性好,故合金的铸造性能较好而适宜于铸造,属于铸造铝合金;成分位于 D'以左的铝合金,因固态下可形成单相 α 固溶体,塑性较好而适宜于塑性变形加工,属于变形铝合金。变形铝合金中成分位于 F 点和 D'点之间的合金,因 α 固溶体的溶解度随温度而改变,导致组织变化,故能热处理强化;成分位于 F 点以左的合金,因组织不随温度而改变,故不能热处理强化。

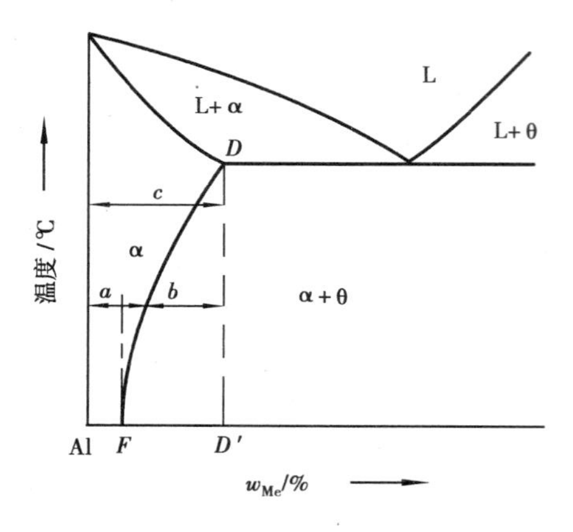

图 7.1 铝合金状态图

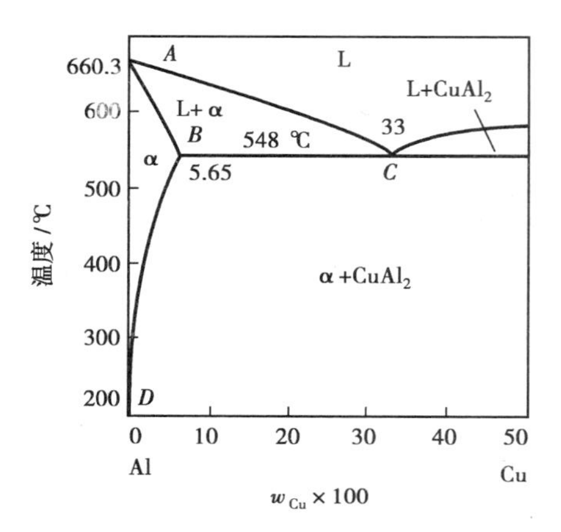

图 7.2 铝铜合金状态图

(2)铝合金的热处理强化

铝合金的热处理强化方法是固溶热处理加时效。现以 $w_{Cu}=4\%$ 的 Al-Cu 合金(Al-Cu 状态图见图 7.2)为例说明。

1)固溶热处理 将合金加热至单相 α 固溶体状态并在水中快速冷却,以获得过饱和铜的 α 固溶体组织,这种热处理方法称为固溶热处理(俗称淬火)。其作用是为后续的时效强化作组织准备,并提高合金的塑性,以利于塑性变形加工。

2)时效 经固溶热处理的合金在室温或加热至一定温度放置,随时间延长因第二相($CuAl_2$)的弥散析出,而使其强度增高、塑性降低的现象称为时效强化,这种热处理方法称为时效。在室温进行的时效称为自然时效,在加热条件下进行的时效称为人工时效。

由图 7.3 可见,合金自然时效时,在开始阶段(小于 2 h)强化尚不明显,仍保持高塑性,这段时间称为孕育期,此时合金易于进行弯曲、矫直和铆接等塑性变形加工。经过孕育期后,合金的强度增加较快,4 ~ 5 d 后达到最大值并趋于稳定。由图 7.4 可见,时效温度对合金的时效强化有很大影响:-50 ℃时效时几乎不产生时效强化;人工时效的温度越高,合金的时效强化越快,但强度最大值越低。时效温度过高和时间过长,使合金强度降低的现象称为过时效。

固溶热处理加时效还适用于热处理能强化的其他有色合金。

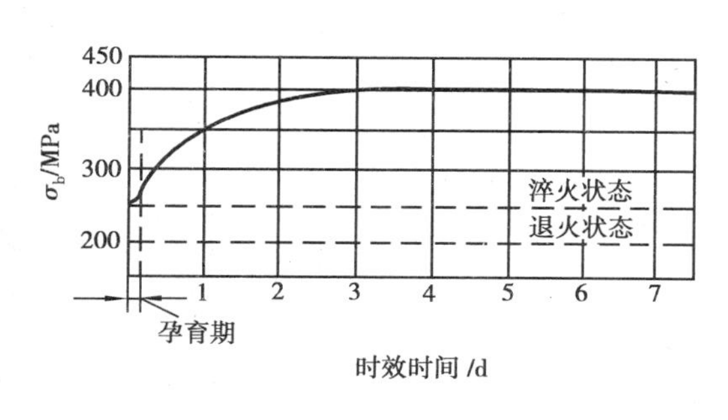

图7.3 $w_{Cu}=4\%$的Al-Cu合金自然时效的强化曲线

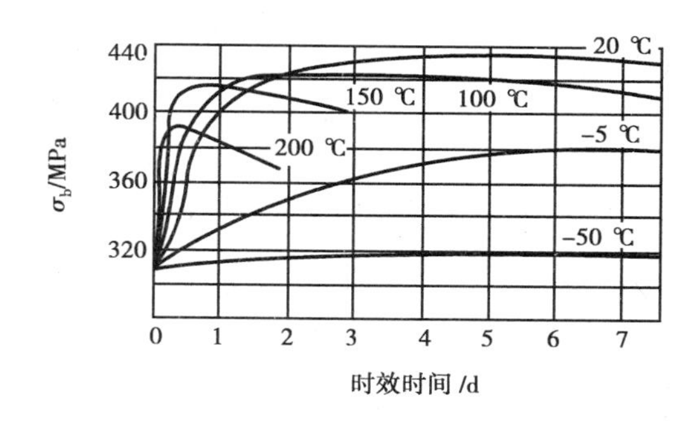

图7.4 时效温度对合金时效强化的影响

7.1.3 变形铝合金

变形铝合金主要有防锈铝合金、硬铝合金、超硬铝合金和锻铝合金四种。它们的牌号、代号、性能特点及用途见表7.1。

(1)防锈铝合金

防锈铝合金(简称防锈铝)主要是Al-Mn或Al-Mg合金。它具有良好的耐蚀性、塑性和焊接性能。因不能热处理强化而强度较低,常采用加工硬化提高其强度。防锈铝的代号由“LF”(“铝防”的汉语拼音字首)和序号组成,如LF21。

(2)硬铝合金

硬铝合金(简称硬铝)主要是Al-Cu-Mg系合金。经固溶热处理加自然时效的硬铝具有较高的强度,其强度与某些碳素结构钢相当;硬铝在退火态或固溶热处理态具有良好的塑性,易于塑性变形加工;硬铝的耐蚀性比防锈铝和纯铝差,故一般在其板材表面包覆一层纯铝,以提高其表面耐蚀性。硬铝的代号由“LY”(“铝硬”的汉语拼音字首)和序号组成,如LY11。

(3)超硬铝合金

超硬铝合金(简称超硬铝)是在硬铝基础上加入合金元素锌所形成的Al-Cu-Mg-Zn系合金。经固溶热处理加人工时效后的超硬铝,其强度超过硬铝,与低合金结构钢的强度相当;其耐蚀性和焊接性能较差,也可用包覆纯铝的方法提高其表面耐蚀性。超硬铝的代号由“LC”(“铝超”的汉语拼音字首)和序号组成,如LC4。

(4)锻铝合金

锻铝合金(简称锻铝)有Al-Cu-Mg-Si合金和Al-Cu-Mg-Ni合金两类。锻铝具有良好的锻造性能,并能固溶热处理加人工时效强化获得较高强度。锻铝主要用做形状复杂的锻件。锻铝的代号由“LD”(“铝锻”的汉语拼音字首)和序号组成,如LD5。

对于变形铝合金的加工产品(板、带、型材等),一般以不同的加工硬化、热处理状态和质量供应用户。为了便于使用,在牌号或代号后常附以规定符号,表明其状态和质量,见表7.2。

表 7.1 常用变形铝合金的代号、化学成分、性能及用途(摘自 GB/T 16474-1996)

类别	牌号	代号	化学成分×100						热处理状态	力学性能			用途
			w_{Cu}	w_{Mg}	w_{Mn}	w_{Zn}	其他	w_{Al}		σ_b/MPa	$\delta\times100$	硬度/HBS	
防锈铝合金	3A05	LF5	—	4.0~5.5	0.3~0.6	—	—	余量	退火	280	20	70	焊件、冲压件、铆钉、耐蚀零件、电子仪器的外壳等
	3A21	LF21	—	—	1.0~1.6	—	—	余量	退火	130	20	30	焊接油箱、油管、铆钉及轻载零件
硬铝合金	2A01	LY1	2.2~3.0	0.2~0.5	—	—	—	余量	淬火+自然时效	300	24	70	工作温度不超过 100 ℃,常用做铆钉
	2A12	LY12	3.8~4.9	1.2~1.8	0.3~0.9	—	—	余量	淬火+自然时效	470	17	105	称为高强度硬铝,用于较高强度结构件,如飞机蒙皮、螺旋桨叶片、隔框、电子设备框架
超硬铝合金	7A04	LC4	1.4~2.0	1.8~2.8	0.2~0.6	5.0~7.0	w_{Cr}0.1~0.25	余量	淬火+人工时效	600	12	150	用于重量轻、受力大的构建,如飞机桁架、蒙皮接头及起落架部件等
	7A06	LC6	2.2~2.8	2.5~3.2	0.2~0.5	7.6~8.6	w_{Cr}0.1~0.25	余量	淬火+人工时效	680	7	190	用于主要受力构件,如飞机大梁、桁架、起落架等
锻铝合金	2A05	LD5	1.8~2.0	0.4~0.8	0.4~0.8	—	w_{Si}0.7~1.20	余量	淬火+人工时效	420	13	105	用于形状复杂、中等强度的锻件
	2A10	LD10	3.9~4.8	0.4~0.8	0.4~1.0	—	w_{Si}0.5~1.20	余量	淬火+人工时效	480	19	135	用于承受重载荷的锻件,如发动机风扇叶片等

表7.2　变形铝合金的加工产品状态及其符号

序　号	加工产品状态	符　号	序　号	加工产品状态	符　号
1	退火	M	10	淬火优质表面	CO
2	固溶热处理(淬火)	C	11	加厚包铝	J
3	固溶热处理(淬火)+自然时效	CZ	12	不包铝	B
4	固溶热处理(淬火)+人工时效	CS	13	不包铝热轧	BR
5	硬、3/4硬、1/2硬、1/3硬、1/4硬	Y、Y1、Y2、Y3、Y4	14	不包铝退火	BM
6	特硬	T	15	不包铝淬火加工硬化	BCY
7	热挤、热轧	R	16	不包铝淬火加工硬化优质表面	BCYO
8	优质表面	O	17	不包铝淬火优质表面	BCO
9	退火优质表面	MO	18	淬火自然时效加工硬化优质表面	CZYO

7.1.4　铸造铝合金

按成分不同,铸造铝合金分为Al-Si系、Al-Cu系、Al-Mg系、Al-Zn系四类。它们的代号由"ZL"("铸铝"的汉语拼音字首)与三位数字组成,第一位数字表示合金的类别(1-Al-Si系、2-Al-Cu系、3-Al-Mg系、4-Al-Zn系),后两位数字为序号,如ZL102(牌号为ZAlSi12)、ZL202(牌号为ZAlCu10)。部分常用铸造铝合金的牌号、成分、热处理、力学性能及用途见表7.3。

(1)铝硅铸造合金

与其他铸造铝合金相比,铝硅铸造合金具有良好的铸造性能、耐蚀性和足够的强度,且密度小,故应用最为广泛。它常用于铸造重量轻、形状复杂的结构零件,如航空、仪表产品中的壳体、支架,汽车、摩托车中的活塞、汽缸盖等。

最常用的铝硅铸造合金是 $w_{Si}=10\%\sim13\%$ 的铝硅二元合金(ZL102)。由Al-Si二元合金状态图(图7.5)可见,ZL102的合金成分在共晶点附近,其组织为粗大针状硅晶体与α固溶体

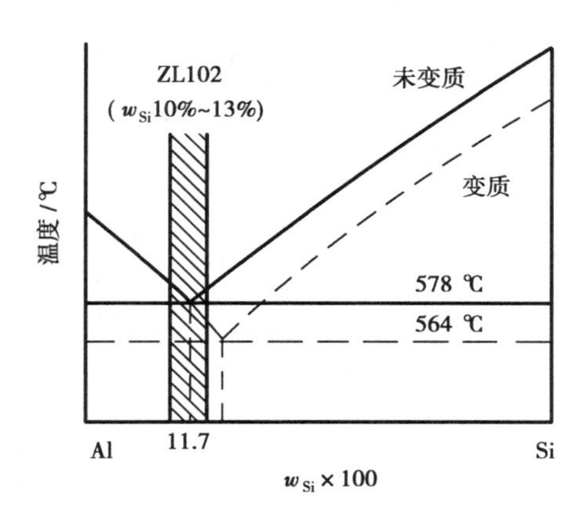

图7.5　铝硅二元合金状态图

表 7.3　常用铸造铝合金牌号、成分、热处理、性能及用途(摘自 GB/T 16474—1996)

类别	牌号	代号	化学成分 ×100						铸造方法	热处理	力学性能			用途
			w_{Si}	w_{Cu}	w_{Mg}	w_{Mn}	w_{Ti}	w_{Al}			σ_b/MPa	$\delta \times 100$	硬度/HBS	
铝硅合金	ZAlSi7Mg	ZL101	6.5～7.5	—	—	0.25～0.45	0.08～0.20	余量	金属型 砂型变质	淬火＋自然时效 淬火＋人工时效	190 230	4 1	50 70	飞机、仪器零件
	ZAlSi12	ZL102	10～13	—	—	—	—	余量	砂型变质 金属型		143 153	4 2	50 50	仪表、抽水机壳体等外形复杂件
	ZAlSi9Mg	ZL104	8～10	—	0.17～0.30	0.20～0.50	—	余量	金属型 金属型	人工时效 淬火＋人工时效	200 240	1.5 2	70 70	电动机壳体、汽缸体等
	ZAlSi5Cu1Mg	ZL105	4.5～5.5	1～1.5	0.4～0.6	—	—	余量	金属型 金属型	淬火＋不完全时效 淬火＋人工时效	240 180	0.5 1	70 60	风冷发动机汽缸头、油泵壳体
	ZAlSi12CuMgNi	ZL109	11～13	0.5～1.5	0.8～1.3	—	—	余量	金属型 金属型	人工时效 淬火＋人工时效	200 250	0.5 —	90 100	活塞及高温下工作的零件
铝铜合金	ZAlCu5Mn	ZL201	—	4.5～5.3	—	0.6～1	0.15～0.35	余量	砂型 砂型	淬火＋自然时效 淬火＋不完全时效	300 340	8 4	70 90	内燃机汽缸头、活塞等
	ZAlCu10	ZL202	—	9～11	—	—	—	余量	砂型 金属型	淬火＋人工时效 淬火＋人工时效	170 170	— —	100 100	高温下工作不受冲击的零件
铝镁合金	ZAlMg10	ZL301	—	—	9.5～11	—	—	余量	砂型	淬火＋自然时效	280	9	60	舰船配件
	ZAlMg5Si	ZL303	0.8～1.3	—	4.5～5.5	0.1～0.4	—	余量	砂型 金属型	—	150	1	55	氨用泵体
铝锌合金	ZAlZn11Si7	ZL401	6～8	—	0.1～0.3	—	—	余量	金属型	人工时效	250	1.5	90	结构、形状复杂的汽车、飞机仪器零件
	ZAlZn6Mg	ZL402	—	—	0.5～0.6	—	0.15～0.25	余量	金属型	人工时效	240	4	70	同上

组成的共晶体(图7.6(a))。它具有良好的铸造性能和耐蚀性,但力学性能较低(σ_b <140 MPa,δ <3%),且不能热处理强化,只能通过“变质处理”改善其组织和性能。变质处理就是在浇注前的合金液中,加入一定量的变质剂,使共晶点移至右下方(图7.5虚线所示),铸造后得到亚共晶组织,并使共晶体细化(图7.6(b)),从而改善其力学性能(σ_b =180 MPa,δ =8%)。

在铝硅合金中加入铜、镁等合金元素组成多元合金,如ZL101、ZL105等,它们能通过固溶热处理加时效显著提高强度。

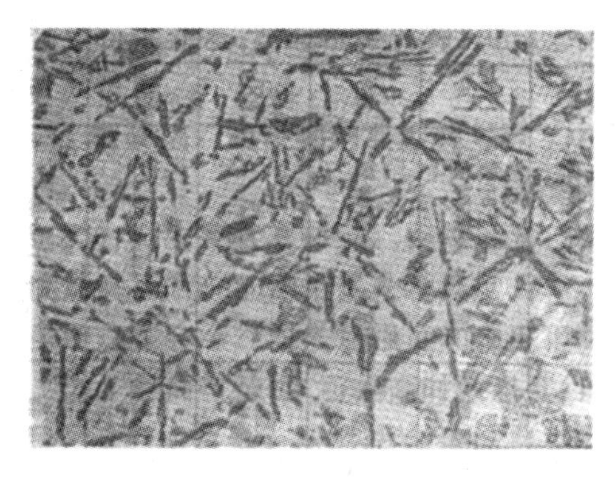

(a)变质前的铸态组织

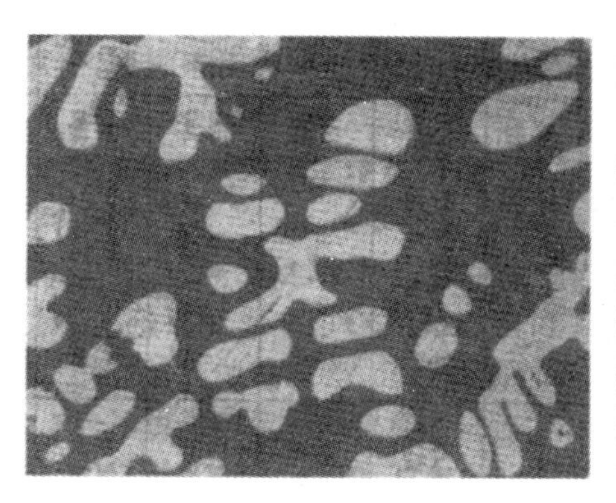

(b)变质后的铸态组织

图7.6　ZL102合金的铸态组织

(2)其他铸造铝合金

铝铜铸造合金具有较高的强度和耐热性,铝镁铸造合金具有较高的强度和耐蚀性,但它们的铸造性能较差。铝锌铸造合金实际上是以锌为主要成分的合金,密度大且耐蚀性差。因此,它们的应用不如铝硅铸造合金广泛。

铸造铝合金的铸造方法、变质处理和热处理的代号见表7.4。

表7.4　铸造铝合金的铸造方法、变质处理和热处理状态代号(摘自GB 1173—86)

代　号	铸造方法	代　号	热处理状态	代　号	热处理状态
S	砂型铸造	F	铸态	T6	固溶热处理与完全人工时效
J	金属型铸造	T1	人工时效	T7	固溶热处理与稳定化处理
R	熔模铸造	T2	退火	T8	固溶热处理与软化处理
K	壳型铸造	T4	固溶热处理与自然时效		
B	变质处理	T5	固溶热处理与不完全人工时效		

7.2　铜及铜合金

7.2.1　工业纯铜

铜是具有面心立方晶格的非铁磁性金属,其熔点为1 083 ℃,密度为8.96 g/cm^3。它的特性是：电导性和热导性好，对大气和淡水有良好的耐蚀性，塑性高（$\Psi = 70\%$）、强度较低（$\sigma_b = 200 \sim 240$ MPa）。工业纯铜（紫铜）的纯度为99.9%～99.5%，其加工产品按纯度不同有T1、T2、T3和T4四个代号，代号中的“T”是铜的汉语拼音字首，数字表示序号，数字越大纯度越低。工业纯铜主要用做导电体、导热体和有特殊要求的零件，如导线、电刷、热交换器和抗磁干扰的仪表零件。

7.2.2 黄铜

在铜中加入合金元素锌所形成的合金，称为黄铜。按其成分不同，黄铜分为普通黄铜和特殊黄铜；按其加工特点不同，黄铜又分为压力加工黄铜和铸造黄铜。

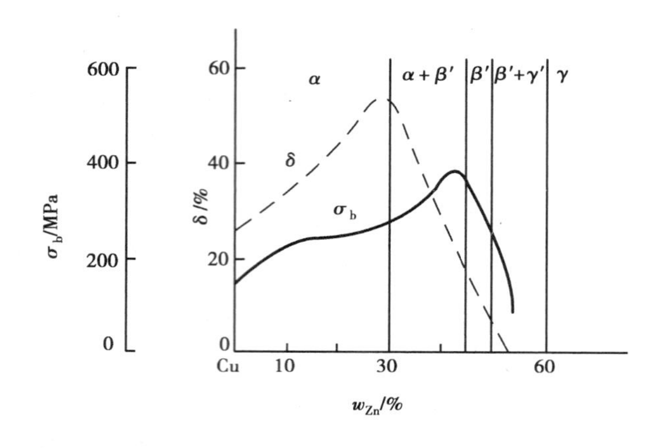

图7.7 w_{Zn}对普通黄铜力学性能的影响

（1）普通黄铜

普通黄铜是铜锌二元合金。普通黄铜除具有优良的电导性、热导性和良好的耐蚀性外，还因锌的合金化强化而具有较高的强度。锌对普通黄铜的力学性能影响很大。由图7.7可见，$w_{Zn} < 32\%$的普通黄铜的室温组织为α固溶体，随锌含量增加，其强度增加，塑性改善；$32\% < w_{Zn} < 45\%$的普通黄铜的室温组织为α固溶体和硬而脆的β'相组成的两相组织，随锌含量增加，其强度继续增加而塑性下降；$w_{Zn} > 45\%$时，其强度和塑性均急剧下降而无使用价值。

以压力加工产品供应并可用于塑性成形的黄铜，称为压力加工黄铜。压力加工普通黄铜的代号由“H”（“黄”的汉语拼音字首）和数字组成，其数字代表平均铜含量，如H70表示平均铜含量为70%的普通黄铜。常用压力加工普通黄铜的代号、力学性能及用途见表7.5。

（2）特殊黄铜

在普通黄铜基础上加入其他元素所形成的多元合金称为特殊黄铜，常加入的合金元素有铅、锡、铝、锰、硅等（分别构成铅黄铜、锡黄铜……）。加入合金元素的作用是除了能提高黄铜的强度外，还能提高其耐蚀性，降低季裂倾向（如加Si、Al、Mn），改善其铸造性能（如加Si）、切削性能（如加Pb、Mn）等加工性能。因此，特殊黄铜除了具有较高的力学性能外，还具有各种不同的其他性能。

压力加工特殊黄铜的代号由“H”和主要添加元素化学符号、铜的含量、主要添加元素的含量组成，如“HPb59-1”代表 $w_{Cu}=59\%$、$w_{Pb}=1\%$ 的铅黄铜。常用压力加工特殊黄铜的代号、力学性能和用途见表 7.5。

表 7.5　常用压力加工黄铜成分、性能和用途（摘自 GB 5232—85）

类别	合金代号		主要成分×100			力学性能*			主要特性	用途举例
			w_{Cu}	其他	w_{Zn}	σ_b/MPa	σ_s/MPa	$\delta\times100$		
普通黄铜		H96	95～97	—	余量	$\frac{240}{450}$	$\frac{-}{390}$	$\frac{50}{2}$	优良的冷、热压力加工性能，无“自裂”	导管、冷凝器、导电件
普通黄铜		H68	67～70	—	余量	$\frac{320}{660}$	$\frac{91}{520}$	$\frac{55}{3}$	强度、塑性较好，耐蚀性较高，冷加工后有“自裂”倾向	冷冲及冷挤零件（如弹壳、波导管）
普通黄铜		H62	60.5～63.5	—	余量	$\frac{330}{600}$	$\frac{110}{500}$	$\frac{49}{3}$	有足够强度和耐蚀性，有“自裂”倾向	销钉、铆钉、螺钉、螺母、垫圈、水管、油管等，应用较广
普通黄铜		H59	57～60	—	余量	$\frac{390}{500}$	$\frac{150}{200}$	$\frac{44}{10}$	较高强度和耐蚀性，有“自裂”倾向	热压与热轧零件，如垫圈、垫片、螺钉等
特殊黄铜	锡黄铜	HSn62-1	61～63	w_{Sn}0.7～1.1	余量	$\frac{400}{700}$	$\frac{150}{600}$	$\frac{40}{4}$	强度高，在海水中有高的耐蚀性	耐蚀零件
特殊黄铜	铅黄铜	HPb59-1	57～60	w_{Pb}0.8～1.9	余量	$\frac{350}{450}$	—	$\frac{20}{5}$	切削性能好，较好强度和耐腐蚀性	用于热冲压和需切削加工的零件，如销钉、螺母、衬套、垫圈等
特殊黄铜	锰黄铜	HMn53-2	57～60	w_{Mn}1～2	余量	$\frac{400}{700}$	—	$\frac{40}{10}$	强度高、切削加工性能好，耐蚀性好	船舶和弱电流工业用耐磨件
特殊黄铜	铝黄铜	HAl60-1-1	58～61	w_{Al}0.7～1.5 w_{Pb}0.7～1.5 w_{Mn}0.1～0.6	余量	$\frac{-}{750}$	—	$\frac{-}{8}$	高强度与良好耐蚀性	齿轮、涡轮、轴、衬套等耐蚀高强度零件

* 力学性能栏分子为软状态的数值，分母为硬状态的数值。

此外，黄铜也可用做铸件。用做铸件的黄铜称为铸造黄铜，其牌号由“Z”（“铸”的汉语拼音字首）和元素符号 Cu、元素符号 Zn 及其含量，其他元素符号及其组成。例如，ZCuZn38 是常用的铸造普通黄铜，主要用于一般结构件和耐蚀件；ZCuZn25Al6Fe3Mn3 是铸造特殊黄铜，主要用于较高强度零件和耐磨零件。

7.2.3 青铜

除黄铜和白铜（铜镍合金）外的其他铜合金称为青铜。青铜分为锡青铜（又称普通青铜）和无锡青铜（又称特殊青铜）。按工艺特点不同，青铜分为压力加工青铜和铸造青铜。

压力加工青铜的代号由“Q”（“青”的汉语拼音字首）、主加元素符号及其含量和其他合金元素含量组成，如 QSn6.5-0.1 代表 $w_{Sn}=6.5\%$、$w_P=0.1\%$ 的锡青铜。铸造青铜的牌号与铸造黄铜相似（见 GB 8063—87），如 ZCuSn10Pb1 和ZCuAl9Mn2。

（1）锡青铜

在铜中主要加入元素 Sn 所形成的合金，称为锡青铜。锡青铜具有较高的强度，并在大气、淡水、海水和水蒸气中具有较好的耐蚀性。锡青铜的力学性能与 w_{Sn}有关（见图 7.8）。锡含量低于 20% 时，合金的强度随 w_{Sn}增大而增大；当锡含量大于 20% 时，合金强度急剧降低。

锡含量低于 6% 的合金，因室温组织为单相 α 固溶体，具有良好的塑性，适于塑性变形加工；含锡量大于 6% 的合金，因组织中出现硬而脆的 δ 相，塑性迅速降低，一般适于铸造。因此，常用锡青铜的 w_{Sn}一般为 3% ~16%，$w_{Sn}<7\%$ 的锡青铜为压力加工锡青铜，$w_{Sn}>7\%$ 的锡青铜为铸造锡青铜。

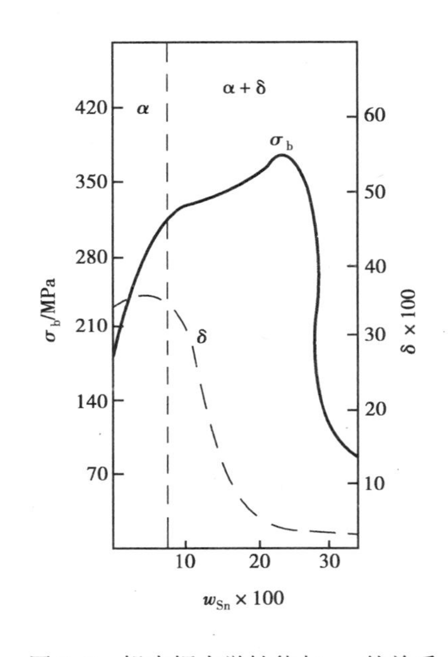

图 7.8 锡青铜力学性能与 w_{Sn}的关系

经加工硬化的压力加工锡青铜，常用做导电弹性零件和耐磨零件。铸造锡青铜因结晶温度范围宽，铸造时易形成缩松，故一般用于铸造对气密性要求不高的铸件和艺术品等。常用锡青铜的成分、性能和用途见表 7.6。

（2）铝青铜

在铜中主要加入合金元素铝所形成的合金，称为铝青铜。铝青铜比黄铜和锡青铜具有更高的强度、硬度和耐磨性，以及更好的耐蚀性。常用铝青铜的 $w_{Al}=5\%\sim10\%$，其中 $w_{Al}=5\%\sim7\%$ 的铝青铜塑性好，一般为压力加工铝青铜（如 QAl5 和 QAl7），它主要用做仪器、仪表中的耐蚀弹性零件；$w_{Al}>7\%$ 的铝青铜强度高、塑性低、铸造性能较好，一般为铸造铝青铜（如 ZCuAl9Mn2），它主要用做强度和耐磨性较高的耐磨零件，如齿轮、蜗轮、轴套等。

表 7.6　常用锡青铜的成分、性能和用途(摘自 GB 5233—85)

类别	合金牌号	合金代号	主要成分×100			状态	力学性能			特性与用途
			w_{Sn}	其他	w_{Cu}		σ_b/MPa	σ_s/MPa	$\delta\times100$	
压力加工锡青铜	—	QSn4-3	3.5~4.5	w_{Zn}2.7~3.3	余量	软 硬	350 550	— —	40 4	强度较高、耐蚀性好,用做导电弹簧和化工机械
	—	QSn6.5-0.1	6~7	w_{Pb}0.1~0.2		软 硬	350~450 700~800	200~250 590~650	60~70 7.5~12	强度高、耐磨性好,用做导电弹簧和耐磨零件
	—	QSn4-4-2.5	3~5	w_{Zn}3~5 w_{Pb}1.5~3.5		软 硬	350~450 550~650	180 280	35~45 2~4	强度较高、耐磨性和耐蚀性好,用做航空、汽车和其他工业上用的轴承、轴套和衬套
铸造锡青铜	ZCuSn10Pb1	—	9~11.5	w_{Pb}0.5~0.1		S J	200~300 250~350	140 200	3 2	铸造性能、耐磨性和耐蚀性好,用做轴瓦、轴套、齿轮、涡轮等
	ZCuSn6Zn6Pb3	—	5~7	w_{Pb}2~4 w_{Zn}5~7		S J	150~200 180~250	- 80~100	8~12 4~8	

注:表中汉语拼音字母“S”代表该合金为砂型铸造状态,“J”代表该合金为金属型铸造状态。

(3)铍青铜

在铜中主要加入合金元素铍所形成的合金,称为铍青铜。常用铍青铜的铍含量为1.7%~2.5%。铍青铜能通过固溶热处理和人工时效进行强化。例如,QBe2 经 780 ℃水冷的固溶处理后,获得过饱和铍的 α 固溶体,其强度低、塑性高,因而便于塑性加工成形;然后将制件置于300~320 ℃人工时效,使其强度和硬度分别升至 σ_b =1 250 MPa 和 330 HV 以上。因而具有高的弹性极限、疲劳抗力和耐磨性。

铍青铜广泛用于电子、仪表行业中的导电弹簧和精密弹性零件,钟表的齿轮、轴承等耐磨零件,以及防爆工具。

铜及铜合金的压力加工产品,一般以不同的加工或热处理状态供应用户。为了便于加工和使用,在代号后常附以规定的符号表明其状态,见表7.7。

表7.7 铜及铜合金压力加工产品的常用状态及其符号

序号	加工或热处理状态	符号	序号	加工或热处理状态	符号
1	退火或软状态	M	6	热轧或热挤压状态	R
2	固溶热处理软状态	C	7	固溶热处理后冷轧硬化	CY
3	硬状态(加工硬化)	Y	8	固溶热处理后人工时效	CS
4	半硬状态	Y2	9	固溶热处理后冷轧硬化,再人工时效	CYS
5	特硬状态	T			

7.3 滑动轴承合金

机械中使用的轴承有滚动轴承和滑动轴承。滑动轴承由轴承体和轴瓦组成,用于制造轴瓦或内衬的合金称为轴承合金。

7.3.1 轴承合金的性能和组织特点

滑动轴承支撑着轴进行工作,当轴旋转时轴瓦与轴颈间产生强烈摩擦、周期性载荷和冲击震动。因此,轴承应具有较小的摩擦系数,足够的强度、韧性和疲劳抗力。为了满足这些性能要求,轴承合金的组织应具有在软基体上分布硬质点的特点。当轴运转时,软基体磨损快而凹陷成为储油窝,它能储存润滑油而利于形成油膜,从而具有减小摩擦系数和震动的作用;凸起的硬质点起支撑作用,如图7.9所示。属于这类组织的轴承合金有锡基轴承合金和铅基轴承合金。

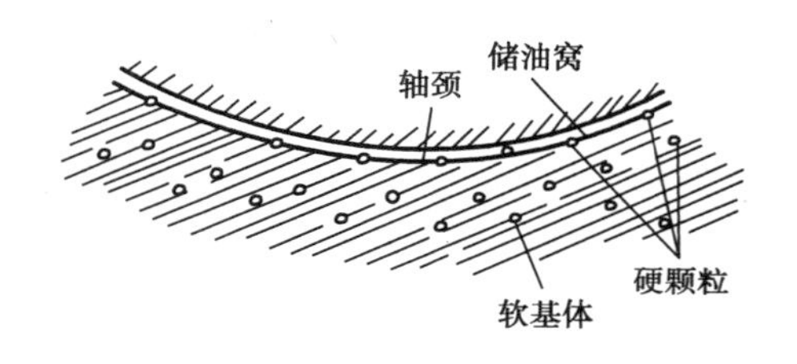

图7.9 滑动轴承的组织示意图

采用硬基体上分布软质点的组织也能达到相同目的,且承载能力较大。属于这类组织的轴承合金有铝基轴承合金和铜基轴承合金。

7.3.2 常用轴承合金

常用轴承合金有锡基、铅基、铝基和铜基轴承合金,它们一般在铸态下使用。

(1)锡基轴承合金

锡基轴承合金是在锡中加入锑、铜等合金元素组成的合金。其组织是在锡基固溶体上分布着SnSb和Cu_3Sn金属化合物硬质点,如图7.10所示。

图7.10 ZChSnSb11-6合金显微组织

锡基轴承合金具有膨胀系数小,耐蚀性、热导性和韧性好等优点,也具有疲劳抗力低、耐热性差、价格贵等缺点。它主要用于高速工作的滑动轴承。

锡基轴承合金的代号由“ZCh”(“轴承”的汉语拼音字首)、元素符号Sn、主加元素符号、各种合金元素含量组成,如ZChSnSb11-6。常用锡基轴承合金的成分、性能和用途见表7.8。

表7.8　常用锡基轴承合金(摘自GB 1174—74)

合金代号	主要成分×100				主要性能						用　途
	w_{Sb}	w_{Cu}	w_{Pb}	w_{Sn}	σ_b/MPa	$\delta\times100$	硬度/HBS	A_K/J	熔点/℃	摩擦系数	
ZChSnSb 12-4-10	11~13	2.5~5	9~11	余量	—	—	29.6	—	185	—	用于一般机器的主轴承,但不适用于高温场合
ZChSnSb 11-6	11~12	5.5~6.5	—		90	6	30	4.8	241	有润滑 0.005 无润滑 0.28	用于大于1 471 kW的高速蒸汽机和368 kW的涡轮压棉机,涡轮泵和高速内燃机轴承
ZChSnSb 18-4	7~8	3~4	—		80	10.6	28.3	24	238	—	用于大机器轴承和轴衬,高速重载汽车发动机轴承
ZChSnSb 4-4	4~5	4~5	—		80	7.8	25	—	225	—	用于涡轮内燃机高速轴承及轴承内衬

(2)铅基轴承合金

铅基轴承合金是在铅中加入锑、锡、铜等合金元素组成的合金。铅基轴承合金的价格便宜,但其强度、韧性、耐蚀性和热导性较差。它主要用做低速、低载工作的滑动轴承。常用铅基轴承合金的成分、性能和用途见表7.9。

锡基轴承合金和铅基轴承合金的强度均较低,承载能力差,一般需将合金镶铸在钢的轴瓦上,形成薄而均匀的内衬,才能发挥作用。

(3)铝基轴承合金和铜基轴承合金

铝基轴承合金是在铝中加入锑、锡、铜、镁、碳(石墨)等元素组成的合金。与锡基和铅基轴承合金相比,它具有密度小、热导性疲劳抗力高、价格便宜等优点,但其膨胀系数大,运转时易与轴咬合使轴磨损,故须提高轴颈硬度,加大轴承间隙(0.1~0.15 mm)和降低表面粗糙度。常用的铝基轴承合金有铝锡轴承合金和铝锑镁轴承合金。前者常用于汽车、拖拉机和内燃机车上高速、高载工作的轴承;后者常用于载荷不超过20 MPa,速度不大于10 m/s工作的轴承。

某些青铜(如锡青铜、铝青铜、铍青铜等)可用做滑动轴承,故此类青铜又称铜基轴承合金。它具有疲劳抗力高、热导性和塑性好、摩擦系数小等优点,能用做高速、重载工作的轴承。但铜基轴承合金硬度较高,易于擦伤轴颈,故须提高轴颈硬度。

表 7.9 常用铅基轴承合金(摘自 GB 1174—74)

合金代号	主要成分×100				主要性能						用途
	$-w_{Sb}$	w_{Cu}	w_{Sn}	w_{Pb}	σ_b/MPa	$\delta\times100$	硬度/HBS	A_K/J	熔点/℃	摩擦系数	
ZChPbSb 16-16-2	15~17	1.5~2	15~17	余量	78	0.2	30	1.12	240	有润滑 0.006 无润滑 0.25	用于 110~883 kW蒸汽涡轮机,150~750 kW电动机及小于147 kW的起重机和重负荷的推力轴承
ZChPbSb 15-5-3	14~16	2.5~3	5~6		68	0.2	32	1.2	232	有润滑 0.005	船舶机械、小于250 kW电动机、抽水机轴承
ZChPbSb 15-10	14~16	—	9~11		60	1.8	24	3.52	240	有润滑 0.009 无润滑 0.38	用于中等压力的机械轴承,也用于高温轴承
ZChPbSb 15-5	14~15.5	0.5~1	4~5.5		—	—	21	—	240	—	适用于低速、轻压力机械轴承
ZChPbSb 10-6	9~11	—	5.5~7		—	—	25	—	—	—	重载荷、耐蚀、耐磨用轴承

7.4 粉末冶金材料

用金属粉末或金属与非金属的粉末作为原料,经配料、压制成形和烧结等工艺制取金属材料的方法,称为粉末冶金。其主要过程如下:

①制粉 制备金属或非金属粉末。

②配料 将制得的金属粉末和非金属粉末,按比例配制粉料。

③压制成形 将按比例配好的粉料,用压模压制成形。

④烧结 将成形后的压坯放在非氧化性气氛中,加热至高温,通过物理化学作用使其强度提高。

粉末冶金既是一种金属材料的生产方法,又是一种制造零件的工艺方法。用粉末冶金法制得的金属材料,称为粉末冶金材料。粉末冶金材料主要有硬质合金、减摩材料、难熔金属及含油轴承材料等。

7.4.1　硬质合金

硬质合金是以难熔碳化物（WC、TiC 等）粉末和钴粉末为原料，经粉末冶金制得的合金材料。

（1）硬质合金的种类、成分和牌号

按成分不同，常用的硬质合金分为钨钴类、钨钛钴类和钨钛钽（铌）类三类硬质合金。

1）钨钴类硬质合金

这类合金由 WC 和 Co 组成，其牌号用“YG”（“硬钴”的汉语拼音字首）和钴含量数字表示。例如，“YG6”代表 $w_{Co}=6\%$，余量为 WC 的钨钴类硬质合金。

2）钨钛钴类硬质合金

这类合金由 WC、TiC 和 Co 组成，其牌号用“YT”（“硬钛”的汉语拼音字首）和 TiC 含量的数字表示。例如，“YT14”代表 $w_{TiC}=14\%$ 的钨钛钴类硬质合金。

3）钨钛钽（铌）类硬质合金

这类合金又称通用硬质合金或万能硬质合金，它由 WC、TiC、TaC（或 NbC）和 Co 组成，其牌号用“YW”（“硬万”的汉语拼音字首）与序号组成，如 YW1。

常用硬质合金的牌号、成分和性能见表 7.10。

表 7.10　常用硬质合金的牌号、成分和性能（摘自《硬质合金牌号》（YB 849—75））

类别	牌号	化学成分质量分数×100				力学性能	
		w_{WC}	w_{TiC}	w_{TaC}	w_{Co}	硬度/HRA（不低于）	抗弯强度/MPa（不低于）
钨钴类合类	YG3X	96.5	—	<0.5	3	91.5	1 100
	YG6	94	—	—	6	89.5	1 450
	YG6X	93.5	—	<0.5	6	91	1 400
	YG8	92	—	—	8	89	1 500
	YG8C	92	—	—	8	88	1 750
	YG11C	89	—	—	11	86.5	2 100
	YG15	85	—	—	15	87	2 100
	YG20C	80	—	—	20	82～84	2 200
	YG6A	92	—	2	6	91.5	1 400
	YG8N	91	—	1	8	89.5	1 500
钨钛钴类合金	YT5	85	5	—	10	89	1 400
	YT15	79	15	—	6	91	1 150
	YT30	66	30	—	4	92.5	900
通用合金	YW1	84	6	4	6	91.5	1 200
	YW2	82	6	4	8	90.5	1 300

注：牌号中“X”表示该合金是细颗粒合金；“C”表示该合金是粗颗粒合金；不标注表示一般颗粒合金。

(2)硬质合金的性能

硬质合金由大量高硬度的难熔碳化物(WC、TiC、TaC 等)和少量钴组成。其中,碳化物(称为硬质相)的作用是提高合金的硬度、热硬性和耐磨性;钴(称为黏结相)的作用是黏结碳化物和提高合金的韧性。因此,硬质合金具有以下主要特性:

①有很高的硬度(常温硬度为 86 ~93 HRA,相当于 69 ~81 HRC)、热硬性(加热至 900 ~1 000 ℃时硬度保持 60 HRC)和耐磨性。因此,硬质合金刀具比高速钢刀具具有更优良的切削性和更高的使用寿命(寿命提高 5 ~8 倍)。

②有低的抗弯强度、韧性和很差的热导性,故当其承受冲击载荷或温度急剧变化时,易于产生裂纹。

由于 TiC 的硬度和热稳定性高于 WC,故钨钛钴类硬质合金的硬度、热硬性及耐磨性高于钨钴类硬质合金,而抗弯强度和韧性低于钨钴类硬质合金。钨钛钽(铌)类硬质合金因以 TaC(或 NbC)取代钨钛钴类硬质合金中的部分 TiC,其强度和韧性有所改善。此外,因钴具有较高的韧性,故在同类硬质合金中,钴含量越高,硬质合金的强度及韧性就越高,而硬度、热硬性及耐磨性有所降低。

(3)硬质合金的应用

硬质合金主要用做切削速度高或加工硬材料及难加工材料的切削刀具。钨钴类硬质合金主要用做加工铸铁、铸造有色合金、胶木等脆性材料的高速切削(切削速度为 100 ~300 m/min)刀具。钨钛钴类硬质合金主要用做加工钢、有色合金型材等韧性材料的高速切削(切削速度为 100 ~300 m/min)刀具,或用做加工高硬度(33 ~40 HRC)钢、奥氏体不锈钢等的切削刀具。通用硬质合金既可切削脆性材料,也可切削韧性材料。在同类硬质合金中,钴含量较高的硬质合金适宜于制造粗加工刀具,含钴量较低的硬质合金适宜于制造精加工刀具。

钨钴类硬质合金还可用做要求高寿命的各类模具(如拉丝模、冷冲模等),量具和其他耐磨零件(如车床顶尖、无心磨床的导杆等)。

由于硬质合金不能锻造和热处理,并难于对其切削加工,故硬质合金厂以各种规格的硬质合金刀片或硬质合金模具镶件供应用户,用户采用钎焊、黏结或机械连接等方法将其固定在刀体上或模具工作部位使用。

7.4.2 其他粉末冶金材料

机械制造中常用的其他粉末冶金材料,主要有含油轴承材料和铁基结构材料。

(1)含油轴承材料

含油轴承材料是一种多孔材料。由于此类材料中含有许多孔隙,经油浸渍后能储存足够的润滑油而具有自润滑和减摩作用。常用的含油轴承材料有铁基含油轴承材料和铜基含油轴承材料两类。铁基含油轴承材料是由铁-石墨(小于 3%)制成的合金材料,铜基含油轴承材料是由青铜-石墨或黄铜-石墨制成的合金材料。铁基含油轴承材料常用于机车、汽车、冶金和矿山机械等使用的滑动轴承,铜基含油轴承材料常用于精密机械、纺织机械等使用的滑动轴承。

(2)铁基结构材料

铁基结构材料是以钢的粉末为主要原料制成的粉末冶金材料,它广泛用于制造各种机械结构零件,如机床的调整垫圈、法兰盘,汽车上的油泵齿轮等。

思考题

7.1　铝合金如何分类?

7.2　铝合金的热处理强化与钢有何不同?

7.3　铝合金热处理强化中的自然时效、人工时效与铸铁件的天然时效及500～600 ℃的人工时效有何不同?

7.4　简述工业纯铝、防锈铝、硬铝及铸造铝合金的主要性能特点和应用。

7.5　简述工业纯铜、黄铜、锡青铜、铝青铜及铍青铜的主要性能特点和应用。

7.6　滑动轴承合金具有什么特征和组织特点?常用轴承合金有哪些?

7.7　指出下列代号或牌号所代表的金属或合金的名称,以及其字母与数字的含义。

LY-Y2　LF21-M　LY11-CZ　ZL102　T2-M　H68-M　ZCuZn38

ZCuSn10Pb1　QSn6.5-0.1-Y　QBe2　ZChSnSb11-6

7.8　第7.7题中哪些合金能热处理强化及如何热处理强化。

7.9　何谓硬质合金?常用硬质合金有哪些种类?

第8章 非金属材料

非金属材料是指除金属材料以外的其他所有固体材料。因其具有许多独特的优点,正越来越多地应用于工业、国防和科技领域。机械工业中常用的非金属材料主要有高分子材料、陶瓷材料和复合材料。

8.1 高分子材料的基础知识

以高分子化合物为基料组成的材料称为高分子材料。工业上使用的主要是合成有机高分子材料。

8.1.1 高分子化合物的概念

由许多有机低分子化合物(分子质量小于1 000)经人工聚合而成,具有链状大分子结构的化合物(分子质量大于5 000),称为高分子化合物或高聚物。例如,聚乙烯是由许多乙烯分子聚合而成,其反应式为:

$$n[CH_2=CH_2] \rightarrow [CH_2-CH_2]_n$$

分子链中的重复结构单元称为链节,链节的重复次数 n 称为聚合度。聚合度越高,高分子化合物的相对分子量越大,其强度、刚度和弹性也相对较高。

8.1.2 分子链的结构、特性与化学反应

(1)分子链的结构与特性

高分子材料的性能除与高分子化合物的成分有关外,还与其分子链的结构形态有关。根据分子链结构的几何特征不同,分子链结构分为线型结构和体型结构。

分子链呈线型长链(或带有支链)的结构称为线型结构,如图8.1(a)、(b)所示。线型分子链一般呈卷曲状,受拉时分子链伸展为直线,外力去除后又恢复卷曲状态;分子链间无交联,受力时彼此易于滑动。故由线型分子链组成的高分子材料具有良好的弹性和塑性。加热时可软化或熔融,经塑制成形、冷却后变硬,且此过程能重复进行而可多次成形,故线型高分子材料又称为热塑性高分子材料。

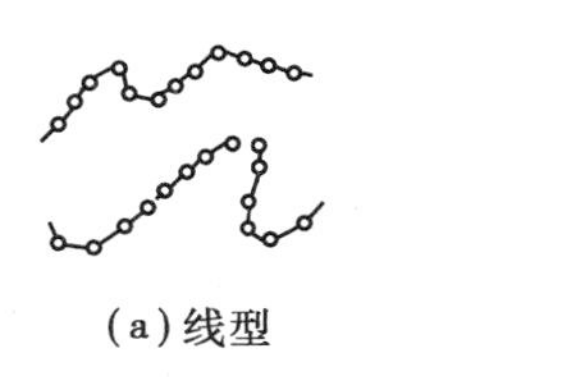
(a)线型

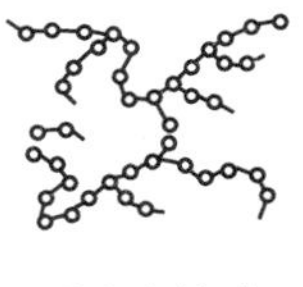
(b)支链型

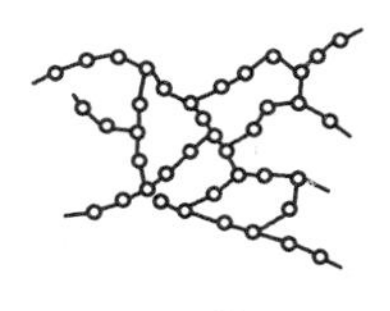
(c)体型

图 8.1　高分子链的三种形态

分子链因一些链节相互交联而呈三维网状结构称为体型结构(图 8.1(c))。体型结构的高分子材料因其分子链结构稳定而具有较高的强度、硬度和耐热性,但脆性大。其成形后再加热时不能软化或熔融,故不能重复成形。因此,体型高分子材料又称为热固性高分子材料。

(2)分子链的化学反应

高分子化合物的大分子链会因物理或化学作用而发生裂解或交联反应。

1)裂解反应　在化学(如氧或其他试剂)或物理(如光、热、机械力、辐射或超声波等)作用下,大分子链发生断裂而聚合度降低的过程称为裂解反应。

2)交联反应　若干线型大分子链通过链间化学键合而形成体型分子链结构的过程,称为交联反应。交联反应常用于热固性高分子材料的固化和橡胶生产的硫化。

3)高分子材料的老化　高分子材料在使用过程中受氧、光、热、潮气等长期作用导致使用性能降低的现象称为老化。老化的原因是分子链产生化学反应:裂解反应使分子链变短,分子质量下降,使材料变软发黏,丧失原有的力学性能;交联反应使某些分子链连接成网状结构,使材料变硬变脆,丧失弹性。

8.1.3　高分子材料的聚集态结构

高分子材料内部大分子链之间的几何排列或堆砌方式称为高分子材料的聚集态结构。成形后的高分子材料按其大分子排列是否有序,分为晶态结构和非态结构两大类。

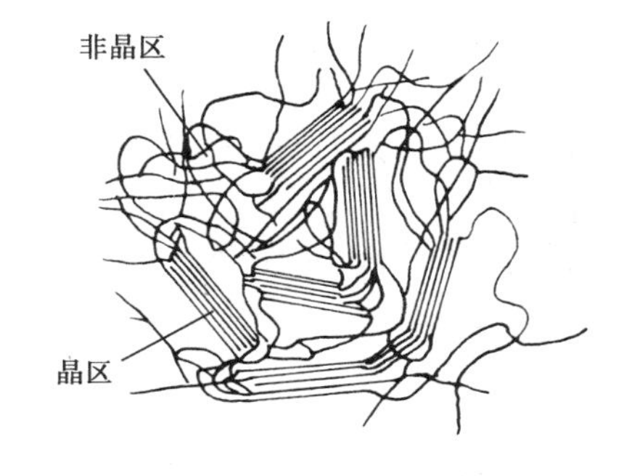

图 8.2　晶态高分子材料晶区与非晶区示意图

晶态线型高分子材料(图 8.2)由晶区(分子呈规则紧密排列的区域)和非晶区(分子呈无序排列的区域)组成,其结晶度一般可达 50% ~ 80%。与非晶态线型高分子材料相比,晶态线型高分子材料由于分子排列紧密,其密度、强度、硬度、刚度、熔点和耐热性较高,而弹性、塑性和韧性较低。

体型结构的高分子材料均为非晶态结构,故无一定的熔点。

8.1.4　高分子材料的力学状态

图 8.3 所示为线型高分子材料在恒应力作用下变形量与温度的关系曲线。由图可知,线型高分子材料在不同温度范围内因其分子链运动方式不同而表现为玻璃态、高弹态和黏流态三种不同的力学状态。这对其成形和使用具有重要意义。

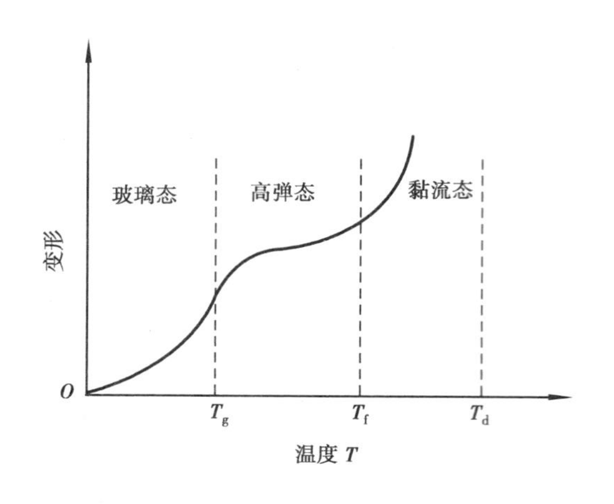

图 8.3 线形高分子材料塑性变形量与温度的关系

(1)玻璃态

当温度低于 T_g 温度(玻璃化温度)时,在外力作用下,大分子链不能移动,只有链节中的原子可作微小移动而产生微小弹性变形,故高分子材料表现为玻璃态。其弹性变形量小(小于1%),强度、硬度和刚度相对较高。在此状态下使用的高分子材料称为塑料。

(2)高弹态

当温度超过 T_g 而小于 T_f 温度(黏流化温度)时,在外力作用下,大分子链通过链段(若干链节连接而成)的运动产生较大的弹性变形,故高分子材料表现为高弹态。其弹性变形量大(100% ~1 000%)而弹性模量小(10 MPa)。在此状态下使用的高分子材料称为橡胶。

(3)黏流态

当温度超过 T_f 时,在外力作用下,整个分子可相对移动而产生很大的塑性变形,故高分子材料表现为黏流态。黏流态是高分子材料成形的工艺状态,经成形和固化后可制得各种制品。在此状态下使用的高分子材料称为胶黏剂或涂料。

体型高分子材料只有玻璃态和高弹态。

8.1.5 高分子材料的分类

高分子材料的分类方法很多,常用的分类方法有:

①按其原料来源分为天然高分子材料与合成高分子材料;

②按其热行为特点分为热塑性高分子材料和热固性高分子材料;

③按其用途和工艺性质分为塑料、橡胶、纤维、胶黏剂和涂料。

8.2 塑　料

塑料是以某些高分子化合物(树脂)为基料,加入各种添加剂经成形后在玻璃态下使用的高分子材料。它是应用最广的高分子材料。

8.2.1 塑料的组成

(1)树脂

树脂是塑料的基本组成部分,并决定塑料的主要性能。因此,绝大多数塑料是以所用树脂的名称命名的。

(2)添加剂

为了改善塑料的使用性能和工艺性能而加入的其他物质称为添加剂。

添加剂主要有以下几种:

1)填料　填料又称填充剂。它主要用以提高塑料强度,减少树脂用量,如木粉和石棉纤维等。有的填料还可增加某些新的性能。

2)固化剂　成形时使树脂分子链发生交联,由线型结构转变为体型结构而固化的物质。如在环氧树脂中加入乙二胺。

3)增塑剂　用以提高树脂的塑性和柔软性的物质。如环氧化物、磷酸酯等。

此外,根据塑料的不同要求还可加入稳定剂、润滑剂、着色剂、发泡剂、阻燃剂等。

8.2.2　塑料的特性

(1)密度小

塑料的密度约为钢的1/6、铝的1/2。这对于减轻车辆、舰船、飞机和航天器等的自重具有重要意义。

(2)良好的耐蚀性

大多数塑料化学稳定性好,对大气、水、油、酸、碱和盐等介质有良好的耐蚀性,广泛用做在腐蚀条件下工件的零件和化工设备。

(3)良好的减摩性和耐磨性

大多数塑料的摩擦系数小,并具有自润滑能力,可在无润滑条件下工作。

(4)良好的电绝缘性

大多数塑料都具有良好的电绝缘性和较小的介电损耗,是理想的电绝缘材料。

(5)良好的消声减震性

用塑料制作的摩擦传动零件,可减小噪声,降低震动,提高运转速度。

(6)良好的成形性

绝大多数塑料可直接采用注射、挤塑或压塑成形而无须切削加工,故生产效率高,成本低。

塑料的不足之处是强度、刚度、硬度低,耐热性差,受热时易变形,易老化等。

8.2.3　塑料的分类和常用塑料

(1)塑料的分类

1)按应用范围分类　塑料分为通用塑料和工程塑料。通用塑料是指产量大、价格低、用途广的常用塑料,多用做生活日用品、包装材料或性能要求不高的工程制品;工程塑料是指具有较高的强度、刚度、韧性和耐热性,并主要用做机械零件和工程构件的塑料。

2)按热行为分类　塑料分为热塑性塑料和热固性塑料。热塑性塑料属线型结构,可重复加热塑制成形,其制品的强度、刚度和耐热性较差,但韧性较高;热固性塑料属体型结构,不能重复成形,其制件强度、刚度和耐热性相对较高,但脆性较大。

(2)常用塑料

1)常用热塑性塑料　常用热塑性塑料的名称、特性和用途见表8.1。

2)常用热固性塑料　常用热固性塑料的名称、特性和用途见表8.2。

表 8.1　常用热塑性塑料

类 别	名 称	主要特性	主要用途
通用塑料	聚乙烯(PE)	高压低密度聚乙烯　强度低(σ_b = 7 ~ 15 MPa),柔软,成形性好,耐热性差	薄膜、软管、塑料瓶等包装材料
		中低压高密度聚乙烯　强度较高(σ_b = 21 ~ 37 MPa),柔软性和成形性好,耐热性较好	低承载的结构件,如插座、高频绝缘件、化工耐蚀管道、阀件等
	聚苯乙烯(PS)	电绝缘性、透明性好,强度高(σ_b = 42 ~ 56 MPa),质硬,但耐热性、耐磨性差,易裂	仪表外壳、灯罩、高频插座、其他绝缘件,以及玩具、日用器皿等
	聚氯乙烯(PVC)	硬聚氯乙烯　强度高(σ_b = 35 ~ 63 MPa),耐蚀性、绝缘性好,耐热性差	化工用耐蚀构件,如管道、弯头、三通阀、泵件等
		软聚氯乙烯　强度低(σ_b = 10 MPa),柔软,高弹性,耐蚀性好,耐热性差	农业和工业包装用薄膜、人造革、电绝缘材料
	聚丙烯(PP)	强度较高(σ_b = 30 ~ 39 MPa);耐热性好,是通用塑料中惟一能用至 100 ℃的无毒塑料;优良的耐蚀性和绝缘性,但不耐磨,低温呈脆性	继电器小型骨架、插座、外罩、外壳、法兰盘、接头、化工管道、容器、药品和食品的包装薄膜
工程塑料	尼龙(PA)	强度高(σ_b = 56 ~ 83 MPa),突出的耐磨性和自润滑性,耐热性不高,但芳香尼龙有高的耐热性	尼龙 6、66、610、1010 用于小型耐磨机件,如齿轮、凸轮、轴承、衬套等。铸造尼龙(MC)用于大型机件,芳香尼龙用于耐热机件和绝缘件
	聚甲醛(POM)	高的强度(σ_b = 53 ~ 68 MPa)、刚度、硬度和耐磨性,摩擦系数小,耐疲劳性好,但耐热性差,易老化	用于汽车、机床、化工、仪表等耐疲劳、耐磨机件和弹性零件,如齿轮、凸轮、轴承、叶轮等
	聚碳酸脂(PC)	强度高(σ_b = 66 ~ 70 MPa),韧性和尺寸稳定性好,耐热性好,透明性好,但化学稳定性差,易裂	高精度构件及耐冲击构件,如齿轮、蜗轮、防弹玻璃、飞机挡风罩、座舱盖,以及作为高绝缘材料
	ABS 塑料	兼有三者优点,还有可电镀性;改变组成比例,可调节性能,适应范围广	广泛用于机械、电器、汽车、飞机、化工等行业,如齿轮、轴承、仪表盘、机壳机罩、机舱内装饰板和窗框等
	聚砜 PSU	良好的综合力学性能,突出的耐热性和抗蠕变性,还有可电镀性,但耐有机溶剂差,易裂	用于较高温度的结构件,如齿轮、叶轮、仪表外壳,以及电子器件中的骨架、管座、积分电路板等
	有机玻璃(PMMA)	透光好,强度较高(σ_b = 60 ~ 70 MPa),但不耐磨	用于具有透明和较高强度的零件、装饰件,如光学镜片、标牌、飞机与汽车的座窗等
	聚四氟乙烯(FTFE)	卓越的耐热、耐寒性;极强的耐蚀性,被称为"塑料王"。但强度低(σ_b = 15 MPa),刚性差,成形性差	用于化工、电器、国防等方面,如超高频绝缘材料、液氢输送管道的垫圈、软管等

表 8.2 常用热固性塑料

名 称	主要特点	用 途
酚醛塑料(PF),又称电木	固化成形后硬而脆,刚度大,耐热性高,耐蚀性、绝缘性较高	广泛用于开关、插座、骨架、壳罩等电器零件
氨基塑料,又称电玉	力学性能、耐热性和绝缘性接近电木,色彩鲜艳	开关、插头、插座、旋钮等电器零件
环氧树脂塑料(EP)	高的强度和韧性,尺寸稳定,耐热、耐寒性好,易于成形,胶接力强,但价高,有一定毒性	用于浇铸模具、电缆头、电容器、高频设备等电器零件

8.3 橡胶与合成胶黏剂

8.3.1 橡胶

橡胶是以某些线型非晶态高分子化合物(生胶)为基料,加入各种配合剂制成的在高弹态使用的高分子材料。

表 8.3 常用橡胶的种类、性能和用途

类别	种 类	代号	σ_b/MPa	$\delta\times100$	使用温度/℃	耐磨性	耐有机酸能力	耐无机酸能力	耐碱性	耐油和汽油能力	使用性能特点	用 途
通用橡胶	天然橡胶	NR	20~30	650~900	-50~+120	中	差	差	好	显著溶胀	高强度、绝缘、防震	通用制品、轮胎
	丁苯橡胶	SBR	15~20	500~800	-50~+140	好	差	差	好	显著溶胀	耐磨	通用制品、轮胎、胶板、胶布
	顺丁橡胶	BR	18~25	450~800	-73~+120	好	差	差	好	不适用	耐磨、耐寒	轮胎、耐寒运输带
	氯丁橡胶	CR	25~27	800~1 000	-35~+130	中	差~可	中	好	轻微~中等溶胀	耐酸、耐碱、耐汽油、耐燃	耐燃、耐汽油、耐化学腐蚀的管道、胶带、电线电缆的外皮、汽车门窗的嵌条
	丁腈橡胶	NBR	15~30	300~800	-50~+170	中	差~可	可	中	适用	耐油、耐汽油、耐水、气密	耐油密封垫圈、输油管、汽车配件及一般耐油制件
特种橡胶	聚氨酯橡胶	UR	20~35	300~800	-30~+80	好	差	差	差	适用	高强度、耐磨、耐油、耐汽油	实心轮胎、胶辊、耐磨件
	硅橡胶	—	4~10	50~500	-100~+300	差	中	可	—	显著溶胀	耐热、耐寒、抗老化、无毒	耐高、低温的制品、绝缘件、印模材料和人造血管
	氟橡胶	FPM	20~22	100~500	-50~+300	中	差	好	中~好	适用	耐蚀、耐酸碱、耐热	化工衬里、高级密封件、高真空胶件

(1)橡胶的组成与特性

生胶是橡胶的基本组成部分。生胶属塑性胶，其强度低而稳定性差，故常加入硫化剂、填充剂、增塑剂和防老化剂等配合剂改善橡胶的性能。其中，硫化剂的作用是使生胶的线型分子链适度交联成网状结构，提高橡胶的强度、刚度和耐磨性，并使其性能在很宽的温度范围内具有较高的稳定性。

橡胶的主要特性是具有高弹性，即极小的弹性模量和极大的弹性变形量，卸载后能很快恢复原状，故橡胶具有优异的吸震和储能能力。此外，橡胶还具有较高的强度、耐磨性、密封性和电绝缘性能，使之成为广泛应用的重要工业原料。

(2)常用橡胶

按生胶来源不同，橡胶分为天然橡胶与合成橡胶；按应用范围不同，橡胶分为通用橡胶和特种橡胶。通用橡胶产量大、用途广，主要用于制造汽车轮胎、胶带、胶管和一般工程构件；特种橡胶则能在特殊条件(高温、低温、酸、碱、油、辐射等)下使用。常用橡胶的种类、性能和用途见表8.3。

8.3.2 合成胶黏剂

在胶接过程中，将两个物体连接在一起的一种非金属材料称为胶黏剂。胶黏剂能胶接各种金属材料，还能胶接木材、皮革、塑料和陶瓷等非金属材料。与焊接、铆接和螺纹连接相比，胶接接头应力分布均匀，疲劳抗力较高，密封性好，且工艺简单，成本低，但接头不耐高温，易老化。目前，工程上应用最广泛的是合成胶黏剂。

(1)合成胶黏剂的组成

合成胶黏剂是以具有黏性的合成高分子化合物为基料，加入适量的添加剂组成的。其中黏性基料应具有优异的黏附力和良好的耐热性、抗老化性等，它决定着胶黏剂的主要特性。根据胶黏剂的要求不同，常加入相应的固化剂、填料、增塑剂、稀释剂等添加剂。

(2)常用合成胶黏剂

合成胶黏剂分为树脂胶黏剂、橡胶胶黏剂与混合胶黏剂三大类，其中树脂胶黏剂又分为热固性树脂胶黏剂与热塑性树脂胶黏剂。工程上常用的合成胶黏剂的种类、特性及应用见表8.4。

表8.4 常用合成胶黏剂的种类、性能和用途

类别	种类	特性	应用
热固性树脂胶黏剂(室温或加热固化为不溶解不熔化的物质)	环氧树脂	性能全面，耐热、耐水	有“万能胶”之称，可用于金属-金属，塑料-塑料、玻璃、陶瓷，金属-非金属
	聚氨酯	耐低温，柔性好，黏接强度较高	耐低温的金属-金属，塑料-塑料，金属-塑料
	有机硅树脂	耐高温，但韧性差	金属-金属、绝缘体

续表

类　别	种　类	特　性	应　用
热塑性树脂胶黏剂(加热软化,冷后硬化,再加热又软化)	α-氰基丙烯酸酯	韧性好,常温快干、使用方便,可反复黏接,但耐热性、耐磨性差	金属、塑料、橡胶、木材、玻璃、陶瓷等
	聚醋酸乙烯酯	—	木材、织物、纸制品
	聚丙烯酸酯	—	金属、热固性塑料、玻璃、陶瓷、压敏胶
橡胶胶黏剂将橡胶溶在有机溶液中配成胶液使用	氯丁橡胶	起始黏性高、柔性高,但耐热、耐寒性差,强度低	金属、橡胶、塑料
	丁腈橡胶		金属、织物、耐油橡胶件
	硅橡胶		密封金属件、热固性塑料、玻璃件
混合胶黏剂将上述胶黏剂相互掺混使用兼有两种以上胶黏剂的性能优点	酚醛-丁腈	具有酚醛的耐热好、强度高,又有丁腈柔性好的优点,用于 -50 ~ +250 ℃	金属,金属-非金属
	酚醛-聚乙烯醇	具有强度高、韧性好、耐寒的优点,用于 -60 ~ +70 ℃	航空金属构件、塑料、陶瓷
	酚醛-缩醛-有机硅	比前者提高耐热性,用于 200 ℃以下长期工作	合金钢,玻璃钢,金属-非金属,泡沫塑料-金属

8.4　陶　瓷

陶瓷是以金属或非金属的化合物为原料,经制粉、配料、成形和烧结而制成的无机非金属材料,它是现代工业中很有发展前途的一类材料。陶瓷在建筑、冶金、化工、机械、电子、宇航和核工业中得到广泛应用,成为与金属、高分子材料并列的三大支柱材料之一。

8.4.1　陶瓷的组成与结构

陶瓷主要由无机化合物组成,有时需加入适当的黏结剂或烧结助剂。无机化合物的种类及纯度决定着陶瓷的主要特性。由含 Al_2O_3、SiO_2 等成分的天然硅酸盐(如石英、长石、黏土等)为原料制成的普通陶瓷,因其纯度低而性能较差,多用于日用器皿及电气、化工、建筑部门;以人工合成的无机化合物(如 Si_3N_4、SiC、BN 等)为原料制成的特种陶瓷,因其纯度高而具有优良的力学、物理和化学性能,广泛用于化工、机械、电子、宇航等领域。

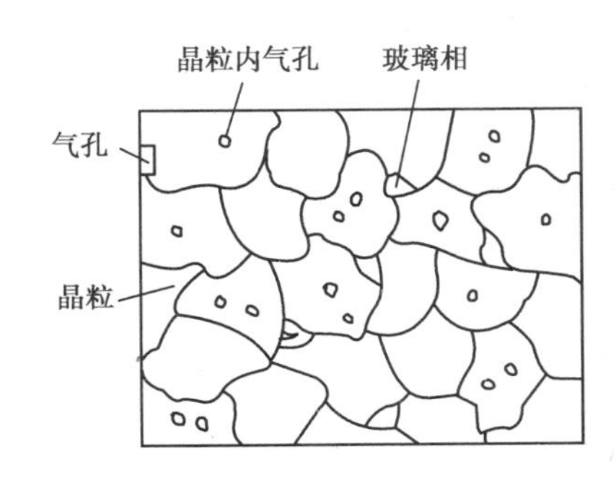

图 8.4　陶瓷显微组织示意图

陶瓷为多晶多相结构,它由晶相、玻璃相和气相组成(图8.4)。晶相是陶瓷的主要组成相,并决定着陶瓷的基本特性。玻璃相是基料与杂质在烧结时形成的非晶态物质,起黏结晶相、填充气孔的作用,但其性能低于晶相,故工业陶瓷中玻璃相应控制在20%~40%范围内。气相是存在于陶瓷内部的分散孔隙,它使陶瓷性能大幅降低,故普通陶瓷的气孔率应控制在5%~10%,特种陶瓷则控制在5%以下。

8.4.2 陶瓷的特性

(1)极高的硬度和弹性模量

陶瓷的硬度一般在1 500 HV以上,高于淬火钢的硬度;其弹性模量为10^3~10^5 MPa,是金属的若干倍。

(2)很高的热硬性和高温强度

陶瓷是工程上常用的耐高温材料,某些陶瓷还是理想的高速切削刀具材料。

(3)良好的耐蚀性和抗氧化性

因陶瓷的组织结构很稳定,能耐酸、碱、盐的腐蚀,且与许多高温金属熔体不发生作用,故陶瓷是极好的耐蚀材料和坩埚材料。

(4)多样化的电性能

大多数陶瓷为良好的电绝缘体,部分陶瓷为半导体,个别陶瓷为超导体。有的陶瓷还具有光-电、压-电等转换功能。

陶瓷的主要缺点是脆性大、抗热震性与抗拉强度低,但其抗压强度相对高得多。

8.4.3 常用工程结构陶瓷

按原料来源不同,陶瓷分为普通陶瓷和特种陶瓷;按用途不同分为日用陶瓷和工业陶瓷,其中工业陶瓷又分为工程结构陶瓷和功能陶瓷。常用工程结构陶瓷的种类、性能和应用见表8.5。

表8.5 常用工程结构陶瓷

种类	名称	抗弯强度/MPa	抗拉强度/MPa	抗压强度/MPa	性能特点	应用
普通陶瓷	普通工业陶瓷	65~85	26~36	460~680	绝缘性较好,有一定强度	用于受力不大的绝缘件:绝缘子、绝缘的机械支撑件
	化工陶瓷	30~60	7~12	80~120	耐蚀性较高,但强度低	用于受力不大、强度低的耐酸、耐碱容器、反应塔、管道
特种陶瓷	氧化铝陶瓷(刚玉)	250~450	室温:225 1 000 ℃:850	室温: 2 100~3 000 1 000 ℃:850	强度高出普通陶瓷2~6倍,硬度高,热硬性(1 200 ℃时,80HRA)和高温强度好,缺点是脆性大,适用于1 200 ℃工作的高温构件	高温器皿:坩埚、热电偶套管、电阻丝管等;切削淬火钢的刀具、拉丝模。另外,用于内燃机的火花塞、火箭导流罩、高温轴承等

续表

种类	名 称	抗弯强度/MPa	抗拉强度/MPa	抗压强度/MPa	性能特点	应 用
特种陶瓷	氮化硅陶瓷	490~590	150~275	—	强度、硬度高,优良的耐蚀和耐磨性,但耐热性低于刚玉	耐蚀、耐磨、耐高温的密封环、高温轴承、热电偶套管,燃汽轮机叶片,切削淬火钢、冷硬铸铁的刀具
	氮化硼陶瓷	53~109	1 000 ℃:25	233~315	良好的耐热性、热导性和高温绝缘性,是理想的散热材料和高温绝缘材料,但硬度、强度低于其他特种陶瓷,可进行机加工	坩埚、冶金用高温容器,半导体散热绝缘零件,高温轴承,玻璃成形模具
					立方氮化硼陶瓷有极高的硬度和热硬性,与金刚石接近	切削淬火钢等刀具
	碳化硅陶瓷	1 000 ℃:500~600	—	—	最大优点是高温强度好,其次,热导性和硬度高,耐蚀、耐磨性也很好	用于1 500 ℃以上工作的结构件,如火箭尾喷管的喷嘴,浇注金属的浇口、炉管,热电偶套管,也用于高温轴承,高温热交换器,核燃料的包封材料

8.5 复合材料

由两种或两种以上不同性质的材料,经人工组合而成的新型多相材料称为复合材料。复合材料不仅保留各组成材料的性能优点,而且具有单一材料无法具备的优良综合性能。如单一混凝土的刚度、硬度高,而脆性大,加入钢筋组成钢筋混凝土后,其强度和韧性大为增加。

8.5.1 复合材料的组成与特性

(1)复合材料的组成

复合材料一般由强度低、刚度小且韧性好的基体相(如树脂、金属)和强度高、刚度大的增强相组成。基体相起黏结和将应力传递给增强相的作用,增强相起阻止基体塑性变形的增强作用和主要承载作用。

(2)复合材料的主要特性

1)比强度和比刚度高　如碳纤维增强环氧树脂的比强度是钢的7倍,比刚度是钢的3倍。比强度和比刚度高有利于减小设备或构件的自重与尺寸。

2)疲劳抗力高　大多数金属材料的疲劳强度是其抗拉强度的40%~50%,而碳纤维增强塑料的疲劳强度是其抗拉强度的70%~80%。

3)抗震性好　复合材料的自振频率高,不易产生共振,而且其相界面具有良好的阻尼特性,能使共振很快衰减。

4)高温性能好　增强相多具有较高的弹性模量、较高的熔点和高温强度,故复合材料的高温性能较高。如玻璃纤维增强树脂的工作温度可达200~300 ℃,硼纤维增强铝合金的工作温度可达400~500 ℃,钨纤维增强钴或镍的工作温度可达1 000 ℃以上。

此外,复合材料还具有良好的工作安全性、良好的耐磨性等性能。

8.5.2　常用复合材料

按基体相的材料类别不同,复合材料分为高聚物基、金属基和陶瓷基复合材料;按增强相的几何形态不同,复合材料分为纤维、层叠和颗粒复合材料。目前使用较广泛的是高聚物基纤维复合材料和层叠复合材料。

(1)高聚物基纤维复合材料

1)玻璃纤维增强塑料

玻璃纤维增强塑料俗称玻璃钢。它是以玻璃纤维为增强相,热塑性或热固性树脂为基体相组成的。以热塑性树脂为基体相的热塑性玻璃钢,其强度比基体材料提高2~3倍,冲击韧性提高2~4倍,抗蠕变能力提高2~5倍,耐热性和抗老化性也显著提高。热塑性玻璃钢主要用于制造各种仪表盘、收录机机壳,代替有色金属制作轴承座、轴承等。以热固性树脂为基体相的热固性玻璃钢,具有强度高,耐蚀性与成形工艺性好,价格低廉的特点,可用于制造汽车车身、轻型船体、直升机旋翼、氧气瓶、耐蚀容器及管道等。

2)碳纤维增强塑料

碳纤维增强塑料的强度、刚度和其他许多性能均超过玻璃钢。主要用做比强度和比刚度要求高的飞行器构件(如飞机机身、螺旋翼、尾翼、卫星壳体等)及重型机械的轴瓦、齿轮等。

(2)层叠复合材料

层叠复合材料是由两层或多层不同性质材料层叠复合而成。层叠复合材料可根据要求改善其力学、物理和化学等使用性能。例如,在碳素钢板表面复叠一层塑料或不锈钢可提高耐蚀性,用于食品工业和化工;以钢板为基体、烧结铜为过渡层、塑料为表面层的层叠复合材料,具有减摩、耐磨、自润滑及高承载能力,常用做无油润滑轴承、导轨、衬套等;在两层玻璃之间复叠一层聚乙烯醇缩丁醛可制得安全玻璃;而以金属、玻璃钢或增强塑料为面板(或蒙皮),泡沫塑料、木屑、石棉或蜂窝格子等为心料制成的夹层复合材料,不仅密度小,刚度和抗压稳定好,还可获得绝热、隔音等性能。

思考题

8.1　简述高分子链的结构特点，它们对高聚物性能有何影响？

8.2　简述高分子材料的力学性能、物理性能和化学性能特点。

8.3　塑料与橡胶的本质区别是什么？

8.4　什么是胶黏剂？试述常用胶黏剂的性能特点及应用。

8.5　陶瓷有哪些特点？可分为哪几类？

8.6　什么是复合材料？有哪些主要特点？

8.7　常见的复合材料基体有哪几种？增强相有哪几种？

第 2 篇
材料的成形

零件是构成一切机器设备的基本单元，它不仅应满足工作条件对使用性能的要求，还应具备相应的形状与结构。前者主要通过正确地选材及适当的热处理来保证；后者通过铸造、锻造、焊接、胶结等成形方法，将材料成形为零件的毛坯或半成品，再经切削加工来实现。因此，熟悉常用材料成形方法的基本原理、工艺特点及应用范围，对机械制造技术人员合理选用毛坯种类和毛坯成形方法，以提高产品质量和降低生产成本具有重要意义。

第 9 章 铸 造

将合金液浇入与零件形状相适应的铸型型腔中,并冷凝为铸件的液态成形工艺方法称为铸造。铸造是制造机械零件毛坯或半成品的一种重要加工方法。

铸造的主要特点是:

①工艺适应性广　合金种类和铸件大小几乎不受限制,能浇注形状复杂的薄壁腔体件,如各种箱体、床身、机座、机架等。

②生产成本低　铸造用原材料的来源广而价格低,铸件的形状尺寸与零件接近,加工余量少。

③铸件的力学性能一般低于相同材质的锻件,且工艺过程复杂、废品率较高、生产周期较长。

铸造分为砂型铸造和特种铸造两大类。砂型铸造是最基本的铸造方法;特种铸造是除砂型铸造外的其他铸造方法(如熔模铸造、金属型铸造、压力铸造、离心铸造、低压铸造等)的总称。

9.1　砂型铸造与铸件缺陷

9.1.1　砂型铸造过程简介

砂型铸造的生产过程大致可分为制备铸型、熔炼浇注及落砂清理三个阶段,如图 9.1 所示。

(1)制备铸型

铸型的制备包括制作模样与芯盒、配制型(芯)砂、造型制芯及合箱等工序。其中最主要的工序是造型制芯。

1)造型　造型是指利用模样和通过型砂紧实,制得型腔与模样外形一致的砂型的操作过程。砂型的主要作用是形成铸件的外部轮廓、芯座及浇冒系统等。造型可分为手工造型和机器造型两大类。

①手工造型　手工造型方法多样灵活,工艺适应性强。手工造型的常用方法有整模造型、

分模造型、挖砂造型、活块造型、多箱造型、刮板造型等，其各自特点及适用铸件见表9.1。

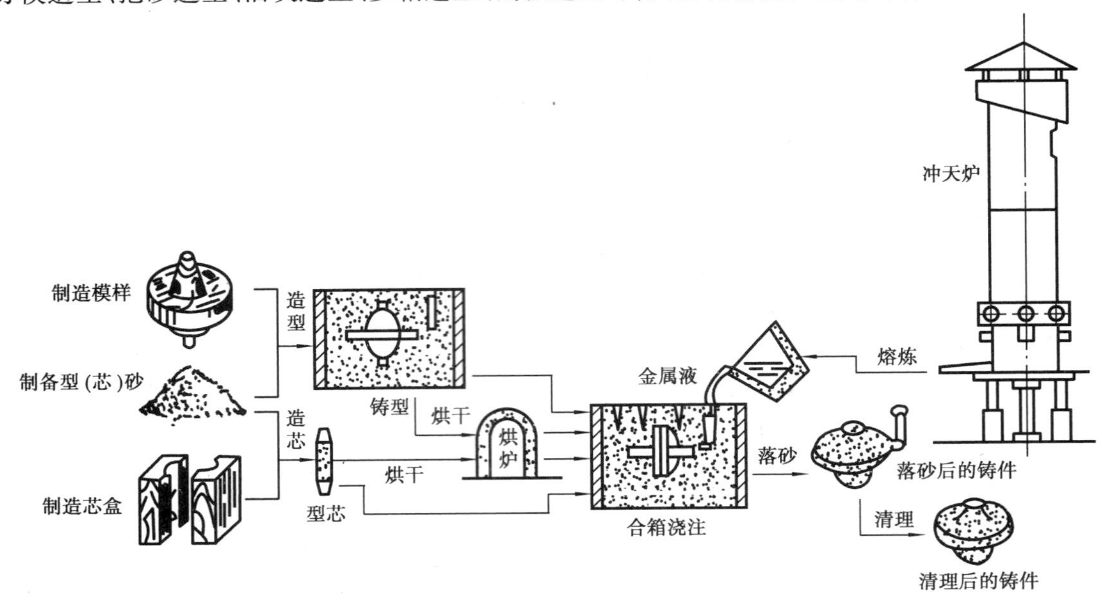

图9.1　砂型铸造过程示意图

表9.1　常用手工造型方法的特点及适用铸件

造型方法	简　图	主要特点	适用铸件
整模造型	(a)造下型　(b)合箱后	模样为整体，分型面为平面，型腔全在同一砂箱。故铸件精度高，且造型简便，生产率高	端面为平面，且为最大截面的各种平板、轮盘、高度不大的筒套等铸件
分模造型	(a)模样　(b)合箱后	模样沿最大截面分为两半，型腔由上下砂型组成。对合箱精度要求高，但造型简便，生产率高	最大截面位于中部的各种轮盘、箱体、立柱高度较大的筒套等铸件
挖砂造型	(a)挖出分型面　(b)合箱后	模样为整体，分型面为曲面，造型需手工挖去阻碍起模的型砂。工人技术水平要求较高，且生产率低	单件或小批量生产分型面为曲面的各种铸件(如手轮)

续表

造型方法	简 图	主要特点	适用铸件
活块造型	(a)模样 (b)合箱后	将模样上阻碍起模的局部做成活块并最后从型腔侧面取出。工人技术水平要求较高,且增加造型工时	单件或小批量生产,侧面带有局部突起结构(如凸台)的各种铸件
三箱造型	(a)模样 (b)合箱后	因模样有两个分型面而需用上、中、下三箱造型。需专用中箱,且造型工艺复杂,生产率低	单件或小批量生产在两个最大截面之间存在凹挡的滑轮、槽轮等铸件
刮板造型	(a)刮制上箱 (b)合箱后	以特制刮板替代模样进行造型。可降低制模费用,但工人技术水平要求高,生产率低	单件或小批量生产各种齿轮、飞轮、皮带轮等回转体铸件

②机器造型　机器造型是现代化铸造生产的基本方式。它主要是使紧实和起模操作实现机械化,从而显著提高劳动生产率和铸件质量,改善工人劳动条件,适用于大批量生产。

造型机种类很多,常用的是以压缩空气为动力的震压式造型机。其工作过程(图9.2)为:

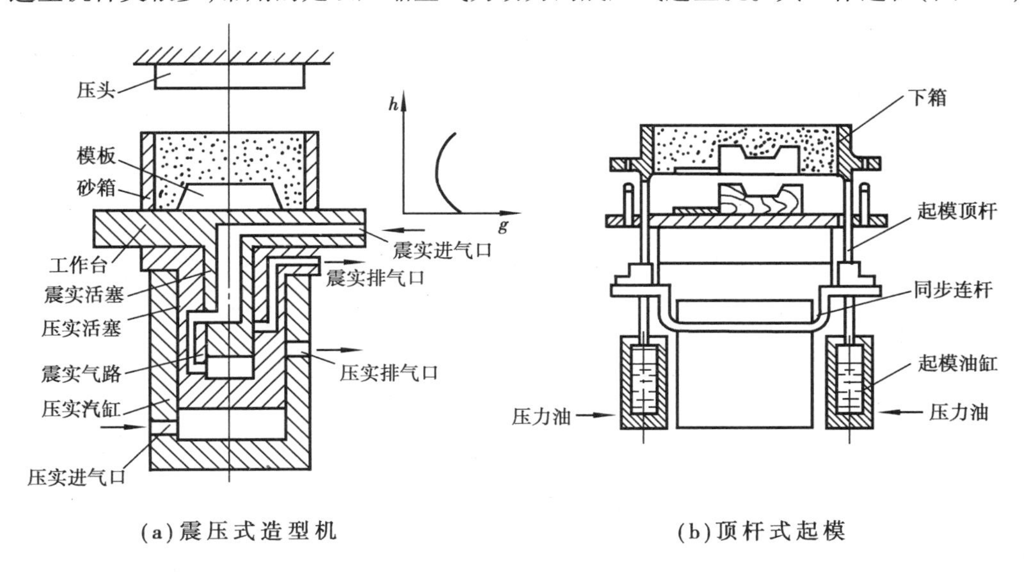

(a)震压式造型机　(b)顶杆式起模

图9.2　震压式造型机工作过程示意图

将砂箱固定在工作台上；填砂后由震实进气口通入压缩空气，以推动工作台和砂箱上升，当震实排气口露出时，压缩空气排出，工作台和砂箱突然下落，完成一次震击；经若干次震实后，改为向压实汽缸通入压缩空气，以推动工作台和砂箱升高，经压头将型砂进一步紧实后压缩空气排出；此后再由压缩空气推动压力油进入起模油缸，4 根同步起模顶杆使模样与砂箱分离，从而完成起模。

2）制芯　制芯是指将芯砂制成形状与芯盒内腔一致的砂芯的操作过程。砂芯主要用于形成铸件的内腔和尺寸较大的孔眼，有时也用于铸件上难以起模部位（如凸台或凹挡处）的局部造型。

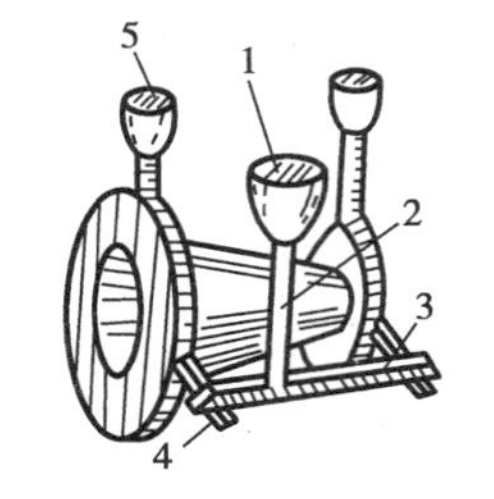

图 9.3　浇冒系统的构成

1—浇口杯；2—直浇道；3—横浇道

4—内浇道；5—冒口组

中、小批量生产中以手工制芯为主，大批量生产中采用机器制芯。

3）开设浇冒系统　为了保证合金液顺利充填型腔和补充铸件冷凝时的收缩，造型时应开设浇冒系统，如图 9. 3所示。浇冒系统由浇注系统（包括浇口杯 1、直浇道 2、横浇道 3 和内浇道 4）和冒口 5 组成。

浇注系统的主要作用是引导合金液平稳充填型腔，防止熔渣、沙粒或其他杂质进入型腔，并调节铸件的凝固顺序。冒口的主要作用是向铸件最后凝固部位供给合金液，起补缩作用，有的冒口还能起排气和集渣等作用。

（2）熔炼与浇注

熔炼的目的是为了获得成分、温度合格的合金液。合金液的成分靠配料计算及合理操作来控制。温度则主要由合理选用熔炉来保证：对低熔点的铸铝与铸铜多选用焦炭坩埚炉（图 9. 4）或电阻坩埚炉；对高熔点的铸钢应选用电弧炉（图 9. 5）或感应电炉（图 9. 6）；对铸铁常选用冲天炉（图 9. 7）或感应电炉。

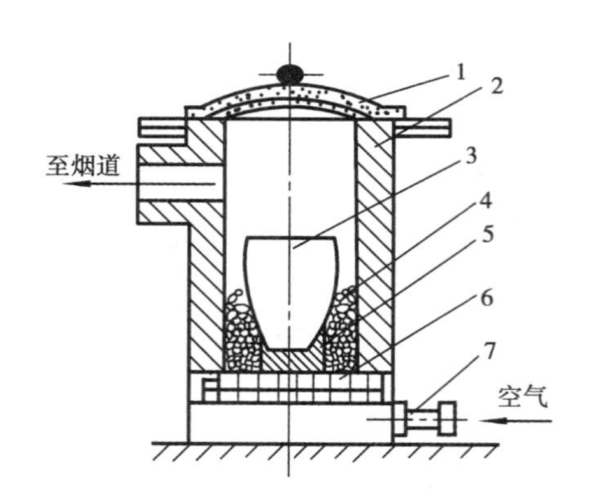

图 9. 4　焦炭坩埚炉

1—炉盖；2—炉体；3—坩埚；4—焦炭

5—垫板；6—炉箅；7—进气管

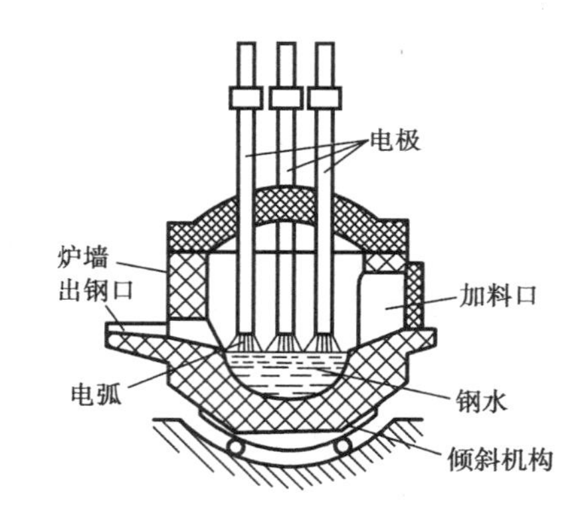

图 9. 5　三相电弧炉

浇注是将成分与温度合格的合金液平稳、连续地浇满铸型的过程。浇注温度的选择应遵循“高温出炉、低温快浇”的原则，以保证合金液既能顺利充填整个型腔，又能减少夹渣、气孔和缩孔等缺陷。灰铸铁的浇注温度一般为 1 200 ~ 1 300 ℃，碳素钢为 1 500 ~ 1 560 ℃，铸铝为

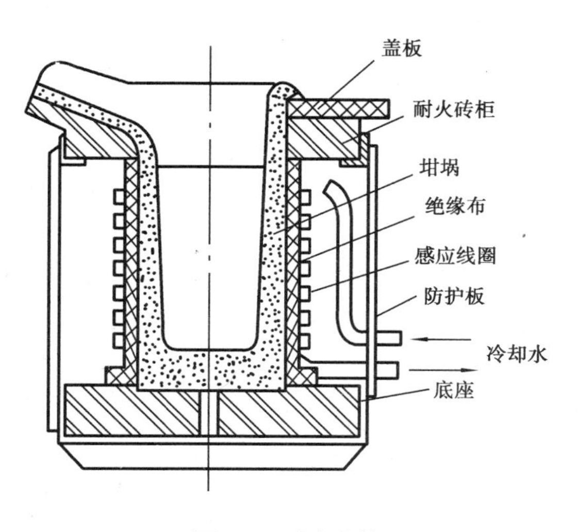

图 9.6 感应电炉

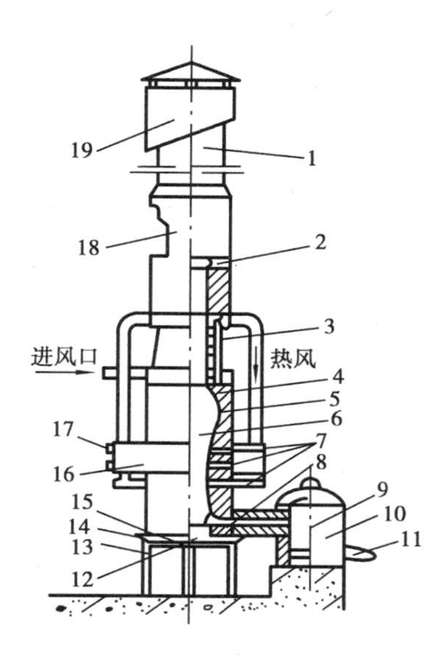

图 9.7 热风冲天炉

1—烟囱;2—铁砖;3—炉胆;4—炉壳;5—炉衬;6—炉膛;7—风口;8—过桥;9—出渣口;10—前炉;11—出铁槽;12—炉底;13—支柱;14—底座;15—炉底门;16—风带;17—风眼盖;18—装料口;19—火花收集器

680～780 ℃。

(3)落砂与清理

将铸件从砂型中取出的过程称为落砂(又称“打箱”)。对落砂后的铸件进行清除浇冒口、砂芯、表面黏砂、飞边和毛刺等操作称为清理。此外,对清理后的合格铸件一般应进行退火,以消除铸造应力和降低硬度,保证切削加工的顺利进行。

9.1.2 铸件缺陷

(1)常见的铸件缺陷

砂型铸造因工序繁多而易使铸件产生各种缺陷,见表 9.2。

表 9.2 常见铸件缺陷的种类、名称和特征

类 别	名 称	图 例	特 征
孔眼	气孔	(a)气孔	铸件内部或表面出现大小不等的孔眼,孔的内壁光滑,多呈圆形
	缩孔	(b)缩孔	铸件厚实断面出现形状不规则的孔眼,孔的内壁粗糙
	砂眼	(c)砂眼	在铸件内部或表面出现充满砂粒的孔眼,形状不规则
	渣眼	(d)渣眼	在铸件表面或内部出现充塞着渣的孔眼,孔形不规则

续表

类 别	名 称	图 例	特 征
表面缺陷	冷隔	(a)冷隔 (b)粘砂 (c)夹砂	铸件上出现未完全融合的缝隙，接头处外边沿圆滑
	粘砂		铸件表面黏附一层难以去除的砂粒，使表面粗糙
	夹砂		铸件表面突起一层粗糙的金属片状物，在金属片与铸件之间夹有一层砂
形状尺寸不合格	偏芯	(a)偏芯 (b)浇不足 (c)错箱	铸件壁厚因砂芯位置偏移而发生形状和尺寸的变动
	浇不足		铸件因未浇满而形状不完整
	错箱		铸件因模样或合箱定位不准而沿分型面上下错开
裂纹	热裂	热裂纹 冷裂纹	铸件出现穿透或非穿透裂纹（多呈直线状），裂纹表面氧化，呈蓝色
	冷裂		铸件出现穿透或非穿透裂纹（多呈曲线状），裂纹表面光亮，无氧化
其 他	因化学成分、组织或性能不符合技术条件而造成铸件不合格		

(2)铸件的质量检验

1)宏观质量检验　用量具或样板检查铸件的形状尺寸是否符合图纸要求，并用肉眼或简单工具(如放大镜、尖嘴锤等)检查铸件是否存在表面或显露于表面的皮下缺陷。

2)无损探伤　无损探伤用于检查铸件内部及表面细微缺陷。其常用方法如下：

①磁粉探伤　将表面布满磁粉的受检钢、铁铸件磁化，其表面缺陷处因磁阻大引起磁力线外泄而使磁粉堆集，如图9.8所示，据此可发现铸件表面小至几微米的细微缺陷。

②荧光探伤和着色探伤　利用水银石英灯发出的紫外线激发渗入铸件表面缺陷的荧光材料，使缺陷处发出可见的荧光(其操作方法如图9.9所示)，以发现非铁磁性(如铝、铜)铸件表面0.02～0.05 mm细小缺陷的方法，称为荧光探伤。用加有油溶性染料的渗透油液渗入铸件表面缺陷，并置于亮灯下以显示表面缺陷的方法，称为着色探伤。

③射线探伤　以X射线(或γ射线)透射受检铸件时，因通过有无缺陷部位所引起的射线衰减程度不同而得到感光程度不同的照相底片如图9.10所示，据此可确定铸件是否存在气

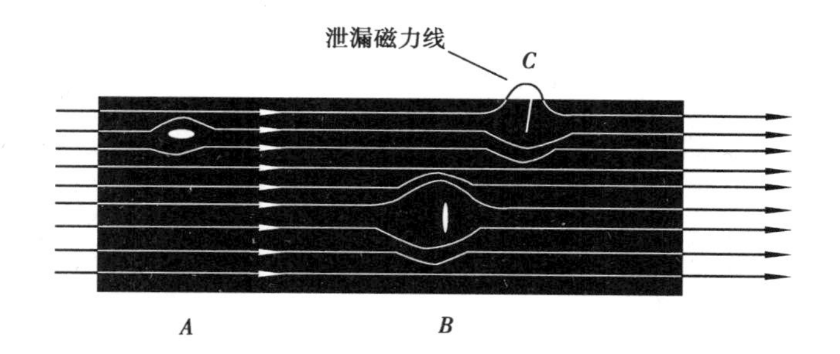

图9.8 磁力线在表面缺陷C处外泄(但A、B处内部缺陷不能发现)

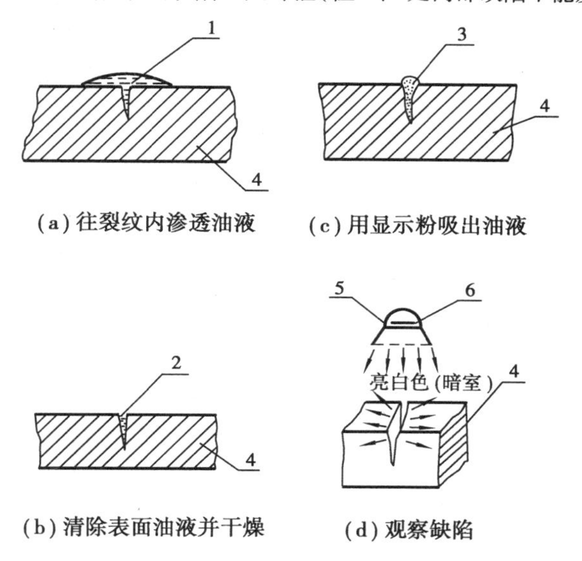

图9.9 荧光探伤操作方法示意图

孔、缩孔、渣孔等内部缺陷。

④超声波探伤 超声波探伤分为反射法与透射法。常用的反射法是通过测定超声波在受检铸件内部缺陷界面产生的反射波来发现裂纹、缩松、大块夹杂物等铸件内部缺陷,如图9.11所示。

3)气(或水)密性检验 将一定压力(高出工作压力30%~50%)的气体(或水)压入密封的铸件内腔后并保压,再观察受检铸件表面有无气体(或水)渗出,以此确定铸件的致密性是否符合技术要求。

此外,铸件还需进行化学成分、力学性能等常规检验,必要时可做金相组织检查。

(3)缺陷的修补

当铸件的局部缺陷经修补后能达到技术要求时,可做合格品使用。常用修补方法如下:

1)焊补 先以风铲、砂轮、机械加工或气割等方法将缺陷部位清除干净并开出坡口,再用电焊或气焊进行焊补。修补后应对焊补部位及时退火,以消除焊接应力,降低硬度,便于切削加工。

2)浸渍修补 对承压不高且渗漏不严重的铸件,可将稀释后的酚醛清漆、水玻璃或氯化铁与氨的水溶液压入返修铸件的孔隙中,待其硬化后将空隙填塞堵死。

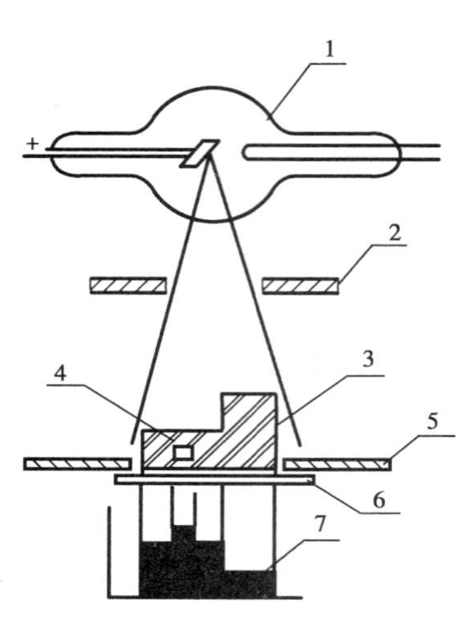

图 9.10　X 光照探伤原理

1—X 光管;2—光栏;3—受检铸件;4—缺陷;
5—铅板;6—感光底片;7—底片上的黑度变化

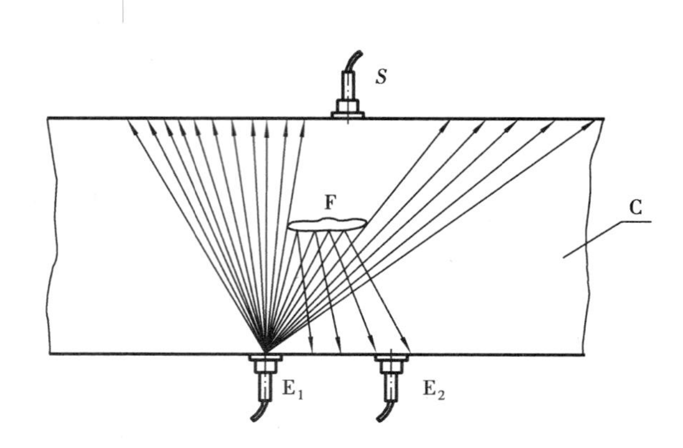

图 9.11　超声波反射探伤原理

C—试件;F—缺陷;E_1—发射探头;E_2—接受探头

3)填腻修补　用腻子(如铁粉 + 水玻璃 + 水泥)填补外露的孔洞类缺陷。此法仅用于外观装饰,不能改善铸件质量。

此外,对力学性能不合格的铸件可重新热处理,对曲翘变形的铸件可用机械法校正。

9.2　合金的铸造性能与常用铸造合金

9.2.1　合金的铸造性能

合金在液态成形过程中所表现出来的工艺性能称为铸造性能。它标志着合金在铸造过程中获得优质铸件的难易程度,其衡量指标主要有流动性、收缩性等。

(1)流动性

液态合金的流动能力称为流动性。合金的流动性好,则其充填铸型能力强,有利于渣、气体的上浮和排除,有利于液态合金充填冷凝时产生的体收缩,而易于获得尺寸准确、形状完整、轮廓清晰和内在质量好的铸件,避免产生冷隔、浇不足、夹渣、气孔和缩孔等缺陷。合金的流动性常用液态合金浇成的螺旋试样(图 9.12)的长度进行评定,其长度越长,合金的流动性越好。

合金的流动性主要取决于合金的种类和化学成分。不同种类的合金因其黏度和热物理化学性能(如比热、密度、结晶潜热和抗氧化性等)差异而流动性不同;在同类合金中,以恒温结晶的共晶合金流动性为最好,偏离共晶成分后,合金的流动性随结晶温度范围增大而降低(图 9.13)。此外,提高浇注温度,降低铸型对合金液的充型阻力和冷却能力,均能提高合金的流动性。

常用铸造合金的流动性见表 9.3,其中灰铸铁的流动性最好,铸钢最差。

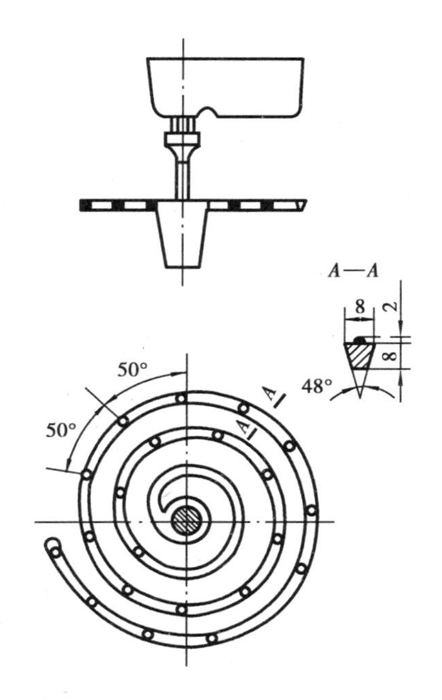

图 9.12 测定流动性的螺旋试样

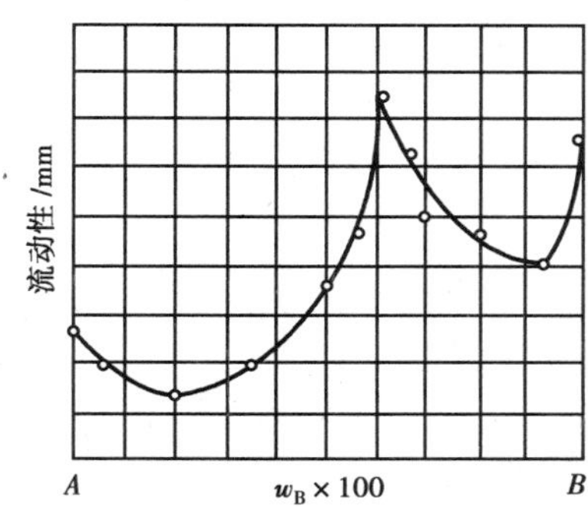

图 9.13 合金流动性与成分的关系

表 9.3 常用铸造合金的流动性

合金种类		铸型类型	浇注温度/℃	螺旋试样长度/mm
灰铸铁	$w_{C+Si}=5.9\%$	砂型	1 300	1 300
	$w_{C+Si}=5.2\%$	砂型	1 300	1 000
铸 钢	$w_C=0.4\%$	砂型	1 640	200
			1 600	100
锡青铜	$w_{Sn}=9\%\sim11\%$，$w_{Zn}=2\%\sim4\%$	砂型	1 040	420
硅黄铜	$w_{Si}=1.5\%\sim4.5\%$	砂型	1 100	1 000
铝合金	ZL 102(硅铝明)	金属型(300 ℃)	680～720	700～800

(2)收缩性

液态合金在铸型内冷却凝固过程中体积和尺寸缩小的现象称为收缩，并分别以体收缩率和线收缩率表示合金的收缩性。常用铸造合金的收缩性见表 9.4，其中灰铸铁的收缩性最小，铸钢最大。

表 9.4 常用铸造合金的收缩性

合金种类	灰铸铁	球墨铸铁	碳素铸钢	铸铝合金	铸铜合金
体收缩率×100	5～8	9.5～11.6	10～14.5	—	—
线收缩率×100	0.7～1.0	0.8～1.0	1.6～2.0	1.0～1.5	1.2～2.0

合金的收缩经历液态收缩、凝固收缩和固态收缩三个阶段。液态收缩和凝固收缩引起合

金体积缩小(体收缩),使铸件产生缩孔与缩松;固态收缩主要引起铸件尺寸减小(线收缩),使铸件产生变形、裂纹和内应力。

1)缩孔与缩松　当铸件凝固时所产生的液态收缩和凝固收缩得不到合金液的补充,则在其最后凝固部位将形成孔洞。恒温结晶的纯金属和共晶合金易于形成集中的大孔洞,称为缩孔(图 9.14);结晶温度范围较宽的匀晶、亚共晶和过共晶合金因最后凝固部位处于液、固两相共存状态,其固相将液相分隔为若干孤立的小区域而易于形成分散的小孔洞,称为缩松。缩孔与缩松均降低铸件的力学性能,缩松还降低铸件的气密性。

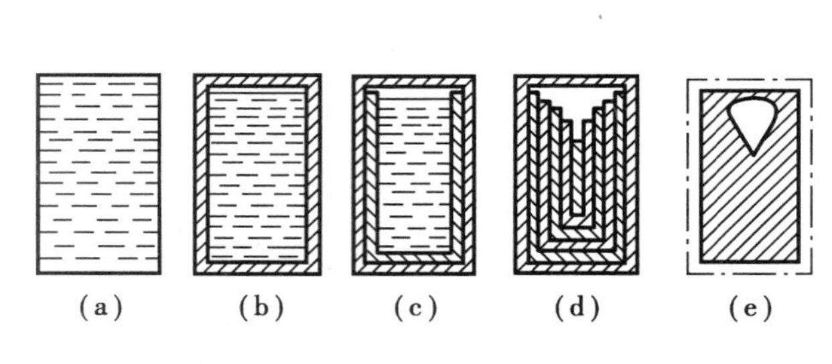

图 9.14　缩孔形成示意图

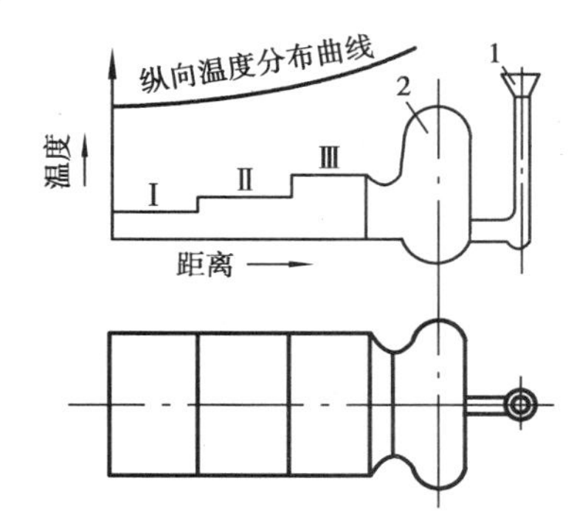

图 9.15　顺序凝固法示意图

防止缩孔与缩松的主要方法是:采用顺序凝固法对铸件进行补缩(图 9.15),即在铸件可能出现缩孔或缩松的厚实部位设置冒口,使远离冒口的部位先凝固,靠近冒口部位后凝固,冒口最后凝固,从而将缩孔或缩松转移到冒口中,最终将冒口从铸件本体上切除。

2)铸造应力、变形与裂纹　铸造应力是因铸件固态收缩受阻而引起的内应力,其主要包括热应力和机械应力。热应力是铸件壁厚不同的部位因冷却收缩不一致而相互制约所产生的内应力(图 9.16);机械应力则是因铸件收缩时受到砂型、芯或浇冒系统的阻碍而产生的内应力(图 9.17)。

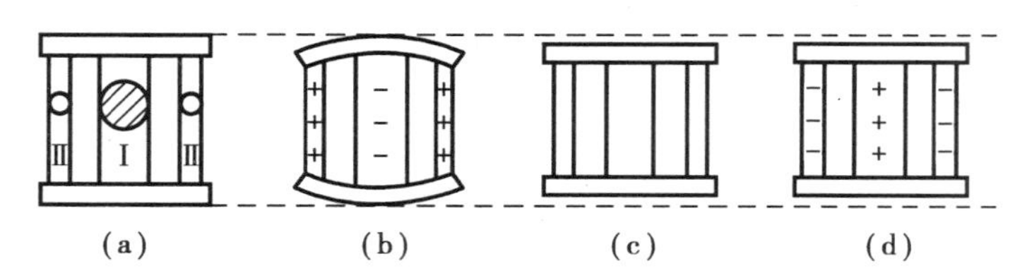

图 9.16　框形铸件热应力形成过程

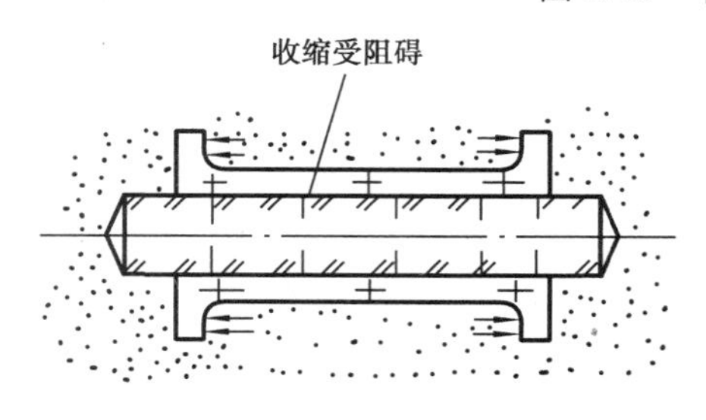

图 9.17　收缩受砂型、芯机械阻碍的铸件

铸造应力是热应力与机械应力的矢量和,当其超过合金的屈服极限或强度极限时,将使铸件产生变形(图 9.18)或裂纹(图 9.19)。此外,铸造应力的存在,不仅降低铸件实际承载能力,且在存放、加工或使用过程中,因应力的松弛或重新分布引起铸件变形,从而降低铸件尺寸精度或使铸件因加工余量不足而报废。

减小铸造应力、防止铸件变形和开裂的主要途

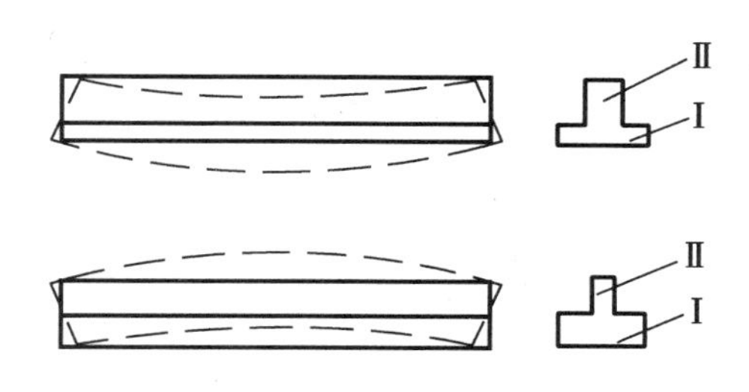

图9.18 T形铸钢件变形示意图

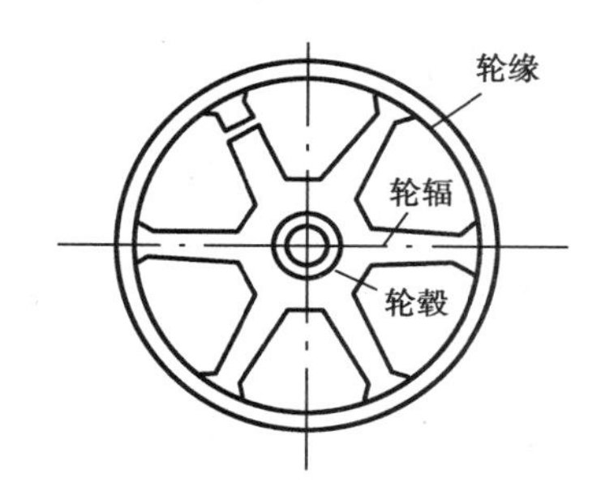

图9.19 轮形铸件(带轮)的冷裂

径有:铸件的设计应力求壁厚均匀、结构合理;铸造工艺上应使铸件冷却均匀(采用同时凝固法),并提高型(芯)砂的退让性,合理开设浇冒系统。此外,对尺寸精度要求高或重要铸件,应通过天然时效或去应力退火以消除铸造应力。

综上可知,灰铸铁的铸造性能最好(流动性好而收缩性小),不易产生冷隔、浇不足、夹渣、缩孔、变形与开裂等缺陷,而易于获得优质铸件;铸钢的铸造性能最差(流动性差而收缩性大),易于产生各种铸造缺陷,为了保证铸钢件质量,其铸造工艺通常比较复杂;而球墨铸铁和铸造有色合金的铸造性能则介于两者之间。

9.2.2 常用的铸造合金

用于铸造的金属材料称为铸造合金。常用的铸造合金有铸铁、铸钢、铸造铝合金和铸造铜合金,它们的主要熔铸特点如下。

(1)灰铸铁

灰铸铁是应用最广泛的铸造合金。灰铸铁的熔铸特点是:铸造性能好,熔点较低,对铁水中S、P等杂质含量限制不严;铸造工艺简便,一般采用冲天炉熔炼和少冒口、无冒口铸造;铸件不易产生冷隔、缩孔、缩松和裂纹等缺陷,且生产成本低。

(2)球墨铸铁

球墨铸铁是将冲天炉熔化的铁水转入铁水包中经球化处理而成。球墨铸铁的熔铸特点是:要求铁水有高的C、Si、低的S、P和较高的出炉温度(因包内球化处理会使铁水温降达100 ℃以上);因其收缩性大于灰铸铁而较易出现缩孔等缺陷,故铸造工艺较复杂,一般需设置冒口,以防铸件产生缩孔等缺陷而使生产成本较高。

(3)铸钢

铸钢的铸造性能差、熔点高,熔炼时易吸气和氧化,且对P、S等杂质元素和有害气体含量限制较严。铸钢采用电炉熔炼,其铸造工艺复杂,铸件质量不易控制,生产成本高。

(4)铸造铜合金

铸造铜合金分为铸造青铜和铸造黄铜两大类。铜合金的熔铸特点是:锡青铜的结晶温度范围很大,流动性差而不易补缩,故易产生缩松;无锡青铜和黄铜的结晶温度范围很小,但收缩大而易形成缩孔;铸造铜合金的熔点较低,但易吸气和氧化,大多在坩埚炉(或感应电炉)内采用氧化—还原法熔炼。

(5)铸造铝合金

铸造铝合金的铸造性能与化学成分密切相关。铝硅系铸造合金处于共晶成分附近,铸造性能最好，与灰铸铁相似；铝铜系铸造合金远离共晶成分，结晶温度范围大，铸造性能差。铸造铝合金的熔点低，故一般采用坩埚炉熔炼。因液态下极易氧化和吸气，故熔炼时需加入熔剂对合金液覆盖保护和精炼去气，并在浇注时应防止二次氧化和吸气。

9.3 砂型铸件图与铸件结构工艺性

9.3.1 铸件图

铸件图的绘制方法是：先根据零件图（图9.20(a)）进行铸造工艺设计，即确定铸件的浇注位置、分型面、机械加工余量、拔模斜度、芯及浇冒系统等，绘制出铸造工艺图（图9.20(b)）；再根据铸造工艺图，去除浇冒系统后，绘出铸件图（图9.20(c)）。

铸件图（即毛坯图）用以反映铸件的实际形状、尺寸及技术要求。它与零件图之间的主要差别是：

①对零件图中所有加工面，在铸件图中均设有机械加工余量；与分型面（即零件的最大截面）垂直的加工面设有拔模斜度，两者均需经过机械加工切除，以达到零件的尺寸和精度要求。

②对零件图中尺寸过小的加工孔或凹槽一般不铸出（在铸件图中反映为实体），应由机械加工做出。例如：灰铸铁零件图中，考虑机械加工余量后直径小于30 mm的孔或深度不大于10 mm、宽度不大于20 mm的凹槽，一般可不铸出；铸钢零件图中，考虑机械加工余量后直径小于50 mm的孔或深度不大于20 mm、宽度不大于30 mm的凹槽，一般可不铸出。

因此，铸件图不仅是铸件清理与检验的依据，也是编制零件机械加工工艺和工装设计的重要依据。通常在大批量生产时，必须绘制铸件图。而在单件或小批量生产时，铸工车间直接依照铸造工艺图进行生产准备、施工和检验，机加工车间则直接依据零件图进行加工。

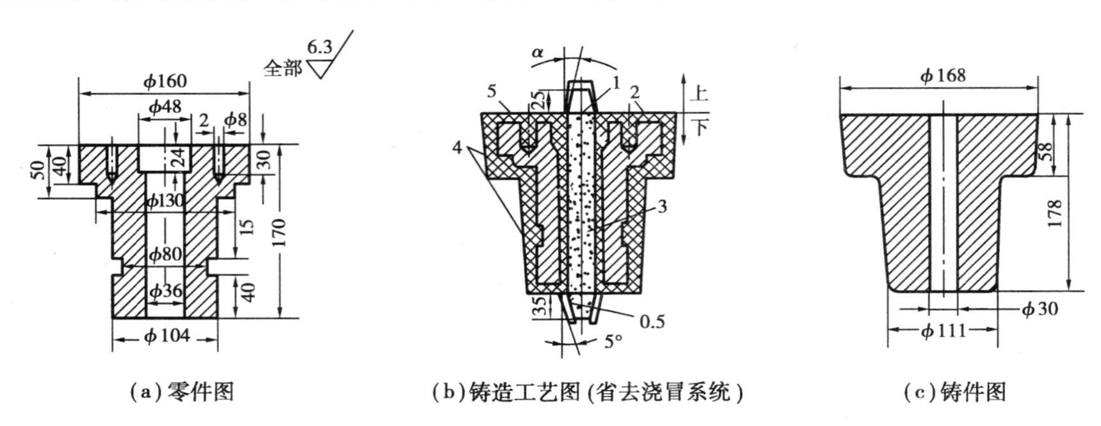

(a)零件图　(b)铸造工艺图(省去浇冒系统)　(c)铸件图

图9.20　衬套零件的零件图、铸造工艺图和铸件图

1—芯头；2—加工余量；3—砂芯；4—拔模斜度；5—不铸孔

9.3.2　铸件的结构工艺性

铸件的结构是否合理对铸件质量和铸造难易程度都有着直接的影响。因此,设计铸件结构时必须考虑造型工艺和浇注工艺对铸件结构的工艺要求,即铸件的结构工艺性。

(1)造型工艺对铸件结构的要求

铸件的结构设计应在保证使用要求的前提下,使制模、造型、制芯、合箱和清理等工序简便易行,以提高生产率,稳定铸件质量,降低生产成本。为此,应满足以下几项原则。

1)外形力求简单并减少不必要的内腔结构　在制模、造型、制芯、合箱和清理等工序中,曲面比平面难度大,有芯比无芯难度大。例如,图9.21所示托架的三种结构中,以直线型且内腔敞开在外的结构(c)为最好。

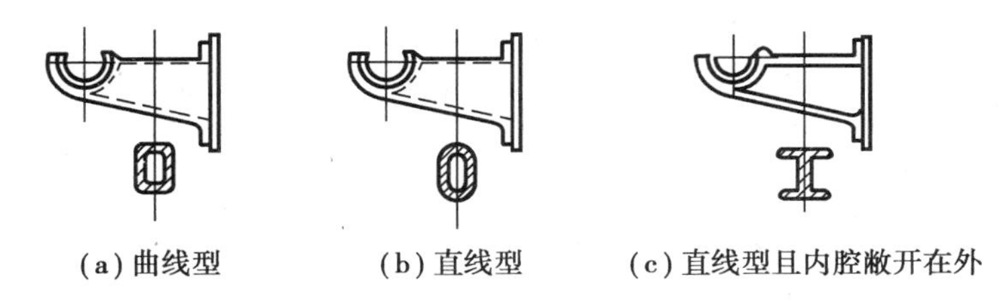

(a)曲线型　(b)直线型　(c)直线型且内腔敞开在外

图9.21　托架结构设计的三种方案

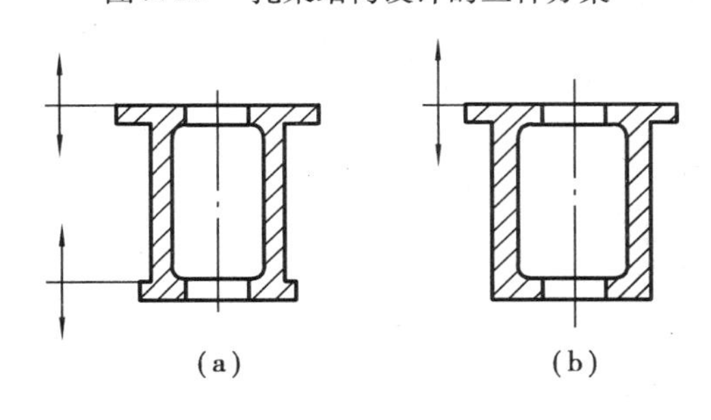

(a)　(b)

图9.22　铸件结构与分型面数量的关系

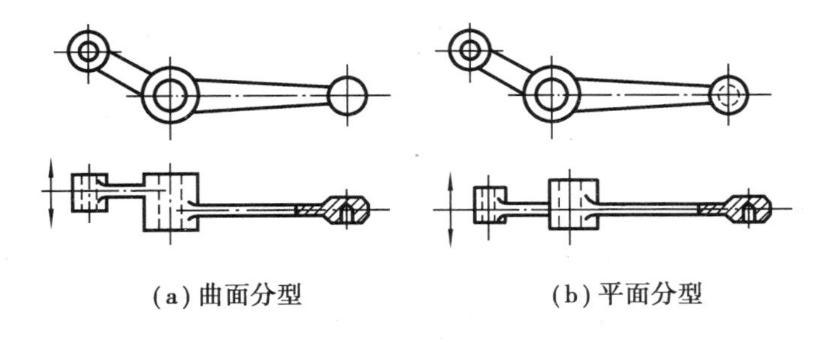

(a)曲面分型　(b)平面分型

图9.23　轴拐铸件的两种结构

2)有利于减少和简化分型面　分型面是分开铸型以便起模的砂型结合面。造型的难度总是随分型面的数量和复杂程度的增加而增加。例如,图9.22所示铸件结构(a)需用三箱造型,而结构(b)只需两箱造型;故结构(b)好于结构(a);图9.23所示轴拐铸件结构(a)需采用曲面分型,增大制模与造型的难度,以结构(b)简化为平面分型为好。

3)有利于减少活块　造型时活块数量越多起模难度越大,铸件精度越不易控制。例如,

图 9. 24 所示具有凸台结构的铸件(a)和(b)均需采用活块造型,因凸台距分型面较近,若将凸台延长至分型面处,改为结构(c)和(d),即可省去活块。

4)应有结构斜度　凡是垂直于分型面的非加工表面均应有一定的结构斜度(图 9. 25(b)),以利于起模和保证铸件精度。无结构斜度的铸件结构(图 9. 25(a))是不合理的。

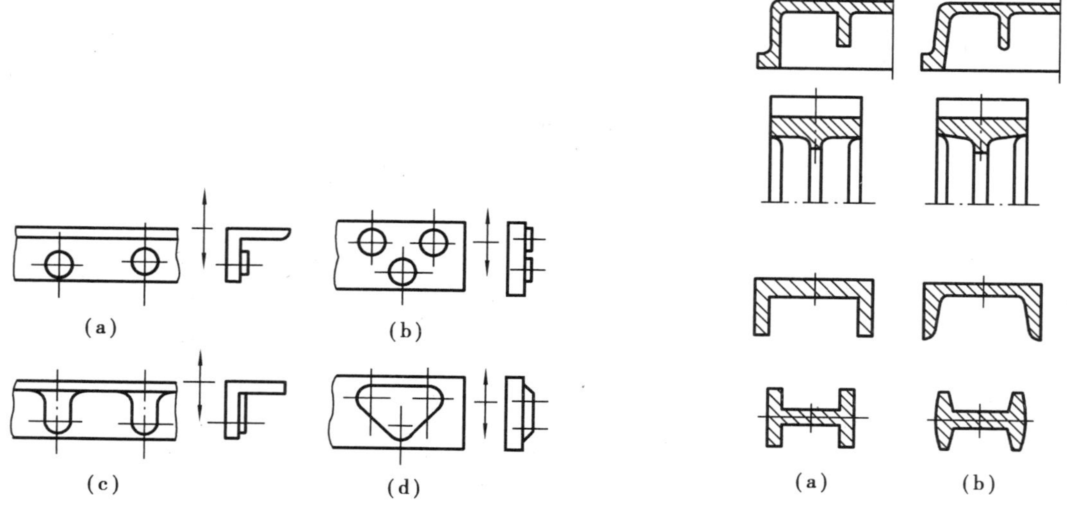

图 9. 24　铸件凸台结构的设计方案

图 9. 25　铸件结构斜度示意图

结构斜度的大小与铸件非加工面的垂直高度有关,高度越小,斜度应越大(表 9. 5)。对于铸件中垂直于分型面的加工表面,则应在制模时做出 15′～3°的拔模斜度。

5)内腔结构应有利于砂芯的定位、排气和清理　图 9. 26 所示为轴承座的两种内腔结构。其中结构(a)需用两个砂芯,且大芯呈悬臂状,安放时必须使用芯撑,其定位与排气均差,且不便清理;结构(b)只用一个整体芯,其内腔结构工艺性好。

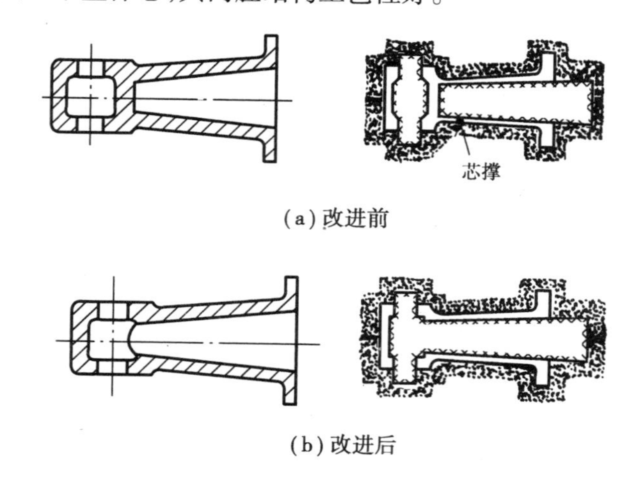

(a) 改进前

(b) 改进后

图 9. 26　轴承座两种内腔结构

表 9.5 铸件的结构斜度

	斜度 $a:h$	角度(β)	使用范围
β h a 30°~45°	1 : 5	11°30′	$h<25$ mm 的铸钢、铸铁件
	1 : 10	5°30′	$h=25\sim500$ mm 的铸钢、铸铁件
	1 : 20	3°	
	1 : 50	1°	$h>500$ mm 的铸钢、铸铁件
	1 : 100	30′	有色合金铸件

(2)浇注工艺对铸件结构的要求

为了获得外形完整和内在质量健全的铸件,铸件结构必须满足合金流动性和收缩性的要求。为此,铸件的结构设计应符合以下几项原则。

1)铸件壁厚应合理并力求均匀 铸件壁过厚,其中心部位易产生晶粒粗大和缩孔,降低铸件的力学性能;铸件壁过薄,则易产生浇不足和冷隔。常用铸件的最小壁厚见表 9.6。铸件的最大临界壁厚约为最小壁厚的三倍,超过最大临界壁厚,则铸件的承载能力不再随壁厚的增加而成比例增加。因此,铸件的结构设计应避免厚大截面,铸件的强度和刚度应通过合理选择截面几何形状(如工字形、槽形、T字形等)或采用加强筋(图 9.27)等措施来保证。

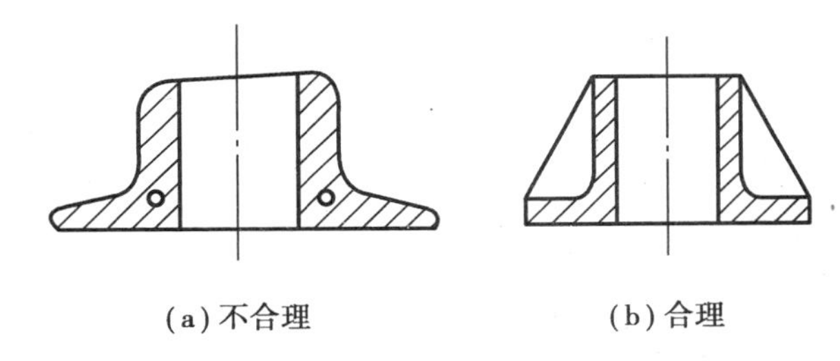

图 9.27 加强筋应用示例

表 9.6 砂型铸件的最小壁厚/mm

铸件尺寸	铸 钢	灰铸铁	球墨铸铁	铜合金	铝合金
小于 200×200	8	4~6	6	3~5	3
200×200~500×500	10~12	6~10	12	6~8	4
大于 500×500	15~20	15~20	—	—	6

此外,铸件壁厚应力求均匀(图 9.28(b)),以免因壁厚相差过大而在铸件厚壁处产生缩孔,或在厚、薄壁连接处产生裂纹(图 9.28(a))。

2)铸件壁间连接应合理 壁的转角与连接处易形成局部热节,在铸件冷凝过程中易形成应力集中、缩孔或缩松等缺陷。因此,壁的转角处应采用铸造圆角过渡(图 9.29);壁间连接应避免交叉和锐角(图 9.30);不同厚度的壁间连接应避免突变,而宜采用逐渐过渡形式(表 9.7)。

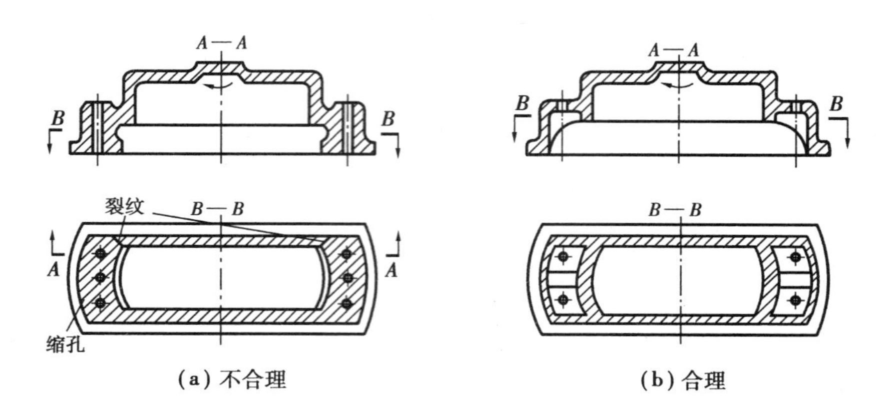

(a) 不合理　　(b) 合理

图 9.28　顶盖的壁厚设计

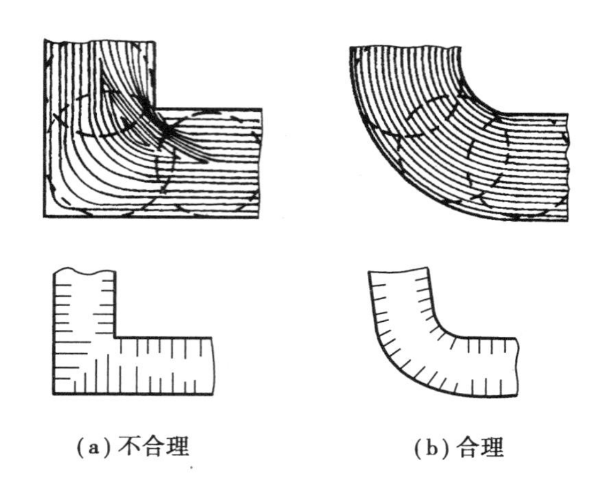
(a) 不合理　　(b) 合理

图 9.29　铸件壁转角的过渡结构

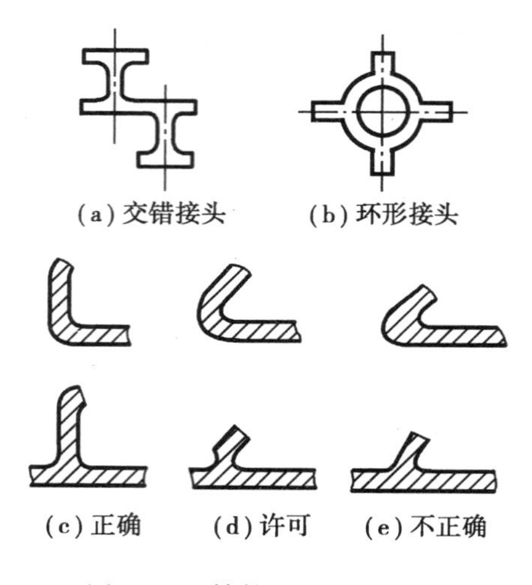
(a) 交错接头　　(b) 环形接头

(c) 正确　　(d) 许可　　(e) 不正确

图 9.30　铸件壁间连接形式

表 9.7 几种壁厚的过渡形式与尺寸

图 例	尺 寸		
	$b \leqslant 2a$	铸铁	$R \geqslant (1/6 \sim 1/3)(a+b)/2$
		铸钢	$R \approx (a+b)/4$
	$b > 2a$	铸铁	$R \geqslant 4(b-a)$
		铸钢	$R \geqslant 5(b-a)$
	$b > 2a$	$R \geqslant (1/6 \sim 1/3)a + b/2$; $R_1 \geqslant (R+a+b)/2$; $c \approx 3\sqrt{b-a}$; 对于铸铁 $h \geqslant 4c$;对于铸钢 $h \geqslant 5c$	

3)避免过大的水平面结构　铸件的水平大平面易产生夹砂、夹渣、气孔和冷隔等缺陷,因此应将铸件中较大的水平面结构改为倾斜面结构,如图 9.31 所示。

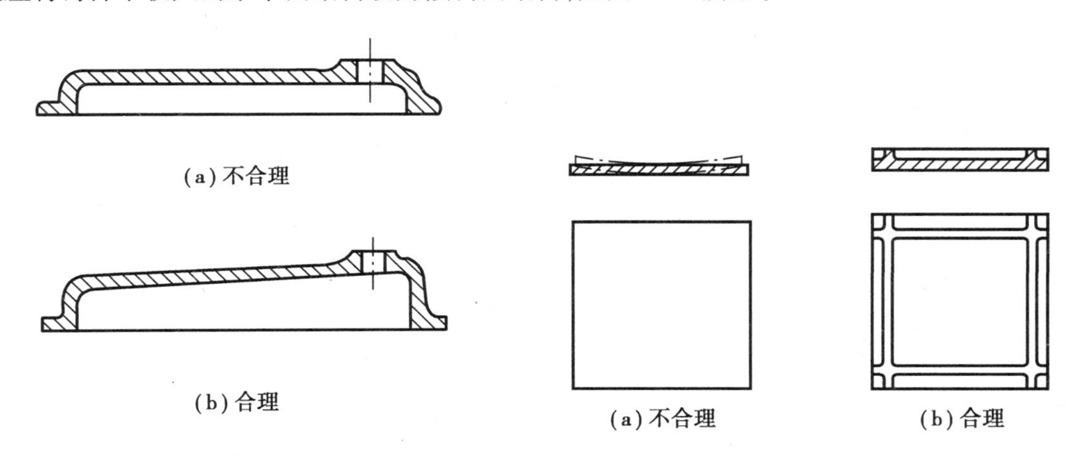

(a)不合理

(b)合理

图 9.31　薄壁罩壳的设计

(a)不合理　(b)合理

图 9.32　平板铸件的结构设计

4)应防止铸件曲翘变形　大而薄的平板类铸件收缩时易产生曲翘变形,应增设加强筋,以提高其刚度,防止变形,如图 9.32 所示。

5)避免铸件收缩受阻　铸件结构应尽量不妨碍其在冷却过程中的自由收缩,以减小铸造应力,防止裂纹。例如,在图 9.33 所示铸件的三种轮辐结构中,当采用直的偶数轮辐时,对收缩较大的合金可能因内应力过大而使轮辐开裂;若采用弯曲或直的奇数轮辐时,则可通过轮辐或轮缘的微量塑性变形来缓解铸造应力,避免裂纹发生。

(3)组合铸件

对于大型或结构复杂的铸件,为了简化铸造工艺,可将其分为几个结构合理的简单铸件,经分别铸造成形后再组合为整体。如图 9.34 所示的铸铁床身,可简化为由铸件Ⅰ和铸件Ⅱ经螺栓连接的组合形式;对于图 9.35 所示大型、复杂的铸钢底座,则可剖分为两半,铸出后经焊

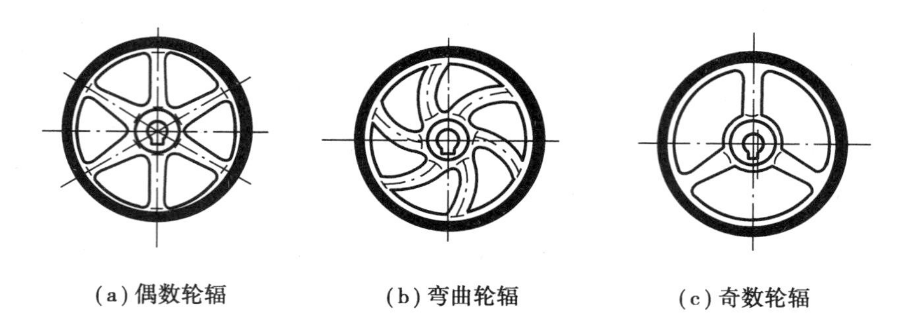

图 9.33　轮形铸件的三种轮辐结构

接组合为整体。此外，对于存在不合理内腔结构的铸件，也应改为组合铸件，如图 9.36(b)所示。

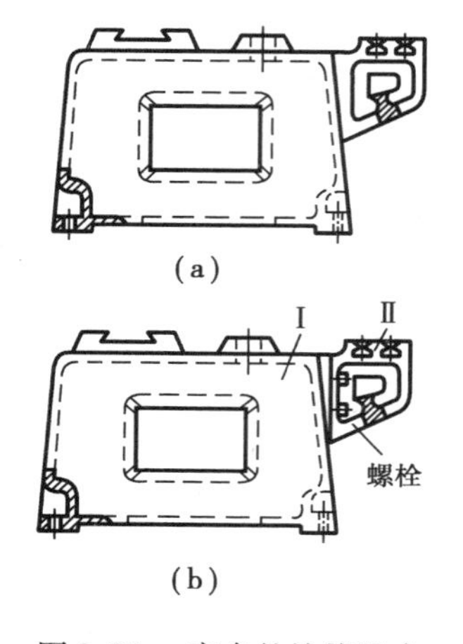

图 9.34　床身的拴接组合

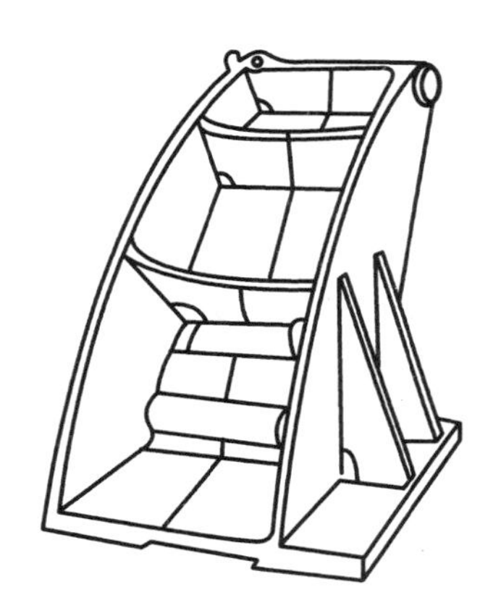

图 9.35　底座的焊接组合

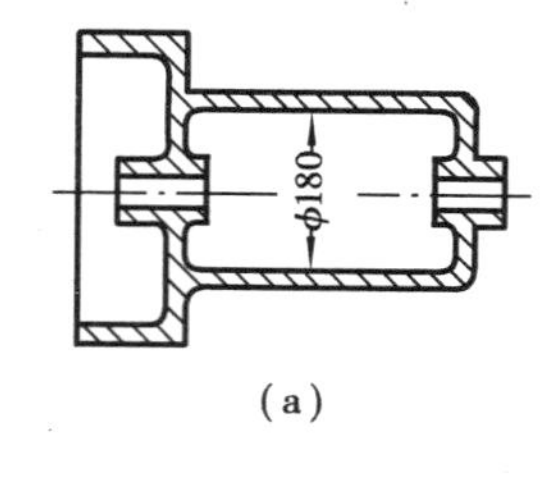

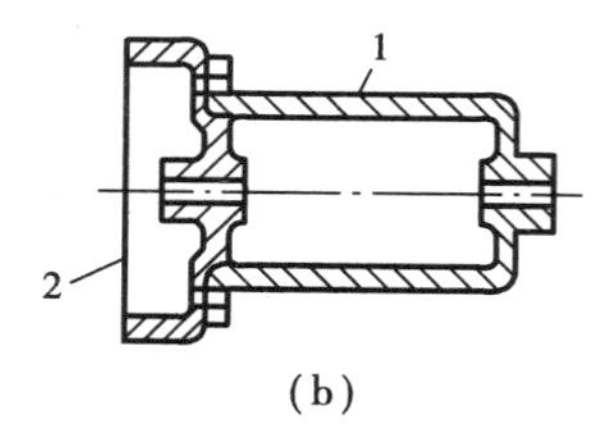

图 9.36　内腔的组合结构

9.4 特种铸造及铸造方法的选择

9.4.1 特种铸造

由于砂型铸造具有铸件表面粗糙、尺寸精度差、生产率低和劳动条件差等缺点，故在砂型铸造的基础上发展了特种铸造方法。几种常用特种铸造方法的工艺特点及应用范围介绍如下：

(1)熔模铸造

采用低熔点的可熔模样制取壳型，以获得铸件的铸造方法称为熔模铸造（又称失蜡铸造或精密铸造）。

1)熔模铸造的工艺过程 熔模铸造的工艺过程如图9.37所示。

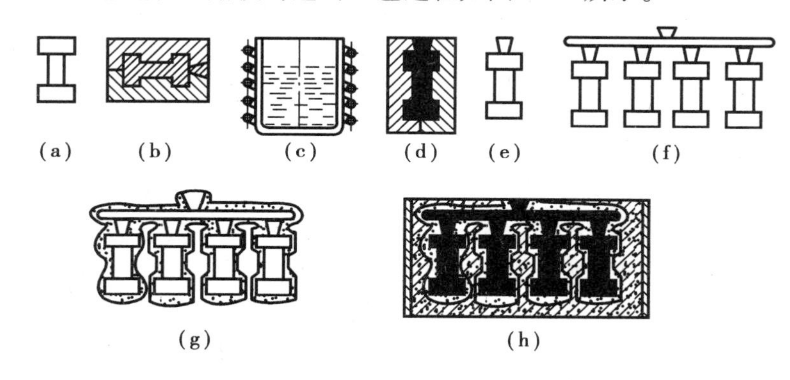

图9.37 熔模铸造工艺过程示意图

①制作压型 压型（图9.37(b)）应根据铸件图（图9.37(a)）制作。压型是压制蜡模的中间铸型。对于高精度或大批量生产的铸件，常用机械加工制成的钢或铝合金压型；对于精度要求不高或生产批量不大的铸件，常用低熔点合金（如锡、铅、铋等）直接浇铸的压型；对于单件小批量的铸件，可用石膏或塑料制作的压型。

②制作蜡模 将低熔点熔融态蜡料（常用50%石蜡+50%硬脂酸，图9.37(c)）压入压型中（图9.37(d)），冷凝后取出，得到单个蜡模（图9.37(e)）。再将若干单个蜡模黏到预制的蜡质浇口棒上，成为蜡模组（图9.37(f)）。

③制作壳型 将蜡模组浸入石英粉与水玻璃配成的浆料中，取出后在其表面撒上一层细石英砂，再浸入氯化铵（或氯化铝）溶液中硬化。如此由细到粗反复涂挂4～5次，直到表面结成5～10 mm厚的硬壳后，放入温度为85～90 ℃的热水中，熔去蜡模而得到型腔与蜡模组一致的壳型（图9.37(g)）。

④焙烧与浇注 将制好的壳型埋放在铁箱内的砂粒中（图9.37(h)），装入温度为850～950 ℃的炉内焙烧，以增强壳型强度，进一步除去残蜡、水分和氯化铵。焙烧后的壳型应趁热浇注合金液，以提高其流动性，防止浇不足。

⑤脱壳与清理 合金液冷凝后即可敲碎型壳，对铸件进行表面清理和切除浇冒口等。

2)熔模铸造的特点及应用 熔模铸造的主要特点如下：

①铸件尺寸精度高(可达 IT12～10)、表面粗糙度小(R_a 可达 12.5～1.6),可少、无切削加工。

②合金种类和铸件复杂程度不限,尤其适合浇铸高熔点合金和难以切削加工成形的复杂零件,如耐热合金钢、磁钢及气轮机叶片等。

③生产批量不限,从单件到大批量生产皆适用。

④工艺过程复杂,生产周期长,且铸件重量及大小受到限制。

熔模铸造主要用于生产形状复杂、精度要求高或难以切削加工成形的各种金属材料(尤其是碳钢及合金钢)的小型零件,如气轮机、涡轮机的叶片或叶轮,汽车、拖拉机或机床用的各种小件。

(2)金属型铸造

靠重力将金属液浇入金属铸型中,以获得铸件的铸造方法称为金属型铸造(又称永久型铸造或硬模铸造)。

1)金属型铸造的工艺过程　按分型面方位不同,金属型分为整体式、水平分型式、垂直分型式和复合分型式。其中垂直分型式金属型因便于开设浇冒系统和取出铸件,易于实现机械化,故应用最广。

垂直分型式金属型(图 9.38)主要由定型 1 和动型 2 组成,当动型与定型闭合时,将金属液浇入金属型腔中,待其冷凝后平移动型与定型脱开,即可取出铸件。对铸件的内腔,可用金属芯(应考虑适当的取芯方式)或砂芯(清理时从铸件中捣毁)来形成。

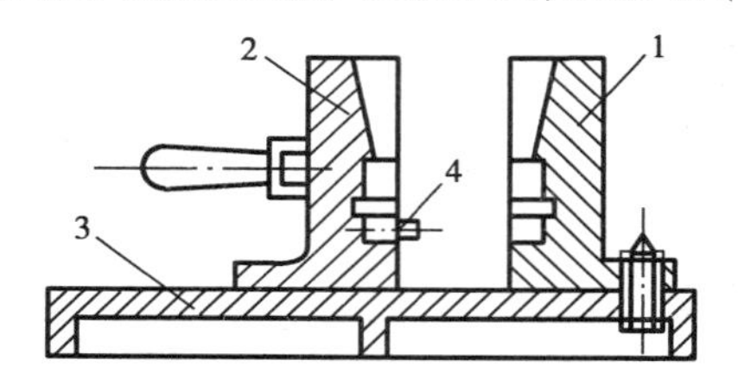

图 9.38　垂直分形式金属型

1—定型;2—动型;3—底座;4—定位销

2)金属型铸造的特点及应用　与砂型铸造相比,金属型铸造有以下特点。

①铸件尺寸精度高(可达 IT14～12)、表面粗糙度小(R_a 可达 12.5～6.3),晶粒细小而强度高,如铝、铜合金铸件的抗拉强度比砂型铸件提高 20% 以上。

②能“一型多铸”,节省大量造型材料和工时,提高生产率,改善劳动条件。

③金属型制作成本高,铸件尺寸大小受到限制。其浇注过程常需采用铸型预热、型腔表面刷涂料和严格控制开型取件时间等工艺措施,以防止铸件产生浇不足、冷隔、裂纹和铸铁件表面白口等缺陷。

金属型铸造主要用于大批量生产的中、小型有色合金铸件及形状简单的钢、铁铸件,如铝合金活塞、汽缸体,铜合金轴瓦、轴套及钢锭等。用于铸铁时,为了防止白口,可采用覆砂(即在型腔表面覆以 4～8 mm 的型砂层)金属型,这样可铸得质量满意的无冒口球墨铸铁件。

(3)压力铸造

液态或半液态合金在高压(5～150 MPa)下高速(5～100 m/s)充填铸型,并在高压下凝固成形的铸造方法称为压力铸造,简称压铸。

1)压铸的工艺过程　压铸的本质是在专用压铸机上完成的金属型(称为压铸模)铸造。其工艺过程主要包括合模、压射、开模、取件等工序。现以常用的卧式冷压室压铸工艺为例简介如下。

首先,由压铸机驱动动模 5 与定模 4 闭合并向压室 2 中浇入定量的合金液 3(图 9.39

(a));随后,由活塞1将合金液3经浇口7压入型腔6中,并在压力下凝固成形(图9.39(b));最后,压铸机打开压铸模并由顶杆顶出带有余块8的铸件9(图9.39(c))。

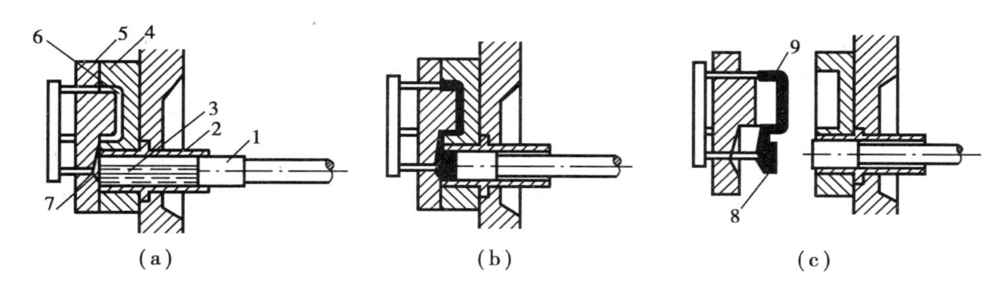

图9.39 卧式冷压室压铸机压铸过程示意图

2)压铸的特点及应用 压铸的主要特点如下。

①铸件尺寸精度高(可达IT13~11)、表面粗糙度小(R_a可达3.2~0.8),组织细密而强度高(抗拉强度比砂型铸件提高25%~40%)。

②能浇铸结构复杂和轮廓清晰的薄壁、深腔、精密铸件,可直接铸出各种孔眼、螺纹、齿形和图纹等,也可压铸镶嵌件。

③"一模多铸",生产率高(可达50~500件/h),易于实现自动化或半自动化。

④压铸模制造成本高,铸件尺寸受限,并因压铸件内部易产生微小气泡,故一般不再进行切削加工或热处理。

压铸主要用于大批量生产无需热处理的形状复杂、薄壁、中小型有色合金铸件,如各种精密仪器仪表的壳体、发动机缸盖等。

(4)其他常用特种铸造方法简介

1)离心铸造 将合金液浇入高速旋转的铸型(金属型或砂型)中,使其在离心力作用下充填铸型并凝固成形的铸造方法,称为离心铸造。

离心铸造分为立式(旋转轴线呈垂直方向)和卧式(旋转轴线呈水平方向)两种形式(图9.40)。立式离心铸造主要用于生产高度小于直径的回转体铸件,如套环、轴瓦、齿轮坯等;卧式离心铸造主要用于生产壁厚均匀一致而长度较长的筒、管类铸件(如汽缸套、铸铁管等)和双金属铸件(如钢套镶铜轴瓦等)。

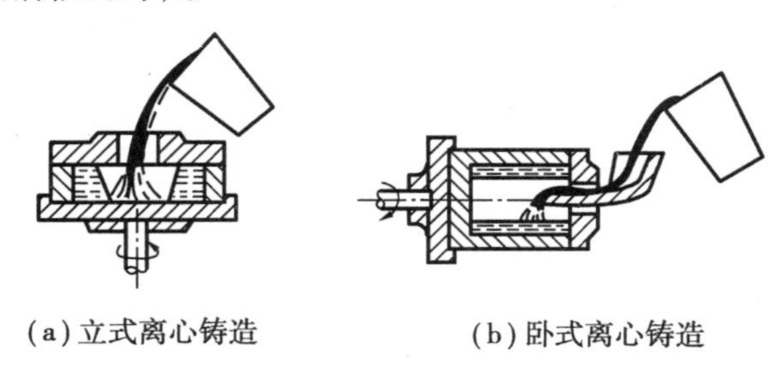

图9.40 离心铸造示意图

离心铸造生产的铸件组织致密且无缩孔、缩松、气孔和夹渣等缺陷,故强度高;对于圆形中空的铸件,可不用砂芯和浇注系统,比砂型铸造省工省料。但铸件内表面质量较差,需经切削加工去除,且不能用于易产生重力偏析的铸造合金(如铅青铜)。

2)低压铸造 低压铸造(图9.41)工艺过程为:向密封的坩埚3内通入压缩空气(或惰性

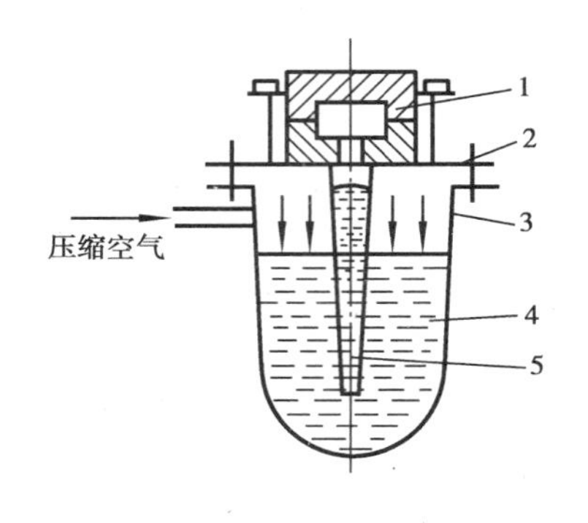

图 9.41　低压铸造示意图

气体），使合金液 4 在低压（0.02 ~ 0.06 MPa）气体作用下沿升液管 5 平稳上升，充满铸型 1 并在压力作用下自上而下顺序凝固成形。然后撤除压力，当升液管和浇口中未凝固的合金液流回坩埚后，即可开型取件。

低压铸造生产的铸件组织细密，并能有效地防止合金液的吸气和二次氧化。低压铸造广泛用于生产易吸气、氧化的铝、镁、铜等合金及某些钢制薄壁壳体铸件，如发动机缸体和缸盖，高速内燃机的活塞、带轮以及变速箱等。

此外，生产中有时还采用连续铸造、陶瓷型铸造、挤压铸造、气化模铸造和真空吸铸等特种铸造方法。

9.4.2　常用铸造方法的比较和选择

(1) 常用铸造方法的比较

砂型铸造、金属型铸造、压力铸造和熔模铸造的生产特点及其经济性比较分别列于表 9.8 和表 9.9。

表 9.8　常用铸造方法的生产特点比较

比较项目	砂型铸造	金属型铸造	压力铸造	熔模铸造
适用铸造合金	任意	以有色合金为主	以低熔点铝、锌合金为主	以碳钢及合金钢为主
可铸件大小	几乎不限	中、小型	一般小于或等于 10 kg	一般小于或等于 25 kg
铸件最小壁厚/mm	铸铁 >5 铸钢 >6 铸铝 >3	铸铁 >5 ~ 6 铸钢 >6 ~ 10 铸铝 >3 ~ 4	>0.5 ~ 1	>0.3 ~ 0.7 （孔 >ϕ0.5 ~ 2）
铸件表面粗糙度	粗糙	R_a12.5 ~ 6.3	R_a3.2 ~ 0.8	R_a12.5 ~ 1.6
铸件尺寸精度	IT14 ~ 15	IT12 ~ 14	IT11 ~ 13	IT11 ~ 13
铸件组织	晶粒较粗大	晶粒细小	组织细密	晶粒较粗大
机械加工余量	大	小	一般不加工	很小或不加工
生产批量	不限	成批、大量	成批、大量	不限
应用举例	机床床身、主轴箱；泵体；电机机壳；发动机缸体及民用机件等	发动机活塞；电器零件；汽车、拖拉机零件及民用器具等	汽车化油器、喇叭；电器及精密仪器仪表零件；照相器材等	刀具、模具；汽车、拖拉机零件；汽轮机、涡轮机叶片和叶轮；风动工具等

表9.9 常用铸造方法的经济性比较

比较项目	砂型铸造	金属型铸造	压力铸造	熔模铸造
小批量生产的适应性	最好	较好	不好	良好
大批量生产的适应性	良好	良好	最好	良好
模样、铸型的制作成本	最低	中等	最高	较高
金属利用率	较低	较高	较低	较低
设备费用	较低(手工造型)	较高	较高	较高
切削加工费	中等	较低	最低	较低

(2)常用铸造方法的选择

由不同铸造方法的比较可知,每一种铸造方法都具有各自的优缺点和最适宜的应用范围。相比之下,尽管砂型铸造生产率不高,铸件质量较低,但其工艺适应性广,生产成本较低,仍是目前铸件(尤其是大、中型铸件)生产的基本方法;特种铸造虽然生产率高,铸件质量较好,能实现少、无切削加工,但其生产成本较高,且对铸件大小、材料种类及生产批量都有一定的限制,故只在相应的条件下才能发挥其优越性。常用特种铸造方法的选用原则如下:

①对于成批大量生产的形状复杂、薄壁、精密、中小型有色合金铸件(图9.42),可选用压铸。

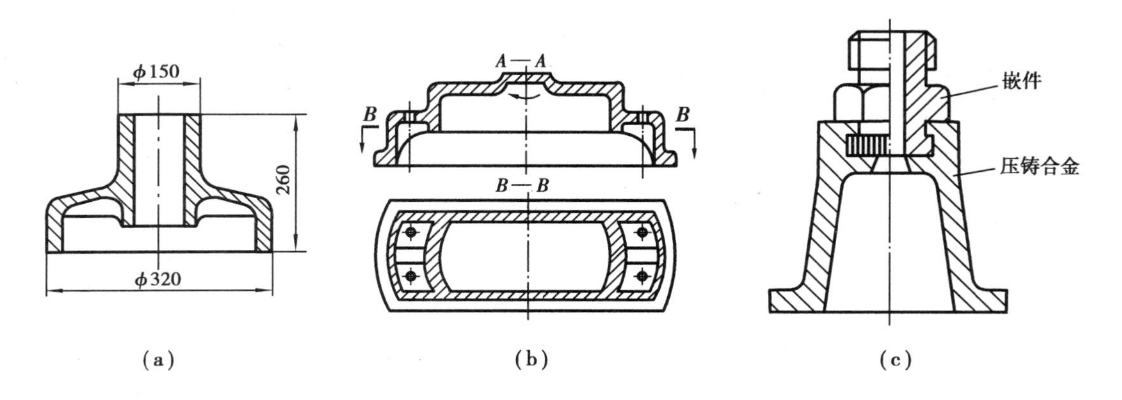

图9.42 适于压铸的有色合金铸件示例

②对于批量生产的壁厚均匀、中小型有色合金铸件或形状简单黑色金属铸件(图9.43),可选用金属型铸造。

③对于形状结构复杂或表面轮廓要求清晰而精细的精密黑色金属铸件(图9.44),可选用熔模铸造。

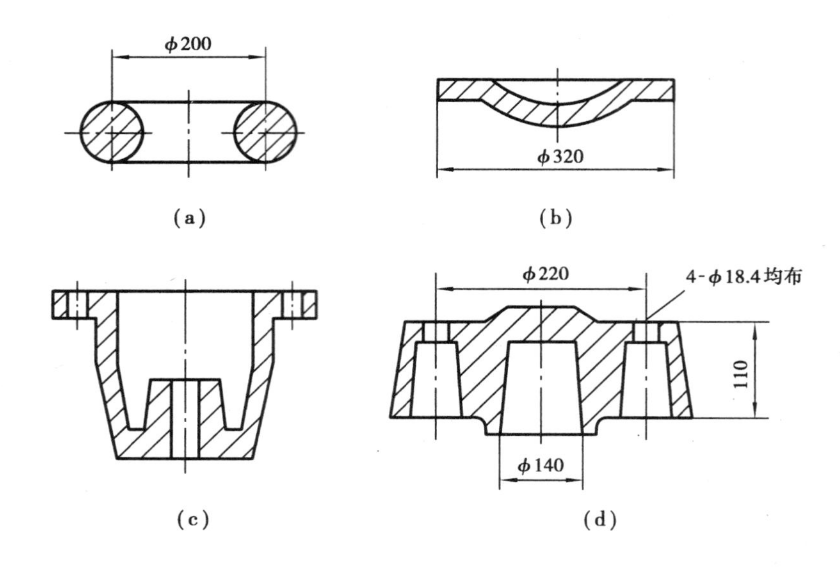

图 9.43　适于金属型铸造的铸件示例

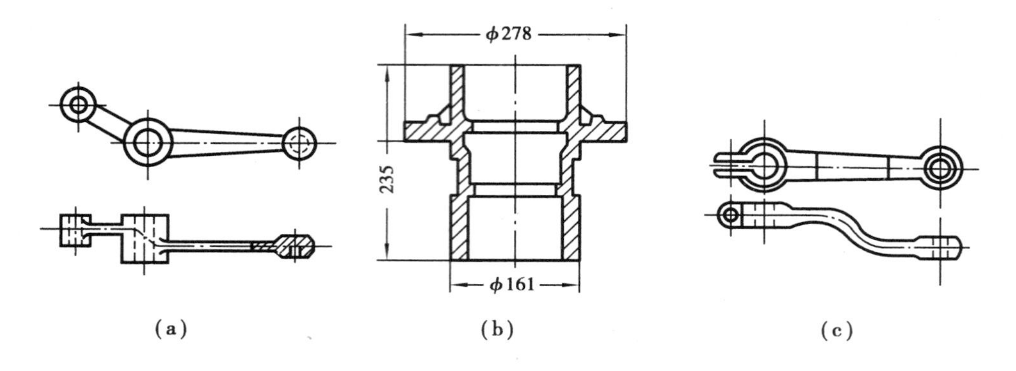

图 9.44　适于熔模铸造的黑色金属铸件

思考题

9.1　为什么铸造是生产机械零件毛坯的一种重要成形方法？试举出普通车床用三种铸件的名称。

9.2　铸造合金的结晶温度范围宽窄对铸件质量有何影响？为什么？

9.3　为什么要规定铸件的最小壁厚？铸件壁过厚或局部壁过薄会出现什么问题？

9.4　铸件的质量检验主要包括哪些内容？有缺陷的铸件是否一定是废品？

9.5　试对下表所列常用铸造合金加以比较后填写下表。

常用铸造合金比较

合金种类	缩孔倾向	缩松倾向	线收缩率	常用熔炉	铸件成本	应用范围及示例
灰铸铁						
球墨铸铁						
铸钢						
锡青铜						
铝硅合金						

9.6 在题图9.1所示铸件的两种结构中,哪一种较为合理?并简述其理由。

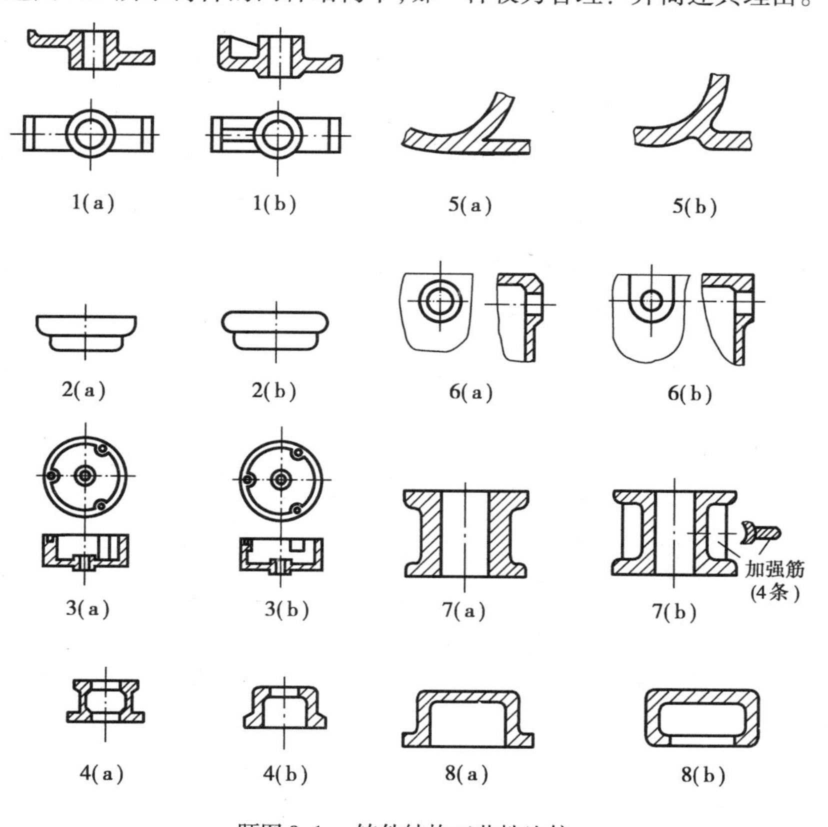

题图9.1 铸件结构工艺性比较

9.7 为什么熔模铸造尤其适合于生产难以切削加工成形的复杂零件或耐热合金钢件?

9.8 什么是金属型铸造?它主要适合于生产哪些种类的铸件?

9.9 试分析压铸与金属型铸造有哪些异同点?

9.10 为什么离心铸造成形的铸件具有较高的力学性能?

9.11 低压铸造为什么能有效地防止合金液的吸气和二次氧化?

9.12 下列大批量生产的铸件,采用哪种铸造方法生产为宜?

车床床身　汽轮机叶轮　摩托车汽缸盖　缝纫机机架　减速机箱体

铝合金活塞　球磨机磨球　滑动轴承　铸铁排水管　哑铃

第10章 锻压

对金属坯料施加外力，使其产生塑性变形，以获得一定尺寸、形状及性能的毛坯或零件的成形加工方法称为锻压。

锻压包括锻造和冲压两大类。

10.1 锻造概述

锻造是指利用锻造设备及工(模)具，借助外力作用，使加热至再结晶温度以上的金属坯料产生塑性变形，从而获得一定形状、尺寸及质量的锻件的加工方法。锻造分为自由锻和模锻两类。

10.1.1 锻造的作用

(1)锻制零件毛坯

通常，锻造是将金属坯料锻成零件毛坯(锻件)。与直接用轧材切削加工生产零件相比，用锻件切削加工生产零件具有省工、省料的优点。

(2)改善金属的组织和性能

1)改善铸锭缺陷　钢锭中常存在缩孔、缩松、气孔、晶粒粗大和碳化物偏析等缺陷，使其强度和韧性降低。通过锻造可以压合钢锭中的缩孔、缩松和气孔，细化晶粒和碳化物，从而提高其力学性能。

2)使零件的热加工纤维组织合理分布　轧材中的非金属夹杂物沿轧制方向呈一条条断续状细线分布的组织，称为热加工纤维组织。热加工纤维组织使钢的力学性能呈各向异性，即纵向(平行于纤维方向)力学性能好于横向(垂直于纤维方向)力学性能(表10.1)。通过锻造可使热加工纤维组织合理分布，即使纤维方向与零件承受的正应力平行或与切应力垂直，并使纤维分布与零件轮廓相符而不被切断，从而提高零件的力学性能(图10.1、图10.2)。

表10.1 45钢力学性能与其纤维组织方向的关系

取样方向	σ_b/MPa	$\sigma_{0.2}$/MPa	$\delta\times100$	$\Psi\times100$	a_k/J
横向	675	440	10	31	30
纵向	715	470	17.5	62.8	62

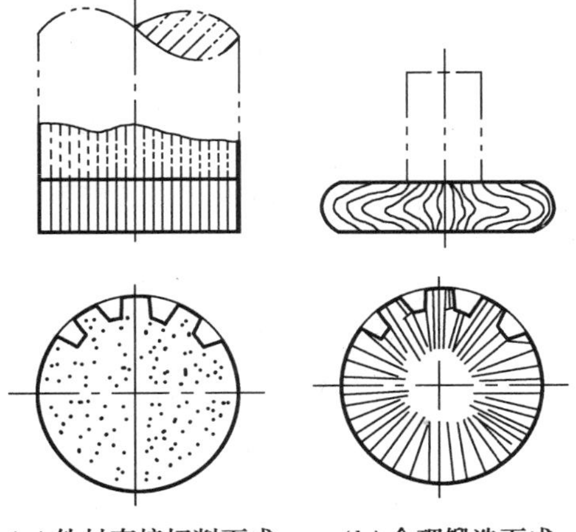

(a)轧材直接切削而成 (b)合理锻造而成

图10.1 不同方法制成的齿轮纤维分布示意图

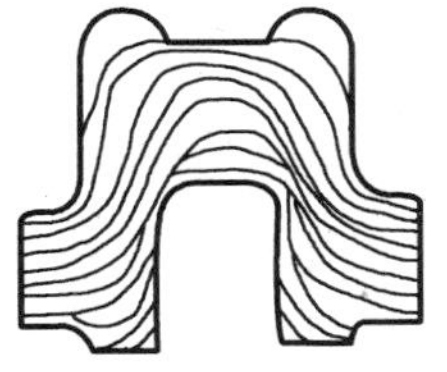

(a)轧材切削加工而成 (b)合理锻造而成

图10.2 不同方法制成的曲轴纤维分布示意图

此外，锻造还能改善高碳高合金钢的带状碳化物偏析，提高其力学性能。

10.1.2 金属的锻造性能与锻造温度范围

(1)金属的锻造性能

金属的锻造性能是指金属材料锻造成形难易程度的工艺性能。金属的锻造性能常以其塑性和塑性变形抗力两个因素综合衡量。塑性越好，塑性变形抗力越小，金属的锻造性能越好，反之，金属的锻造性能越差。

(2)影响金属锻造性能的主要因素

1)金属的化学成分　金属的化学成分不同，其塑性和塑性变形抗力不同，锻造性能也不同。纯金属的锻造性能优于合金；合金元素含量低的合金，其锻造性能优于合金元素含量高的合金。

2)金属的组织结构　面心立方结构金属的锻造性能优于体心立方和密排六方的金属；单相和细晶组织的金属，其锻造性能优于多相和粗晶组织的金属。

3)锻造温度　在不过热的条件下，锻造温度越高，金属的塑性越好，屈服强度越低，其锻造性能越好；反之，锻造性能越差。

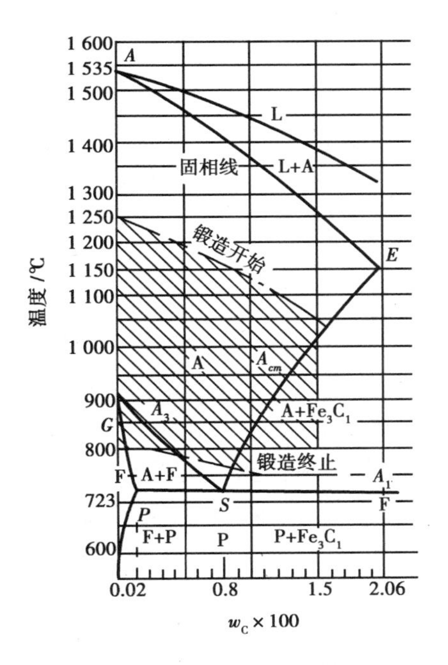

图10.3 碳钢的锻造温度范围

(3)锻造温度范围

开始锻造的温度称为始锻温度。终止锻造的温度称为终锻温度。它们之间的温度范围称为锻造温度范围。锻造温度过高,金属易过热、过烧;锻造温度过低,金属的塑性偏低,屈服强度偏高,降低金属的锻造性能。为了使金属在锻造过程中具有良好的锻造性能,应将金属坯料置于合理的锻造温度范围内进行锻造。通常,碳钢的始锻温度低于钢的熔点约200 ℃,终锻温度为750~800 ℃,其锻造温度范围如图10.3所示。合金钢再结晶温度比碳钢高,为了减小合金钢的塑性变形抗力和避免锻裂,其终锻温度应控制在850~900 ℃。常用金属材料的锻造温度范围见表10.2。

表10.2　常见金属材料的锻造温度范围

材料种类	温度/℃	
	始锻温度	终锻温度
w_C<0.3%的碳钢	1 200~1 250	800
w_C=0.3%~0.5%的碳钢	1 150~1 200	800
w_C=0.5%~0.9%的碳钢	1 100~1 500	800
w_C=0.9%~1.5%的碳钢	1 050~1 100	800
低合金工具钢	1 100~1 150	800
Cr12型模具钢	1 100~1 150	800
高速钢	1 100~1 150	800

10.1.3　常用金属材料的锻造性能和锻造特点

(1)碳钢

碳钢的化学成分与组织比较简单,塑性高,塑性变形抗力小,锻造温度范围较宽,故易于进行锻造和质量控制。其中,以碳含量低于0.3%的低碳钢的锻造性能最好,中碳钢次之,高碳钢稍差。高碳钢锻造时应注意防止过热、过烧和锻裂。

(2)合金钢

合金钢中合金元素的含量和种类越多,其锻造性能越差。大多数低合金结构钢的锻造性能良好,其锻造特点与低、中碳钢差不多;高碳低合金钢的锻造性能较差,其锻造特点与高碳钢差不多。高合金钢(特别是高碳高合金钢)因化学成分和组织结构复杂,并含有大量过剩共晶碳化物,故锻造性能差。

锻造高碳高合金钢时应注意:

①因热导性差,为了防止加热时热应力过大而开裂,应预热后再加热至锻造温度。

②因晶界处低熔点杂质较多易过烧,故始锻温度不能过高,因其塑性差、易锻裂,故终锻温度不能过低,因此其锻造温度范围窄,锻造火次多。

③为了改善碳化物偏析,需采用大吨位的锻造设备和大的锻造比,并采用反复镦拔锻造法进行锻造。

④锻后应慢冷并进行退火。

(3)有色金属及其合金

合金元素含量少的铝合金和铜合金锻造性能良好。合金元素含量多的铝合金和铜合金锻造性能差。

铝合金与铜合金的锻造特点为：

①因热导性好，冷料可直接装于炉温高于始锻温度50～100 ℃的炉内加热。

②因锻造温度范围窄，易过热、过烧，故需在电炉内加热并准确控制温度。

③因热导性好，为了防止热量散失，锻造工具应预热，锻打要轻、快，并经常翻转锻件。

④因塑性好而韧性较差，锻件易产生折叠和裂纹，应防止并及时清除此类缺陷。

⑤拔长时要及时倒角，防止尖角很快散热，并禁止用风扇吹风。

10.2　自由锻

自由锻是指将加热好的金属坯料放在自由锻造设备的上下抵铁之间，通过上抵铁的向下运动施加冲击力或压力，使其产生所需塑性变形的锻造方法。自由锻具有不需要特殊工具，可锻造各种重量的锻件(1 kg～300 t)，对大型锻件是唯一的锻造方法等优点，也具有锻件形状简单，尺寸精度低，材料消耗大，生产率低等缺点，故自由锻主要用于生产单件或小批量的简单锻件。

10.2.1　自由锻的设备与基本工序

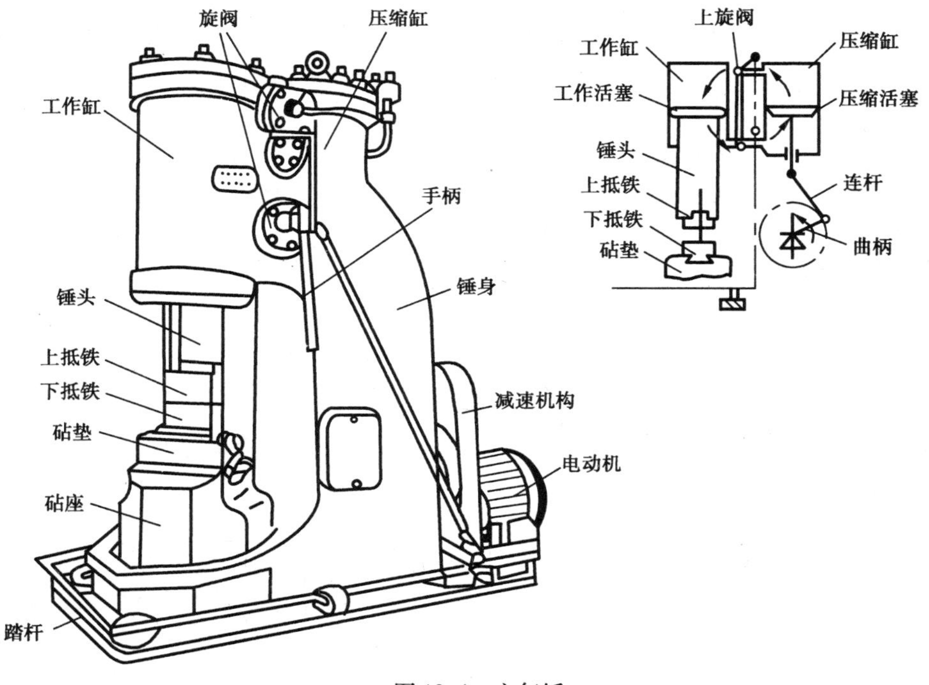

图10.4　空气锤

(1)自由锻设备

自由锻设备分自由锻锤和水压机两类。自由锻锤又分为空气锤和蒸汽-空气锤两类。

1)空气锤　空气锤主要由锤身、压缩缸、工作缸、传动机构、操纵机构、落下部分和砧座组成,如图 10.4 所示。落下部分包括工作活塞、锤头和上抵铁。空气锤工作时,电动机通过传动机构带动压缩缸内的工作活塞作往复运动。工作活塞上下运动时,压缩空气进入工作缸推动落下部分上下往复运动。当落下部分向下运动时,施加冲击力锤击锻件。空气锤主要用于生产1 ~40 kg 的小型自由锻件。

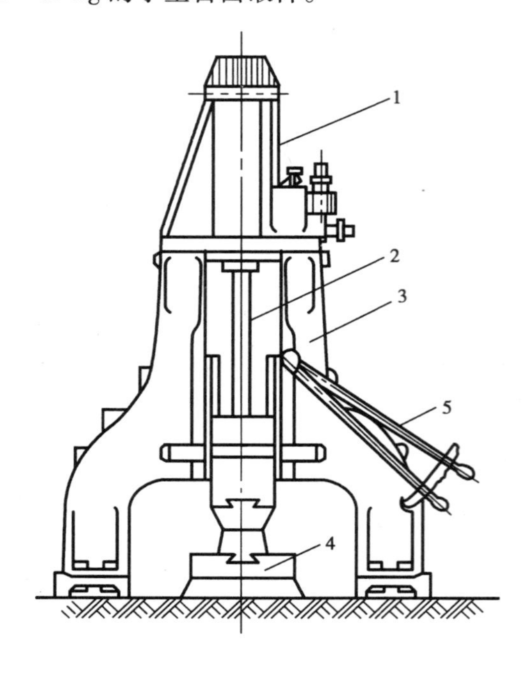

图 10.5　蒸汽-空气锤
1—工作汽缸;2—落下部分;3—机架;
4—砧座;5—操作手柄

2)蒸汽-空气锤　蒸汽-空气锤主要由工作汽缸、落下部分、机架、砧座和操作手柄等组成,如图 10.5 所示。工作时,以高压蒸汽或压缩空气为动力,推动落下部分上下往复运动,当落下部分向下运动时,施加冲击力锤击锻件。蒸汽-空气锤主要用于生产 20 ~700 kg 的中小型自由锻件。

3)水压机　水压机锻造的特点是工作载荷为静压力、锻造压力大(可达数万 kN 甚至更大)、坯料的压下量和锻造深度大。水压机主要用于生产以钢锭为坯料的大型锻件。

(2)自由锻的基本工序

自由锻工序分为基本工序、辅助工序和精整工序三大类。基本工序是使金属坯料产生塑性变形,达到所需形状和尺寸的工艺过程。基本工序主要包括镦粗、拔长、冲孔、切割和弯曲等。常用基本工序的定义、图例、操作规则和应用见表 10.3。

表 10.3　自由锻主要基本工序的定义、操作规则及应用

工序名称	定　义	图　例	操作规则	应　用
①镦粗(图(a)) ②局部镦粗(图(b)) ③带尾梢镦粗(图(c)) ④展平镦粗(图(d))	坯料的高度减小、截面积增大的工序,称为镦粗	d_0 h_0 n (a) (b) (c) (d)	①坯料原始高度与直径比 $h_0/d_0 \leq 2.5$ ②镦粗部分加热要均匀 ③镦粗面必须垂直于轴线	①用于制造高度小、截面大的工件,如齿轮 ②作为冲孔前的准备工序 ③增加以后拔长的锻造比

续表

工序名称	定 义	图 例	操作规则	应 用
①拔长(图(e)) ②带心轴拔长(图(f)) ③心轴上扩孔(图(g))	①减小坯料截面积增大长度的工序,称为拔长 ②减小空心坯料的壁厚和外径,增大长度,称为带心轴拔长 ③减小坯料的壁厚,增加其内、外径,称为心轴上扩孔	(e) (f) (g)	①拔长面 $l=(0.4\sim0.6)d$ ②拔长中要不断翻转坯料(每次转90°) ③心轴上扩孔 $d\geqslant0.35$ L,且心轴要光滑	①用于制造长而截面小的工件,如轴类、拉杆及曲轴 ②制造空心件,如套筒、圆环、空心轴等
①实心冲子冲孔(图(h)) ②空心冲子冲孔(图(i))	在坯料中冲出通孔或盲孔的工序	(h) (i)	①冲孔面应镦平 ②$\Delta h=(15\%\sim20\%)h$,大的孔 $\Delta h\geqslant100\sim160$ mm ③$d<450$ 的孔,用实心冲头冲孔;$d\geqslant450$ 的孔用空心冲头冲孔 ④$d<25$ 的孔不冲出	①制造空心工件,如齿轮坯、圆环和套筒等 ②锻件质量要求高的大工件,可通过中心冲孔去除质量低的部分

10.2.2 锻件图的绘制和坯料计算

锻造生产前需根据锻件的批量、技术要求、尺寸、结构和材质等条件,并结合实际情况制订相应的锻造工艺规程。其主要内容:绘制锻件图,计算坯料重量和尺寸,确定锻造工序,选择锻造设备,确定坯料加热、冷却与锻件热处理方法等。此处主要介绍锻件图的绘制和坯料计算。

(1)绘制锻件图

锻件图是编制锻造工艺、指导锻造生产和验收锻件的主要依据。锻件图是根据零件图并考虑锻件形状的简化、机械加工余量和锻造公差等因素绘制而成。

1)锻件形状的简化 根据自由锻的工艺特点,零件上的小孔、过小的台阶和凹挡及某些复杂部分因锻不出而需进行简化。为了简化锻件形状而在零件的某些部位添加的一部分金属,称为锻造余块(图10.6)。余块一般根据经验或查手册而定。

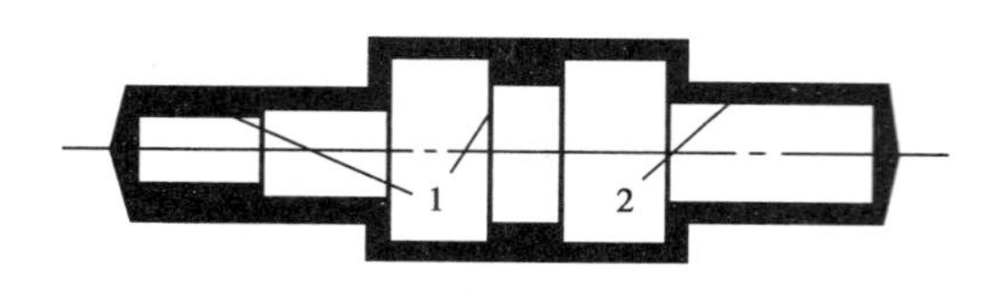

图 10.6　锻件的余块和加工余量
1—余块(敷料);2—加工余量

2)确定锻件机械加工余量和锻造公差

由于自由锻件的精度和表面质量差,一般需进行切削加工,故零件的加工表面应留有加工余量(图 10.6)。锻件的公差是锻件基本尺寸的允许偏差。锻件的加工余量和公差与零件的形状、尺寸有关,其数值一般结合具体生产情况查表而定。

绘制锻件图时,锻件图的外形轮廓用实线绘制,在此基础上再用双点划线绘制零件的轮廓,并在锻件尺寸的下面用括弧标注零件的相应尺寸。具体绘制过程举例说明。

例如:绘制齿轮零件(图 10.7)的锻件图

①简化零件形状　如图 10.8 所示,轮齿中 8-ϕ34 小孔,ϕ160 和 ϕ185 的凹挡等部位均不能锻出,而应增添余块以简化零件形状。

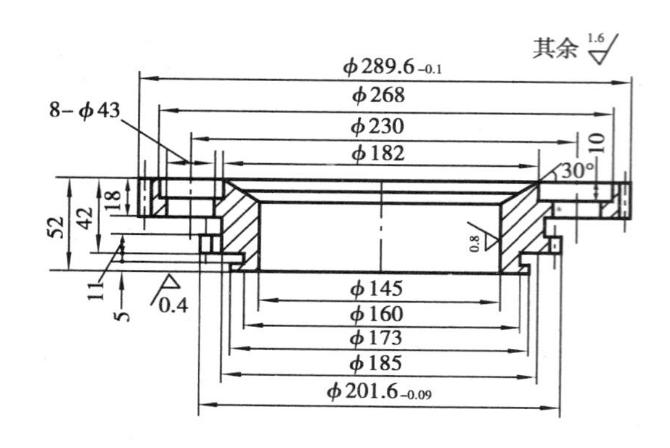

图 10.7　齿轮零件图

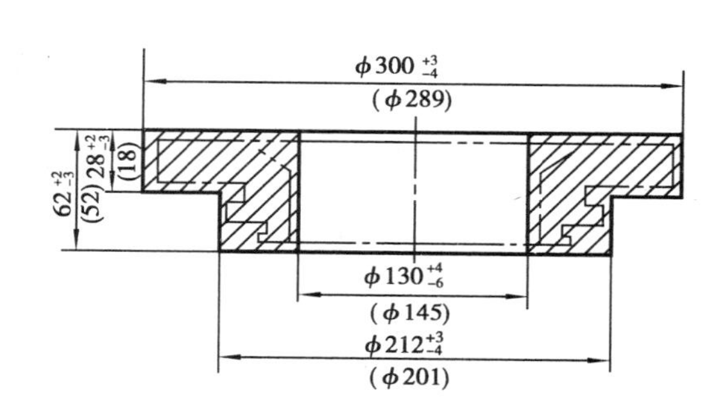

图 10.8　齿轮锻件图

②确定公差和余量　查《锤上自由锻件机械加工余量和公差标准》得锻件外径和高度的余量及公差分别为 $a=11^{+3}_{-4}$,$b=10^{+2}_{-3}$,内孔余量取为 1.2a,公差取为 2b,取成 15^{+4}_{-6},于是便绘出齿轮锻件图。

(2)坯料的计算

对于锻件坯料的计算,应先计算坯料的质量,然后根据坯料质量计算坯料的尺寸。根据坯料尺寸进行备料。

1)计算坯料质量　锻件的坯料质量为:

$$M_{坯}=M_{锻}+M_{烧}+M_{芯}$$

式中　$M_{锻}$——锻件质量;

$M_{烧}$——烧损质量;

$M_{芯}$——被切除部分金属的质量。

其中,$M_{锻}=V_{锻}$(锻件体积)$\times\rho$(金属密度),$M_{烧}+M_{芯}$ 可折算成 $M_{锻}$ 的系数 K,见表10.4。因此,中小锻件的坯料质量可按 $M_{坯}=(1+K)M_{锻}$ 计算。

2)计算坯料尺寸　锻造中小锻件的坯料一般采用圆钢轧材,故坯料尺寸的计算主要是确定其直径和长度(或高度)。坯料尺寸的计算与采用的第一个锻造工序(拔长或镦粗)有关。

表10.4　坯料质量计算系数 K

锻件类型	主要工序	系数 $K\times100$
圆饼、短圆柱、短方柱	镦粗、平整	2~3
带孔圆盘和方盘	镦粗、冲孔、平整	6~8
轴和阶梯轴	拔长、切头、压肩、平整	8~11
套筒、圆环、方套	镦粗、冲孔、扩孔或心轴拔长、平整	8~10
连杆、叉子、拉杆	拔长、压肩、切头、平整	15~25
曲轴、偏心轴	拔长、压肩、错移、扭转、切头、平整	18~30

①拔长锻造　坯料横截面积 $S_{坯}$ 与锻件最大截面积 $S_{锻}$ 之比应满足规定的锻造比 $y_{拔长}$，轧材的锻造比 $y_{拔长}$ 一般为1.3~1.5。因此，由已知的 $S_{锻}$ 和 $y_{拔长}$ 可初步计算出坯料横截面积 $S_{坯}$，进而初步确定坯料的直径 $D_{坯}$，即

$$D_{坯} = 1.13\sqrt{S_{坯}}$$

②镦粗锻造　为了便于下料和避免镦弯，坯料高径比应符合 $H_{坯}/D_{坯}=1.25\sim2.5$，根据圆钢坯料的体积 $V_{坯}=(\pi D_{坯}{}^2/4)\times H_{坯}=M_{坯}/\rho$，求出 $V_{坯}$，然后求出坯料直径 $D_{坯}$，即

$$D_{坯} = (0.8-1.0)\sqrt[3]{V_{坯}}$$

初步计算出坯料直径后，还应对照钢材规格标准加以修正，选用与算出坯料直径一致的标准直径，或选用相邻较大的标准直径，最后根据坯料体积 $V_{坯}$ 和由实际选用钢材直径确定的横截面积 $S_{坯}$，算出坯料长度和高度。

(3)自由锻件的结构工艺性

由于自由锻件的形状及尺寸主要依靠锻工的手工操作技术和简单工具来保证，因此，在满足使用要求的前提下，自由锻件的结构和形状应尽量简单和规则，其基本原则见表10.5。

表10.5　自由锻件的结构工艺性

结构设计要点	不合理	合　理
尽可能避免曲面、锥度和斜面，而应改为圆柱体和台阶的结构	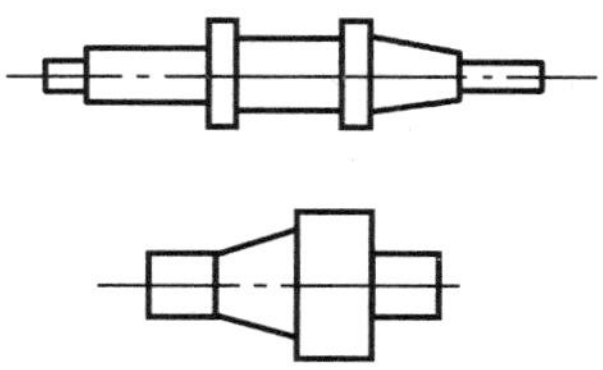	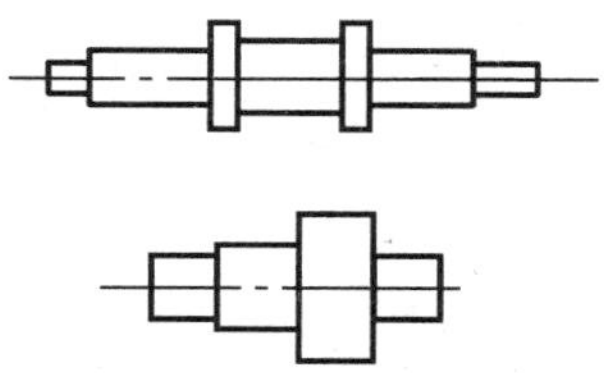
应避免圆柱体与圆柱体相接，要改为平面与圆柱体或平面与平面相接的结构	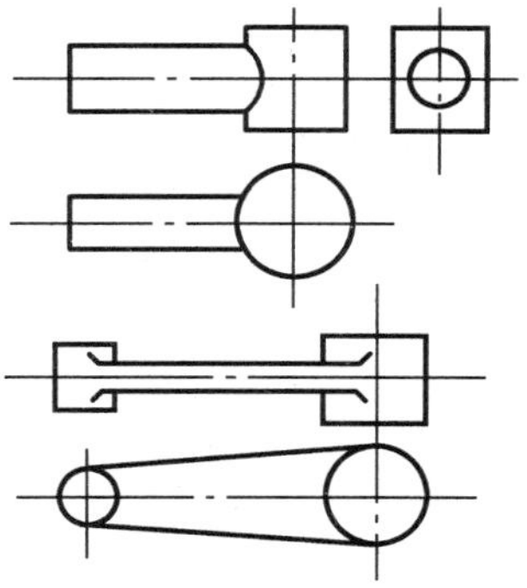	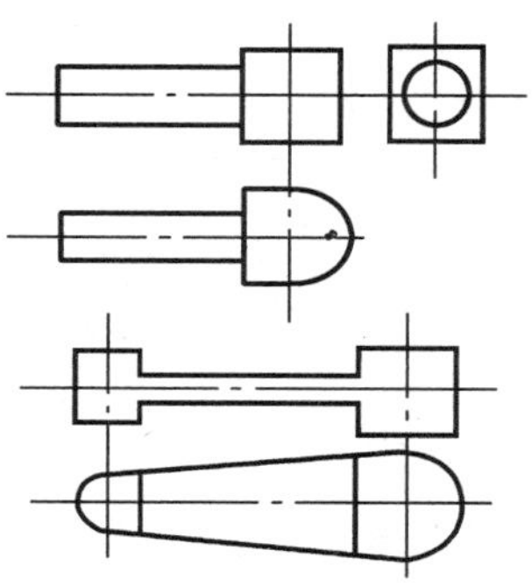

续表

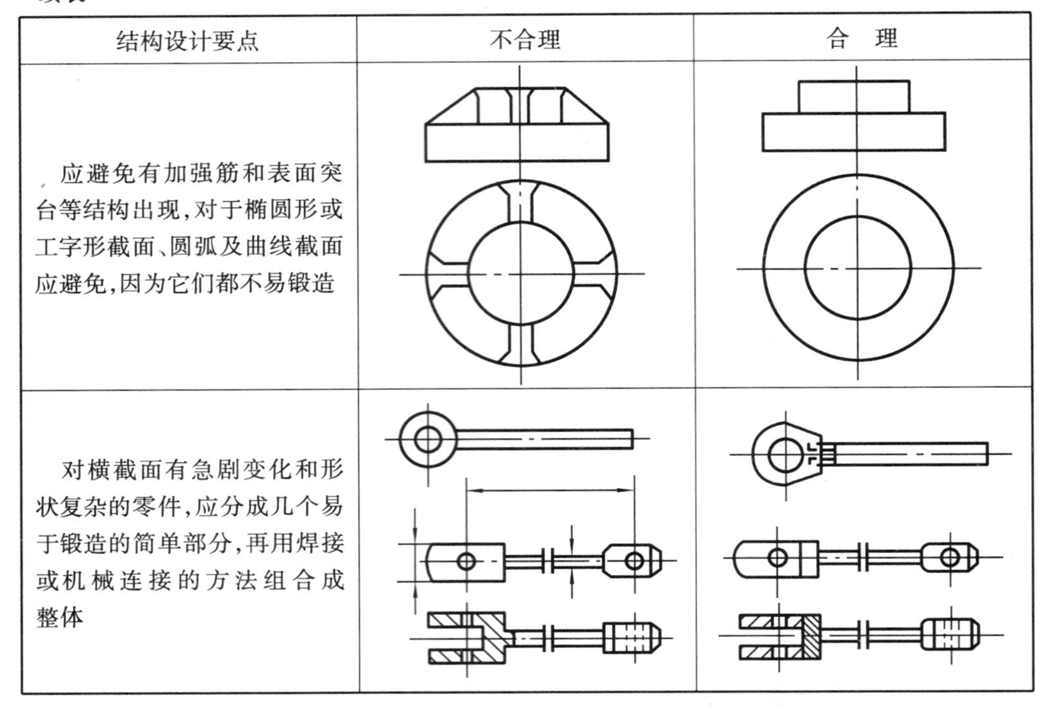

结构设计要点	不合理	合　理
应避免有加强筋和表面突台等结构出现，对于椭圆形或工字形截面、圆弧及曲线截面应避免，因为它们都不易锻造		
对横截面有急剧变化和形状复杂的零件，应分成几个易于锻造的简单部分，再用焊接或机械连接的方法组合成整体		

10.3　模　锻

模锻是将加热好的金属坯料放在锻模模膛内，施加外力迫使金属坯料产生塑性变形，从而获得锻件的锻造方法。与自由锻相比，模锻具有生产效率高，锻件形状复杂，锻件尺寸精度较高和切削加工余量小等优点，但是，模锻的设备和制模成本高、锻件质量受到限制（小于150 kg），故模锻适用于小型复杂锻件的大批量生产。

按使用设备类型的不同，模锻分为锤上模锻和压力机上模锻。

10.3.1　锤上模锻

在模锻锤上进行模锻称为锤上模锻。

(1)模锻锤

广泛使用的模锻锤是蒸汽-空气模锻锤（图10.9），其工作原理与蒸汽-空气自由锻锤基本相同。但是，模锻锤的砧座比同吨位自由锻锤的砧座增大一倍并与锤身连成整体，锤头与导轨的间隙较小而使锤头运动精度高，以保证上下模对位准确。

(2)锤锻模

锤锻模由上模和下模组成（图10.10），上下模借助燕尾用楔铁分别紧固于锤头和模垫上。闭合的上下模间形成的空腔称为模膛。锤锻模可以是单膛模也可以是多膛模。单膛模（图10.10）只有一个终锻模膛而适用于锻造形状简单的锻件。多膛模有多个模膛，按模膛功能不

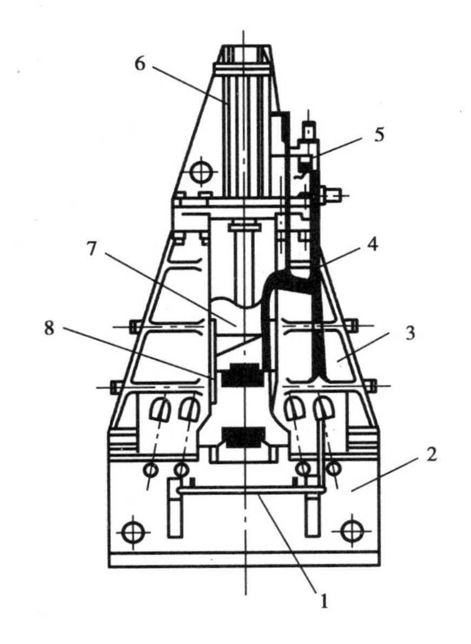

图10.9 蒸汽-空气模锻锤
1—踏板;2—砧座;3—锤身;
4—操纵杆;5—配气机构;
6—汽缸;7—锤头;8—导轨

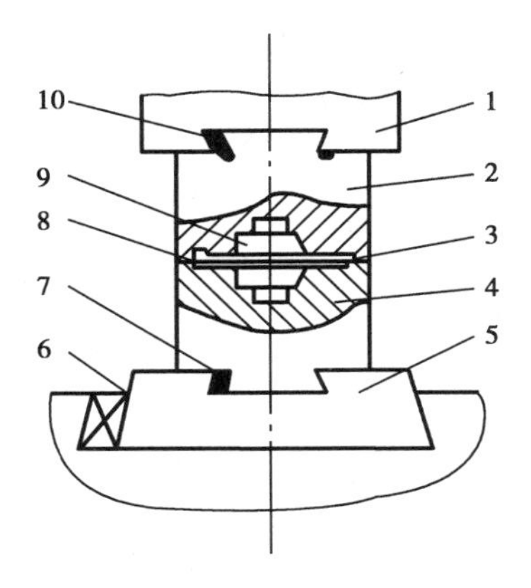

图10.10 锤锻模结构图
1—锤头;2—上模;3—飞边槽;
4—下模;5—模垫;6、7、8—分模面;
9—模膛;10—紧固楔铁

同分为制坯模膛、预锻模膛和终锻模膛三类。

1)制坯模膛 对于形状复杂的锻件,需先将金属坯料在制坯模膛内初步锻成近似锻件的形状,然后再在终锻模膛内锻造。制坯模膛的种类、特点及应用见表10.6。

表10.6 制坯模膛的种类、特点和应用

工步名称	简 图	操作说明	特点和应用
拔长	拔长模膛 坯料 拔长后	操作时坯料边受锤击边送进	减小坯料某部分横截面积,增加该部分的长度。多用于沿轴线各横截面积相差较大的长轴类锻件制坯,兼有去氧化皮的作用
滚压	滚压模膛 坯料 滚压后	操作时坯料边受锤击边转动,不作轴向送进,同时吹尽氧化皮	减小坯料某部分横截面积,增大相邻部分横截面积,总长略有增加。多用于模锻件沿轴线各横截面积不同时的聚料和排料,或修整拔长后的毛坯,使坯料形状更接近锻件,并使坯料表面光滑
成形	成形模膛 坯料 成形后	坯料在模膛内打击一次,成形后的坯料翻转90°放入下一个模膛	模膛的纵向剖面形状与终锻时锻件的水平投影一致。使坯料获得近似锻件水平投影的形状,兼有一定的聚料作用,用于带枝芽的锻件

续表

工步名称	简　图	操作说明	特点和应用
弯曲	坯料 弯曲模膛 弯曲后	与成形工序相同,使坯料轴线产生较大弯曲	使坯料获得近似锻件水平投影的形状。用于具有弯曲轴线的锻件
切断		在上模与下模的角上组成一对刃口	用于切断金属,单件锻造时,用来切下锻件或从锻件上切下钳口。多件锻造时,用来分割成单件

2)预锻模膛　预锻模膛的作用是使坯料变形到接近锻件的形状和尺寸,保证终锻时坯料容易充满模膛,减少终锻模膛的磨损,提高锻模的使用寿命。

3)终锻模膛　终锻模膛的作用是使坯料达到锻件的形状和尺寸要求。模膛形状与锻件形状相同,但需按锻件尺寸放大一个收缩量。

例如,图 10. 11 所示的连杆锤锻模,有三个制坯模膛、一个预锻模膛和一个终锻模膛。坯料依次在前四个模膛进行制坯和预锻,逐步接近锻件基本形状,最后在终锻模膛锻成所需形状和尺寸的锻件。

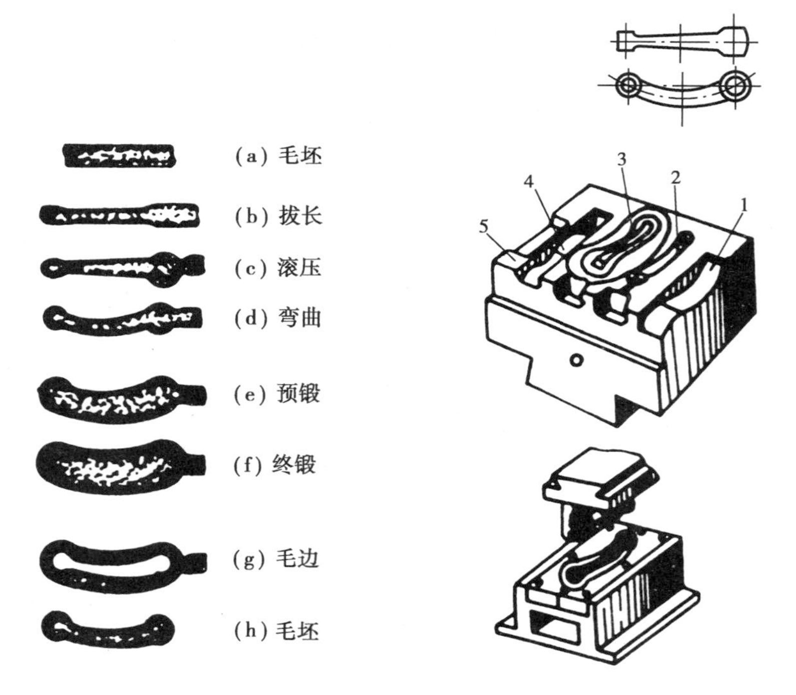

图 10. 11　模锻连杆用的多膛锤锻模与连杆的锻造过程
1—弯曲模膛;2—预锻模膛;3—终锻模堂;4—拔长模膛;5—滚压模膛

(3)模锻件的结构工艺性

根据模锻的特点和工艺要求,设计模锻件时应使结构符合以下原则。

①应具有合理的分模面。分模面即上下模在锻件上的分界面,其位置一般在锻件的最大截面上,并使模膛深度最浅。例如,图10.12所示的模锻件可选四种分模面:选 *a*-*a* 面,则锻件无法从模膛内取出;选 *b*-*b* 面,则模膛深度过深,既不易使金属充满模膛,又不便取件;选 *c*-*c* 面,则沿分模面上下模膛的外形不一致,不易发现错模而产生缺陷;*d*-*d* 面是最合理的分模面。

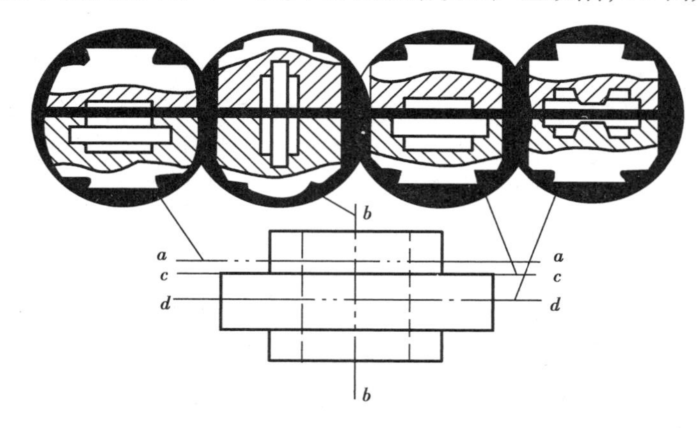

图10.12　分模面的选择比较

②应具有一定的模锻斜度和锻造圆角,以便于将锻件从模膛内取出,利于金属在模膛内的流动和提高锻模的强度。

③锻件形状应力求简单、平直和对称,并尽量地避免深孔和多孔、截面相差过大、薄壁、凸台等结构,以简化锻造工序。

④对复杂锻件,为了减少余块和简化模锻工艺,应尽量采用锻-焊或锻-机械连接组合工艺。

10.3.2　胎模锻

胎模锻是在自由锻设备上采用可搬动锻模(胎模)生产锻件的锻造方法。

(1)胎模锻的特点

与自由锻相比,胎模锻具有生产率高、锻件形状较复杂、锻件精度和表面质量较高、节省金属材料等优点;与模锻相比,它具有不需专门的模锻设备、模具制造简单、成本低且使用灵活等优点。但是,胎模锻的生产率和锻造质量低于模锻,胎模寿命短、劳动强度大,故胎模锻主要用于小型模锻件的中小批量生产。

(2)胎模的种类和应用

常用的胎模主要有扣模、套筒模与合模三类。

1)扣模　扣模由上下扣组成(图10.13)或上砧下扣(图10.13(b))。扣模常用于生产长杆非回转体锻件的全部或局部扣形,也可为合模锻件制坯。

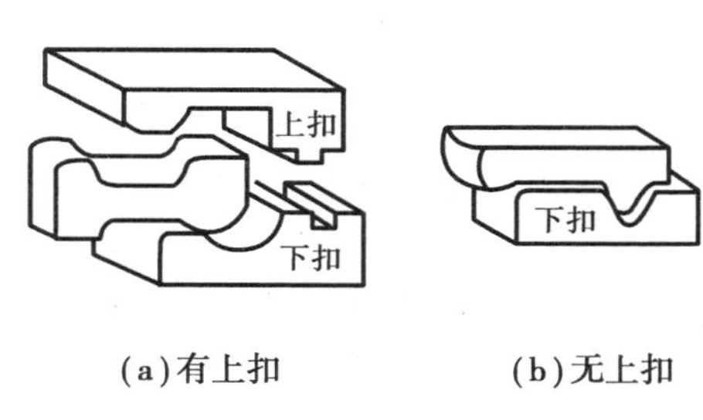

(a)有上扣　　(b)无上扣

图10.13　扣模

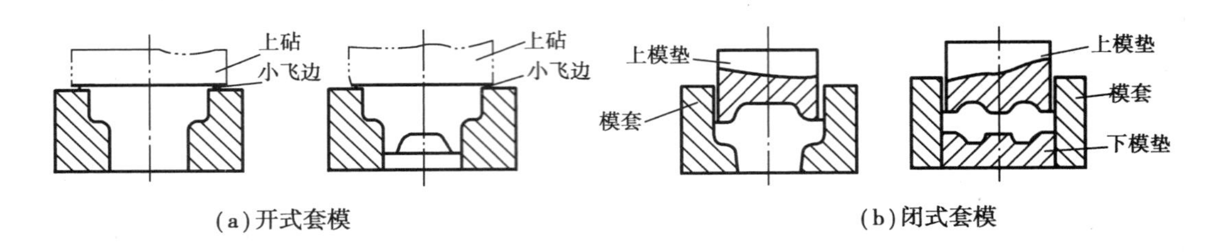

图 10.14　套筒模

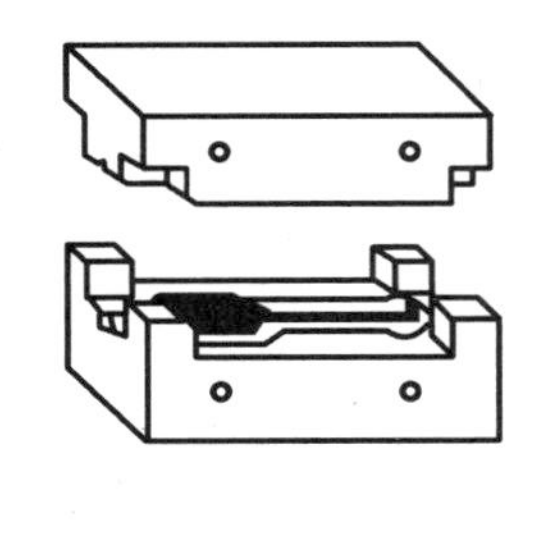

图 10.15　合模

2)套筒模　套筒模分为闭式和开式两种。开式套筒模只有下模,上模用上砧代替(图10.14(a)),主要用于回转体的最终成形或制坯;闭式套筒模由模套、上模垫及下模垫(也可由下砧代替)组成(图 10.14(b)),主要用于端面有凸台或凹坑的回转体锻件的制坯和成形。

3)合模　合模由上下模组成,如图 10.15 所示。为了使上下模吻合及锻件不产生错移,常用导柱和导销定位。它主要用于各类锻件,尤其是非回转体类的复杂锻件的终锻成形。

10.4　板料冲压

板料冲压是利用装在冲床上的冲模对金属板料加压,使之产生变形或分离,从而获得零件或毛坯的加工方法。板料冲压一般在常温下进行,坯料通常是较薄的金属板料,故板料冲压又称为冷冲压(或薄板冲压),简称冲压。

与锻造及其他加工方法相比,板料冲压具有下列特点:

①冲压坯料必须具备高的塑性和低的塑性变形抗力;

②冲压可冲制形状复杂的零件且废料较少,冲压件质量轻,强度和刚度较高;

③冲压件尺寸精度高,质量稳定,互换性好,一般不需机械加工即可使用;

④冲压生产操作简单,生产率高,便于实现机械化和自动化;

⑤适用范围广。

因冲模制造较复杂,成本较高,故只有在大批量生产条件下,冲压的优越性才能充分发挥。

10.4.1　冲压设备

冲压设备类型很多,最基本的是冲床。常用的冲床为单柱曲拐轴冲床和曲柄(轴)冲床。单柱曲拐轴冲床(图 10.16)由电动机通过齿轮带动飞轮转动,踩下脚踏板时,离合器使飞轮与曲拐轴连接从而使曲拐轴转动,并通过连杆带动滑块和固定于下端的凸模向下运动,从而对固定于工作台的凹模上的板料进行冲压。松开踏板,则离合器脱离,曲拐轴不再随飞轮转动,并在制动器作用下停止转动,使滑块停在上面位置。

10.4.2 冲压基本工序

冲压基本工序有分离工序和变形工序两大类。

(1)分离工序

使板料的一部分与另一部分相分离的工序称为分离工序,主要包括切断、落料、冲孔和修边等。

1)切断 将板料沿不封闭的轮廓进行分离的工序(图10.17(a))。

2)落料和冲孔 将板料沿封闭的轮廓进行分离,获得平整零件的分离工序称为落料(落下部分为零件,如图10.17(b)所示)或冲孔(落下部分为废料,如图10.17(c)所示)。落料和冲孔一般统称为冲裁。

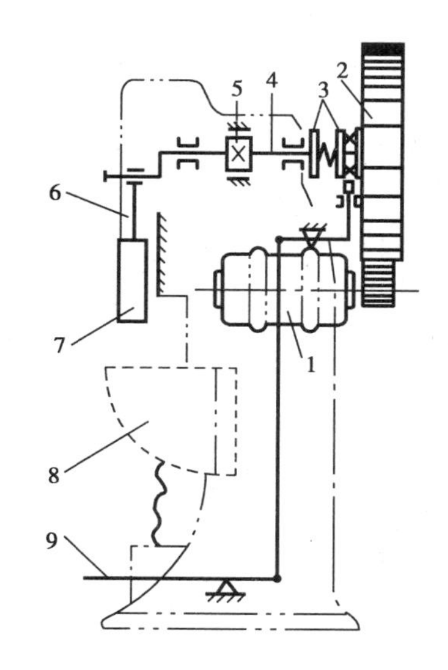

图10.16 单柱式曲拐(轴)冲床

1—电动机;2—飞轮;3—离合器;4—曲拐轴;5—制动器;6—连杆;7—滑块;8—工作台;9—踏板

(2)变形工序

使板料的一部分相对另一部分产生位移而不破坏的工序称为变形工序,主要包括弯曲、引深、成形和翻边等。

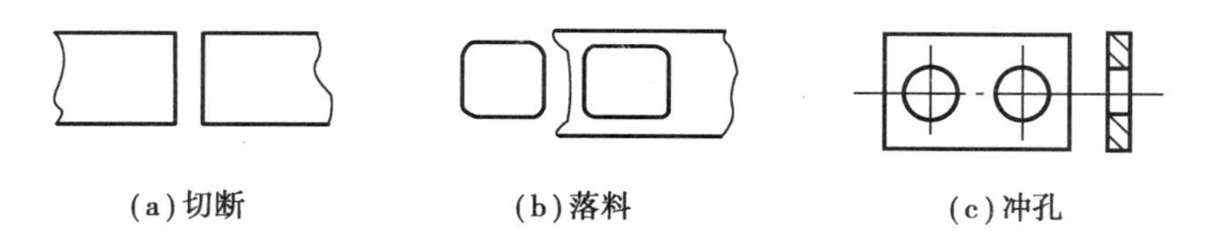

图10.17 冲压的分离工序

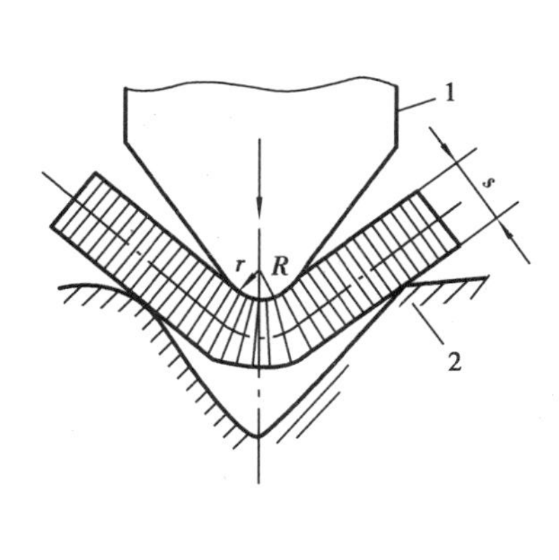

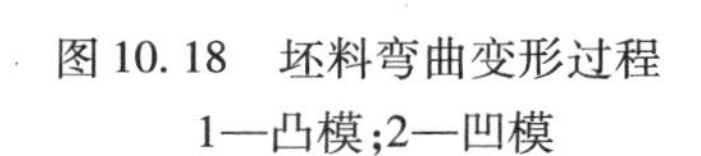

图10.18 坯料弯曲变形过程

1—凸模;2—凹模

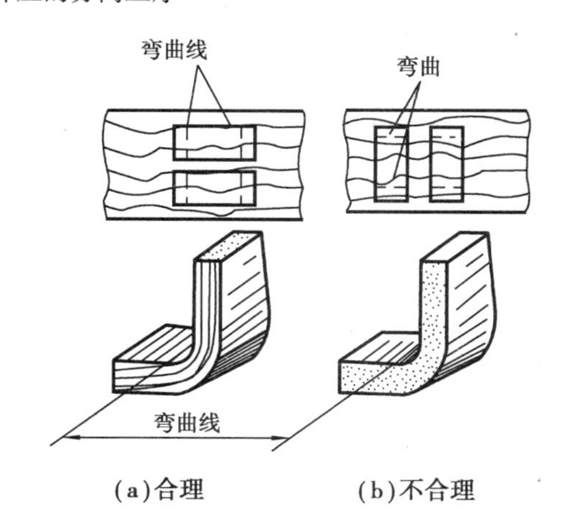

图10.19 弯曲轴线与纤维方向

1)弯曲 将板料的一部分相对于另一部分弯成一定角度或形状的冲压工序。由图10.18

可知,弯曲时板料内侧受压变短,外侧受拉变长,内外侧之间有一层既不缩短也不伸长的中性层。当外侧拉应力超过板料抗拉强度时将会产生破裂。板料的厚度越厚,弯曲半径越小,则压应力与拉应力越大而弯曲件越易于破裂。为了防止破裂,弯曲的最小半径 r_{min} 应为(0.25～1.0)S。此外,弯曲时应尽量使弯曲线垂直于板料的轧制纹向(图 10.19(a))。若弯曲线平行于轧制纹向(图 10.19(b)),则弯曲时弯件易破裂。弯曲时由于存在弹性变形,弯曲后弹性变形消失,工件将略有回弹,使弯曲角度增大,此现象称为"回弹"。回弹角一般为 0°～10°,故在设计弯曲模时,模具的角度应比弯曲成品的角度小一个回弹角。

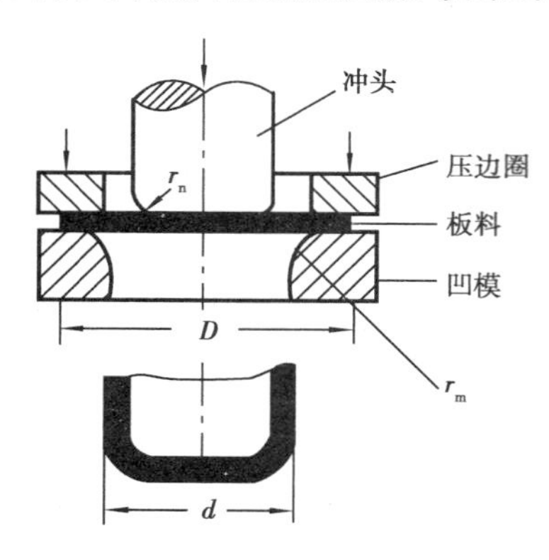

图 10.20　引深

2)引深　将板料在引深模内变形成中空杯形件的工序(图 10.20)。为了防止引深件出现皱折,在引深过程中需用压边圈,以适当的压力将板料压住;为了防止引深件拉裂,还需根据材料的塑性选定合理的拉深系数,拉深系数一般 $m=0.5～0.8$。

3)成形　利用局部变形使板料改变形状的工序(图 10.21)。成形主要用于制造某些具有凸出或凹入形状和刚性筋条的冲压产品。

4)翻边　在带孔的板料上用扩孔方法获得凸缘的工序(图 10.22)。

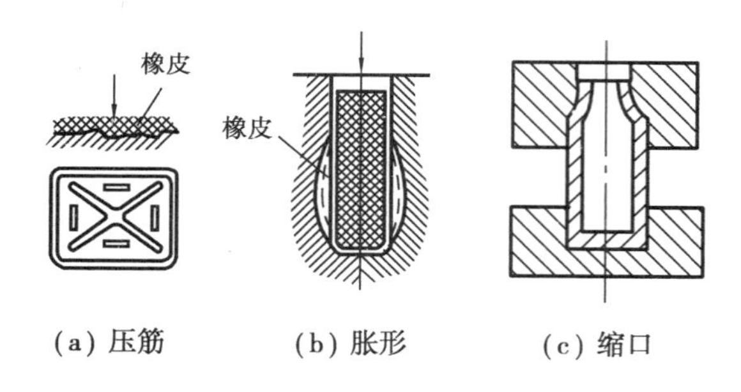

图 10.21　成形工序示意图

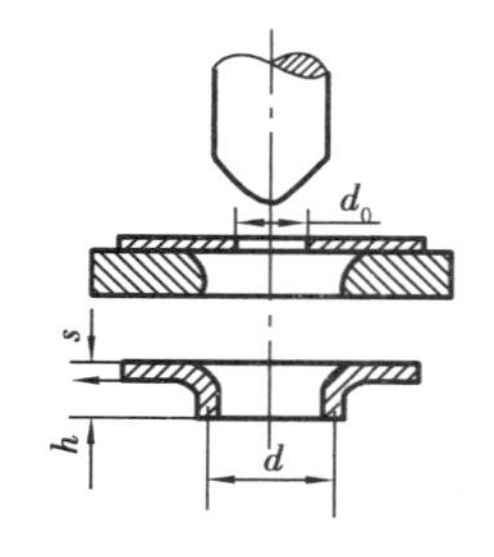

图 10.22　翻边

10.4.3　冲模的分类和构造

按工序性质不同冲模可分为冲裁模、弯曲模、引深模和成形模等;按工序的组成和模具的结构特点,冲模可分为简单模、复合模和连续模等。

(1)简单模

通过滑块的带动,在一次行程内只完成一个工序的冲模称为简单模。简单模的结构如图 10.23 所示,凹模用下压板固定于下模板上,下模板用螺栓固定在工作台上。凸模用上压板固定于上模板上,再用冲头把与滑块相连。为了保证冲压时凸模与凹模对准,模具上装有导柱和导套。

简单模结构简单、成本低,但精度不高,生产率较低。简单模主要用于生产量不大和要求不高的冲压件生产。

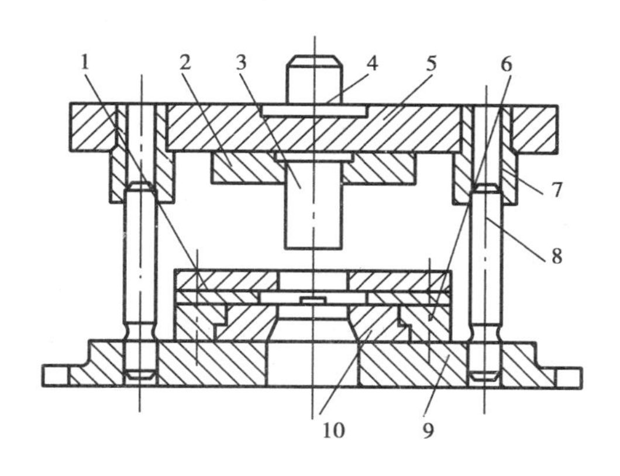

图 10.23 简单落料冲孔模

1—固定卸料板;2—压板;3—凸模;4—冲头把;5—上模板;
6—下压板;7—导套;8—导柱;9—下模板;10—凹模

(2)连续模

把两个简单模装在一块模板上,以便在冲床滑块的一次行程内完成两个或多个冲压工序的冲模称为连续模(图 10.24)。工作时,导头对正板料上的定位孔,当冲头下行时,落料凸模进行落料,冲孔凸模进行冲孔。当冲头回升时,卸料板将凸模上的板料推下,然后将板料向前送进继续冲压。

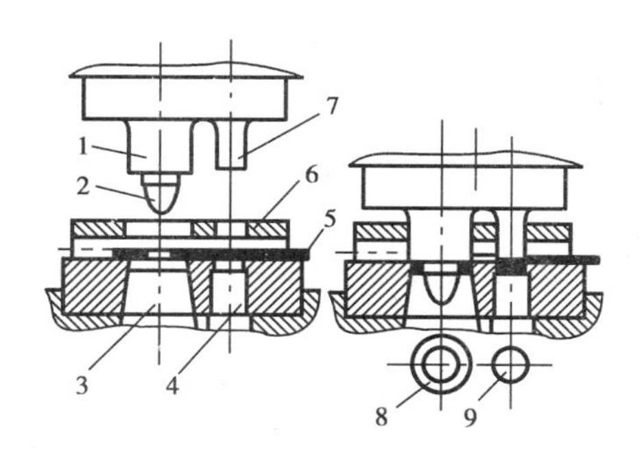

图 10.24 连续落料冲孔模

1—落料凸模;2—导头;3—落料凹模;4—冲孔凹模;5—坯料;
6—卸料板;7—冲孔凸模;8—制件;9—余料

连续模的生产率高,但结构较复杂,制造较难,其冲压件的精度比复合模差,故其适用于精度不高的中小型冲压件的大量生产。

(3)复合模

在冲模内的同一位置上,冲床滑块的一次行程内同时完成两个以上冲压工序的冲模称为复合模(图 10.25)。其最大特点是在中间有一个凸凹模。当滑块带动凸凹模下降时,板料首先在凸凹模和落料凹模之间落料,然后由下模中的引深凸模将坯料顶入凸凹模内进行引深。

复合模具有生产率高和冲件精度较高的优点,但制造复杂,故只适用于大批量或精度要求较高的冲压件生产。

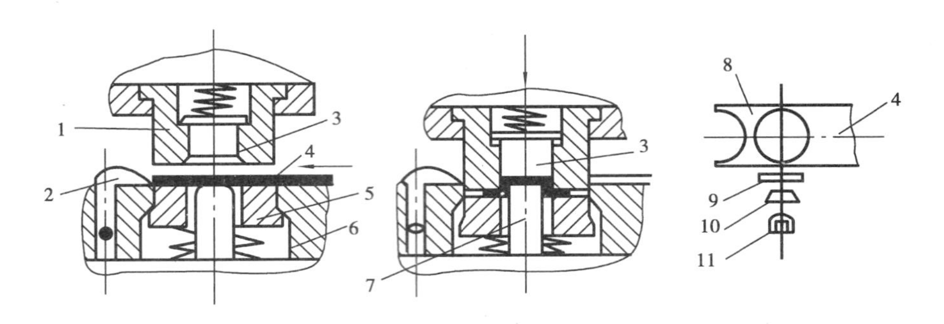

图 10.25　落料及拉深复合模

1—凸凹模;2—限位块;3—顶出器;4—条料;5—卸料器;6—落了凹模;

7—拉深凸模;8—余料;9—坯料;10—拉深件;11—零件

思考题

10.1　锻造的作用是什么?

10.2　什么是热加工纤维?它对材料性能有何影响?制造零件时应使纤维组织如何分布?

10.3　锻造性能的概念是什么?

10.4　简述自由锻的特点和应用范围。

10.5　如何绘制自由锻件图?

10.6　什么是模锻?简述其优缺点和应用范围。

10.7　什么是胎模锻?简述其优缺点和应用范围。

10.8　冷冲压有哪些基本工序?

10.9　简述简单冲模的构造和工作原理。

第 11 章 焊接

经局部加热或加压使分离金属达到原子间结合的连接工艺方法称为焊接。

与其他连接方法相比,焊接的主要优点是:接头强度高,焊缝气密性好,节省金属而有利于减轻零件自重;操作简便灵活,既可“以小拼大”制作大型构件和零件,也可制作双金属零件;省工省时,改善劳动条件。

按工艺特点不同,焊接可分为以下三大类:

①熔焊　将焊件接头加热至熔化状态,在不加压力的条件下完成焊接的方法。熔焊(又称熔化焊)的常用方法主要有电弧焊(包括手弧焊、埋弧自动焊、气体保护焊等)和气焊等。

②压力焊　在加压或加压并加热的条件下完成焊接的方法。压力焊的常用方法主要有电阻焊(包括点焊、缝焊和对焊),摩擦焊等。

③钎焊　仅使熔点低于焊件金属的填充料(钎料)加热熔化,充填接头空隙后冷却凝固而完成焊接的方法。钎焊的常用方法主要有锡焊、铅焊、铜焊、银焊等。

11.1　手弧焊与焊接质量

11.1.1　手弧焊

手弧焊(又称手工电弧焊)是由手工操作焊条利用电弧热进行焊接的熔焊方法。其设备简单,操作方便,适应性强,故应用最广。

(1)手弧焊的工艺过程与冶金特点

1)工艺过程简介　将焊件与焊条分别与焊接电源(弧焊机)的两个输出电极相连接,通过“引弧”使焊条与焊件之间的气体介质电离,并产生持续的强烈放电现象,形成高温电弧(阳极约2 600° K,阴极约2 400° K);电弧热使焊件接头与焊条同时熔化形成熔池,随电弧的移动溶池金属不断凝固成为焊缝(图11.1)。

弧焊机是手弧焊的专用焊接电源,分为交流和直流两种类型。交流弧焊机(又称弧焊变压器)因结构简单、制造成本低和耗电少而最为常用;直流弧焊机结构较复杂,但其电源稳定,

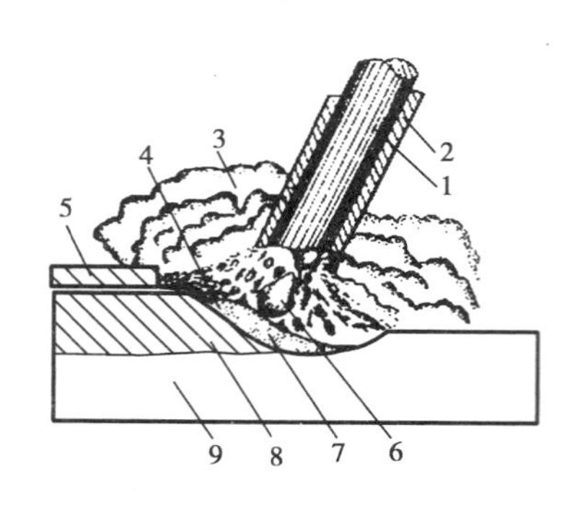

图 11.1　手弧焊工艺过程示意图
1—焊条芯;2—焊条药皮;3—保护气体;
4—液态熔渣;5—固态渣壳;6—焊芯溶滴;
7—熔池;8—焊缝;9—焊件

并可根据焊件厚薄不同,选择正接(温度较高的阳极接厚的焊件)或反接(温度较低的阴极接薄的焊件)焊接,故焊接质量较好而多用于合金钢和有色金属的焊接。

2)冶金特点

手弧焊时,溶池中发生的化学过程与冶金过程相似。焊条药皮燃烧可形成保护气体,防止溶池金属氧化;被熔化的药皮进入溶池与金属液发生冶金反应,以去除 S、P 及其他夹杂物,保证焊缝金属的化学成分和性能;冶金反应产生的熔渣上浮,凝固成渣壳。

与一般冶金过程相比,手弧焊的冶金过程具有下述冶金特点:冶炼温度高,金属元素大量蒸发和氧化,不利于保证焊缝金属预期的成分和性能;熔池体积小,冶炼时间短,冶金反应难于充分进行,不利于焊缝金属的成分均匀化;凝固速度快,不利于气体和杂质的上浮排除,易产生气孔、夹渣等焊接缺陷。

(2)焊条

1)焊条的组成与作用　焊条由焊芯与药皮组成。焊芯的作用是作为电极产生电弧,并作为填充金属与熔化的焊件金属形成焊缝。因此,焊芯材料应与被焊材料相适应,如结构钢焊芯一般采用专门冶炼的 H08A 和 H08Mn 等钢材来制造(其中"H"表示"焊")。药皮的主要作用是稳定电弧,保护熔池,并保证焊缝金属的成分和性能。它通常由稳弧剂(碳酸钾、碳酸钠等),造渣剂(大理石、钛铁矿等),造气剂(淀粉、木屑等),脱氧剂(锰铁、硅铁等),合金剂(锰铁、硅铁、铬铁等),稀释剂(萤石、长石等)和黏结剂(钾或钠水玻璃)等组成。

2)焊条的分类、牌号和型号

①焊条的分类与牌号　按成分和用途不同,焊条分为结构钢焊条、不锈钢焊条、耐热钢焊条、铸铁焊条、镍和镍合金焊条、铜和铜合金焊条、铝和铝合金焊条、低温钢焊条、堆焊焊条和特殊用途焊条 10 大类。

焊条的牌号以汉字(或拼音字母)加三位数字表示。其中汉字(或拼音字母)代表焊条的类型;前 2 位数字表示焊缝金属的最低抗拉强度或主要化学成分组别与等级;第 3 位数字表示药皮的类型与适用电源。例如,"结 507"(J507)是焊缝金属抗拉强度不低于 50 kgf/mm^2 (490 MPa)、低氢钠型药皮(碱性)、直流电源用结构钢焊条;"铬 202"(G202)是铬的质量分数约为 13%、氧化钛钙型药皮(酸性)、交流或直流电源用铬不锈钢焊条;"铸 408"(Z408)是镍的质量分数为 55%、铁的质量分数为 45%、石墨型药皮、交流或直流电源用铸铁焊条;"铜 237"(T237)是低氢钠型药皮(碱性)、直流电源用青铜焊条。

按药皮及熔渣性质不同,焊条可分为酸性焊条与碱性焊条。其中酸性焊条的工艺性较好,如稳弧性好、飞溅小,且对铁锈、油垢不敏感等,但因焊接时合金元素氧化烧损较大,易产生夹渣而焊缝金属的塑性、韧性较低,故广泛用于焊接一般要求的零件或构件。碱性焊条工艺性较差,但焊缝金属的力学性能和抗裂性较高,故通常采用直流电源用于焊接重要的零件或构件。

②焊条的型号　焊条型号是国家标准规定的焊条代号,其表示方法如下:

结构钢焊条型号用字母“E”加四位数字表示。前两位数字表示焊缝金属的最低抗拉强度,第三位数字表示适用的焊接位置,第三、四位数字合起来表示药皮类型与适用电源。例如,“E4303”是焊缝金属抗拉强度不低于 43 kgf/mm^2(421 MPa)、适合于全焊位、钛钙型药皮(酸性)、交流或直流电源用结构钢焊条。

不锈钢焊条型号用“E”加碳含量等级与合金元素含量以及最后两位数字表示。最后两位数字表示适用焊接位置、药皮类型和适用电源。例如,“E1-23-13Mo2-15”是碳的质量分数小于0.15%,铬、镍和钼的质量分数分别为23%、13%和2%,适合于全焊位、低氢钠型药皮(碱性)、直流反接用奥氏体不锈钢焊条;

铸铁焊条型号用字母“EZ”加熔敷金属的主要化学元素符号或金属类型代号表示。例如,“EZC”是灰铸铁焊条,“EZNi-1”是1号纯镍铸铁焊条。

有色金属焊条型号为字母“T”加熔敷金属化学元素符号表示。例如,“TCuSi”是硅青铜焊条,“TAlSi”是铝硅合金焊条。

11.1.2 手弧焊件的焊接质量

(1)焊接接头的组织与性能

焊接接头包括焊缝及其附近的热影响区。焊缝是由熔池结晶而成,其组织为铸态柱状晶组织,其力学性能一般不低于被焊金属。热影响区是焊缝两侧受热影响而发生组织和力学性能变化的被焊金属区。对照铁碳合金状态图,钢的热影响区可细分为半熔化区、过热区、正火区和不完全相变区,如图11.2所示。其中半熔化区和过热区因部分或全部为过热组织,故塑性、韧性低而易产生裂纹,是焊接接头的薄弱区域。

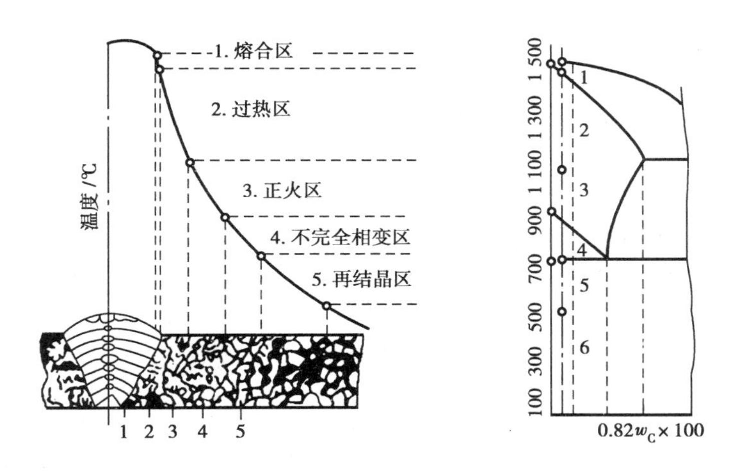

图11.2 低碳钢焊接接头的组织示意图

因此,在焊接过程中,应尽量控制热影响区的范围,以减小半熔化区和过热区的宽度,降低其对焊接接头的不利影响。

(2)焊接应力与焊接变形

由于焊接时,对焊件进行的加热和冷却是局部的不均匀加热和不均匀冷却,使焊接接头与其余部位金属之间的加热膨胀和冷却收缩不一致而形成相互作用的应力,此种应力称为焊接应力。在焊接应力作用下产生的焊件变形称为焊接变形。焊接变形的基本形式有收缩变形、角变形、弯曲变形、扭曲变形和波浪形变形等,如图 11.3 所示。

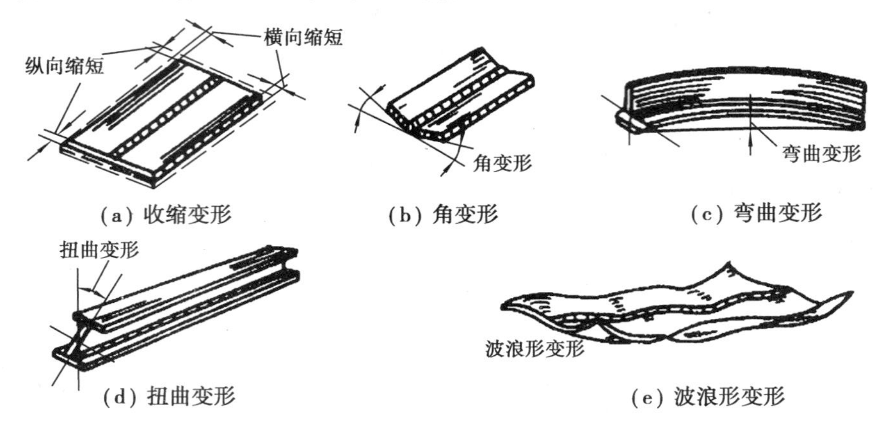

图 11.3　焊接变形的基本形式

减小焊接应力和防止焊接变形的基本途径是合理设计焊接结构和采用合理的焊接工艺。合理设计焊接结构包括减少焊缝数量,使焊缝尽量分散并呈对称分布等。合理的焊接工艺包括对易变形焊件进行焊前预热和焊后缓冷;选择正确的施焊顺序,以避免应力集中;采用反变形法以抵消焊后变形;对焊件及时退火,以减小或消除焊接应力;对变形的焊件采用机械法或加热法进行矫正等。

(3)常见的焊接缺陷

在焊接过程中,因焊接结构设计不当或焊接工艺选择、执行不当时,将导致焊接接头产生开裂、夹渣、气孔、未焊透、未熔合等焊接缺陷,如图 11.4 所示。

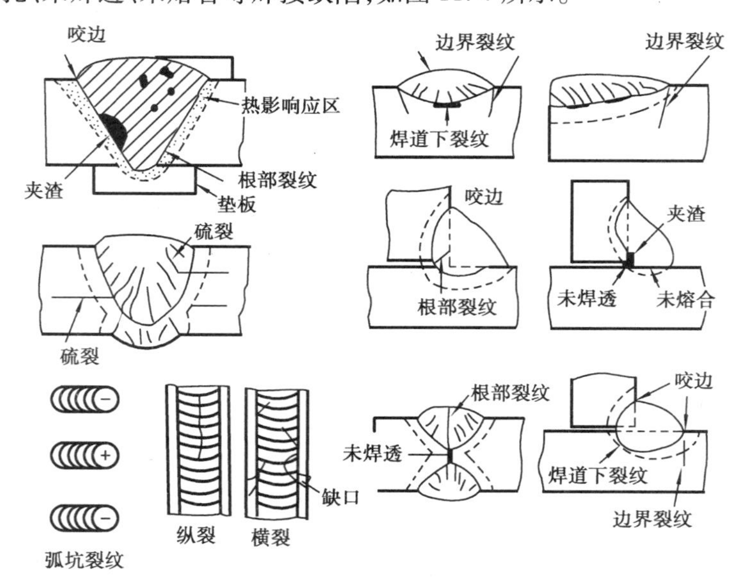

图 11.4　常见焊接缺陷

焊接缺陷的存在,会降低焊件接头的可靠性和使用安全性,故需对焊接接头进行外观缺陷检验。对重要焊件(如锅炉、压力容器等)还需进行水压试验、气压实验以及必要的无损探伤检验。

11.2 其他常用焊接方法与焊接方法的选择

11.2.1 其他常用焊接方法

(1)气体保护焊

气体保护焊是以保护气体代替药皮用做电弧介质和保护熔池的电弧焊。与手弧焊相比，气体保护焊的主要优点是：由于保护气体对溶池的保护作用，气流对电弧的压缩作用，以及对焊件的冷却作用，使焊缝质量好、热影响区较窄，故焊接接头质量好、焊件变形小；可连续施焊，金属损耗少和生产效率高。

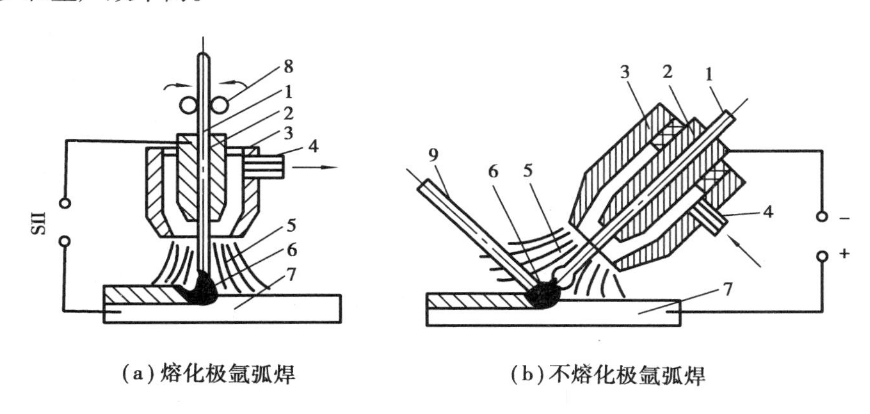

(a)熔化极氩弧焊　　(b)不熔化极氩弧焊

图11.5 氩弧焊示意图

1—焊丝(或钨极)；2—导电嘴；3—喷嘴；4—氩气进气管；

5—氩气流；6—电弧；7—焊件；8—送丝滚轮；9—填充焊丝

气体保护焊的常用方法有氩弧焊和二氧化碳气体保护焊。

氩弧焊是以氩气作为保护气氛的气体保护焊方法，如图11.5所示。氩弧焊的电弧稳定，飞溅小，金属不易氧化吸气，故焊缝致密而表面质量好，但焊接成本较高。它主要用于铝、镁、钛及其合金，以及真空电极材料和不锈钢等的焊接。

二氧化碳气体保护焊的生产率高(比手弧焊高1～3倍)、焊接成本低(仅为手弧焊的40%)，但弧光强烈、烟雾多、飞溅大，焊缝表面质量不如氩弧焊。它主要用于不易氧化的碳钢、低合金结构钢件的焊接。

(2)气焊与气割

1)气焊　利用气体火焰熔化焊件和焊丝以实现焊接的熔焊方法称为气焊。其主要优点是：设备简单，操作灵活方便，焊接成本低；对焊接材料适应性强，尤其适合于薄板件的焊接、铸铁的补焊及野外作业。但其热影响区宽，焊件变形大，焊缝质量不如电弧焊。

气焊所用气体主要是氧气与乙炔，改变两者的体积混合比(即氧炔比)，可得到以下三种不同性质的火焰。

①中性焰(氧炔比为1～1.2)　主要用于焊接低碳钢、中碳钢、低合金钢、铝和铝合金等。

②氧化焰（氧炔比大于1.2） 主要用于焊接黄铜、青铜、锰钢和镀锌铁板等。

③碳化焰（氧炔比小于1） 主要用于焊接高碳钢、铸铁、不锈钢和硬质合金等。

2）气割 气割（氧气切割）是利用氧化焰将预热至燃点（碳钢约1 300 ℃）的金属剧烈氧化成渣，并将其从切口处吹掉而实现切割的方法，如图11.6所示。

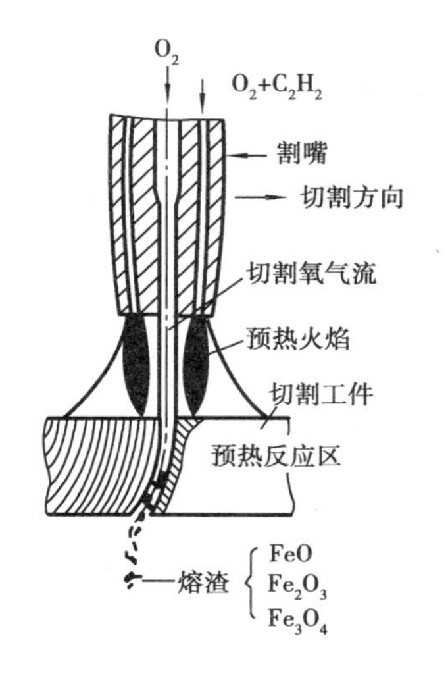

图11.6 氧气切割示意图

气割对被切割材料的基本要求是：材料燃点应低于其熔点，以获得整齐的割缝；形成的氧化物应熔点低、流动性好，易于被吹掉；材料的燃烧热量大而导热性低，以利于切割的持续进行。因此，气割主要用于中、低碳钢、低合金钢板料（厚度一般为5～300 mm）的下料和铸钢件浇冒口的切割。

(3)电阻焊

电阻焊（又称接触焊）是利用电流在紧密接触的接头处产生的接触电阻热，将其迅速加热至塑性（或熔融）状态，随即断电加压，使其在压力下形成焊接接头的压力焊方法。其主要特点是：由于采用低电压（低于12 V）、大电流（10^3～10^4 A），焊接时间短（最短可达0.01 s）而生产效率高，焊件变形小，接头质量高；不需填充金属，操作简便而劳动条件好。但设备复杂、投资大，耗电量大和工艺灵活性较差。电阻焊主要用于成批大量生产的各种薄板和棒材的焊接。

按焊接接头的几何特征，电阻焊分为点焊、缝焊和对焊。

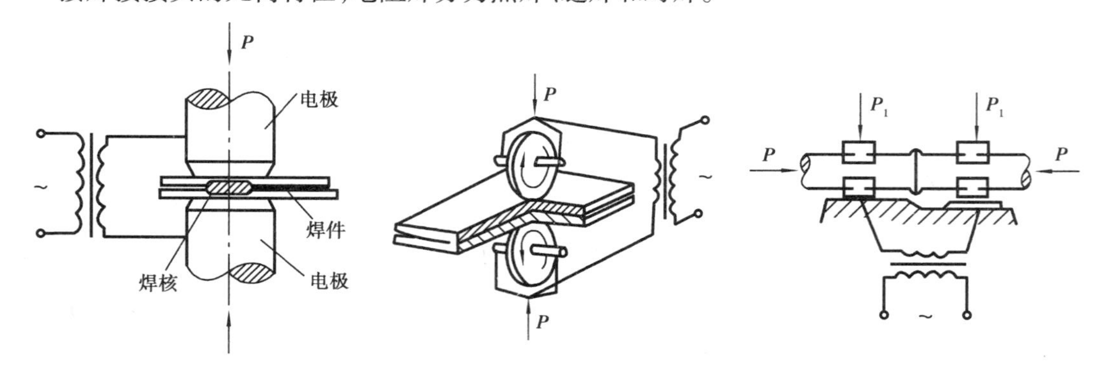

图11.7 点焊示意图　　图11.8 缝焊示意图　　图11.9 对焊示意图

1）点焊 点焊是利用柱状电极加压通电来获得焊点的电阻焊方法，如图11.7所示。它主要用于焊接各种板厚不超过3 mm的薄板件。点焊时应保证足够的焊点间距，以避免因电流分流而降低焊接质量。

2）缝焊 缝焊是利用滚轮电极连续滚动并加压通电来获得连续焊缝的电阻焊方法，如图11.8所示。它主要用于焊接各种薄壁密封容器，如水箱、油箱等。

3）对焊 对焊是将焊件沿整个横截面对接焊合的电阻焊方法，如图11.9所示。按其焊接过程不同，对焊分为电阻对焊和闪光对焊。

电阻对焊的过程是先将对接面加压贴紧，再通电将对接面加热至塑性状态，然后断电增大压力形成对接接头。其特点是焊接接头光滑，但易产生氧化夹渣。电阻对焊主要用于截面简单、直径小于 20 mm 和强度要求不高的焊件的对接。

闪光对焊的过程是先将工件通电，再使对接面接触产生高的电阻热而熔化并伴有金属爆溅和强烈闪光，然后加压断电形成对接接头。其特点是因对接面的氧化物和杂质随爆溅闪光带出而使接头质量好，但有毛刺且金属损耗较多。闪光对焊主要用于受力大、要求高的重要焊件的对焊，也可用于异种金属（如铝-钢、铝-铜等）的对焊。

（4）钎焊

将低熔点填充金属（钎料）置于焊件接头间隙处，经加热使钎料熔化（焊件金属不溶化），然后冷凝为整体的焊接方法称为钎焊。其主要特点是：加热温度低，接头组织和性能变化小；焊件变形小，焊缝平整光滑，焊件尺寸准确；能焊接性能悬殊的异种金属。但接头强度低，耐热性较差，故不宜焊接受力大或尺寸较大的零件。

按钎料熔点高低，钎焊分为软钎焊和硬钎焊。

钎料熔点低于 450 ℃的钎焊称为软钎焊。常用的软钎料有锡铅钎料、镉银钎料、锌锡钎料、锌镉钎料等，其中锡铅钎料应用最广。软钎焊件的接头强度低（σ_b = 60 ~ 140 MPa）、工作温度低（一般低于 100 ℃），故主要用于不承受载荷的电器仪表、电子元件、线路等的连接。

钎料熔点高于 450 ℃的钎焊称为硬钎焊。常用的硬钎料有黄铜钎料、铜磷钎料和纯铜钎料等。硬钎焊件的接头强度和工作温度较高，故主要用于承受载荷的机件或工具的焊接，如自行车车架、硬质合金刀具等。

此外，生产中还用到埋弧自动焊、电渣焊、等离子弧焊、摩擦焊等方法。埋弧自动焊是电弧埋在焊剂下燃烧进行焊接的方法，主要用于水平位置的长直焊缝的高效焊接；电渣焊是利用熔渣产生的电阻热融化焊丝而进行焊接的方法，主要用于厚大铸、锻件垂直焊缝的焊接；等离子弧焊是利用气体完全电离形成的高温压缩电弧进行焊接的方法，主要用于难熔、易氧化，以及热敏感性强的钨、钼、铬、钛等金属及其合金的焊接；摩擦焊是利用焊接表面的摩擦热进行的一种压力焊方法，仅用于焊接圆形截面的棒料和管材。

11.2.2　常用焊接方法的选择

（1）熔焊的选择

熔焊的特点是焊件连接牢固、接头强度较高。因此，对承受较大载荷的零件或构件的焊接，应选择手弧焊、气体保护焊或气焊等熔焊方法。

气体保护焊的焊接质量最好，但需配置专门的供气装置。其中氩弧焊的生产成本高，主要用于易氧化金属或重要焊件的焊接；二氧化碳气体保护焊的生产成本低、生产率高，主要用于不易氧化的金属或较重要焊件的焊接。手弧焊的适应性最强，在单件和小批量生产中经济性最好，但不宜焊接壁厚小于 3 mm 的薄壁焊件。气焊的设备最简单且不需电源，但焊接质量不高而生产率低，主要用于单件或小批量生产的薄壁件的焊接和铸铁件的焊补，并常用做硬质合金刀具钎焊的热源。常用熔焊方法的特点和主要应用范围见表 11.1。

（2）电阻焊的选择

点焊与缝焊都是高效率的焊接方法，主要用于大批量生产的板厚小于 3 mm的薄板件的焊接。其中点焊件气密性差，多用于焊接不要求气密性的零件或构件，如汽车驾驶室、车厢的外壳等;缝焊件气密性好,多用于焊接气密性好的零件或构件,如油箱、水箱等。

表 11.1　常用熔焊方法的特点与应用范围

焊接方法	热影响区	变形	生产率	可焊空间位置	适用厚度/mm	适用焊接材料
手弧焊	较小	较小	较低	全	3～20	碳钢、低合金钢、铸铁、铜及铜合金
CO_2气体保护焊	小	小	高	全	0.8～30	碳钢、低合金钢、不锈钢
氩弧焊	小	小	较高	全	0.5～25	铝、铜、镁、钛及其合金、不锈钢、耐热钢
气焊	大	大	低	全	0.5～3	碳钢、低合金钢、耐热钢、铸铁、铝合金、铜合金

对焊主要用于棒材、管材和杆状件(如钻头的接长)的对接。其中电阻对焊件的直径或截面不宜过大,如低碳钢不应超过 20 mm,有色金属不应超过 8 mm;闪光对焊件的直径或截面可大些。

(3)钎焊的选择

钎焊主要用于其他焊接方法难于焊接、对强度要求不高的焊件,尤其适合于性能差别很大的异种材料间的焊接。其中锡焊用以焊接无强度要求的焊件,如容器的封口、电路板的焊接等;铜焊用以焊接有一定强度要求的焊件,如硬质合金刀片与钢制刀杆的焊接。

11.3　金属的焊接性能与焊件的结构工艺性

11.3.1　金属的焊接性能

(1)金属的焊接性能

金属的焊接性能(又称可焊性)是指在一定的焊接工艺条件下获得优质焊接接头的能力。焊接工艺条件包括焊接方法、焊接工艺参数、焊件结构形式等。金属焊接性能的表征指标是焊接接头产生裂纹(或气孔、夹渣等)的倾向性和焊接接头的使用可靠性。在某焊接工艺条件下,焊接接头的开裂倾向小,使用可靠性高,则金属在该焊接工艺条件下的焊接性能良好;反之,其焊接性能差。

钢的焊接性能与其碳含量和合金元素含量有关。钢中的合金元素含量按其对焊接性的影响程度,可折合为相当的碳含量。将其与钢的碳含量之总和称为碳当量(符号为 w_{C_E}),用以判别钢的焊接性能。碳钢和低合金钢的碳当量 w_{C_E}可按下式计算,即

$$w_{C_E} = w_C + \frac{w_{Mn}}{6} + \frac{w_{Cr} + w_{Mo} + w_V}{5} + \frac{w_{Ni} + w_{Cu}}{15}(\%)$$

当钢的 $w_{C_E} < 0.4\%$ 时，钢的焊接性能良好；当 $w_{C_E} = 0.4\% \sim 0.6\%$ 时，钢的焊接性能较差；当 $w_{C_E} > 0.6\%$ 时，钢的焊接性能差。

(2)常用金属材料的焊接性能及焊接特点

1)碳钢　低碳钢的焊接性能良好，采用各种焊接方法均可获得优质的焊接接头；中碳钢的焊接性能较差，热影响区的淬硬开裂倾向随碳含量升高而增大，常需焊前预热；高碳钢焊接性能差，需采用严格的焊接工艺措施，如焊前预热，选用抗裂性能较好的碱性焊条和小的焊接电流，采用分段式或对称式焊接方法等，才能保证焊接质量。

2)合金结构钢　与相同碳含量的碳钢相比，合金结构钢的焊接性能有所降低，常需在焊前预热、焊后缓冷或退火，以减小焊接应力。

3)不锈钢　奥氏体不锈钢的焊接性能良好，多采用手弧焊和氩弧焊，一般不需采用特殊的焊接工艺措施。但焊接不锈钢所用焊条(或焊丝)的化学成分应与焊件一致，并在焊后应快冷或强制冷却，以防止晶间腐蚀和热裂纹。

4)铸铁　铸铁的焊接性能很差，一般只对铸铁件缺陷或损伤修补时，采用手弧焊或气焊进行热焊补(预热至600～700 ℃)或冷焊补(不预热或预热温度小于400 ℃)。冷焊补的生产率高、成本低，劳动条件好，但焊接质量难于保证。

5)铜及铜合金　铜及铜合金的焊接性能较差，其焊接应力大、变形大，易产生裂纹、气孔，以及未焊透和未熔合等缺陷。紫铜与青铜常采用氩弧焊；黄铜常采用气焊；对于受力不大的电子元器件常采用钎焊。

6)铝及铝合金　铝及铝合金的焊接性能较差，焊接时易氧化和形成夹渣，焊接应力大，易产生焊接变形，且焊接接头的耐蚀性降低。铝及铝合金常采用氩弧焊、气焊或电阻焊，并在焊前应进行去油、去氧化膜、干燥等处理。

11.3.2　焊件的结构工艺性

焊件结构工艺性是指焊件结构对焊接工艺的适应性。其基本原则是：在满足焊件工作要求的前提下，力求使焊件结构便于施焊和有利于减小焊接应力和变形。为此，焊件的接头形式和焊缝的布置必须合理。

(1)焊接接头的基本形式

焊接接头的基本形式有对接、搭接、角接和T形接头等四种，如图11.10所示。

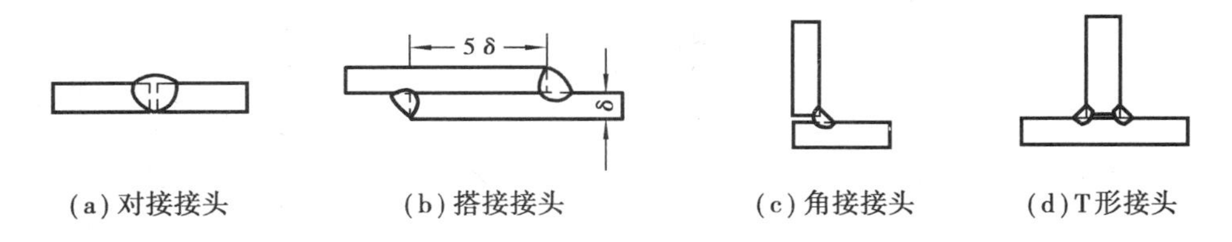

图11.10　焊接接头形式

对接接头是焊件结构中应用最多的接头形式，其应力分布较均匀，接头质量容易保证，但对焊前准备和装配要求较高；搭接接头是薄板焊件接头的基本形式，对焊前准备和装配要求不严格，但受力时接头的应力分布不均匀；角接接头一般只起连接作用，不能用以传递工作载荷；T形接头应力分布较均匀，但对焊前准备要求较高，操作时有特殊要求，在船体结构中应用较多。

(2)焊缝布置的一般原则

在不影响焊件使用功能的前提下，焊缝布置应便于焊接操作和减小焊接应力，其一般设计原则见表 11.2。

表 11.2　焊缝布置的一般原则

<table>
<tr><th colspan="2" rowspan="2">设计原则</th><th colspan="2">图　例</th></tr>
<tr><th>不合理</th><th>合　理</th></tr>
<tr><td rowspan="2">应便于焊接操作</td><td>手弧焊应考虑焊条的操作位置</td><td>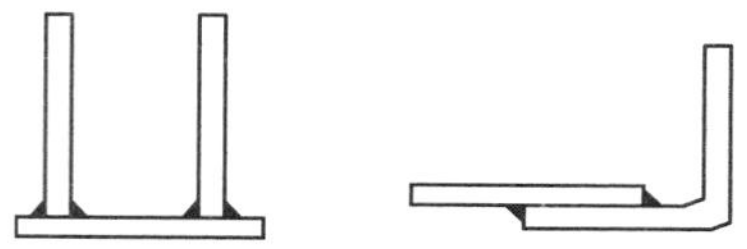</td><td>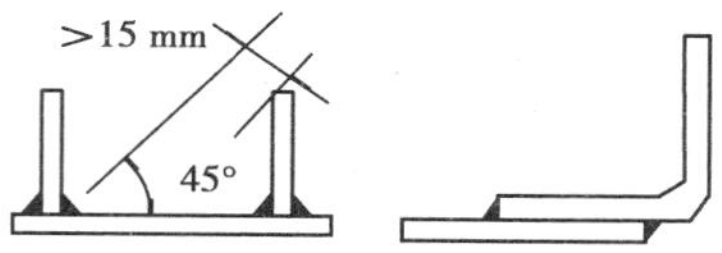</td></tr>
<tr><td>点焊、缝焊应考虑电极的安放位置</td><td>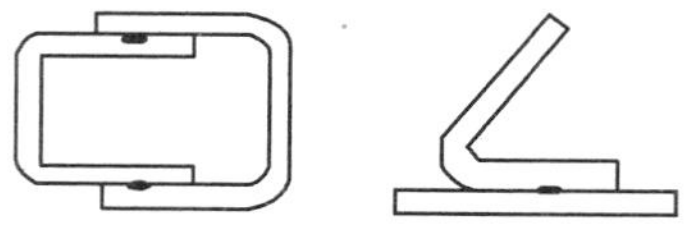</td><td>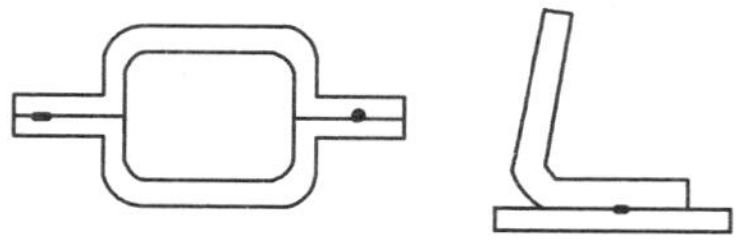</td></tr>
<tr><td rowspan="4">应有利于减小焊接应力与变形</td><td>焊缝应避免密集与交叉</td><td>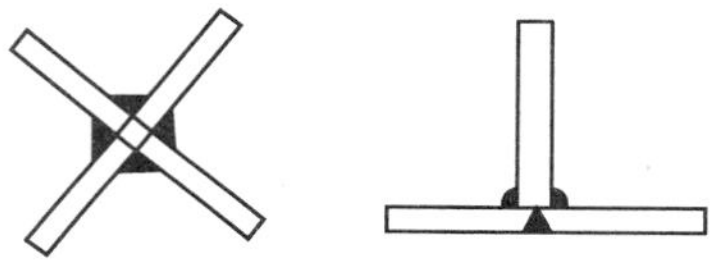</td><td>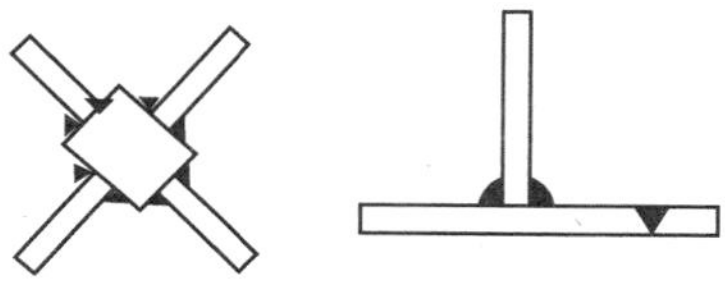</td></tr>
<tr><td>力求减少焊缝数目并使焊缝呈对称分布</td><td>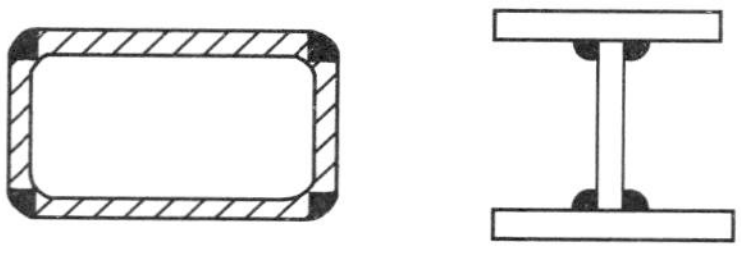</td><td>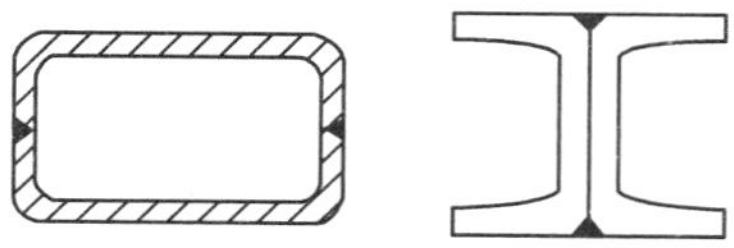</td></tr>
<tr><td>焊缝应避开或远离焊件的最大应力部位和零件的加工表面</td><td>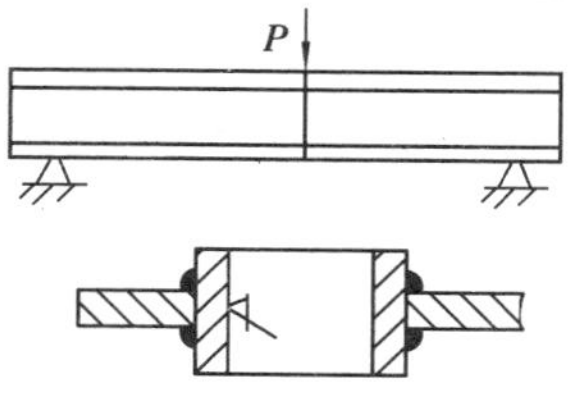</td><td>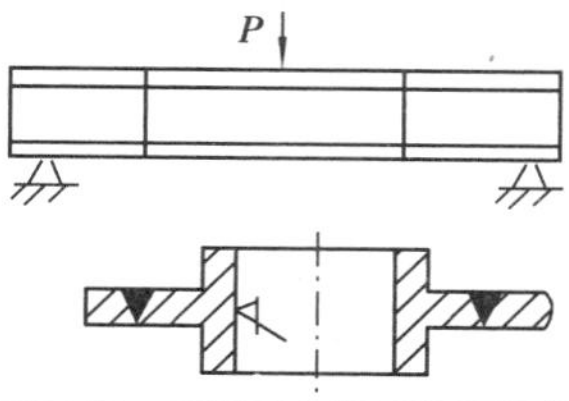</td></tr>
<tr><td>壁厚差较大的焊接接头应平滑过渡，焊缝端部应避免锐角</td><td>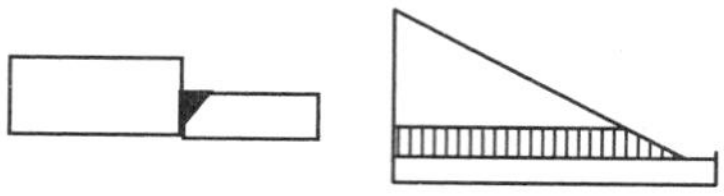</td><td>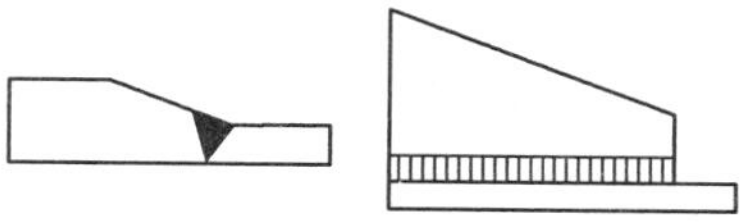</td></tr>
</table>

思考题

11.1 焊接分为哪三类？各类焊接方法的基本工艺特点怎样？

11.2 焊接接头组织分为哪几个区段？各区段的组织和性能特点怎样？

11.3 产生焊接应力和变形的原因是什么？焊接变形的基本形式有几种？防止和减小焊接变形的主要措施有哪些？

11.4 气焊与气割各有何特点？用途怎样？

11.5 软钎焊与硬钎焊各有何特点？用途怎样？

11.6 什么是焊接性？试比较常用金属材料的焊接性和焊接特点。

11.7 什么是焊件结构工艺性？为了保证焊件结构工艺性，对焊缝布置有哪些要求？

第 12 章 机械零件毛坯的选择

在机械零件的制造过程中,除直接用轧材做毛坯经机械加工制成零件外,还常先将材料通过铸造、锻造和焊接等方法制成零件毛坯,再经机械加工制成零件。毛坯的种类及其制造方法不同,所得毛坯的质量、性能、生产成本和生产率也不同。因此,正确选择毛坯的种类及其制造方法是机械设计和机械制造中的重要内容。

12.1 毛坯选择的原则

12.1.1 满足零件的使用要求

零件的使用要求包括零件的外部质量要求(如形状和尺寸精度、表面粗糙度等)和内部质量要求(如组织、性能等)。零件的工作条件不同,其使用要求也不同。故应当根据零件的使用要求选择毛坯的种类及制造方法。

12.1.2 有利于降低零件的生产成本

零件的生产成本包括材料费、工资、动力或燃料消耗、设备和工艺装备折旧费,以及各种辅助性费用等。

由于毛坯种类及其制造方法会影响零件的制造工艺过程,从而影响零件的生产成本。因此,在满足零件使用要求的前提下,可将几种毛坯选择方案从经济上进行分析比较,从中选出零件生产成本最低的方案。

12.1.3 考虑生产条件

考虑生产条件时,应首先考虑本厂的生产设备和技术水平,能否满足毛坯制造方案的要求。否则,应考虑外协加工或外购解决。

12.2　机械零件毛坯的种类与选择

12.2.1　机械零件毛坯的种类与生产方法

机械零件常用的毛坯种类有型材、铸件、锻件、冲压件和焊件等。常用毛坯的制造方法及其制件的特点见表12.1。

表12.1　常用毛坯制造方法及其制件的比较

项　目	铸　造	锻　造	冲　压	焊　接	型　材
对材料工艺性能的要求	铸造性能好（流动性好、收缩性小、偏析和吸气性小）	锻造性能好（塑性好、变形抗力小）	冲压性能好（塑性好、变形抗力小）	焊接性能好（接头强度高、塑性好、裂纹倾向小）	—
毛坯常用材料	灰铸铁、球墨铸铁、铸钢和铸造有色金属	优质碳素结构钢及合金结构钢、碳素工具钢及合金工具钢的棒料	低碳钢、高塑性合金钢及有色金属的板料与带料等	低碳钢、低合金结构钢的型材与板料	碳钢、合金钢、有色金属
毛坯件的结构特点	形状和大小一般不受限制（砂型铸件可以很大、很复杂，精密铸件可以很小、很轻）	形状一般比铸件简单，尺寸和质量一般比铸件大	形状比较复杂，制件轻巧	结构轻便，形状和尺寸一般不受限制	形状简单、截面尺寸较小
制件的尺寸精度与表面质量	砂型铸件差，精密铸件较好	自由锻件差，模锻件好，精密锻件很好	好	一般	决定于切削方法
毛坯件的力学性能特点	灰口铸铁件的力学性能差，但抗压性、减震性及耐磨性好；铸钢件的力学性能较好	比相同成分的铸钢件的力学性能好，适于制造承载大的零件	强度、硬度提高（加工硬化），刚度增大	焊接接头的力学性能可达到或接近母材金属	强度、硬度不高，塑性、韧性较好（决定于型材的生产标准）

续表

项目	铸造	锻造	冲压	焊接	型材
材料利用率	较高	自由锻低，模锻较高	较高	较高	较高
最适合的生产方式	砂型铸造不限，特种铸造为成批、大量生产	自由锻、胎模锻为单件小批生产，模锻为大批量生产	成批、大量生产	手弧焊、CO_2保护焊、气焊适合单件小批生产；埋弧焊、电阻焊及钎焊适合成批大量生产	单件、小批生产，自动化切削可成批大量生产
主要适用范围	铸铁件用于受力不大或承受压力为主的零件，或要求具有减震、耐磨的零件；铸钢件用于承受重载、形状复杂的大中型零件	承受重载、动载及复杂载荷的重要零件及工、模具	板料成形件	制造各种金属结构件，也用于毛坯制造和修复，工具的焊接等	一般中、小型简单件

12.2.2 零件毛坯选择的主要依据

零件毛坯的选择主要是选择毛坯的种类和生产方法。其主要依据是：

(1)零件的材料种类

在通常情况下，零件材料种类确定后，毛坯的种类也就基本确定了。例如，零件材料是铸铁，其毛坯只能选铸件。

(2)零件的结构、形状与尺寸

零件的结构、形状与尺寸是毛坯种类及生产方法选择的主要依据。例如，结构形状复杂的大型薄壁空腔件应选铸件作毛坯，并考虑砂型铸造生产；形状简单的中型模具零件可选自由锻件作毛坯；尺寸较大的框形构件，可选用焊接件作毛坯。

(3)生产批量

生产批量也是毛坯生产方法选择的依据之一。例如，形状较简单的钢锻件成批大量生产时可选择模锻，单件小批量生产时可考虑自由锻；单件小量铝合金铸件的生产应选用砂型铸造，成批大量生产铝合金铸件时应考虑压力铸造。

12.2.3 常用零件毛坯的选择

常用零件按其结构形状特点与功能，主要可分为轴杆类、轮块类、机体类和箱座类。

(1)轴杆类零件的毛坯

轴杆类零件的主要特点是轴向尺寸大于径向尺寸,且大多具有回转体表面(图12.1)。此类零件一般是重要的受力件和传动件,故材料大多使用结构钢。因此,光轴或直径变化不大的台阶轴一般用圆钢轧材作毛坯;形状较复杂、直径变化较大的轴杆类零件选用锻件作毛坯;对个别形状复杂、难于锻造的零件(如曲轴、凸轮轴)可考虑用铸件作毛坯。

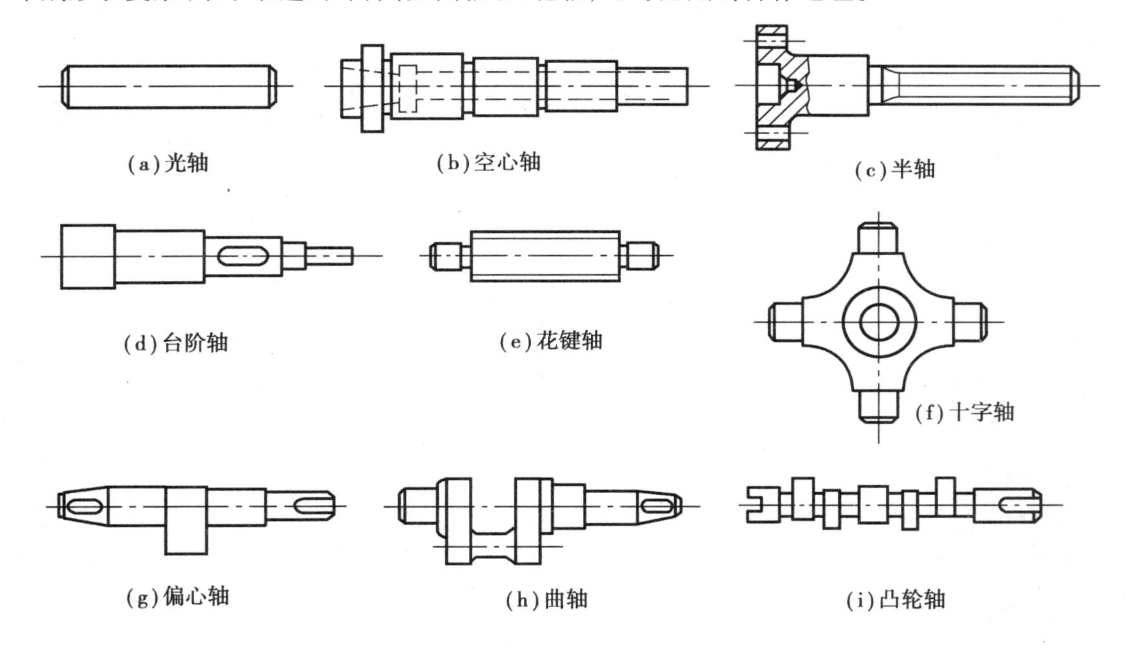

图12.1 轴杆类零件示意图

(2)轮块类零件的毛坯

轮块类零件的主要特点是轴向尺寸小于径向尺寸,或两个方向上的尺寸相差不大(图12.2)。由于轮块类零件的工作条件及使用要求差异较大,故此类零件所用的材料和毛坯类型也各不相同。100 mm以下直径的小齿轮在受力不大时,可用圆钢轧材作毛坯;中小齿轮、锻模及冷作模具的凸、凹模一般用锻件作毛坯;手轮、带轮及结构较复杂的400 mm以上直径的大型齿轮通常用铸件作毛坯;仪表用小齿轮可用冲压件或压铸件作毛坯;法兰盘等零件可根据受力大小、尺寸要求及生产批量选用铸件或锻件作毛坯。

(3)机体类零件的毛坯

机体类零件是用于安装各种零部件的基础件,并要求被安装的各零部件保持相互位置精度和某些零部件的运动精度。机体类零件的主要特点是形状复杂,尺寸和质量较大,部分尺寸精度及局部表面粗糙度要求较高(图12.3)。机体类零件大多使用铸铁材料,故毛坯多为铸件,也有用焊件作毛坯的。

(4)箱座类零件的毛坯

箱座类零件是用于安装各种轴、套及齿轮零部件的基础件。其主要特点是形状复杂,壁薄,中空且壁上带孔(图12.4)。箱座类零件大多使用铸铁或铸钢材料,要求自重轻的个别箱座类零件使用铸铝合金,故其毛坯主要是铸件。

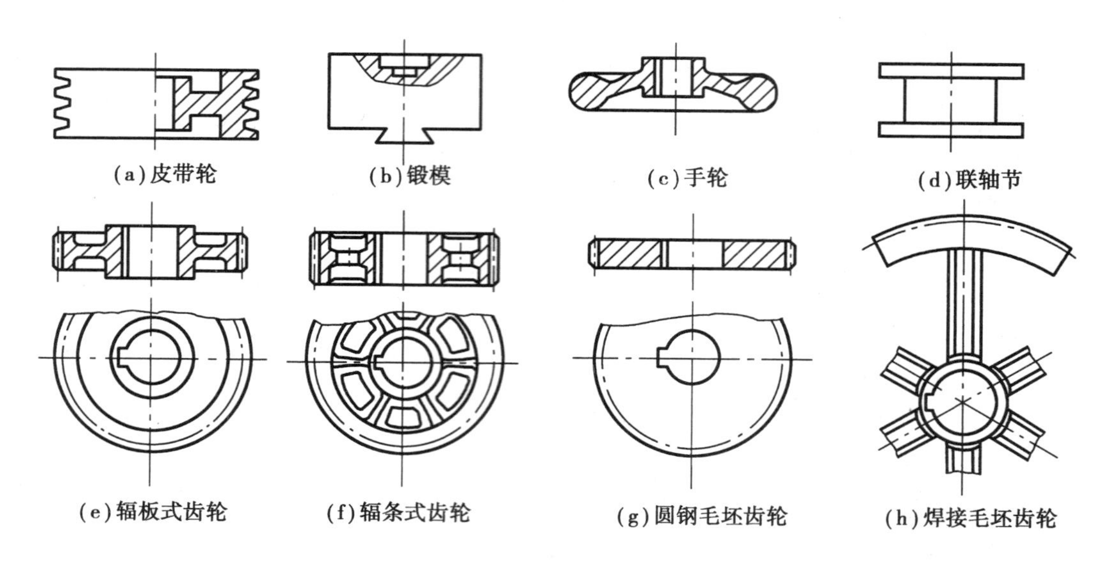

图 12.2 饼块类零件示意图

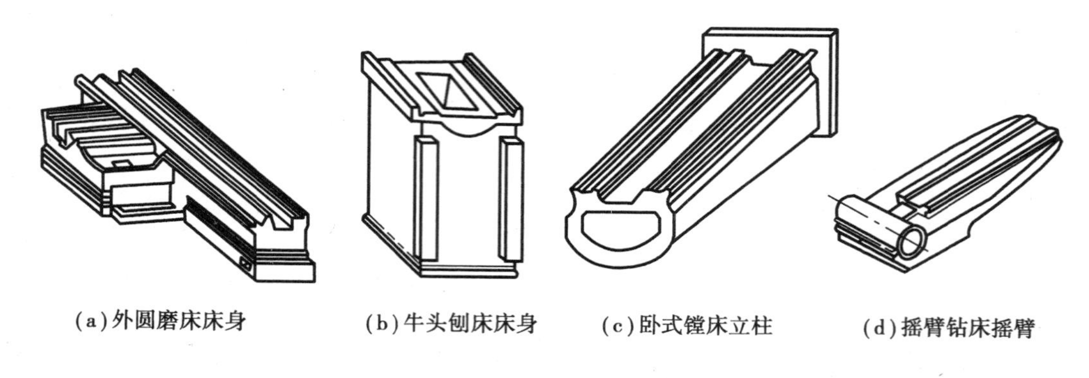

图 12.3 机体类零件的结构形式

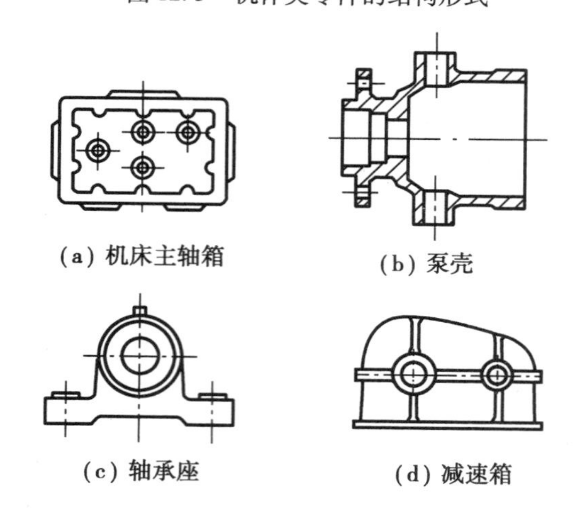

图 12.4 典型的箱体示意图

12.3　毛坯选择示例

12.3.1　螺旋起重器结构与工作原理

螺旋起重器是生产与生活中常用的简易起重设备，它具有结构简单，使用方便，故障率低，以及便于携带等优点，其结构如图 12.5 所示。当推动手柄水平转动时，手柄带动螺杆转动。螺杆转动向上旋进时，通过与螺杆相连的螺母把向下的作用力传递给支座。由于支座的支承作用，使螺母的位置不动，则螺杆通过螺纹旋进而向上运动，并推动托杯向上升，达到顶起重物的目的。

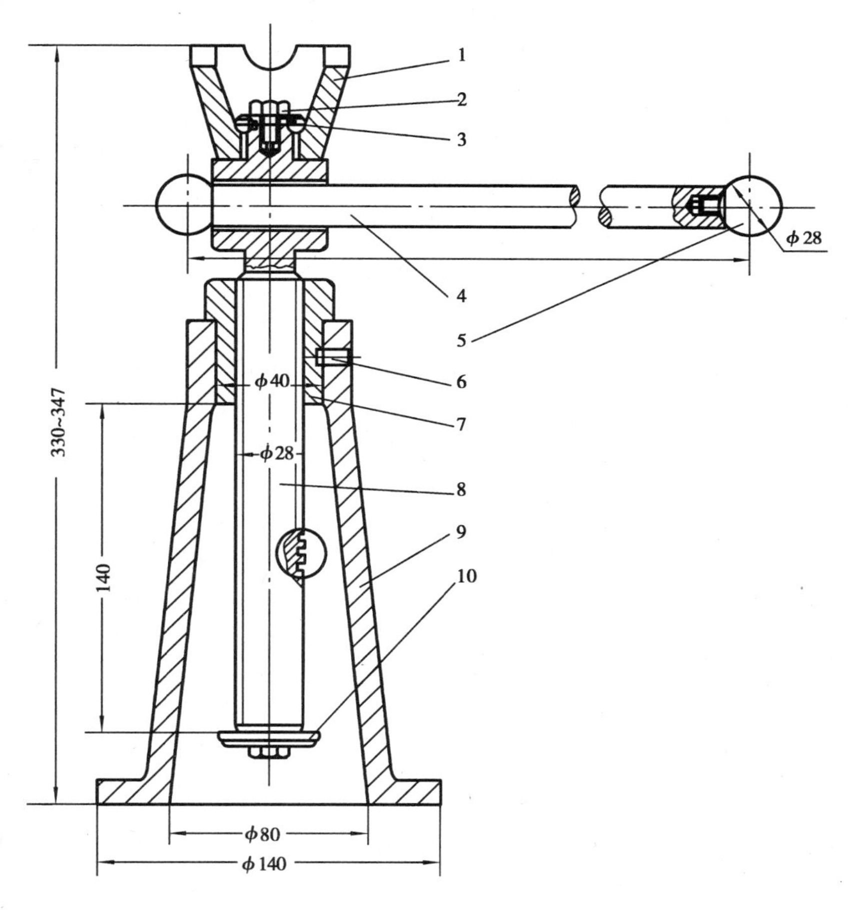

图 12.5　螺旋起重器结构图

12.3.2　螺旋起重器主要零件的毛坯选择

螺旋起重器主要零件的材料和毛坯选择方案见表 12.2。为了便于举例，设定螺旋起重器的生产批量为小批量生产。

表 12.2　螺旋起重器(起重量 4 t)主要零件的材料和毛坯选择

件　号	零件名称	结构特征和受力情况	毛坯种类及制造方法	毛坯材料
1	托杯	支承重物,承受压应力	铸件(砂型铸造)	HT100
4	手柄	简单的轴杆类零件,承受弯曲应力	轧材	Q235
7	螺母	套类零件,与螺杆构成运动副。选材应考虑减少摩擦和对螺杆的磨损	铸件(砂型或金属型铸造)	ZQSn6-6-3
8	螺杆	轴杆类零件,直径变化较大,轴向承受压应力,矩形螺纹承受较大的弯曲应力和摩擦力	锻件(自由锻)	45
9	支座	带内腔和锥度的机体类零件,承受压应力	铸件(砂型铸造)	HT200

思考题

12.1　零件毛坯选择有哪些基本原则?

12.2　零件毛坯选择的依据是什么?

12.3　按形状特征和用途(功能)不同,常用机械零件有哪些主要类型?简述各类零件常用毛坯类型及生产方法。

12.4　试选择钳工用虎钳各组成零件的材料及毛坯。

第13章 非金属材料的成形

非金属材料需通过成形加工，制成制件或制品后才具有使用价值。与金属材料的成形加工相比，非金属材料的成形具有许多不同的特点。

13.1 塑料的成形及二次加工

用于成形塑料制件的原料，一般是用合成树脂和添加剂按比例配制而成的粉料和粒料。塑料的成形是指将塑料的原料加热至黏流态，在模具型腔内经流动或压制并冷却固化而制成塑料制件的过程。

13.1.1 塑料的成形方法

(1)注射成形

注射成形是将原料从注射机的料斗送入料筒，加热至熔融态后由柱塞推动，将熔融原料从料筒端部的喷嘴注入闭合塑模中，冷却固化后脱模取出塑件，如图13.1所示。

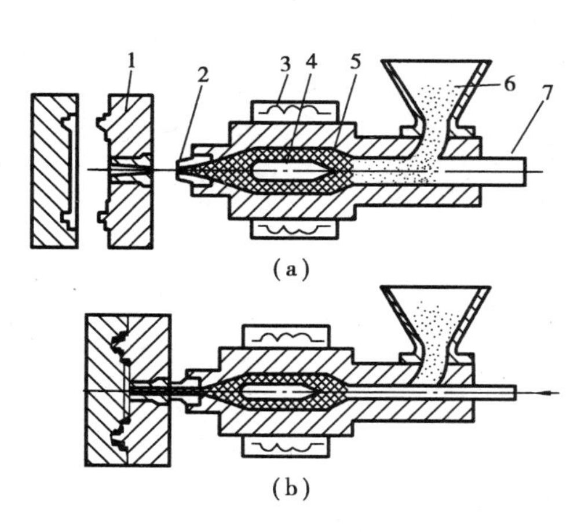

图13.1 注射成形示意图

1—模具;2—喷嘴;3—加热器;4—分流梳
5—料筒;6—料斗;7—注射柱塞

注射成形主要用于热塑性塑料的成形，也用于某些热固性塑料的成形。注射成形常用于成形质量为数克至数千克的形状复杂、尺寸精度高或带有各种嵌件的塑料制件。

(2)挤出成形

挤出成形是将原料从料斗送入挤压机料筒后，由旋转的螺杆将其推至加热区加热为熔融状态，并通过挤压机机头的模孔挤出得到所需的型材或制品，如图13.2所示。

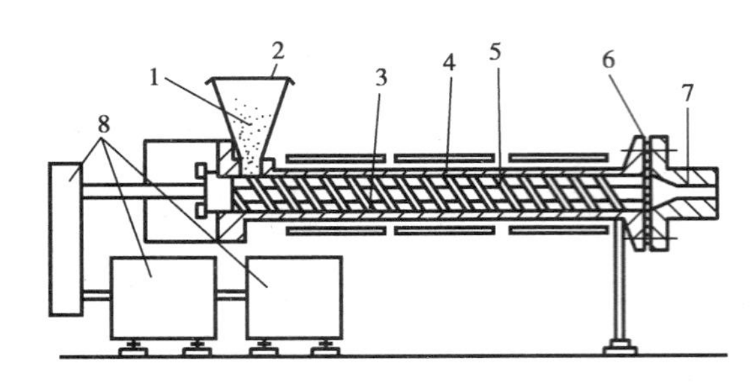

图 13.2　单螺杆挤出机结构示意图

1—原料;2—料斗;3—螺杆;4—加热器;5—料筒
6—过滤板;7—机头(口模);8—动力系统

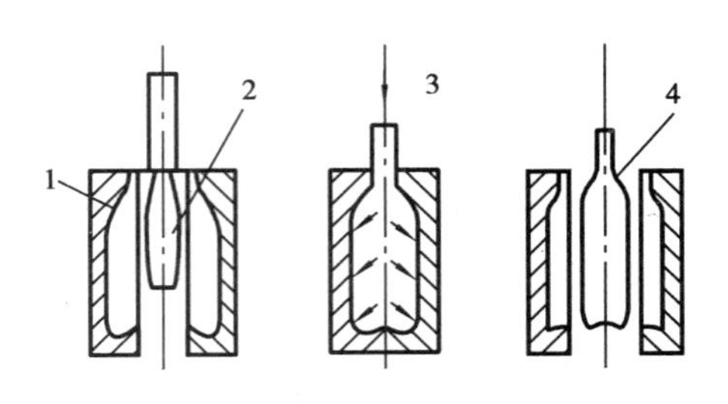

图 13.3　吹塑成形示意图

1—模具;2—管坯;3—压缩空气;4—制品

挤出成形主要适用于热塑性塑料的成形,常用于生产棒(管)材、板材、线材、薄膜等连续的塑料型材。

(3)吹塑成形

吹塑成形是将加热至高塑性状态的塑料管坯放入打开的模具中,合模封闭管的一端,另一端通入压缩空气将坯料吹胀并紧贴模壁,冷却后开模取出制品,如图 13.3 所示。

吹塑成形仅适用于热塑性塑料的成形,主要用于制作瓶、罐等中空薄壁小口径塑料制品。

(4)压制成形

压制成形是将原料放入经预热的模腔中,闭合模具后在加热、加压条件下塑料呈熔融状态而充满模腔,并使线型高分子结构变为体型高分子结构而固化成形,如图 13.4 所示。

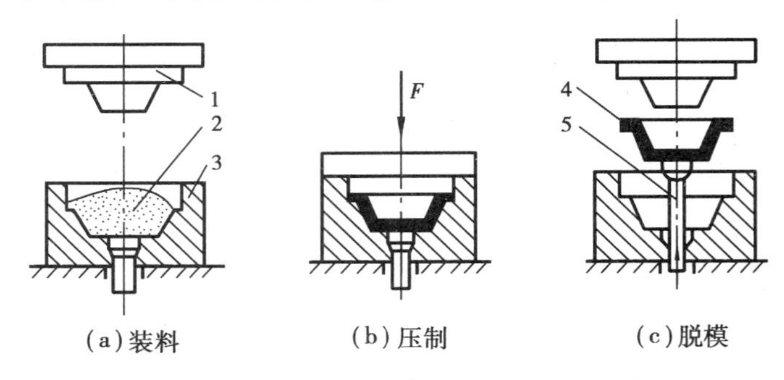

图 13.4　压制成形

1—压头;2—原料;3—凹模;4—制品;5—顶杆

压制成形主要用于热固性塑料的成形。其特点是:设备和模具结构简单,生产率低,且不适合成形形状复杂和精度要求高的塑件。

(5)浇铸成形

浇铸成形是将未聚合的单体原料(一般呈液状或糊状)与固化剂、填料等按比例混合后,浇入模具型腔中使其完成聚合反应并固化为塑料制件。

浇铸成形主要适用于尼龙、环氧树脂、有机玻璃等塑料的大型制品,以及需经机械加工的单件塑料制品。

13.1.2　塑料的成形工艺性

成形时塑料对成形工艺性的适应能力和获得优质制件的能力,称为塑料的成形工艺性。

塑料的成形工艺性好，则成形容易，制件质量优良；反之，则成形困难，制件质量差。塑料的成形工艺性常用流动性、收缩性和吸湿性衡量。

(1)流动性

塑料的成形往往是通过熔体的流动来实现的。因此，熔体的流动性或黏度是塑料成形工艺性的最重要指标。

熔体流动性的影响因素主要有以下3方面：

1)聚合物分子量　聚合物分子量越大，熔体黏度越大，其流动性越差；反之，熔体的流动性越好。不同的成形方法对熔体流动性的要求不同，故对聚合物分子量的要求也不同。例如，注射成形要求塑料的分子量较低，挤出成形要求塑料的分子量较高，吹塑成形所要求的分子量介于二者之间。在分子量大的聚合物中添加一些低分子物质(如增塑剂等)，可以减小塑料的分子量，使其流动性改善。

2)温度　成形时升高温度可使塑料分子的热运动和分子间的距离增大，从而提高熔体的流动性；反之，降低熔体的流动性。但是，过高的成形温度会使聚合物分解，导致塑件性能恶化。

3)压力　一般而言，成形时增大压力可增加熔体的流动性。但是，过高的压力会使聚合物分子间距缩小，分子间作用力增大，从而引起熔体黏度增大，导致流动性下降。

几种常用塑料的流动性见表13.1。

表13.1　几种常用塑料的流动性

名　称	注射压力/MPa	流动比(L/t)*
聚乙烯	150	280~250
聚乙烯	60	140~100
聚丙烯	120	280
聚丙烯	70	240~200
聚苯乙烯	90	300~280
尼龙	90	360~200
聚甲醛	100	210~110
硬聚氯乙烯	130	170~130
硬聚氯乙烯	90	140~100
硬聚氯乙烯	70	110~70
软聚氯乙烯	90	230~200
软聚氯乙烯	70	240~160
聚碳酸酯	130	180~120
聚碳酸酯	90	130~90

*流动比(L/t)是熔体在模腔内最大流动长度L与模腔厚度t之比。

(2)收缩性

塑件冷却时尺寸缩小的特性称为收缩性(常用收缩率表示)。塑料的收缩率越小，成形后塑件的尺寸精度越高;反之,成形后塑件的尺寸精度越低,甚至成为废品。

塑料的收缩包括凝固收缩、固态冷却收缩及弹性恢复收缩。弹性恢复收缩是指脱模时成形压力降低,使塑件产生一定量的弹性恢复而引起的收缩。塑件收缩率的影响因素很多,如塑料的组成、成形方法、工艺条件、制件的形状和尺寸、模具结构等。因此,塑件的收缩率并不是一个固定值,而是一个变化范围。

(3)吸湿性

热塑性塑料对水分亲疏程度的特性,称为吸湿性。吸湿性大的塑料如聚氯乙烯、有机玻璃、ABS、尼龙、聚碳酸酯、聚砜等,在成形过程中因产生水汽使熔体流动性降低而成形困难,且因塑件中产生气泡而使其强度降低。因此,对于这类塑料,成形前必须进行干燥处理。

13.1.3 塑件的结构工艺性

塑件的结构设计不仅应满足使用要求,而且应满足成形工艺的要求,即应考虑塑件的结构工艺性。塑件结构工艺性的原则是使塑件成形容易,使模具结构简单。在此,主要介绍应用最多的注射成形件的结构工艺性。

(1)结构形状应便于脱模

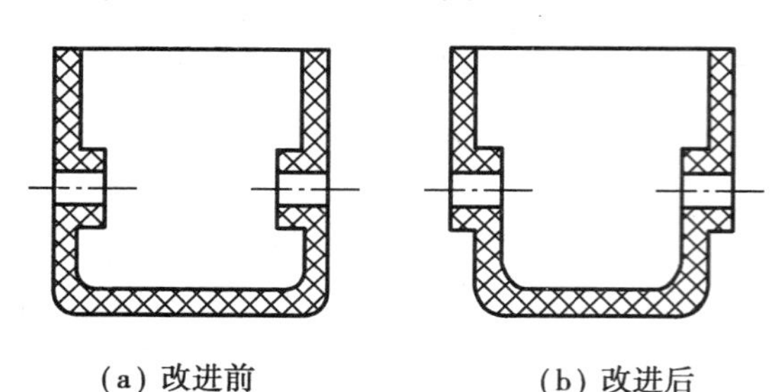

图 13.5 改进结构使脱模方便

塑件内外表面的结构形状应使其便于脱模。图 13.5(a)所示塑件的内表面有凸台,成形后难于脱模,将其改为图 13.5(b)所示的结构后,则脱模方便。

(2)壁厚应均匀

由于不同壁厚处冷速不同而引起收缩不均匀,使塑件产生翘曲、变形等缺陷,故塑件壁厚应均匀。常用塑料的推荐壁厚见表 13.2。

表 13.2 几种常用塑料的推荐壁厚

材　料	最小壁厚/mm	小型塑件壁厚/mm	中型塑件壁厚/mm	大型塑件壁厚/mm
尼龙	0.45	0.76	1.50	2.40 ~ 3.20
聚丙烯	0.85	1.45	1.75	2.40 ~ 3.20
聚碳酸酯	0.95	1.80	2.30	3.00 ~ 4.50
聚苯醚	1.20	1.75	2.50	3.50 ~ 6.40
聚甲醛	0.80	1.40	1.60	3.20 ~ 5.40
聚砜	0.95	1.80	2.30	3.00 ~ 4.50

(3)应有脱模斜度

沿脱模方向的塑件外表面应有一定的脱模斜度,以便将塑件从型腔中顺利取出。脱模斜度一般为 1° ~ 1.5°,对形状复杂和不易脱模的塑件,其脱模斜度可增大至 4° ~ 5°。

(4)设置加强筋

为了不使塑件壁厚过大,又确保其强度和刚度,以防止变形,可以在塑件的适当部位设置加强筋。例如,图13.6(a)所示结构的壁厚过大而易产生缩孔,将其改为图13.6(b)所示的带加强筋的结构,既避免了上述缺点,又保证了足够的强度和刚度。

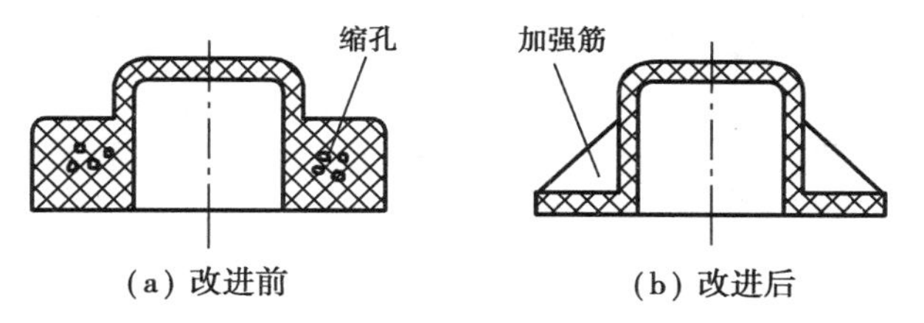

图13.6　设置加强筋减小壁厚

(5)应有过渡圆角

在塑件内外表面的转角处,应采用过渡圆角,以避免塑件的应力集中和防止转角处破裂。内外表面过渡圆角的半径一般分别为0.5倍壁厚和1.5倍壁厚,以保证转角处壁厚与塑件壁厚一致,如图13.7所示。

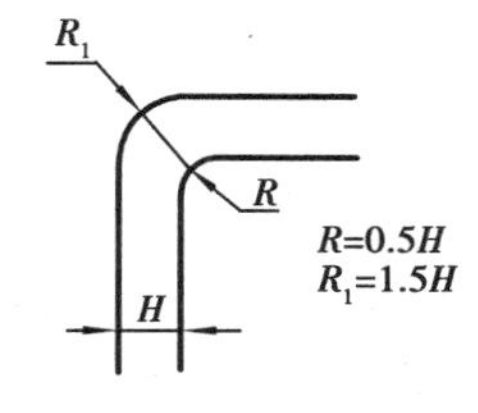

图13.7　圆角设计

(6)应注意孔的位置

在设计塑件孔的位置时,应注意不削弱塑件的强度,并尽量不增加模具制造的难度。为了保证塑件的强度,孔与边壁之间、孔与孔之间应留有足够的距离。孔距、孔边距的最小值见表13.3。

表13.3　孔距、孔边距的最小值

孔径 d/mm	孔距与孔边距的最小距离/mm
2	1.6
3.2	2.4
5.6	3.2
12.7	4.8

13.1.4　塑件的二次加工

成形后塑件的再加工称为二次加工。

(1)切削加工

由于塑料的强度、硬度较低而易于进行切削加工,所以它可用普通的钳工工具、金属切削机床及刀具进行切削加工,有的塑料还可用木工工具加工。但与金属切削加工相比,塑料的切削加工有如下特点:

1)加工精度差　因塑料的刚度小(为金属的1/16～1/10),切削加工时塑件的弹性变形大,而使塑件的加工精度差和加工表面粗糙度大。

2)表面性能易恶化　由于塑料热导性差(比金属小500～600倍),切削加工时塑料表面温度升高,而易软化、发黏、脆化或焦化,使塑件表面性能恶化。

3)不宜用水或油作冷却液　由于某些塑料的吸水性较强,对油的抵抗能力也较弱,故不宜用水或油作切削加工的冷却液,而宜采用风冷。

综上所述,塑料切削加工时,宜选用较低的切削速度和较小的进刀量及采用风冷。此外,切削加工时，刀具的刃口应锋利，对塑件夹紧力不宜过大；钻孔、攻丝时，钻头和丝攻的尺寸应略大于加工金属时所用的尺寸；车削时，加工一般非增强型塑料宜用高速钢刀具，加工玻璃纤维增强塑料宜用硬质合金刀具和金刚石刀具。

(2)冲裁

对塑料片材冲裁时，应注意防止出现脆性断裂，必要时在冲裁前可将其预热至一定温度。冲裁前塑料片材的预热温度见表 13.4。

表 13.4 塑料片材冲裁前的预热温度

材　料	最大厚度/mm	预热温度/℃
丙烯酸酯	12.5	100 ~ 140
尼龙	1.5	常温
尼龙	3.0	70
酚醛层压板	0.7	常温
酚醛层压板	3.0	80 ~ 100
聚碳酸酯	0.7	常温
聚碳酸酯	3.0	135
硬聚氯乙烯	1.5	常温
硬聚氯乙烯	12.5	60 ~ 80

(3)焊接

塑料的焊接是指将两个热塑性塑件表面加热至黏稠状态而熔接为一体的工艺方法。它可以在塑件之间直接进行焊接，也可以用塑料焊条进行焊接。按加热方式不同，塑料焊接分为热风焊接、感应焊接、超声波焊接等，其中以热风焊接应用最多。

热风焊接是指利用塑料焊枪喷出的热气流将塑料焊条熔化在待焊塑件的接口处，冷却后使塑件接合的焊接方法。它主要用于聚乙烯、聚丙烯、聚氯乙烯、聚甲醛等热塑性塑件的焊接。热风焊接所用的塑料焊条，其化学成分应与被焊塑料相同或主要成分相同。被焊塑料的种类不同，热风焊所需的热气流温度也不同，见表 13.5。

表 13.5 几种塑料热风焊的热气流温度

被焊塑料	硬 PVC	氯化聚醚	聚丙烯	聚乙烯	聚甲醛
温度/℃	220 ~ 240	240 ~ 250	220 ~ 230	250 ~ 280	270 ~ 300

(4)热处理

将塑件加热至一定温度(高于玻璃化温度、低于黏流化温度)并保持一定时间，然后冷却至室温的过程，称为热处理。塑件在热处理加热过程中，使塑料的分子结构松弛，并使分子形态和排列发生某种程度的变化。因此，热处理具有如下作用：

①消除或减小塑件在成形中产生的残余内应力，以防止塑件的变形、开裂和稳定塑件的尺寸。

②对于结晶型热塑性塑件，热处理可以提高其结晶度，从而提高其强度。

③对于热固性塑件，热处理可提高分子的交联密度，使其固化更趋完全，从而提高塑件的耐热性、强度和刚度。

几种塑料制件的热处理温度和时间见表13.6。

表13.6　几种塑料件的热处理加热温度和保温时间

材　料	温度/℃	时间/h
聚甲醛、尼龙	150	0.4
聚丙烯酸酯	80～95	<0.8
聚碳酸酯	130～135	0.8
聚苯醚	120	0.4

注：表中所列时间为塑料制件单位厚度(cm)保温所用的时间。

(5)塑料的金属镀饰

在塑料表面覆盖一层金属的方法，称为塑料的金属镀饰或塑料的表面金属化。塑料的金属镀饰不仅可以提高其表面装饰效果，还可以提高其表面电导性、表面硬度和耐磨性，以及消除表面静电效应。塑料金属镀饰的方法主要有电镀法和真空镀膜法两种。

1)电镀　塑料是电绝缘体而难以直接电镀，为此必须先经过一系列镀前处理，并用化学沉积法在其表面形成铜或镍的导电膜，然后才能进行电镀。金属镀层厚度一般为30～100 μm。塑料电镀已在ABS塑料、聚丙烯、聚砜、聚碳酸酯、尼龙等塑料制件得到广泛应用。

2)真空镀膜　在高真空条件下，使金属加热蒸发为金属气体，并使其附着在塑料表面上而形成金属膜的方法，称为真空镀膜。与电镀法相比，真空镀膜法具有污染小，劳动强度低，生产率高，以及生产成本低等优点，但是其镀层较薄，一般为0.01～0.1 μm。真空镀膜法常用于塑料薄膜、塑料镜、玩具、日用装饰品、项链、家用电器零件等。

此外，还可将涂料涂覆在塑件表面上，以改善表面性能或进行美化。

13.2　其他非金属材料的成形

13.2.1　橡胶的成形

橡胶成形是指以塑性生胶和各种配合剂(硫化剂、防老化剂、填充剂等)混合制得的胶料为原料，通过各种成形方法，经加热、加压(硫化处理)获得橡胶制品的工艺过程。硫化使塑性生胶的线型分子链之间产生交联而成为高强度、高弹性的橡胶。

橡胶的成形方法主要有压制成形、压注成形、注射成形和挤出成形等，其中压制成形应用最广。

(1)压制成形

压制成形是将预制成简单形状的胶料填入模具型腔，经加压、加热硫化后获得所需形状的橡胶制品。压制成形的特点是：设备成本较低，制品致密性好，适宜制作各种橡胶制品，也能制作橡胶与金属、橡胶与织物的复合材料制品等。

(2)压注成形

压注成形(又称挤胶成形)是先将形状简单的胶条或胶块放入压注模型腔中,在压注活塞的压力作用下,使胶料进入具有一定温度的模具型腔内成形,并硫化定型。压注成形适用于制作薄壁制品和细长制品,以及形状复杂的橡胶制品。

(3)注射成形

注射成形又称注压成形,它是利用注射机或注压机的压力,将预热至高塑性状态的胶料注入具有一定温度的模腔中成形,并硫化定型。注射成形生产率高,质量稳定,能生产大型、薄壁及形状复杂的制品。

(4)挤出成形

挤出成形是先将胶料在挤出机中加热为高塑性状态,然后由旋转的螺杆将胶料推向挤出机的机头,通过机头的模孔挤出成形,待冷却后送至硫化罐内硫化。挤出成形主要用于生产各种截面形状的橡胶型材,也可不经硫化用作压制成形所需的预成形胶料。

13.2.2 胶黏剂的胶接成形

用胶黏剂将两个物体牢固连接在一起的方法称为胶接。与焊接、螺纹连接等其他连接方法相比,胶接具有接头处应力分布均匀,应力集中小,接头密封性好,操作工艺简单,以及成本低等优点。缺点是使用温度低,易老化,强度较低等。

胶接的基本工艺过程如下:

(1)设计接头

胶接接头的形式有搭接接头、对接接头、斜接接头等。对于配合件的胶接(如孔与轴),其单边间隙一般取0.1~0.3 mm,尺寸较大零件的单边间隙可取1~1.25 mm。

(2)选择胶黏剂

选用胶黏剂时,一般要根据胶接件的材料性质、受力大小、接头形式、涂胶方法、固化方法等因素综合考虑选择合适的胶黏剂。常用胶黏剂的选择见表13.7。

表13.7 常用胶黏剂的特点、性能和用途

分类	名称	牌号	特点	用途
结构胶	环氧-丁腈	自力-2	弹性及耐候性良好,耐疲劳,使用温度-60~100 ℃,固化温度160 ℃、2 h	可胶接金属、复合材料及陶瓷材料
	酚醛-丁腈	J-03	弹性及耐候性良好,耐疲劳,使用温度-60~150 ℃,固化温度160 ℃、3 h	可胶接金属、陶瓷及复合材料
	环氧-丁腈	HS-1	强度、韧性好,使用温度:-40~150 ℃,固化温度:130 ℃、3 h	可胶接金属和非金属
	酚醛-缩醛-有机硅	204	耐湿热溶剂,使用温度:-20~200 ℃,固化温度:180 ℃、2 h	可胶接金属、非金属及复合材料

续表

分 类	名 称	牌 号	特 点	用 途
修补胶	环氧-改性胺	JW-1	耐湿热,固化温度低,使用温度:-60~60 ℃,固化温度:20 ℃、24 h	可修补陶瓷、复合材料及工程塑料
	环氧-丁腈-酸酐	J-48	耐湿热,耐介质,使用温度:-60~170 ℃,固化温度:25 ℃、24 h	铝合金,可先点焊后注胶,也可先注胶后点焊
	环氧-改性胺	425	流动性好,耐介质,使用温度:-60~60 ℃,固化温度:130 ℃、3 h	适于铝合金,先点焊后注胶
	环氧-丁腈-胺	KH-120	耐疲劳性好,耐介质好,使用温度:-55~120 ℃,固化温度:150 ℃、4 h	适于各种材质螺纹件的紧固与密封防漏
	双甲基丙烯酸多缩乙二醇酯	Y-150	较高锁固强度,慢固化厌氧胶,使用温度:-55~150 ℃,固化温度:25 ℃、24 h	适于M12以下螺纹件紧固与密封防漏及零件装配后注胶填充固定
	双甲基丙烯酸多缩乙二醇酯	GY-230	较高锁固强度 ,使用温度:-55~120 ℃,固化温度:25 ℃、24 h	适于M12以下螺纹件紧固与密封防漏及零件装配后注胶填充固定
高温胶	氧化铜-磷酸	无机胶	耐高温、耐介质、脆;使用温度:-60~700 ℃,固化条件:室温60 ℃、24 h,80 ℃、0.5 h,100 ℃、1 h	适于套接头、拉剪接头
	有机硅-填料	KH-505	糊状非结构耐高温,使用温度:-60~400 ℃,固化条件:270 ℃、3 h	适于钢、陶瓷等非承力结构的胶接,如螺栓、小轴、螺钉的紧固
	双马来酰亚胺改性环氧	J-27H	耐热、耐介质;使用温度:-60~250 ℃,固化条件:200 ℃、1 h	适于石墨、石棉、陶瓷及金属材料的胶接
导电胶	环氧-固化剂-银粉	SY-11	双组分导电胶,性脆;使用温度-55~60 ℃,固化条件:120 ℃、3 h,80 ℃、6 h	适于各种金属、压电陶瓷、压电晶体等导体的连接

(3)表面处理

胶接接头强度要求较高和使用寿命要求较长的胶接件,应对其表面进行胶接前的处理,如机械打毛、清洗等。

(4)配胶

胶黏剂一般由黏料、固化剂和其他助剂按一定比例配制而成。过早配制的胶黏剂,因过早固化而不能使用,故配胶应在涂胶前不久进行,以保证胶黏剂有合适的黏度。

(5)涂胶

涂胶时应力求均匀,待零件表面的胶黏剂发黏时应立即胶接,涂胶的方法有涂刷、滚涂、刀刮、浸涂等。

(6)固化

固化是指在一定温度条件下,胶黏剂的线型高分子交联为体型高分子,从而提高其强度和硬度,并使胶接层与零件之间有足够大的黏附力。每种胶黏剂的固化温度和时间可参照有关资料。

13.2.3 特种陶瓷的生产

特种陶瓷是指由人工合成的氧化物、碳化物、氮化物等为原料制成的陶瓷,其特点是纯度高、力学性能优异,有的特种陶瓷还具有特殊的性质和功能。特种陶瓷的生产过程主要是制取粉末、配料、成形和烧结等。

(1)制粉

生产上主要采用合成法制取氧化物、碳化物、氮化物等粉末。合成法制取的粉末具有纯度高、颗粒微细、均匀性好等优点。

(2)配料

配料包括混料和塑化。

1)混料　根据陶瓷所要求的组成,将各种组分的粉末按比例均匀混合。

2)塑化　因特种陶瓷所用粉末几乎都无可塑性,故成形前应对其进行塑化。塑化是指在混合后的粉料中加入塑化剂而制成具有可塑性泥料的过程。塑化剂一般由黏结剂(聚乙烯醇、聚醋酸乙烯酯等),增塑剂(甘油等)和溶剂(水、酒精、丙酮、苯等)组成。

(3)成形

将上述配料制得的泥料进行成形。常用的成形方法主要有注浆法成形、可塑法成形和压制成形等。

(4)烧结

将成形后的陶瓷生坯加热至高温,使其密度增加、强度提高的工艺方法称为烧结。烧结时,由于陶瓷内颗粒间的结合力增强,空隙减小,从而使陶瓷的强度提高,密度增加。

特种陶瓷的烧结方法有普通烧结、低温烧结、热压烧结和保护气氛烧结。热压烧结(在加压条件下烧结)制得的特种陶瓷,具有很高的密度和强度,常用于烧结陶瓷车刀(其抗弯强度为700 MPa)。对于非氧化物陶瓷(如碳化硅陶瓷、氮化硅陶瓷等),为了防止其高温氧化,需采用保护气氛烧结。

13.2.4 复合材料的成形

目前,大量使用的复合材料主要是以树脂为基体材料、玻璃纤维或碳纤维为增强材料组成的复合材料。

(1)成形特点

用纤维增强的复合材料,其力学性能具有方向性,故成形时应根据制品的工作受力情况选择纤维的分布方向。例如,单向受力的杆或梁成形时,应使纤维方向与杆或梁的长度方向一致,以保证杆或梁有最大的强度和刚度;对于受载不明确或承受随机分布载荷的制品,成形时应采用短纤维并随机分布,以保证制品各向同性。

(2)主要成形方法

1)手糊成形

手糊成形过程如下:先在模具型腔表面涂脱模剂,再在脱模剂上涂树脂胶,然后在树脂胶层上铺放纤维织物,如此重复涂胶和铺放纤维织物的过程直至得到所需层数为止,最后在室温或加热条件下进行固化而获得制品。

手糊成形法适用于多品种、小批量的生产,且不受制品尺寸和形状的限制,但其生产率低,劳动强度大,制品质量不易控制。手糊成形法是纤维增强塑料的基本成形方法,常用于生产波形瓦、浴缸、储气罐、风机叶片、汽车壳体、飞机机翼、火箭外壳等。

2)层压成形

层压成形的过程是先将纸、布、玻璃布等浸树脂胶,制成浸胶布或浸胶纸半制品,然后将若干浸胶布(或纸)层叠在一起,送入液压机,使其在一定温度和压力的作用下固化并制成板材(包括玻璃钢管材)。

此外,还有模压成形、缠绕成形等方法。

思考题

13.1　简述塑料成形工艺性的概念及其衡量指标。

13.2　塑料流动的影响因素有哪些?

13.3　塑料件的结构工艺性有哪些内容?

13.4　塑料切削加工的特点是什么?

13.5　塑料件热处理的作用是什么?

13.6　胶接有何特点?

第 3 篇 材料及热处理的应用

材料及热处理在机械设计和机械制造中的应用，主要包括材料的选用，热处理方法的确定，淬火件的结构工艺性，以及热处理工序位置的安排。为了合理应用材料和热处理，应熟悉各种材料的特性和热处理特点，应具备零件失效的知识、专业知识和生产经验，还应掌握选材的原则、步骤和方法。

第14章 失效及其防护

任何零件和工具工作时都有一定的功能,如有的零件应完成一定的机械运动或传递力、做功,切削刀具应完成一定的切削加工,冲模应完成冲压加工等。零件和工具工作时丧失应有的功能而不能正常工作的现象称为失效,如齿轮的断裂,刀具、冲模的磨损等。

零件和工具的主要失效形式如下:

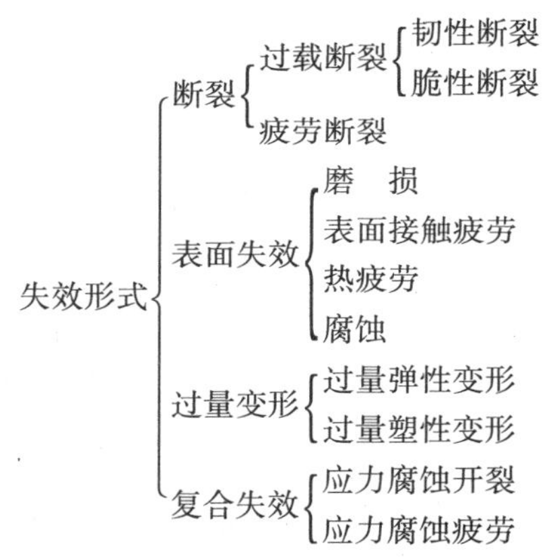

常见的失效主要是断裂、磨损和表面接触疲劳。零件和工具的失效一般要经历一个发生和发展的过程:起初仅在某一部位产生某些损伤,如微裂纹、表面轻微磨损等,但尚未丧失应有功能而能继续工作;随工作时间的延长,其损伤累积至一定程度便导致失效,如微裂纹扩大至一定程度而导致断裂,磨损累积超过允许量而失效等。

零件和工具失效前所经历的工作时间称为工作(使用)寿命。零件和工具的工作寿命、失效率与失效原因密切相关,其关系的统计规律可用寿命特性曲线(图14.1)表示。按寿命特性曲线,可将工作寿命分为以下3个时期。

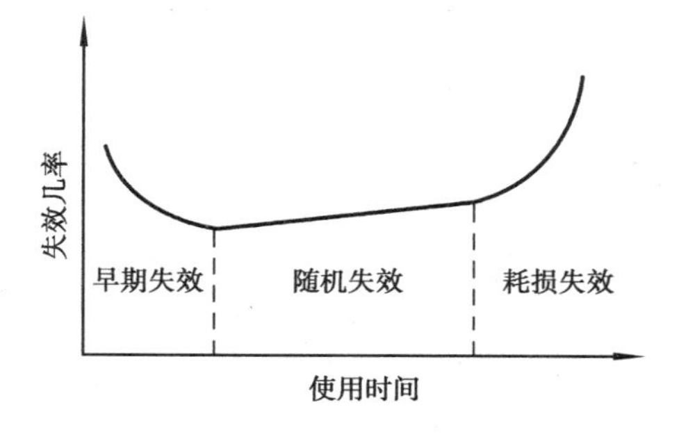

图14.1　寿命特性曲线

(1)早期失效期

零件和工具在工作初期发生的失效称为早期失效。早期失效往往是由于设计、材料或制造方面存在缺陷而引发的失效。其特点是失效率高、寿命短,故早期失效期是零件和工具的危险工作期。

(2)随机失效期

对于不发生早期失效的零件和工具,随工作时间的延长进入随机失效期。因工作条件突然变化,操作的人为差错,管理不善等偶然因素引发的失效,称为随机失效或偶然失效。其特点是失效率低而稳定并随机分布,故随机失效期是零件和工具的最佳工作期。

(3)耗损累积失效期

零件和工具经长期工作,因损伤的大量积累而引发的失效,称为耗损失效或损伤累积失效。其特点是失效率随工作时间延长而急剧增大,故耗损失效期是零件和工具的寿命终止期。

由上可知,工作中的零件和工具难免失效,但应避免早期失效和随机失效,尽量将其工作寿命延长至寿命终止期,以确保零件和工具的预期寿命。

14.1 断 裂

零件在载荷作用下分离为两部分或数部分的现象,称为断裂。断裂主要有过载断裂和疲劳断裂。

14.1.1 过载断裂

在静载荷作用下,零件的最大应力超过材料的断裂强度而发生的断裂,称为过载断裂。

(1)过载断裂的类型及抗力指标

根据零件断裂前有无明显的宏观塑性变形,过载断裂分为韧性断裂和脆性断裂两种类型。有明显塑性变形(塑性变形量大于5%)并消耗较多能量的断裂是韧性断裂,反之,则是脆性断裂。由于脆性断裂是无明显预兆的突然断裂,故常导致重大事故,其危害性极大。

韧性断裂的抗力指标是剪切屈服强度τ_s或拉伸屈服强度σ_s,脆性断裂的抗力指标是抗拉强度σ_b。

(2)过载断裂类型的决定因素

零件的过载断裂为韧性断裂或脆性断裂,决定于零件的应力状态、材料性质、温度和加载速度。

1)应力状态　由材料力学可知,受载零件中任一点的应力状态,可用3个主正应力σ_1、σ_2、σ_3(规定$\sigma_1>\sigma_2>\sigma_3$)和3个主切应力$\tau_1$、$\tau_2$、$\tau_3$表示。受载零件应力状态中的最大切应力$\tau_{max}$〔$\tau_{max}=(\sigma_1-\sigma_3)/2$〕使材料产生塑性变形和韧性断裂,最大正应力$\sigma_{max}$($\sigma_{max}=\sigma_1$)仅使材料产生断裂而不产生塑性变形,故其断裂为脆性断裂。因此,以应力状态软性系数$\alpha=\tau_{max}/\sigma_{max}$作为衡量应力状态“软”或“硬”程度的标志。软性系数α越大,其应力状态越软,零件处于韧性状态而趋于韧性断裂;反之,零件处于脆性状态而趋于脆性断裂。

零件的应力状态软性系数α和断裂类型与加载方式、缺口效应、截面尺寸等因素有关。

①加载方式　加载方式与α及断裂类型的关系可用力学状态图表示。图14.2为某材料

的力学状态图,图中的 τ_S、τ_k、和 S_k 分别为该材料的剪切屈服强度、剪切断裂强度和实际拉伸断裂强度,自原点 O 开始的不同射线是不同加载方式下的软性系数线。

根据图中软性系数线与 τ_S 线、τ_k 线和 S_k 线的关系,可判定同一材料在不同加载方式下的断裂是韧断或脆断。例如,材料受扭($\alpha=0.8$)时,随载荷增大软性系数线先与 τ_S 线相交而发生塑性变形,然后与 τ_k 线相交则发生断裂,故材料的断裂为韧性断裂。又如,材料受单向拉伸($\alpha=0.5$)时,先发生塑性变形然后发生断裂,故该材料的断裂也为韧性断裂。再如,材料受三向不等拉伸($\alpha<0.5$)时,材料不发生塑性变形而直接产生脆性断裂。

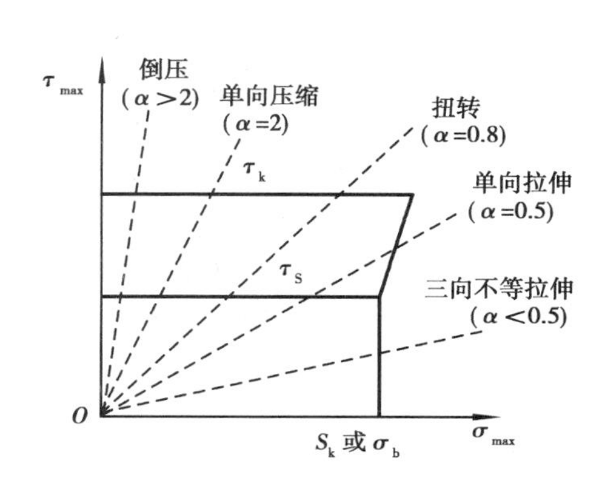

图 14.2　某材料的力学状态图

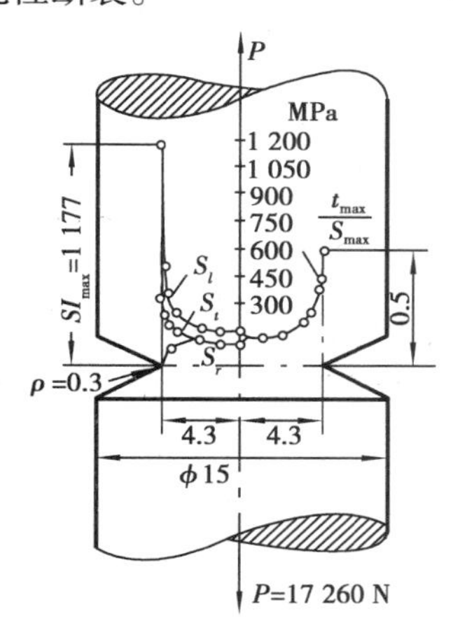

图 14.3　缺口零件的应力分布

②缺口效应　零件截面突变处称为缺口。例如,键槽、沟槽、台阶、油孔、螺纹尖角等。缺口零件受单向拉伸载荷时,因缺口处形成三向不等拉伸应力(图 14.3)而变为脆性状态的现象,称为缺口效应。缺口效应使零件趋于脆性断裂,且缺口越深、越尖锐,零件的脆断趋势越大。

③零件的截面尺寸　薄板件沿长度方向受拉时,板宽方向因尺寸大其收缩受到约束而产生拉应力,板厚方向因尺寸小能自由收缩而不产生应力即应力为零,但其应变不为零。这种在两个方向(长度和宽度)上为拉应力,在第三个方向(厚度)上应力为零的应力状态,称为平面应力状态(图 14.4)。平面应力状态是一种软性应力状态,其断裂为韧性断裂。

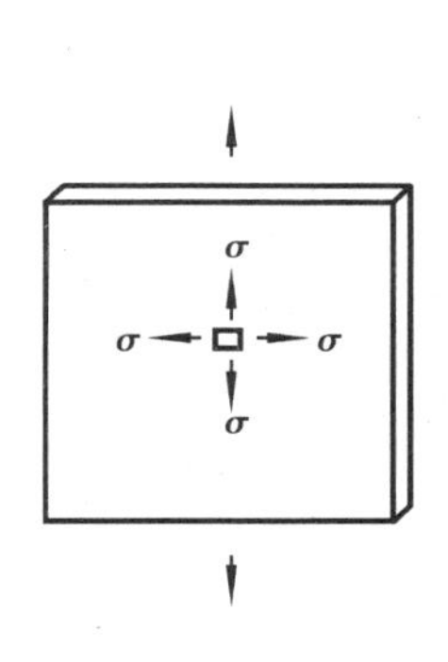

图 14.4　平面应力状态

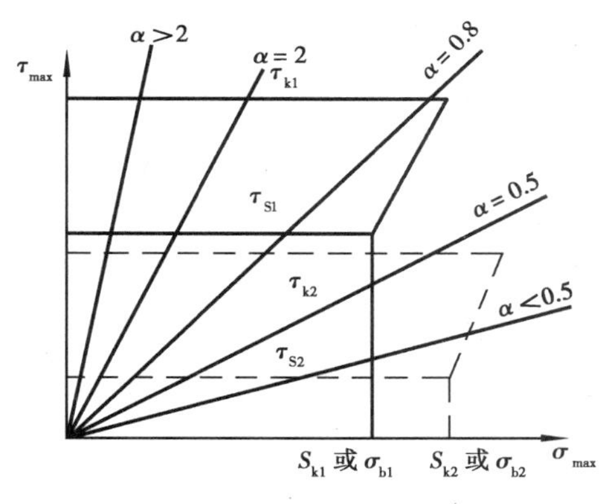

图 14.5　两种不同材料的力学状态图

厚板件沿长度方向受拉时,因宽度和厚度的尺寸均较大其收缩均受约束而产生拉应力,使厚板件处于三向拉应力状态即脆性应力状态,其断裂为脆性断裂。因此,零件的截面尺寸越大,其脆性断裂趋势越大。

2)材料性质　在相同应力状态下,材料的力学性质不同其断裂类型也不同。图 14.5 为两种不同力学性质材料的力学状态图,由图可见,承受单向拉伸载荷($\alpha=0.5$)时,脆性材料(灰铸铁、淬火高碳钢等)呈脆性断裂,韧性材料(退火、正火、调质的碳素结构钢和某些合金结构钢)呈韧性断裂。

由上可见,零件的韧断或脆断取决于材料性质和应力状态的相对关系。

此外,温度和加载速度对零件的断裂类型也有影响,温度越低,加载速度越大,零件越趋向于脆性断裂;反之,零件趋向于韧性断裂。

14.1.2　疲劳断裂

(1)循环应力与疲劳的概念

大小或大小及方向随时间做周期性变化的应力称为循环应力,如图 14.6 所示。循环应力的特征可用循环应力幅 σ_a、平均应力 σ_m 和应力循环对称系数 γ 表示。其含意为:

$$\sigma_a = (\sigma_{max} - \sigma_{min})/2$$

$$\sigma_m = (\sigma_{max} + \sigma_{min})/2$$

$$\gamma = \sigma_{min}/\sigma_{max}$$

其中,σ_{max} 为循环应力中的最大应力(即名义循环应力),σ_{min} 为循环应力中的最小应力。常见的循环应力有:对称循环应力($\gamma=-1$)如图 14.6(a)所示,脉动循环应力($\gamma=0$,)如图 14.6(b)所示,非对称循环应力($\gamma\neq 0,-1,-\infty$)如图 14.6(c)所示。

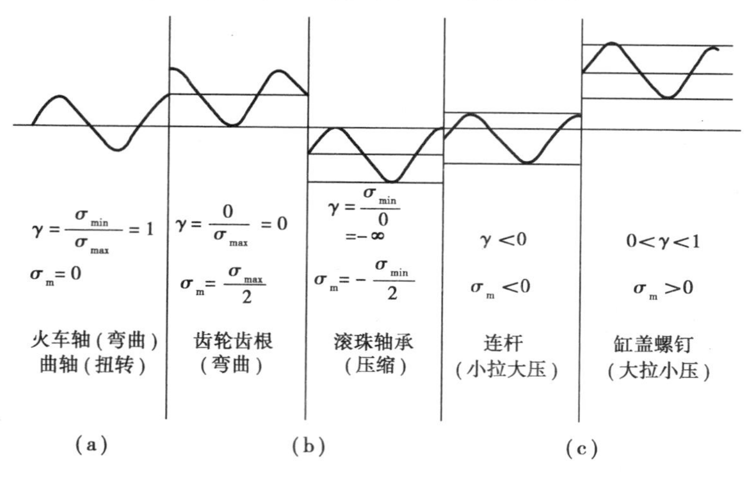

图 14.6　循环应力

零件在循环应力长期作用下产生的断裂,称为疲劳断裂或疲劳。应力循环次数(寿命)$N>10^4$ 的疲劳为高循环疲劳(即一般所指的疲劳),$N=10^2\sim10^4$ 的疲劳为低循环疲劳,$N<10^2$ 的疲劳断裂可视为过载断裂。高循环疲劳零件承受的循环应力往往低于材料的屈服强度或弹性极限,使疲劳呈现无塑性变形突然断裂的特点,故具有极大的危害性。机械零件的断裂多数为高循环疲劳断裂,如各种轴类零件、齿轮、弹簧、螺旋桨等。

(2)疲劳的抗力指标

疲劳的抗力指标主要是疲劳极限或疲劳强度。

对称循环应力($\gamma=-1$)的疲劳极限主要有旋转弯曲疲劳极限 σ_{-1} 或 σ_N,拉压疲劳极限 σ_{-1p} 和扭转疲劳极限 τ_{-1}。

由旋转弯曲疲劳试验得到的疲劳曲线(图 14.7),可确定材料旋转弯曲疲劳极限。中、低强度钢($\sigma_b<1\ 300$ MPa、硬度 <350 HB)和铸铁的疲劳曲线(图 14.7 曲线 A)有明显的水平线部分,此类材料以应力循环无限次而不断裂的最大名义循环应力作为疲劳极限 σ_{-1}。有色合金、不锈钢、高强度钢($\sigma_b>1\ 300$ MPa、硬度 >350 HB)的疲劳曲线(图 14.7 曲线 B)无水平线部分,此类材料规定以疲劳寿命 N 为 5×10^7 或 10^8 周次不断裂的最大名义循环应力作为条件疲劳极限或疲劳强度 σ_N($N=5\times10^7$ 或 10^8)。

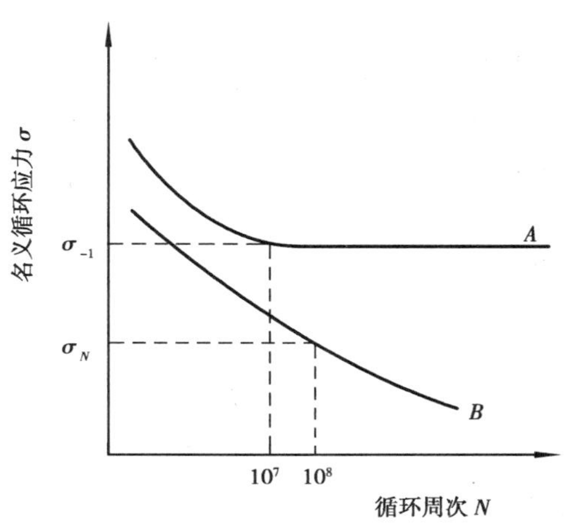

图 14.7　旋转弯曲疲劳曲线

σ_{-1p}、τ_{-1} 与 σ_{-1} 之间有如下近似关系:$\sigma_{-1p}=(0.6\sim1.0)\sigma_{-1}$,$\tau_{-1}=(0.55\sim0.9)\sigma_{-1}$。故可按此关系式用 σ_{-1} 确定 σ_{-1p} 和 τ_{-1},韧性材料(如中、低强度钢)宜取其下限,脆性材料(如铸铁)宜取其上限。

对于 $\gamma\neq-1$ 的非对称循环疲劳极限,可由材料的 σ_{-1}、σ_s、σ_b 和非对称循环应力的 σ_a、σ_m,通过简化极限应力线图确定(详见《机械设计》)。

(3)零件疲劳抗力的影响因素

零件疲劳抗力的影响因素主要有材料本质、零件缺口、零件的表面状态、材料缺陷和加工缺陷。

1)材料本质　材料的种类和成分不同其疲劳抗力不同,如图 14.8(a)所示。由图可见,钢的疲劳抗力较高,有色合金的疲劳抗力较低,灰铸铁的疲劳抗力最低。材料的纯度不同其疲劳抗力也不同,如图 14.8(b)所示。真空冶炼的钢纯度高,普通电炉冶炼的钢纯度较低。低纯度材料中夹杂物多而大,它往往成为疲劳裂源而使疲劳抗力降低。

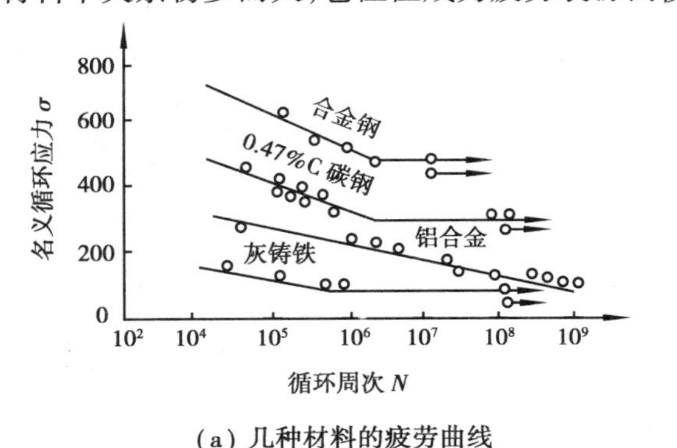

(a) 几种材料的疲劳曲线

1 100
1 000
900
800
700
600
500
名义循环应力 σ
40CrNiMo 钢 σ_b=1 610 MPa
真空冶炼 σ_{-1}=789 MPa
普通电炉冶炼 σ_{-1}=630 MPa
10³　10⁴　10⁵　10⁶　10⁷　10⁸
循环周次 N

(b) 材料纯度对疲劳曲线的影响

图 14.8　材料的种类、成分及纯度对疲劳抗力的影响

材料的疲劳抗力还与其强度有关，材料的强度越高其疲劳抗力也越高。材料的 σ_{-1} 或 σ_N 与 σ_b 之间有如下近似关系：

中、低强度钢的 $\sigma_{-1}=0.5\sigma_b$；

高强度钢的 $\sigma_N<0.5\sigma_b$，一般取 σ_N 为 700 ~ 800 MPa；

灰铸铁的 $\sigma_{-1}=0.42\sigma_b$；

球墨铸铁的 $\sigma_{-1}=0.48\sigma_b$。

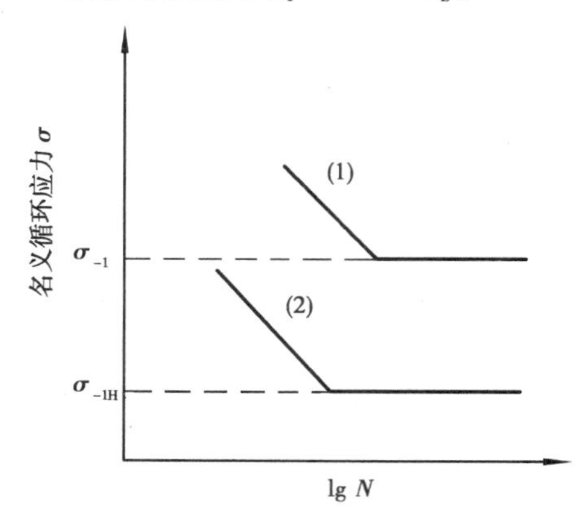

图 14.9　缺口对疲劳曲线影响示意图

2）零件缺口　带有台阶、沟槽等缺口的零件，承载时因产生应力集中而使其疲劳抗力降低，如图 14.9 所示。缺口降低疲劳抗力的作用大小，常用缺口敏感度 g 表示。缺口敏感度与材料强度和缺口尖锐程度有关。材料的强度越高，其缺口敏感度越大，如结构钢的缺口敏感度（$g=0.6\sim0.8$）很大，灰铸铁的缺口敏感度（$g=0.1$）很小。零件的缺口越尖锐，其缺口敏感度越大。

3）零件的表面状态　零件的表面状态是指表面粗糙度和表面残余应力。零件的表面粗糙度越大其疲劳抗力越低，且材料的强度越高其影响越大，见表 14.1。

表 14.1　试样表面粗糙度对强度极限和疲劳极限的影响

材料及其热处理状态	表面状态	σ_b/MPa	σ_{-1}/MPa
45 钢（正火）	光滑表面	656	280
	有刀痕表面	654	145
40Cr 钢（淬火 +200 ℃回火）	光滑表面	1 947	780
	有刀痕表面	1 922	300

电镀、表面脱碳、表面合金元素贫化等使零件表面产生残余拉应力，导致零件疲劳抗力降低。采用表面淬火、渗碳淬火、渗氮、表面喷丸等表面强化处理，使零件表面产生残余压应力，能提高零件的疲劳抗力。

4）材料缺陷和加工缺陷　表面裂纹、气孔、非金属夹杂物和碳化物不均匀分布等材料缺陷，以及过深的刀痕、淬火裂纹、磨削裂纹等加工缺陷起着类似缺口的作用，使零件的疲劳抗力降低。

（4）疲劳过程

高循环疲劳过程一般可分为 3 个阶段，其对应的断口形貌如图 14.10 所示。

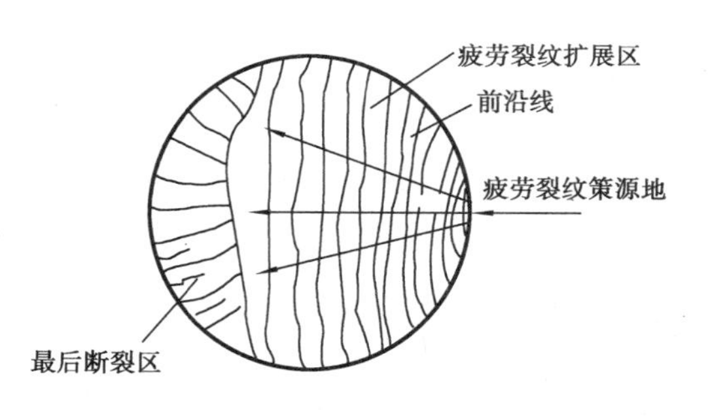

图 14.10　旋转弯曲疲劳断口的示意图

1）形成疲劳源　在循环应力作用下，先在零件的某一部位形成微裂纹，该部位称为疲劳源。疲劳源一般位于应力最大的部位，如循环弯曲零件的表面或应力集中的缺口处，也可位于孔洞，夹杂物等材料缺陷处或刀痕等加工缺陷处。

2）疲劳裂纹扩展　在循环应力作用下，微裂纹反复张开、闭合而缓慢疲劳扩展。其断口的特征为以疲劳源为核心的一条条平行弧线组成的贝纹状形貌。

3）最终断裂　因裂纹的缓慢扩展，使零件的有效截面减小，应力增大，当裂纹扩展至一定程度，零件发生快速最终断裂。

14.2　断裂的原因及防止方法

14.2.1　设计不合理

零件设计不合理，主要是指零件工作条件分析不正确和形状结构设计不合理。对零件的工作条件（受力条件、介质条件和温度条件）分析不正确，使零件的使用性能估计不足导致零件早期断裂，故应正确地分析零件工作条件和使用性能。零件的结构设计不合理，如存在尖锐缺口，过渡圆角太小，台阶和孔槽位置不当等，均造成很大的应力集中，导致零件工作时在缺口、台阶或孔槽处发生断裂。因此，台阶、沟槽等位置应避开最大受力部位，加大缺口圆角和过渡圆角，以避免过大的应力集中。

14.2.2　选材不合理和材质不良

（1）选材不合理

不同材料具有不同的力学性能。选材及热处理不合理，使零件的力学性能不能满足使用要求而导致零件断裂，故应合理选材和热处理。

（2）材质不良

材质不良是指材料中存在超标的冶金缺陷。冶金缺陷的存在使材料的强度、疲劳抗力、塑性和韧性有不同程度的降低，导致零件易于断裂。常见的冶金缺陷有裂纹、疏松、成分偏析、非金属夹杂物和碳化物不均匀分布等。

1）裂纹　裂纹的存在使零件的强度、疲劳抗力、塑性和韧性急剧恶化而极易断裂，故凡存在裂纹的零件应判为废品。

2）疏松和成分偏析　疏松和严重的成分偏析使材料的上述力学性能降低，而导致零件工作时易于断裂。因此，对材料的疏松等级应加以限制，对于存在成分偏析的材料，可通过高温均匀化退火和采用大锻压比锻造改善其成分偏析。

3）非金属夹杂物和碳化物不均匀分布　在外力作用下，非金属夹杂物和不均匀分布的粗大碳化物往往成为裂源，并使零件沿非金属夹杂物或碳化物的纵向断裂。为此，材料的非金属夹杂物等级应控制在允许范围内，或通过锻造使零件的热加工纤维合理分布；对于重要的工具，碳化物不均匀等级一般应小于 3 级，或通过锻造改善其碳化物不均匀度。

为了避免和降低材料中冶金缺陷的有害作用，生产中应对材料的质量进行检测和控制，以防止质量不合格的材料用于制造零件。

14.2.3 加工缺陷

(1)热加工缺陷

热加工缺陷包括铸造缺陷(如气孔、缩松、砂眼、冷隔、铸造裂纹等),锻造缺陷(如锻造裂纹、非金属夹杂物分布不合理),焊接缺陷(如焊接裂纹、气孔、夹杂、未焊透、未熔合等)。这些缺陷显著降低铸件、锻件或焊件接头的力学性能,并在外力作用下这些缺陷成为裂源,从而易于断裂。因此,需对铸件、锻件、重要焊件进行缺陷检测和质量控制。

(2)切削加工缺陷

切削加工缺陷主要有过渡圆角过小、表面粗糙、刀痕较深和加工精度差等。过渡圆角过小、表面粗糙和刀痕深,使零件受力时产生应力集中或应力集中增大,加工精度差使零件的装配精度降低,工作时引起附加应力,均易导致零件断裂。因此,应严格按图纸要求加工,避免上述缺陷。

(3)热处理缺陷

热处理缺陷主要有过热、过烧、表面脱碳、淬裂、淬火硬度不足、软点、回火不充分等。过烧和淬裂使零件的强度、韧塑性急剧恶化而极易脆断,应被判为废品;脱碳、淬火硬度不足和软点使零件易于疲劳;过热、回火不充分使零件脆性增大而易于脆断和疲劳。因此,应合理制订热处理工艺和严格按热处理工艺规范操作,合理设计零件结构,严格控制钢材质量,以避免热处理缺陷。

(4)电火花线切割加工缺陷

电火花线切割加工是利用线状电极与零件之间放电所产生的大量热量,使金属熔化和气化以切割零件的一种方法。它主要用于穿孔加工,如冷冲模型孔的加工和某些机械零件的穿孔加工。

淬硬件线切割加工常产生下列缺陷:

1)线切割表层微裂纹　淬硬件线切割加工时,表面快速加热至2 000 ℃以上而熔化,又立即被冷却液冷却,而形成深度为20~25 μm的表面变质层。变质层由再凝固层、淬火层和回火层构成,其结构和硬度分布如图14.11所示。其中最表层为再凝固层又称白亮层,该层中存在许多微细裂纹,白亮层越厚,其微裂纹越多、越长。当白亮层过厚、微裂纹过多过长时,这些微裂纹往往成为裂源,使零件易于断裂。

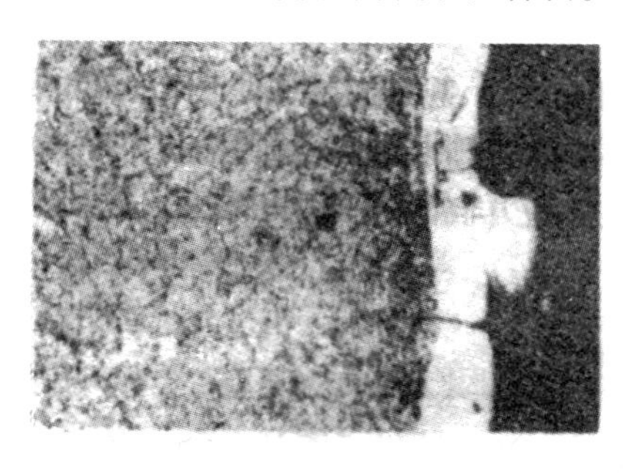

(a)变质层结构

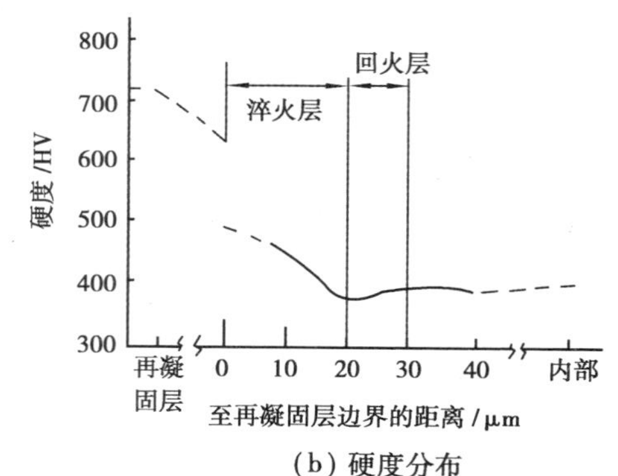

(b)硬度分布

图14.11　线切割表面变质层与硬度分布

减小线切割电流、走丝速度、钼丝直径等工艺参数，将白亮层厚度减至10 μm以下，可使其不利影响大为减小。

2）线切割表面应力 线切割加工使切割表层产生很大的拉应力，线切割电流越大，其表面切割拉应力越大，如图14.12所示。线切割后进行磨削加工时，磨削表面拉应力与线切割表面拉应力叠加，往往使表面产生网状裂纹。

减小线切割电流，线切割后零件充分低温回火，可以降低线切割表面应力。

3）线切割变形和开裂 淬硬钢件的淬火应力处于稳定的平衡状态。线切割使零件的淬火应力失去平衡并重新分布，导致零件变形或开裂，如图14.13所示。零件的淬火冷速越大、尺寸越大，其淬火应力越大，线切割时零件越易于变形和开裂。零件的线切割开裂，常发生于切割型孔缺口处和切割进线处。

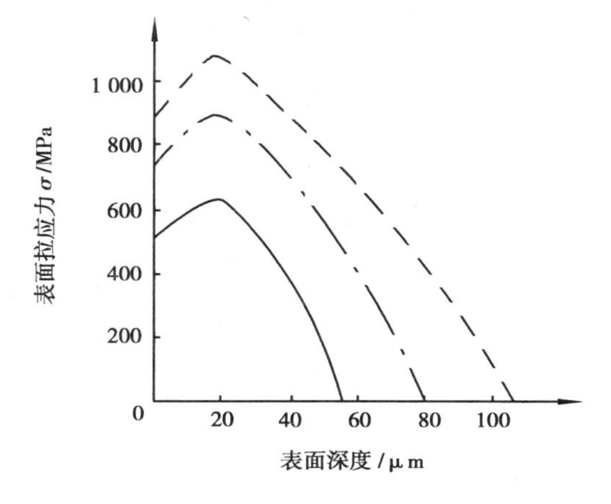

图14.12 线切割电流对切割表面应力的影响

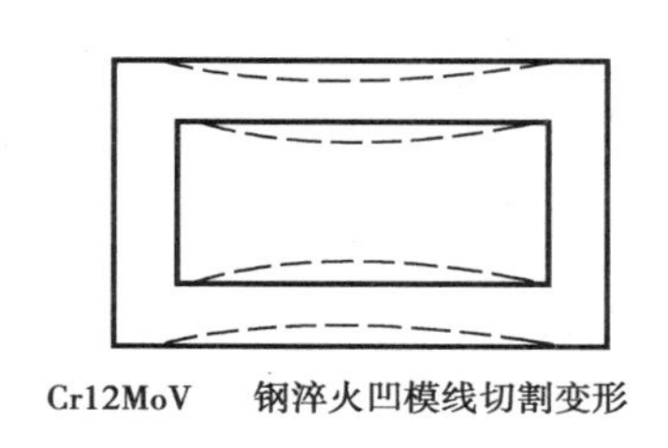

图14.13 模具线切割变形示例

防止方法主要有：

①开工艺预孔以减小切割余量 先在零件上加工工艺预孔，仅留1 mm左右的切割余量，然后淬火回火后线切割，以减小线切割对淬火应力平衡状态的破坏和重新分布。

②减小淬火应力 采用分级淬火或等温淬火，减小淬火应力。

③采用合理的线切割工艺 选用小直径钼丝和小电流进行切割，正确选择穿丝工艺孔位置和进线走向，线切割后及时人工时效。

(5)磨削加工缺陷

磨削加工缺陷主要有磨削烧伤和磨削裂纹。

淬硬钢磨削时，因磨削热使表面温度升高而产生再回火引起表面硬度降低的现象，称为磨削烧伤。根据磨削表面的氧化色可粗略判断烧伤温度和程度：深黄色相当于500～600 ℃，褐色相当于700～760 ℃，蓝黑色相当于760～870 ℃甚至更高温度。淬硬钢磨削时所产生的表面裂纹，称为磨削裂纹。这是由于当磨削热很大时，使表面瞬时温度达到临界温度以上并被冷却液冷却，而形成表面再淬火层、次表面高温回火层，并在它们之间的过渡层形成较大拉应力，导致产生表面裂纹。磨削裂纹常呈表面网状细裂纹，或与磨削方向垂直的表面平行细裂纹。磨削烧伤和磨削裂纹降低钢的疲劳抗力，使零件易于疲劳断裂。

采用正确的磨削工艺及磨削后及时人工时效，可使零件避免产生磨削缺陷。

(6)电镀氢脆

钢件在电镀和酸洗时易吸氢并形成氢气,当氢气压力足够大时,在镀层内形成许多微裂纹而变脆,使零件易于断裂。钢件电镀后在 200 ℃进行脱氢处理,可减小电镀氢脆的危害性。

14.2.4 装配运行及维护不当

零件因装配间隙过大、过小或不均匀,固定不紧或重心不稳等装配不当,使零件工作时产生附加应力或振动;不按规程操作,润滑不良等运行不当;不按时检修等维护不当,均使零件易于断裂。

14.3 磨　损

零件间相互摩擦时表面发生材料损耗的现象,称为磨损。当磨损量超过允许值时,零件不能有效地工作而失效,如汽缸套或活塞环的磨损量超过允许值时,其配合间隙过大,使发动机功能不足而不能有效工作;又如,冲裁模刃口的过度磨损使其配合间隙过大,导致冲件产生毛刺甚至模具不能正常工作。

磨损是机械零件和工具常见的失效形式。

14.3.1 磨损的种类及其影响因素

(1)黏着磨损

1)概念和特征　在大的压应力作用下,不同硬度零件间的接触点发生金属黏着,随零件间相对滑动黏着点沿软金属浅表层被剪断,并使软金属屑粒从表面撕脱下来(图 14.14),这种黏着点不断形成和破坏而造成表面材料损耗的过程,称为黏着磨损或擦伤。黏着磨损是最严重的一种磨损,可导致磨擦零件间"咬死"而使运动停止。黏着磨损主要发生于润滑不良的低速重载机械,如钢制的蜗轮与蜗杆、引深模、冷挤模等的工作表面常发生黏着磨损。

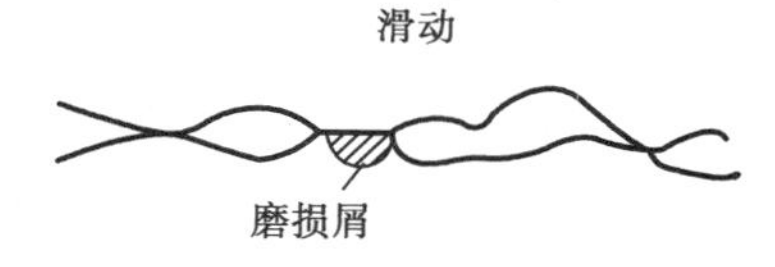

图 14.14　黏着磨损示意图

黏着磨损的特征为:磨损率(大于 10 μm/h)远大于其他种类的磨损;在零件表面的摩擦方向上出现擦伤条带或沟槽;因摩擦产生瞬时高温并快冷,而在钢的擦伤表面形成高硬度、耐腐蚀的薄硬层,即由残余奥氏体、马氏体和碳化物组成的耐腐蚀白亮层。

2)影响因素　黏着磨损量 V 与接触压应力 F、摩擦距离 L、黏着磨损系数 K(摩擦件配对材料性质和表面状态对黏着磨损的影响系数)成正比,与材料的表面硬度 HV 成反比,即

$$V = KFL / \mathrm{HV} \tag{14.1}$$

据此,黏着磨损与下列因素有关:

①配对材料的性质　异种材料配对的磨损小于同种材料的配对,多相合金配对的磨损小于单相合金的配对,硬度差大材料配对的磨损小于硬度差小材料的配对。例如,铜与铜配对的黏着磨损系数 $K = 10^{-2}$,铜与低碳钢配对的 $K = 10^{-3}$,铜与表面淬火钢配对的 $K = 10^{-6}$。

②零件的表面状态　零件表面越洁净,越易于发生黏着磨损,当零件表面存在化合物膜、吸附物、润滑剂等物质时,能防止或减小黏着,从而减少黏着磨损。例如,真空中洁净表面的不

锈钢与不锈钢配对其 $K=10^{-3}$，表面覆盖 MoS_2 膜的不锈钢配对其 $K=10^{-9}\sim10^{-10}$。

③零件的表面硬度　提高零件的表面硬度，可显著降低黏着磨损。

④接触压应力　零件表面的接触压应力越大，其黏着磨损越大，当接触压应力大于材料的1/3布氏硬度值时，黏着磨损急剧增大，甚至出现"咬死"现象。因此，摩擦表面的接触压应力不应超过材料1/3布氏硬度值。

(2)磨粒磨损

1)概念和特征　摩擦表面间因存在硬质磨粒，并磨粒嵌入表面和切割表面(图14.15)所引起的磨损，称为磨粒磨损。例如，农业机械和矿山机械的齿轮，汽车和拖拉机的汽缸套，常因带入尘埃、污物或产生磨损产物而发生磨粒磨损。

磨粒磨损的特征为：磨损率较大($1\sim5\ \mu m/h$)，在零件表面的摩擦方向上出现许多划痕。

2)影响因素　磨粒磨损量 V 与接触压应力 F、摩擦距离 L、磨粒棱面与摩擦表面夹角的正切 $\tan\theta$ 成正比，与零件表面硬度 HV 成反比，即

$$V \approx FL\tan\theta/\mathrm{HV} \qquad (14.2)$$

由此可见，除接触压应力和摩擦距离外，磨粒磨损主要与下列因素有关。

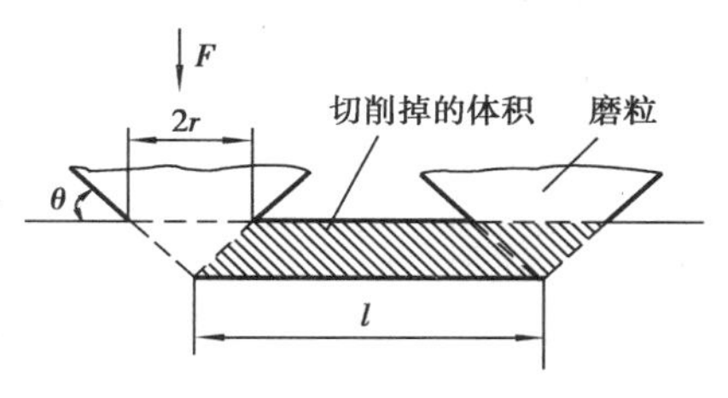

图14.15　磨粒磨损示意图

①零件的表面硬度和材料耐磨性　零件的表面硬度越高，材料耐磨性越好，零件的磨粒磨损越小。当零件表面硬度达到磨粒硬度的1.3倍时，磨损已减至很小，继续提高零件表面硬度，对进一步降低磨粒磨损的效果并不明显。因此，零件表面硬度取磨粒硬度的1.3倍为宜。

②磨粒的硬度和尖锐度　磨粒的硬度越高，尖锐度越大，零件的磨粒磨损越大。

(3)氧化磨损

1)概念和特征　摩擦件在空气中相互摩擦时，摩擦接触点的表面氧化膜被破坏而脱落，并立即又形成新的氧化膜，如此氧化膜不断脱落又重复形成所引起的磨损，称为氧化磨损。氧化磨损可发生于各种工作条件的摩擦。如滑动摩擦、滚动摩擦、有润滑摩擦、无润滑摩擦、各种运动速度和压力的摩擦，故氧化磨损是机械中最常见的磨损种类。

氧化磨损的特征为：磨损率($0.1\sim0.5\ \mu m/h$)远小于其他种类的磨损，故氧化磨损又是机械中惟一允许的磨损；磨损表面呈光亮外观，且具有均匀分布的极细微磨纹。

2)影响因素　表面的氧化膜致密、脆性小，表层金属强度高，氧化膜与基体金属结合牢固，则氧化磨损小；反之，氧化磨损大。

(4)微动磨损

在循环载荷或振动作用下，压配合零件之间配合面的某些局部区域，因发生微小往复滑动(2~20 μm)而产生的磨损，称为微动磨损或咬蚀。如图14.16所示，压配合的轴套和轴之间虽然没有明显的滑动，但是在反复弯矩 $\pm M$ 作用下，轴反复弯曲引起配合面局部区域 A 微小的往复滑动摩擦而发生微动磨损。微动磨损不仅使零件的精度和性能下降，

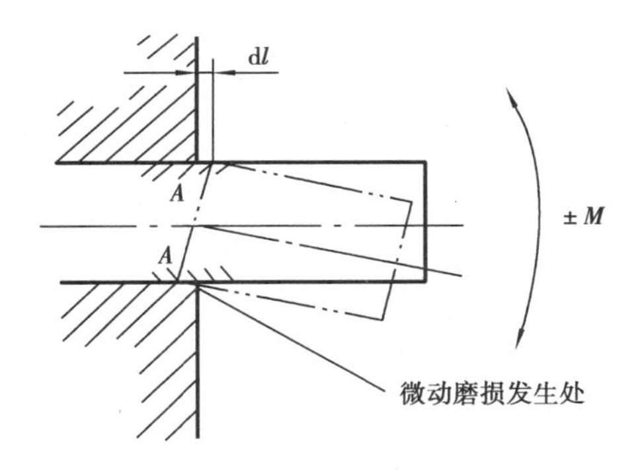

图14.16　压配合轴产生微动磨损示意图

而且在磨损区引起应力集中而成为疲劳源易于疲劳断裂。

微动磨损因摩擦表面不脱离接触使磨损产物难以排出，故微动磨损是氧化磨损、黏着磨损和磨粒磨损共同作用的结果。

微动磨损的特征为：在配合面上产生大量褐色 Fe_2O_3（钢件表面）或黑色 Al_2O_3（铝件表面）的粉末状磨损产物，在磨损区往往形成一定深度的磨痕蚀坑。

14.3.2 磨损的防止方法

防止零件磨损的基本方法是提高零件的耐磨性和改善零件的摩擦条件。

(1)提高零件的耐磨性

1)合理选择配对材料　对于润滑不良的低速重载摩擦副，应合理选择配对材料，以减小黏着磨损。例如，采用钢制蜗杆和锡青铜蜗轮传动，其黏着磨损小于钢制蜗杆和钢制蜗轮的传动。

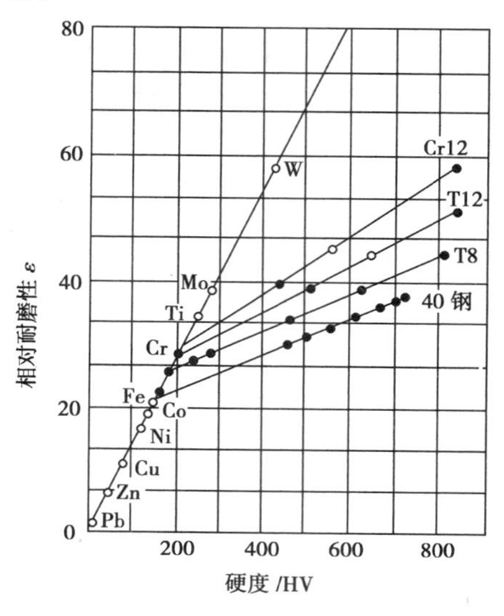

图 14.17　钢的成分、硬度与耐磨性的关系

2)选用高耐磨性材料　钢的 w_C 越高，碳化物形成元素（如钨、钼、铬等）含量越高，以及钢的热处理硬度越高，则钢的耐磨性越高，如图 14.17 所示。因此，对于钢件，应根据其耐磨性要求，选择有足够耐磨性的钢和足够高的热处理硬度。

3)进行表面强化和表面处理　对零件进行表面强化和表面处理，可提高零件的表面硬度、抗黏着性、减摩性，以提高零件的耐磨性。

表面强化法有喷丸、滚压等表面加工硬化，表面淬火、渗碳淬火等表面热处理。提高钢件抗黏着性和减摩性的方法有硫化、磷化、化学氧化、蒸汽处理等表面处理。可同时提高钢件表面硬度、抗黏着性和减摩性的方法有渗氮、渗硼、硫氮共渗、氧氮共渗等化学热处理，以及电镀硬铬、化学镀镍磷、气相沉积 TiN 或 TiC、熔盐浸镀 TiC、表面喷涂硬质合金等。

(2)改善零件的摩擦条件

1)减小表面接触压应力　合理设计零件结构和降低零件表面粗糙度，可以减小表面接触压应力。例如，对压配合零件开设卸载槽（图 14.18(a)、(b)），增大接触部位轴的直径（图 14.18(c)），能有效减小表面接触压应力，以减少微动磨损。

2)润滑　在摩擦面之间加入润滑油或石墨、二硫化钼、聚四氟乙烯等固体润滑剂，可避免或减少金属与金属的接触，以降低金属的黏着和摩擦系数。

3)清除磨粒　采取有效措施清除摩擦表面之间的磨粒，或防止磨粒进入摩擦表面间隙处，可减少磨粒磨损。

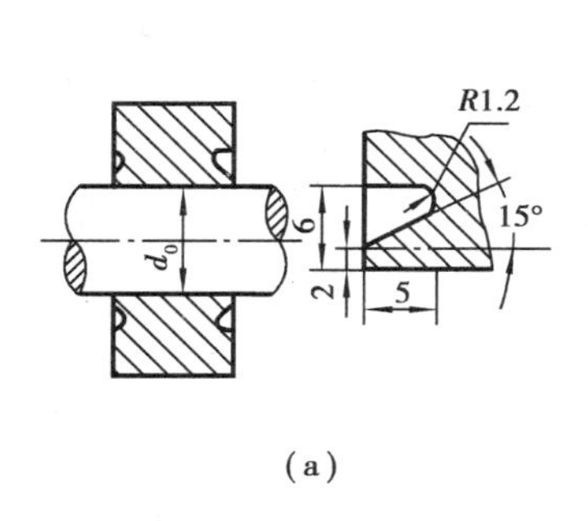

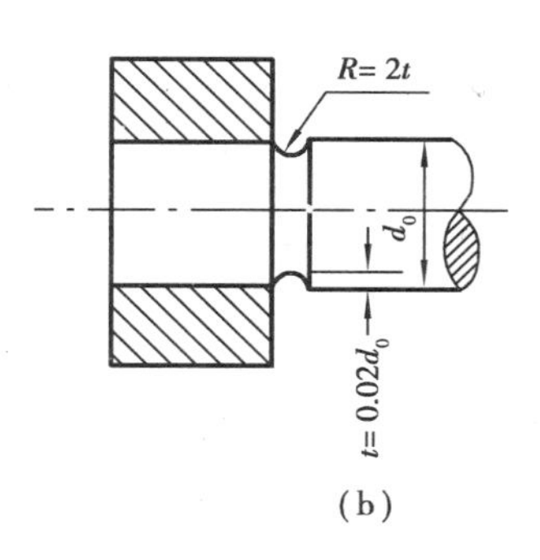

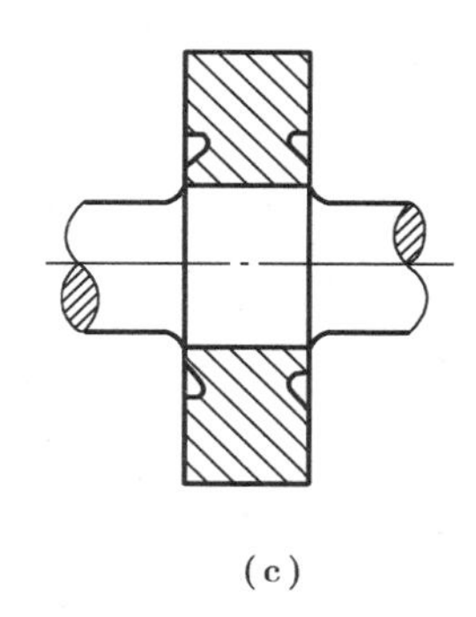

图14.18　压配合轴设计示例

14.4　其他失效

14.4.1　表面接触疲劳

(1)概念和特征

相对运动的两零件为循环点接触或循环线接触时(如滚动轴承),在循环接触应力的长期作用下,使零件表面产生疲劳并引起小块材料剥落的现象,称为表面接触疲劳(或疲劳磨损、点蚀)。表面接触疲劳不仅使零件表面接触状态恶化,噪音增大,振动增大和产生附加冲击力,甚至引起断裂。例如,滚动轴承、齿轮、钢轨与轮箍,常因表面接触疲劳而失效。

表面接触疲劳的特征为:在接触表面出现许多针状或痘状凹坑(麻点)。有的凹坑很深,坑内呈现贝纹状疲劳裂纹扩展的痕迹。

(2)表面接触疲劳寿命的影响因素

1)钢的纯净度　因钢中非金属夹杂物往往成为表面接触疲劳的疲劳源,故提高钢的纯净度有利于减少非金属夹杂物,以提高零件的表面接触疲劳寿命。

2)钢中碳化物　钢中碳化物也往往成为表面接触疲劳的疲劳源,故钢中碳化物越少,尺寸越小,分布越均匀,其表面接触疲劳寿命越高;反之,表面接疲劳寿命越低。

3)表面硬度　在中低硬度范围内,提高表面硬度,有利于提高零件的疲劳抗力,从而可提高零件的表面接触疲劳寿命。

4)表面粗糙度　减小零件的表面粗糙度,有利于提高零件的表面接触疲劳寿命。

14.4.2　热疲劳

(1)概念和特征

零件在加热和冷却的循环温度作用下产生表面裂纹的现象称为热疲劳(或冷热疲劳)。例如,压铸模、热锻模、热轧辊、汽轮机叶片等工作时,常发生热疲劳。零件发生热疲劳时,如果还存在其他应力作用或金属、非金属挤入表面裂纹的作用,则使热疲劳裂纹进一步向零件内部扩展,并最终导致断裂。

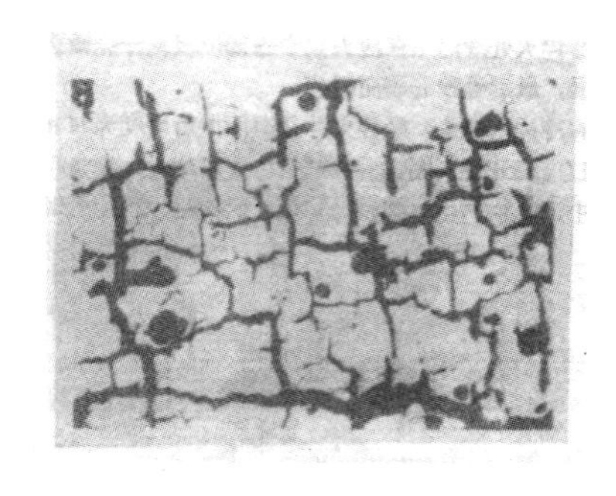

图 14.19　网状热疲劳裂纹

产生热疲劳的机理是:零件受热表面膨胀时,因受到低温内层的约束而产生表面压应力,当此压应力足够大时,则产生表面塑性压应变;反之,零件冷却表面收缩时,因受到高温内层的约束产生表面拉应力,当此拉应力足够大时,产生表面塑性拉应变。如此,在加热和冷却的循环温度作用下,零件表面产生循环热应力或循环塑性应变,导致表面疲劳而产生表面裂纹。

热疲劳的特征为表面呈现网状裂纹(图 14.19),或形状不规则的多条表面裂纹。

(2)热疲劳寿命的影响因素

1)表面循环温差和表面最高温度　零件表面因温度循环引起的热应力 σ_T 可按式(14.3)和式(14.4)计算,即

$$\sigma_T = E\alpha(t_2 - t_1) \tag{14.3}$$

$$\sigma_T = E\alpha(t_2 - t_1)/(1 - \gamma) \tag{14.4}$$

式中　E——材料的杨氏弹性模量;

α——材料的热膨胀系数;

γ——泊松比;

t_1——表面循环温度中的最低温度;

t_2——表面循环温度中的最高温度。

式(14.3)适用于表面单向拉伸热应力的计算,式(14.4)适用于表面两向拉伸热应力的计算。由式(14.3)和式(14.4)可知,表面循环温差($t_2 - t_1$)越大,其表面热应力越大,零件的热疲劳寿命越低;表面最高温度 t_2越高,材料的屈服强度越低,其表面循环塑性应变越大,零件的热疲劳寿命也越低。

2)材料本质　钢的热导性高、热硬性高、韧性高和热膨胀系数小,有利于降低热应力和塑性应变,使零件具有较高的热疲劳寿命。但是,热硬性高的钢往往含有较多的合金元素,而合金元素多的钢又使其热导性和韧性降低,故应合理选择钢的成分。

此外,钢中含有较多非金属夹杂物和碳化物时,因其产生应力集中,使零件易于产生热疲劳。

3)零件的形状结构和加工缺陷　零件的热疲劳易发生于循环温差大和应力集中的部位,故具有凸台、棱角、缺口等形状结构的零件,以及存在刀痕、表面粗糙度大、磨削裂纹等加工缺陷的零件,热疲劳寿命均较低。

14.4.3　过量变形

过量变形包括过量弹性变形和过量塑性变形。

(1)过量弹性变形

零件受载时,因弹性变形量超过允许值而不能有效工作的现象称为过量弹性变形。例如,机床主轴和镗杆只允许很小的弹性弯曲,否则将影响轴上齿轮的正常啮合和镗孔精度。

发生过量弹性变形的主要原因是零件的刚度不足。因此,应合理设计零件的截面形状、增大截面尺寸或选用高弹性模量的材料,以提高零件的刚度。各类材料弹性模量见表 14.2。

表14.2　各类材料的室温弹性模量 E

材　料	$E/10^4$ MPa	材　料	$E/10^4$ MPa
金刚石	102	铜(Cu)	12.6
WC	46～67	铜合金	12.2～15.3
硬质合金	41～55	钛合金	8.1～13.3
Ti,Zr,Hf的硼化物	51	黄铜及青铜	10.5～12.6
SiC	46	石英玻璃	9.5
钨(W)	41	铝(Al)	7.0
Al_2O_3	40	铝合金	7.0～8.1
TiC	39	钠玻璃	7.0
钼及其合金	32.5～37	混凝土	4.6～5.1
Si_2N_4	30	玻璃纤维复合材料	0.7～4.6
MgO	25.5	木材(纵向)	0.9～1.7
镍合金	13～24	聚酯塑料	0.1～0.5
碳纤维复合材料	7～20	尼龙	0.2～0.4
铁及低碳钢	20	有机玻璃	0.34
铸铁	17.3～19.4	聚乙烯	0.02～0.07
低合金钢	20.4～21	橡胶	0.001～0.01
奥氏体不锈钢	19.4～20.4	聚氯乙烯	0.0003～0.001

(2)过量塑性变形

零件受载时,因塑性变形量超过允许值而不能有效工作的现象称为过量塑性变形。例如,压力容器密封盖上的紧固螺栓只允许很小的塑性伸长量,否则将密封不严而漏气。

发生过量塑性变形的主要原因是零件的弹性极限或屈服强度不足。因此,应合理设计零件截面尺寸和形状,合理选材和热处理,以提高零件的塑性变形抗力。

14.4.4　复合失效

零件在应力和腐蚀介质共同作用下发生的失效,称为复合失效。复合失效主要有应力腐蚀开裂和腐蚀疲劳。

(1)应力腐蚀开裂

合金零件在特定腐蚀介质(表14.3)和大于临界值的拉应力共同作用下,产生裂纹甚至断裂的现象称为应力腐蚀开裂。应力腐蚀开裂是一种开裂速率大于腐蚀速率而小于机械断裂速率,并伴随有晶界腐蚀的脆性开裂,故具有很大的危害性。例如,黄铜弹壳因“季裂”而射击时炸裂,蒸汽锅炉因“碱脆”而爆炸,核反应堆热交换器管道因应力腐蚀开裂而发生核泄漏事故等。

减小零件的拉应力,降低腐蚀介质的浓度和温度,降低合金材料的强度,均可减小零件应力腐蚀开裂的敏感性。

表 14.3　常用金属材料应力腐蚀的特定腐蚀介质

材　料	特定腐蚀介质
碳钢	NaOH 溶液,NO_3^-。H_2S 溶液
奥氏体不锈钢	Cl^-,H_2S 溶液,NaOH 溶液
高强度钢	Cl^-,H_2O
铜合金	NH_3^+
铝合金	Cl^-,潮湿大气
钛合金	Cl^-,甲醇,N_2O_4

(2)腐蚀疲劳

零件在循环应力和腐蚀介质的共同作用下产生的疲劳,称为腐蚀疲劳。例如,在海水中工作的船舶推进器,在水蒸气中工作的涡轮及其叶片,以及化工机械等,均易于发生腐蚀疲劳。腐蚀能加速疲劳裂纹的形成和扩展,使零件的疲劳寿命大大缩短。

减小零件的循环应力,降低介质的腐蚀性,选用耐蚀性好的材料,降低材料的强度,均可减小零件的腐蚀疲劳敏感性。

思考题

14.1　名词解释:

失效　韧性断裂　脆性断裂　疲劳断裂　表面接触疲劳　热疲劳

14.2　影响韧断和脆断的因素有哪些?它们的特点是什么?

14.3　疲劳抗力的影响因素有哪些?它们的特点是什么?

14.4　简述零件断裂的基本原因及防止方法。

14.5　磨损有哪些种类?各有什么特点?

14.6　磨损的防止方法有哪些?

第 15 章 选材的原则和步骤

在新产品设计，工艺装备（模具、夹具）设计，刀具设计和更新零件材料时，均涉及材料选用。选材合理与否，直接影响零件和工具的使用寿命和成本。为了合理选材，应了解材料的特性、适用条件和价格等要素，还应掌握选材的原则、步骤和方法，以便根据零件和工具的具体情况合理选材。

15.1 选材的原则

选材的原则是所选材料应满足零件的使用性能要求、工艺性要求和经济性要求。

15.1.1 满足使用性能要求

机械零件和工具的使用性能主要是力学性能。不同材料经热处理后具有不同的力学性能，应根据零件和工具要求的力学性能选材和确定最终热处理方法。某些零件不仅要求力学性能，还要求一定的物理性能或化学性能，这在选材时也应予以考虑。

根据使用性能选材时，常需考虑下列因素。

(1)零件的受载情况

零件的受载情况不同，应选用不同的材料和热处理方法。例如，以承受拉伸载荷为主的零件，宜选用钢并经热处理提高其抗拉强度，而不宜用铸铁；以承受压缩载荷为主的零件可选用钢，也可视情况考虑选用铸铁，以发挥其抗压强度比抗拉强度高得多和价廉的优点；对于承受冲击载荷的零件，宜用韧性好的调质钢；对于承受较大表面接触应力的零件，宜用能表面强化处理的钢；对于承受循环载荷的零件，宜用疲劳抗力高的钢并经热处理提高其疲劳抗力。

(2)零件的其他工作条件

其他工作条件是指介质、温度、摩擦磨损等情况。对于承受摩擦为主的零件和工具，应选用耐磨性好的钢和材料；对于高温下工作的零件，应选用耐热的材料；对于在腐蚀介质中工作的零件，宜用耐蚀材料；对于要求导电的零件，应选用电导性好的材料等。

(3)零件尺寸和质量的限制

对于要求强度高而尺寸小、质量轻的零件，应选用高强度合金钢，并经热处理提高强度，或选用比强度高的材料(如硬铝、钛合金等)。对于要求刚度高而质量轻的零件,则采用比模量高的材料(如复合材料)。

(4)零件的重要程度

危及人身和设备安全的重要零件,常选用强度、塑性和韧性均较优良的钢,如合金调质钢等。

总之,满足零件和工具的使用性能要求,是选材和热处理的主要目的。

15.1.2 满足工艺性要求

零件和工具均是由材料经过一定的加工制造而成,故所选用的材料应有良好的工艺性能,以满足相应的加工工艺要求。材料工艺性好是指材料加工成形容易,工艺简单,零件加工质量好,能源消耗少和材料利用率高。

(1)金属材料的工艺性能

金属材料常用的加工方法有铸造、锻造、焊接、切削加工、热处理和冷冲压等,它们相应的工艺性能如下。

1)铸造性能　金属的铸造性能以流动性、收缩性衡量。金属的流动性好,收缩率小,则金属的铸造性能好;反之,金属的铸造性能差。

2)锻造性能　金属的锻造性能以高温塑性和高温塑性变形抗力衡量。金属的高温塑性好,高温塑性变形抗力小,则金属的锻造性能好;反之,金属的锻造性能差。

3)焊接性能　金属的焊接性能以形成焊接裂纹、气孔的倾向性和焊件的使用可靠性衡量。焊接时金属不易形成焊接裂纹、气孔,焊件的强度高,使用可靠性高,则金属的焊接性能好;反之,金属的焊接性能差。

4)切削加工性能　金属的切削加工性能以切削抗力和加工零件表面粗糙度衡量。金属的切削抗力小,加工零件表面粗糙度小,则金属的切削加工性能好;反之,金属的切削加工性能差。

5)热处理工艺性能　钢的热处理工艺性能包括淬透性、淬火变形和淬火开裂倾向、过热敏感性、脱碳敏感性等。与碳钢相比,合金钢的淬透性好,淬火变形和淬火开裂倾向小,且钢中的合金元素越多,合金钢的淬透性越好、淬火变形和淬火开裂倾向越小。

6)冷冲压性能　金属的冷冲压性能以室温塑性和室温塑性变形抗力衡量。金属的室温塑性好,室温塑性变形抗力小,则金属的冷冲性能好;反之,金属的冷冲压性能差。

(2)根据工艺性选材应考虑的因素

根据工艺性选材时常考虑下列因素。

1)零件的结构、尺寸和毛坯种类　对于结构复杂、尺寸较大而难以锻造的零件,考虑用铸件毛坯制造时,需选用铸造性能好的材料,如铸铁、铸铝等;考虑用焊件毛坯制造时,则应选用焊接性能好的低碳钢;结构简单、尺寸较小、生产批量较大的零件适合于模锻,应选用锻造性能好的材料,如中低碳钢等;结构简单、尺寸较小、生产批量很大的薄壁件适合于冲压加工,应选用冷冲压性能好的板材,如铝板、铜板、低碳钢板等。

2)热处理　对于需要淬火的复杂形状零件,应选用淬火变形和淬裂敏感性小的材料。例如,碳钢制造的细长件、薄板件淬火变形大,宜选用淬火变形小的合金钢。

3)切削加工　对于切削加工零件,应选用切削加工性好的材料。

15.1.3　满足经济性要求

选材的经济性不仅是指材料的价格便宜,更重要的是使零件生产的总成本降低。零件的总成本包括制造成本(材料价格、材料用量、加工费用、管理费用、试验研究费用等)和附加成本(零件的使用寿命)。

为此,选材经济性常考虑下列几方面。

(1)尽量采用廉价材料

在满足使用性能和工艺性能的前提下,应尽量选用价格低廉的材料,这一点对于大批量生产的零件尤为重要。例如,用球墨铸铁代替某些钢,用工程塑料和粉末冶金材料代替有色合金等。

我国常用金属材料的相对价格见表 15.1。

表 15.1　我国常见金属材料的相对价格

材　料	相对价格	材　料	相对价格
碳素结构钢	1	碳素工具钢	1.4～1.5
低合金结构钢	1.2～1.7	低合金工具钢	2.4～3.7
优质碳素结构钢	1.4～1.5	高合金工具钢	5.4～7.2
易切削钢	2	高速钢	13.5～15
合金结构钢	1.7～2.9	铬不锈钢	8
铬镍合金结构钢	3	铬镍不锈钢	20
滚动轴承钢	2.1～2.9	普通黄铜	13
弹簧钢	1.6～1.9	球墨铸铁	2.4～2.9

注:表中以碳素结构钢价格为基数 1;钢材为热轧圆钢(ϕ25～160 mm);有色金属为圆棒材。

(2)有利于降低加工费用

例如,尽管灰铸铁比钢板价廉,但对于某些单件或小量生产的箱体件,采用钢板焊接比采用灰铸铁铸造的制造成本更低。

(3)有利于提高材料利用率

采用适合于无切屑和少切屑加工(如模锻、精铸、冲压等)的材料,通过无切屑、少切屑加工,既省工又省料。

(4)有利于延长使用寿命

对于某些加工工艺复杂且要求使用寿命长的单件、小量生产的零件或工具,采用价格较贵的合金钢,不仅可降低废品率,而且可延长使用寿命,比采用廉价的碳钢经济性更好。例如,冲裁硅钢片等硬材料的冷冲模,选用耐磨性高、淬火变形小的合金工具钢,比选用碳工钢经济性更好。

15.2 选材的步骤

15.2.1 工作条件分析和失效形式预测

机械零件和工具的工作条件分析主要是受载分析。受载分析主要是分析零件和工具的载荷性质(静载荷、冲击载荷、循环载荷),载荷种类(拉伸、压缩、扭转等)及应力的分布和大小,并确定其最大应力值及其部位。此外,还应分析零件和工具的工作环境,如温度、介质及摩擦条件等。

根据工作条件的分析结果,预测零件和工具的失效形式(如过载断裂、疲劳断裂、摩损等)及其部位。

15.2.2 确定零件材料的使用性能

根据工作条件分析和失效形式预测,确定零件的使用性能及其指标,为选材提供依据。机械零件和工具的使用性能主要是力学性能。由于材料手册上所列的力学性能主要是强度 σ_s、σ_b(或 τ_s、τ_b),疲劳极限 σ_{-1}(或 τ_{-1})及硬度 HB 或 HRC,故应确定的力学性能指标主要是 σ_s、σ_b、σ_{-1}(或 τ_s、τ_b、τ_{-1})及 HB 或 HRC。

(1)强度

在静载荷作用下,零件的失效主要是过载断裂或过量塑性变形,其力学性能指标主要是强度指标 σ_b、σ_s或 τ_s。根据零件的强度条件(式(15.1)),可确定其强度指标,即

$$\sigma_{max} \leqslant [\sigma] = \sigma_{lim}/[s_\sigma] \qquad \sigma_{lim} \geqslant \sigma_{max}[s_\sigma]$$

$$\text{或} \tag{15.1}$$

$$\tau_{max} \leqslant [\tau] = \tau_{lim}/[s_\tau] \qquad \tau_{lim} \geqslant \tau_{max}[s_\tau]$$

式中 σ_{max}、τ_{max}——零件的最大正应力和最大切应力;

$[\sigma]$、$[\tau]$——材料的许用正应力和许用切应力;

σ_{lim}、τ_{lim}——材料的极限正应力和极限切应力,在静载荷条件下 σ_{lim}和 τ_{lim}即为材料的 σ_s、σ_b或 τ_s;

$[s_\sigma]$、$[s_\tau]$——正应力和切应力条件下零件的许用安全系数,它们可由机械设计手册查取。

1)屈服极限　对于承受单向拉应力或切应力并以塑性变形或韧性断裂为主的零件,常以屈服极限 σ_s或 τ_s作为强度指标。根据受载分析算得的零件最大应力 σ_{max}或 τ_{max},以及查阅机械设计手册得到的许用安全系数[s](轧制钢和锻造钢零件一般取[s]=1.2~2.2,铸钢件一般取[s]=1.6~3.0),然后按式(15.1)算出 σ_{lim}或 τ_{lim}即为材料要求的 σ_s或 τ_s。

对于承受弯曲载荷或扭转载荷的零件,因其表面应力最大,心部应力趋于零,故要求零件表面有一定的屈服极限,而对零件心部的屈服极限不应有过高的要求。

2)抗拉强度　对于承受三向拉应力或单向拉应力并以脆性断裂为主的零件,常以抗拉强度 σ_b作为强度指标。根据受载分析算得的零件最大应力 σ_{max},以及查阅机械设计手册得到的[s](钢件一般取[s]=2.0~2.5,铸铁件一般取[s]=4),然后按式(15.1)算出 σ_{lim}即为材料

要求的 σ_b。

对于两向应力或三向应力的零件，如预紧螺栓、转轴、过盈联接的包容体和被包容体，具有内压的厚壁圆筒等，则应根据强度理论先算得当量应力 σ_e（表 15.2），然后根据强度条件计算材料要求的 σ_b。

表 15.2　根据强度理论计算当量应力 σ_e

强度理论	适用材料	已知主应力 $\sigma_1>\sigma_2>\sigma_3$	已知正应力 σ 和切应力 τ
最大主应力理论	脆性材料	$\sigma_e=\sigma_1$	$\sigma_e=0.5\sigma+0.5\sqrt{\sigma^2+4\tau^2}$
最大剪应力理论	塑性材料	$\sigma_e=\sigma_1-\sigma_3$	$\sigma_e=\sqrt{\sigma^2+4\tau^2}$
最大形变能理论	塑性材料	$\sigma_e=\sqrt{0.5[(\sigma_1-\sigma_2)^2+(\sigma_2-\sigma_3)^2+(\sigma_3-\sigma_1)^2]}$	$\sigma_e=\sqrt{\sigma^2+3\tau^2}$

(2) 疲劳极限

在循环应力（$N>10^4$）作用下，零件的失效形式主要是疲劳断裂，其材料要求的力学性能指标是疲劳极限 σ_{-1}、σ_N 或 τ_{-1}、τ_N。σ_{-1}、τ_{-1} 适用于硬度小于 350 HB、$\sigma_b<1\ 300$ MPa 的中低强度钢和铸铁，σ_N、τ_N 适用于硬度大于 350 HB、$\sigma_b>1\ 300$ MPa 的高强度钢和有色合金。

对于对称循环应力作用下的无缺口圆柱零件，可根据零件的最大应力 σ_{max} 或 τ_{max} 及许用安全系数 $[s]$，并按疲劳强度条件（式（15.2））算得的材料极限应力 σ_{lime} 或 τ_{lime} 即为材料要求的 σ_{-1} 或 τ_N。但是，对于非对称循环应力作用下的实际零件，一般不能按此疲劳强度条件直接算出材料要求的疲劳极限，而应依据机械设计学的相关算法进行计算（详见机械设计学），即

$$\sigma_{max}\leqslant[\sigma]=\sigma_{lim}/[s_\sigma]\qquad\sigma_{lim}\geqslant\sigma_{max}[s_\sigma]$$

$$\text{或}\ \tau_{max}\leqslant[\tau]=\tau_{lim}/[s_\tau]\qquad\tau_{lim}\geqslant\tau_{max}[s_\tau]\tag{15.2}$$

应当指出，由于金属的 σ_{-1}、σ_N、τ_{-1} 与 σ_b 之间有一定的比例关系，并拉伸试验比疲劳试验简便，故可以 σ_b 作为非重要疲劳零件材料的性能指标。金属的疲劳极限与抗拉强度之间的关系为：中低强度钢的 $\sigma_{-1}=0.45\sigma_b$、$\tau_{-1}=0.26\sigma_b$，灰铸铁的 $\sigma_{-1}=0.4\sigma_b$，高强度钢的 $\sigma_N<0.5\sigma_b$（一般取 σ_N 为 700～800 MPa），有色合金的 $\sigma_N=0.3\sim0.4\sigma_b$。

(3) 硬度

对于以表面接触疲劳或磨损为主要失效形式的零件和工具，提高表层硬度，能有效地提高其表面接触疲劳抗力或耐磨性，故常以硬度 HB、HRC 等作为这类零件和工具的性能指标。

1) 表面接触疲劳零件的表面硬度　根据机械设计学，表面接触疲劳零件应满足下列接触疲劳强度条件（式（15.3）），即

$$\sigma_H\leqslant[\sigma_H]=\sigma_{Hlim}Z_N/[s_H]_{min}\qquad\text{或}\qquad\sigma_{Hlim}\geqslant\sigma_H[s_H]_{min}/Z_N\tag{15.3}$$

式中　σ_H——最大接触压应力；

$[\sigma_H]$——许用接触疲劳应力；

σ_{Hlim}——在使用寿命期内的失效率为 1% 时，材料的表面接触疲劳极限应力即材料的表面接触疲劳强度；

$[s_H]_{min}$——接触疲劳强度的最小许用安全系数，可根据使用寿命期内预定的失效率按表 15.3 查取；

Z_N——接触疲劳寿命系数即使用寿命对接触疲劳强度的影响系数，可根据零件接触应力循环次数 N 按图 15.1 查取。

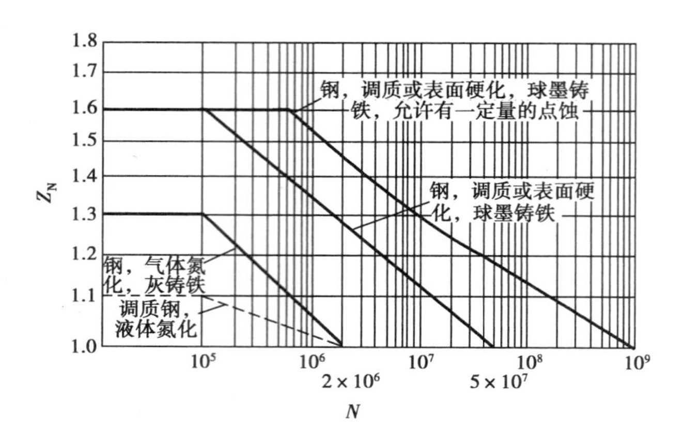

图 15.1　接触疲劳寿命系数 Z_H

表 15.3　许用最小安全系数 $[s_H]_{min}$

失效概率	$[s_H]_{min}$
≤1/10 000	1.5
≤1/1 000	1.25
≤1/100	1.00
≤1/10	0.851

注:点蚀前可能先出现表面塑性变形。

根据受力分析算得的 σ_H(详见机械设计学),查表 15.3 得到的 $[s_H]_{min}$,查图 15.1 得到的 Z_N,并按式(15.3)算得零件材料要求的表面接触疲劳强度 σ_{Hlim},然后根据此 σ_{Hlim},由表 15.4 查取相应的表面硬度。

表 15.4　接触疲劳强度与表面硬度、材料、热处理的关系

σ_{Hlim}	表面硬度 HB 或 HRC	材　料	热处理	心部硬度 HB 或 HRC
300 ~ 450	140 ~ 270	灰铸铁	—	—
400 ~ 600	150 ~ 300	球墨铸铁	调质、正火	—
430 ~ 575	130 ~ 300	碳素调质铸钢	调质	—
480 ~ 625	130 ~ 300	碳素调质钢	调质、正火	—
530 ~ 750	200 ~ 360	合金调质铸钢	调质	—
625 ~ 850	200 ~ 360	合金调质钢	调质	—
1 000 ~ 1 250	40 ~ 58HRC	调质钢	调质 + 表面淬火	22 ~ 28HRC
1 150 ~ 1 400	650 ~ 850HV	渗氮钢	调质 + 气体渗氮	28 ~ 32HRC
1 400 ~ 1 550	58 ~ 62HRC	渗碳钢	渗碳淬火	33 ~ 45HRC

2)摩擦零件的硬度　一般而言,滑动摩擦件的氧化磨损难以完全避免,但应尽力避免危害严重的黏着磨损和磨粒磨损。据此,确定摩擦件硬度时可考虑下列因素。

①减小黏着磨损　由于摩擦件的布氏硬度值大于三倍接触压力应力时,黏着磨损急剧降低,且摩擦件的硬度越高其耐磨性越好。因此,摩擦件的布氏硬度值通常取接触压应力的 4 ~5 倍。

②减小磨粒磨损　对于存在磨粒磨损的摩擦件，其表面硬度为磨粒硬度 1.3 倍时，可使磨粒磨损降至很小，故其表面硬度取磨粒硬度的最大值。

综合上述两种因素，取两者硬度的最大值。

此外，在规范的淬火回火条件下及一定硬度范围内（22 ~ 66 HRC），由于钢的硬度与 σ_s、σ_b成正比（如 σ_b = 3.5 HB），与 δ、ψ、α_k成反比，且硬度测量简便，基本不损坏零件。对于要求以强度作为性能指标的非重要零件，可通过计算或查表将强度 σ_s、σ_b换算成硬度 HB 或 HRC 作为零件的性能指标。

应当指出，塑性和韧性好的材料，因塑性变形量大而能降低应力集中，故能提高缺口零件的疲劳抗力、抗脆断能力和抗冲击断裂能力。因此，对带缺口零件、偶然过载或承受冲击载荷的零件和工具，还应根据经验对其塑性和韧性提出一定要求，并适当降低强度或硬度，以使零件和工具的强度、硬度与塑性、韧性合理配合。

某些零件和工具除要求力学性能外，还要求其他性能，如耐蚀性、电导性、抗磁化性等，在确定性能要求时也应予以考虑。

15.2.3　选择材料

重要零件和关键零件的选材过程为：初选材料、装机试验和终选材料。

（1）初选材料

初选材料时，根据零件与工具的种类、使用性能及其指标，并结合对工艺性和经济性的考虑，借助材料手册选择能满足使用性能要求的材料和热处理方法。机械零件和工具选择的材料通常是钢，选用钢和最终热处理的思路如下。

1）选择钢的种类　钢分为结构钢和工具钢两大类。结构钢的种类有调质钢、渗碳钢、弹簧钢、轴承钢、碳素结构钢、低合金结构钢、冷冲压钢等；工具钢有冷作模具钢、热作模具钢、刃具钢、高速钢等。

机械零件用钢一般在结构钢中选择。根据机械零件的种类和力学性能指标选择结构钢的种类和最终热处理方法。工具用钢一般在工具钢中选择。根据工具的种类和性能要求选择工具钢的种类和最终热处理方法。

2）选择碳钢或合金钢　每一种类的钢一般还分为碳钢和合金钢，故还应在所选钢的种类中考虑选择碳钢或合金钢及其牌号。在选择碳钢或合金钢时，应考虑下列因素。

①零件的截面大小　在同一种钢和相同热处理的条件下，随着钢的截面尺寸增大，钢的力学性能降低，这种现象称为尺寸效应。表 15.5 是几种钢的尺寸效应对调质后力学性能的影响。表 15.6 是几种钢的尺寸效应对淬火硬度的影响。由表 15.5 和表 15.6 可见，钢的尺寸效应与其淬透性有关，淬透性高的钢（如合金钢）尺寸效应不太明显，而淬透性低的钢（如碳钢）尺寸效应较明显。

因此，在选择钢时，不能仅凭材料手册上的性能数据（手册上所列的性能数据是对小截面试样而言）进行选择，还应考虑零件的截面大小对热处理后力学性能的影响。一般而言，小截面零件可选择淬透性较低的碳钢，大截面零件宜选择淬透性较高的合金钢，截面尺寸越大的零件，应选择淬透性越高、含合金元素越多的合金钢。

表 15.5 钢的尺寸效应(调质后)

钢号	截面尺寸 ϕ25 ~ 30 mm				截面尺寸 ϕ100 mm			
	σ_s/MPa	σ_b/MPa	$\psi\times100$	a_k/(J·cm^{-2})	σ_s/MPa	σ_b/MPa	$\psi\times100$	a_k/(J·cm^{-2})
40、45、40Mn、45B	400 ~ 600	600 ~ 800	50 ~ 55	80 ~ 100	300 ~ 400	500 ~ 700	40 ~ 50	40 ~ 50
30CrMnsi 37CrNi3 35CrMoV 18Cr2Ni4WA 25Cr2Ni4WA	900 ~ 1 000	1 000 ~ 1 200	50 ~ 55	80 ~ 100	800 ~ 900	1 000 ~ 1 200	50 ~ 55	80 ~ 100

表 15.6 淬火硬度与尺寸效应

钢号及热处理 \ 截面尺寸/mm 淬火硬度/HRC		<3	4 ~ 10	11 ~ 20	21 ~ 30	31 ~ 50	51 ~ 80	81 ~ 120
15	渗碳水淬	59 ~ 65	58 ~ 65	58 ~ 65	58 ~ 65	58 ~ 62	50 ~ 60	—
35 钢	水淬	45 ~ 50	45 ~ 50	45 ~ 50	35 ~ 45	30 ~ 40	—	
45 钢	水淬	54 ~ 59	50 ~ 58	50 ~ 55	48 ~ 52	45 ~ 50	40 ~ 45	25 ~ 35
45 钢	油淬	40 ~ 45	30 ~ 35	—	—	—	—	—
T8 钢	水淬	60 ~ 65	60 ~ 65	60 ~ 65	60 ~ 52	56 ~ 52	50 ~ 55	40 ~ 45
T10 钢	碱淬	61 ~ 64	61 ~ 64	61 ~ 64	60 ~ 62	—	—	—
20Cr	渗碳油淬	60 ~ 65	60 ~ 65	60 ~ 65	60 ~ 65	56 ~ 62	45 ~ 55	—
40Cr	油淬	50 ~ 60	50 ~ 55	50 ~ 55	45 ~ 50	45 ~ 50	35 ~ 40	—
35SiMn	油淬	48 ~ 53	48 ~ 53	48 ~ 53	40 ~ 45	40 ~ 45	35 ~ 40	—
65SiMn	油淬	58 ~ 64	58 ~ 64	50 ~ 60	48 ~ 55	40 ~ 45	40 ~ 45	35 ~ 40
GCr15	油淬	60 ~ 64	60 ~ 64	60 ~ 64	58 ~ 63	52 ~ 62	48 ~ 50	—
CrWMn	油淬	60 ~ 65	60 ~ 65	60 ~ 65	60 ~ 65	60 ~ 64	58 ~ 62	56 ~ 60

②工具和耐磨零件的耐磨性要求　钢的碳含量和合金元素含量越高,淬火低温回火后钢的硬度和耐磨性越高,因此,对于要求耐磨的工具和零件,应按其耐磨性要求选择碳钢或合金钢。

③工具的热硬性和抗热疲劳性要求　随着切削速度或被切削材料硬度的提高,切削刀具不仅要求高的耐磨性,还要求高的热硬性。因此,切削刀具应按耐磨性和热硬性要求选择碳钢或合金钢。

热作模具不仅要求较高的热硬性,还要求较高的抗热疲劳性。因此,热作模具应按其热硬性和抗热疲劳性要求,选择不同合金元素含量的热作模具钢。

初选材料时,一般考虑几种材料方案,供装机试验和终选之用。

(2)装机试验与终选材料

材料的力学性能,一般是通过规定的力学性能试验(如拉伸试验、扭转试验、冲击试验等)测定的,而实际零件的形状、尺寸,以及受力状况与试样的形状、尺寸和试验时的受力状况往往存在差异,故还要将初选的材料制成零件进行装机试验或模拟试验,以检验材料和最终热处理是否满足零件的使用要求。当其中某一种材料的性能满足零件的使用要求,且材料的工艺性和经济性好时,即可确定该材料为终选材料。反之,若所有初选材料的装机试验均早期失效,则应对其进行失效分析,找出失效原因,为重新选材提供依据。

此外,对非重要零件和非关键零件的选材,一般可根据零件的种类和性能指标结合材料的工艺性和经济性,借助材料手册或依据生产经验直接选材,而不需要装机试验和模拟试验。在实际生产中,对常用的机械零件和工具(如轴、齿轮、弹簧、模具、刀具等),也往往通过与类似的零件或工具比较,依据材料手册或技术资料结合生产经验直接选用材料。

思考题

15.1　简述选材的3原则。

15.2　简述选材的主要步骤。零件材料的力学性能指标有哪些?

15.3　零件的工作条件、失效形式与性能指标的关系如何?

15.4　为什么一般机械零件和工具常以硬度作为性能指标?

15.5　简述选材的思路。

第16章 机械零件的选材

16.1 机械零件的选材方法

机械零件最常用的材料是结构钢,其次是铸铁、有色合金、工具钢、塑料等。根据第15章选钢思路,机械零件的选钢方法如下。

16.1.1 选择结构钢的种类

根据机械零件的力学性能指标(HRC、σ_s、σ_b、σ_{-1}等)和种类,选择结构钢的种类及相应的最终热处理。

(1)综合力学性能良好的零件

要求良好综合力学性能(即高韧性和一定强度)的零件,如轴类零件、连杆、受力不大的齿轮等,一般要求 $\sigma_s = 430 \sim 530$ MPa、$\sigma_b = 780 \sim 960$ MPa、硬度22~28 HRC。此类零件一般选择 $w_C = 0.3\% \sim 0.5\%$ 的调质钢,最终热处理为调质或正火(韧性要求相对不高的零件)。

(2)高强度零件

要求高强度和足够韧性的零件(如压板、榔头、飞机翼梁、飞机起落架等),一般要求 $\sigma_b =$ 1 300~1 500 MPa、硬度38~45 HRC。此类零件一般选择 $w_C = 0.3\% \sim 0.5\%$ 的调质钢,最终热处理为淬火中温回火。

(3)弹性零件

要求高屈服极限或高弹性极限、高疲劳抗力和足够韧性的各类弹簧,一般要求 $\sigma_b =$ 1 400~2 000 MPa、硬度43~53 HRC。弹性零件一般选择 $w_C = 0.5\% \sim 0.75\%$ 的弹簧钢,最终热处理为淬火中温回火。对于截面直径或厚度小于6 mm的小型弹簧,可选择高强度弹簧钢丝或钢带,经冷绕或冷成形并250~280 ℃人工时效后使用。

(4)低强度零件

要求较低强度、高塑性韧性的各类非重要机械零件(如铆钉、开口销、冲模柄、摩擦离合器等),以及工程构件(如建筑、石化、铁路、桥梁、船舶、机车车辆、压力容器、农机等领域的各类构件)，一般要求 σ_s =195 ~390 MPa、σ_b =315 ~650 MPa，常选择碳素结构钢和低合金结构钢而不需热处理。

(5)滚动轴承

要求高接触疲劳抗力和高耐磨性的滚动轴承，一般要求硬度61 ~63 HRC。对于小型滚动轴承，一般选择 w_C =1.0%的轴承钢，最终热处理为淬火低温回火；对于大型滚动轴承(如机车用滚动轴承)，一般选择 w_C =0.15% ~0.25%的合金渗碳钢，最终热处理为渗碳淬火低温回火。

(6)耐磨零件

要求高耐磨性的机械零件，通常要求硬度58 ~64 HRC，常选择 w_C ≥0.8%的工具钢，最终热处理为淬火低温回火。

(7)表硬心韧零件和抗接触疲劳零件

要求表面硬度高、心部综合力学性能或强韧性好的零件和抗接触疲劳零件，如机床齿轮、汽车和拖拉机齿轮、工程机械齿轮、精密机床主轴等，其表面硬度分别为54 ~58 HRC、58 ~62 HRC或850 ~1 000 HV，心部性能相应为 σ_b =780 ~960 MPa硬度22 ~28 HRC、σ_b =1 000 ~1 600 MPa硬度35 ~48 HRC或 σ_b =900 ~1 000 MPa硬度28 ~32 HRC。

对于表面硬度为54 ~58 HRC、心部硬度为22 ~28 HRC(综合力学性能好)的零件，选择 w_C =0.3% ~0.5%的调质钢，最终热处理为调质和表面淬火低温回火。对于表面硬度为58 ~62 HRC、心部硬度为35 ~48 HRC(强韧性好)的零件，选择 w_C =0.15% ~0.25%的渗碳钢，最终热处理为渗碳和淬火低温回火。对于表面硬度为850 ~1 000 HV、心部硬度为28 ~32 HRC的零件，选择 w_C =0.3% ~0.5%的渗氮钢，最终热处理为调质和气体渗氮。

16.1.2　选择碳钢或合金钢

同一种类钢中包括若干牌号的碳钢和合金钢，从中选择碳钢或合金钢及其牌号时，主要考虑下列因素。

(1)零件的截面尺寸对钢的淬透性要求

多数机械零件主要依据其截面尺寸对钢的淬透性要求，选择碳钢或合金钢及其牌号。常用钢的临界淬透直径见附录表Ⅳ.1。

对于截面性能要求均匀一致的淬透零件，应选择临界淬透直径 D_c 大于等于零件截面尺寸的钢，以保证淬火回火的零件截面获得均匀的组织和一致的性能。截面尺寸较小(<15 mm)的淬透零件一般选择碳钢，截面尺寸较大(>20 mm)的淬透零件一般选择淬透性较好的合金钢，淬透零件的截面尺寸越大，则选择合金元素含量越多和淬透性越好的合金钢。常用淬透零件的钢种选用，见表16.1。

对于某些不要求淬透的零件(如承受弯曲载荷、扭转载荷的轴类零件)，选择能使淬硬层深度为零件半径的1/3 ~1/2的钢即可。对于某种不需要淬火的零件，可选择淬透性差的碳钢或碳素结构钢。

表 16.1　常用淬透零件的钢种选用

零件种类及性能要求	钢的 $w_C \times 100$ 和种类	最　终 热处理	零件截面尺寸/mm	一般用钢
综合力学性能好(22 ~ 28 HRC)的零件	0.3～0.5 调质钢	调质	<15	45
高强度(38 ~ 45 HRC)零件		淬火中温回火	20～40	40Cr、40MnB 40Mn2、42SiMn、40MnVB
表面高硬度(54 ~ 58 HRC)、心部综合力学性能好(22 ~ 28 HRC)的零件		调质和表面淬火低温回火	40～60 60～100	40CrNi、40CrMn 35CrMo、30CrMnSi 40CrNiMoA、40CrMnMo
表面高硬度(85 ~ 1 000 HV)、心部综合力学性能好(28 ~ 32 HRC)的零件		调质和渗氮	<60	38CrMoA1A
表面高硬度(58 ~ 62 HRC)、心部强韧性好(35 ~ 48 HRC)的零件	0.15～0.25 渗碳钢	渗碳和淬火低温回火	<15 15～25 25～50 50～100	20 20Cr、20CrV、20MnV 20CrMnTi、20Mn2 20Mn2B、20MnVB 20Cr2Ni4、18Cr2Ni4WA 20CrNi3
弹簧,高强度(43 ~ 53 HRC)	0.5～0.7 弹簧钢	淬火中温回火	<15 15～25 25～40	70、65Mn 60Si2Mn、55Si2Mn、55SiMnVB 55SiMnMoV
	高强度弹簧钢钢丝、钢带	250～280 ℃ 人工时效	<6 (小型弹簧)	高强度弹簧钢丝、钢带
滚动轴承,高接触疲劳抗力、高硬度(62 HRC)	0.95～1.05 滚动轴承钢	淬火低温回火	直径 = 10 ~ 20 mm 的钢球	GCr9
			直径 < 50 mm 的钢球,壁厚 ≈ 20 mm 套圈	GCr15
			直径 = 50 ~ 100 mm 钢球,壁厚 > 30 mm 的套圈	GCr15SiMn

续表

零件种类及性能要求	钢的 $w_C \times 100$ 和种类	最 终 热处理	零件截面尺寸/mm	一般用钢
耐磨零件，高硬度（58 ~ 64 HRC）、高耐磨	>0.8 工具钢	淬火低温回火	<15 20 ~ 50 50 ~ 100	T10A、T8A 9Mn2V、CrWMn、MnCrWV 9CrWMn、Cr2 Cr6MV、Cr12Mov、Cr4W2Mov

(2)零件的淬火变形和淬火开裂

对于淬火易变形、易开裂或要求淬火变形小的小截面零件（如细长件、薄板件、带缺口零件或精密零件等），虽然选用碳钢也能淬透，但碳钢零件水淬时易于变形或开裂，故宜选择淬透性好、淬火变形小的合金钢，并采用油淬或分级淬火，以减小零件的淬火变形，或防止零件的淬火开裂。

(3)耐磨零件应考虑钢的耐磨性

高耐磨零件常选用高碳工具钢并经淬火低温回火获得高硬度后使用。工具钢的耐磨性除与其硬度有关外，还与钢中合金元素的种类和含量有关。一般而言，在相同硬度条件下，钢中Cr、Mo、W、V等元素的含量越多，其耐磨性越高。故合金工具钢的耐磨性高于碳素工具钢，合金工具钢中上述合金元素越多，其耐磨性越高。因此，应根据耐磨件的耐磨性要求选择碳工钢或合金工具钢及其牌号。

此外，某些机械零件除要求力学性能外，还要求某些特殊性能（如耐蚀性等），故应选择具有相应特殊性能的钢（如铬不锈钢等）

16.2 传动零件的选材

常见的机械传动零件有齿轮、蜗杆与蜗轮、螺杆与螺母等。

16.2.1 齿轮的选材

齿轮是应用很广的传动零件，常用齿轮有机床齿轮、汽车拖拉机齿轮、工程机械齿轮、仪表齿轮等。

(1)工作条件、失效形式和性能要求

齿轮的作用是传递转矩，变速或改变传力方向。

齿轮的工作条件是：传递转矩时，齿根承受较大的循环弯曲载荷；循环啮合时，齿面承受较大的循环接触应力；换挡、启动或啮合不均匀时，轮齿承受较大的冲击载荷。因此，齿轮的主要失效是齿根发生疲劳断裂或冲击过载断裂，齿面发生接触疲劳。

由上述分析可知，齿面要求较高的接触疲劳强度，齿根要求较高的弯曲疲劳强度，齿心要求较高的韧性和强度。接触疲劳强度 σ_{Hlim} 可由式（15.3）计算得到。

(2)齿轮的常用材料

用做齿轮的材料主要是钢(调质钢、渗碳钢),其次是铸铁(灰铸铁、球墨铸铁)、有色合金,工程塑料的应用也日见增多。钢齿轮的毛坯可由锻造、铸造或焊接得到,也可直接采用棒料。锻造齿轮毛坯应用最多,铸造齿轮毛坯多用于大尺寸、形状复杂和受力不大的齿轮,棒材用做尺寸不大的齿轮,焊接齿轮毛坯用做单件生产的大尺寸的齿轮。

1)钢　钢齿轮通过不同的热处理可获得不同的齿面硬度,硬度小于等于 350 HB 的齿面称为软齿面,硬度大于 350 HB 的齿面称为硬齿面。

软齿面齿轮常采用调质钢,其热处理为调质或正火。调质齿轮的强度、韧性和齿面硬度高于正火齿轮,正火齿轮主要用于尺寸较大和不太重要的齿轮。硬齿面齿轮常采用调质钢、渗碳钢、渗氮钢,其相应的热处理为调质表面淬火低温回火、渗碳淬火低温回火、调质渗氮。

此外,由于配对齿轮中的小齿轮工作条件比大齿轮差,因此为了使配对齿轮寿命相近,应注意配对齿轮的齿面硬度组合。通常,软齿面直齿圆柱齿轮配对时,小齿轮的齿面硬度应比大齿轮高 20 ~25 HB;软齿面斜齿或人字齿轮配对时,小齿轮齿面硬度应比大齿轮高 30 ~ 50 HB。硬齿面齿轮配对时,配对齿轮的齿面硬度可以大致相同。

2)铸铁　灰铸铁价廉、易切削,但力学性能差,故主要用于形状复杂、尺寸大、受力不大的齿轮。球墨铸铁经热处理后,其强度与调质钢相近,故常用于形状复杂、尺寸大、受力相对较大的齿轮。

3)有色合金　锡青铜、铝青铜、铍青铜、硬铝、超硬铝等有色合金,主要用于仪器、仪表中微型轻载齿轮或耐蚀轻载齿轮。

4)塑料　用做齿轮的塑料有布胶木、聚酰胺、聚氯乙烯、尼龙等。塑料具有自润滑性好、质轻、噪声低、耐腐蚀等优点,但也具有强度低、易变形、热膨胀系数大等缺点。因此,塑料常用做纺织机械、家用机械、精密仪器的齿轮。

(3)选材与最终热处理

不同用途的齿轮,因其工作条件和性能要求不同,应选择不同的材料和最终热处理方法。因此,选材时不仅要考虑齿面的接触疲劳强度和齿根的弯曲疲劳强度,还要考虑齿轮的精度、圆周速度和冲击载荷大小。齿轮的精度和圆周速度越高,则齿面的硬度要求越高;承受的冲击载荷越大,则齿心的强韧性要求越高。

为此,常用齿轮的选材和最终热处理,主要依据齿面接触疲劳强度 σ_{Hlim}、冲击载荷,以及齿轮的精度和圆周速度来确定,见表 16.2。在选用具体钢种和牌号时,还需考虑齿轮截面大小和淬火变形要求。小截面齿轮和不易淬火变形的齿轮,可选用碳钢或含合金元素少的合金钢;大截面齿轮和易淬火变形齿轮,应选用合金钢或含合金元素多的合金钢。

1)机床齿轮　普通机床齿轮工作条件的特点是:承载不很大,其齿面接触疲劳强度小于 730 MPa 或小于 420 MPa;运转速度中速且较平稳;无强烈冲击载荷,一般为中、小冲击载荷。根据表 16.2 可知,普通机床齿轮一般选用调质钢,大截面的齿轮应选用合金调质钢,小截面的齿轮可选用 45 钢,并经调质或调质齿面表面淬火后使用。

表16.2　常用齿轮的选材和热处理技术条件

精度	齿轮圆周速度/(m·s^{-1})	齿面接触疲劳强度/MPa	冲击载荷	常用钢种	热处理技术条件	应用范围举例
6	高速 10~15	<875	中 小	20GrMnTi、20CrMnMo 20CrMnTi、20Mn2B	齿面渗碳、整体淬火低温回火、齿面硬度58~62 HRC	精密机床主轴传动齿轮、传动链最后一对齿轮、走刀齿轮;精密分度传动齿轮;变速箱高速齿轮;齿轮泵齿轮
		<500	中	20CrMnTi、20Cr 20Mn2B		
			小	38CrMoA1A、35CrMo	调质和齿面渗氮	
7	中速 6~10	<1 050	大 中	20CrMnTi、20Cr 20Cr 20Mn2B	齿面渗碳、整体淬火低温回火,齿面硬度58~62 HRC	普通机床变速箱齿轮和进给箱齿轮 切齿机、铣床、螺纹机床的分度机构的变速齿轮 汽车、拖拉机、内燃机车中较重要变速齿轮 一般用途的减速器齿轮 起重机、工程机械的重要齿轮 轧钢机中的齿轮
			小	40Cr、40CrMn	调质22~28 HRC,齿面高频表面淬火低温回火54~58 HRC	
		<730	大	20Cr、20Mn2B	齿面渗碳、整体淬火低温回火,齿面硬度58~62 HRC	
			中 小	40Cr、40CrMn 45	调质22~27 HRC,齿面高频表面淬火低温回火54~58 HRC	
		<420	大 中 小	40Cr、40CrMn 45 45	调质22~28 HRC,齿面高频表面淬火低温回火54~58 HRC	

续表

精度	齿轮圆周速度/(m·s⁻¹)	齿面接触疲劳强度/MPa	冲击载荷	常用钢种	热处理技术条件	应用范围举例
8	低速 1~6	<1 450	大 中 小	20CrMnTi、20CrNi3 30CrNi3No 20Mn2B、20Cr	齿面渗碳、整体淬火低温回火，齿面硬度 58~62 HRC	普通机床中非重要齿轮 汽车、拖拉机中非重要齿轮 工程机械、矿山机械、起重机的非重要齿轮和大型重载齿轮 农机中重要齿轮 一般大模数、大尺寸齿轮
		<1 050	大	40Cr、50Mn2 37SiMn2MoV	调质 22~28HRC，齿面高频表面淬火低温回火 54~58 HRC	
			中 小	45、40Cr、50Mn2 37SiMn2MoV	调质 22~28HRC，齿面表面淬火低温回火 42~46 HRC	
		<730	大 中	40Cr、50Mn2 45、40Cr	调质 22~28HRC，齿面表面淬火低温回火 42~46 HRC	
			小	45、40Cr、50Mn2	高质 230~260 HB	
		<420	大 中	40Cr、50Mn2 45、50Mn2	调质 230~260 HB	
			小	45	正火	

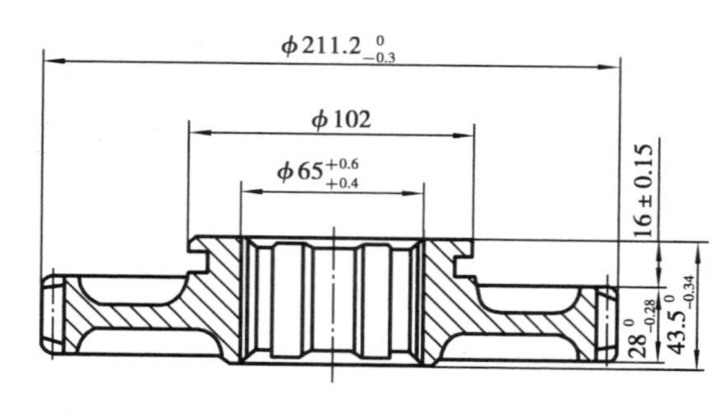

图 16.1 “解放”牌载重汽车变速箱一速齿轮简图

2)汽车、拖拉机齿轮　与机床齿轮相比，汽车、拖拉机齿轮具有工作条件恶劣、承载大，其齿面接触疲劳强度为 730~1 050 MPa；圆周速度一般为中速；冲击载荷大而频繁。根据表 16.2 可知，汽车、拖拉机齿轮一般选用渗碳钢，大截面齿轮应选含合金元素多的合金渗碳钢，小截面齿轮可选含合金元素少的合金渗碳钢甚至碳素渗碳钢，经齿面渗碳淬火低温回火后使用。

例如：“解放”牌载重汽车变速箱一速齿

轮(图 16.1),其精度为 7 级,齿轮的圆击速度约 7 m/s,齿面的接触疲劳强度约为 780 MPa,冲击载荷大,据此,按表 16.2 可选用 20CrMnTi 或 20Cr。又根据齿轮的截面大小和淬火变形要求,选用 20GrMnTi 钢经齿面表面渗碳、淬火低温回火,其齿心和齿根有更高的强韧性,采用分级淬火使其淬火变形更小,故宜选用 20GrMnTi 钢。

3)其他齿轮　对于仪器、仪表中的微型轻载齿轮或耐蚀轻载齿轮,常选用有色合金或塑料制造。对于某些轻载、低速、不受冲击载荷的不重要大齿轮,可选用灰铸铁或球墨铸铁制造。

16.2.2　蜗杆与蜗轮的选材

由蜗杆和蜗轮组成的蜗杆传动机构,用以传递两交错轴(两轴交角一般为 90°)之间的运动和动力。在蜗杆传动中,通常蜗杆是主动件、蜗轮是从动件,从而起到减速作用。蜗杆传动具有传动平稳、传动比大等优点,同时,也具有传动效率低,不宜传递很大功率(一般小于 60 kW,最大不超过 750 kW),不宜做长期持续运转等缺点。蜗杆传动在机床、矿冶机械、起重机械、船舶等传动系统中得到较广泛应用。

(1)工作条件、失效形式及性能要求

蜗杆传动机构工作时,蜗杆与蜗轮的齿面承受循环接触应力,齿根承受循环弯曲应力,蜗杆与蜗轮的齿面之间因相对滑动速度大而产生很大的摩擦力。由此,蜗杆传动的失效主要是齿面的磨损和黏着,其次是齿面接触疲劳、齿根弯曲疲劳。因此,蜗杆与蜗轮的齿面应有良好的抗黏着性、减摩性、耐磨性和磨合性,蜗杆与蜗轮还应有足够的强度。

(2)选材与最终热处理

为了满足上述性能要求,蜗杆材料与蜗轮材料应合理配对,并各自应有足够的强度。与蜗轮相比,由于蜗杆齿数少、工作长度长、受力次数多,故蜗杆材料的力学性能应高于蜗轮材料的力学性能,因此,用淬硬的钢蜗杆与铸青铜或铸铁蜗轮配对较好。

1)蜗杆的常用材料　蜗杆的常用材料主要有调质钢和合金渗碳钢,并需经一定的热处理使齿面达到一定硬度。蜗杆的常用材料、热处理及齿面硬度、齿面粗糙度及适用条件见表 16.3。由表可见,不重要、低速传动的蜗杆,用 45 钢调质处理;高速、重载、载荷平稳的蜗杆,用调质钢调质表面淬火处理;高速、重载、载荷变化大的蜗杆,用合金渗碳钢渗碳淬火处理。

表 16.3　蜗杆的常用材料、热处理、齿面粗糙度和适用条件

材料牌号	热处理及齿面硬度	适用条件	齿面粗糙度 R_a/μm
20Cr 20CrMn 20CrNi 20CrMnTi 12CrNi3A	渗碳淬火低温回火,58~62 HRC	重要、高速,中、大功率	1.6~0.8
45 40Cr 42SiMn 40CrNi 42CrMo 37SiMn2MoV	调质表面淬火低温回火,45~55 HRC	较重要,高速,中、大功率	1.6~0.8
45	调质,<270 HB	不重要,低速,中、小功率	6.3

2)蜗轮的常用材料　蜗轮的常用材料主要有铸造青铜和铸铁。蜗轮的常用材料、力学性能和适用条件见表16.4。铸锡青铜有良好的减摩性、耐磨性、抗黏着性,但价格贵,主要用于相对滑动速度 $v_s>5$ m/s 的蜗轮;铸铝铁青铜有较高的强度,但减摩性和抗黏着性较差,主要用于 $v_s<6$ m/s 的蜗轮;灰铸铁有一定的减摩性、耐磨性,但抗黏着性和强度差,主要用于 $v_s<2$ m/s、轻载的蜗轮。

表16.4　蜗轮的常用材料、力学性能和适用条件

材料牌号		铸造方法	力学性能		适用条件	
			$\sigma_{0.2}$	σ_b	滑动速度 $v_s/(m\cdot s^{-1})$	其他条件
铸锡青铜	ZCuSn10Pb1	砂模 金属模	130 170	220 310	≤12 ≤25	稳定载荷,轻、中、重载
	ZCuSn5Pb5Zn5	砂模 金属模	90 100	200 250	≤10 ≤12	稳定载荷,重载,不大冲击载荷
铸铝铁青铜	ZCuAl10Fe3	砂模 金属模	180 200	490 540	≤6	重载,过载和较大冲击载荷
	ZCuAl10Fe3Mn2	砂模 金属模	— —	490 540	≤6	稳定载荷,无冲击载荷,轻载和中载
灰铸铁	HT150 HT200 HT250	砂模	— — —	150 200 250	≤2	稳定载荷,无冲击塔荷,轻载

对于蜗杆选材,主要根据传动功率、蜗杆转动速度及重要性,按表16.3选择材料和热处理及齿面硬度;对于蜗轮选材,主要根据齿面滑动速度、载荷情况,按表16.4选择材料。

16.2.3　螺旋副的选材

由螺杆与螺母组成的螺旋传动机构(螺旋副),常用于将回转运动转变为直线运动。它具有传动均匀、准确、平稳、结构紧凑等特点。

按螺旋副的用途不同,螺旋传动可分为以下三类:

①传力螺旋　主要用于传递动力,如螺旋起重器、螺旋压力机等。

②传导螺旋　主要用于传递运动,如机床刀架的进给机构等。

③调整螺旋　主要用于调整、固定零件间的相对位置,如机床夹具、仪器和测量装置中的调整机构等。

(1)工作条件、失效形式及性能要求

螺旋副工作时,螺杆和螺母承受转矩和轴向压力,螺旋副的螺纹表面承受很大的摩擦力而产生强烈的摩擦。据此,螺旋副的主要失效是螺纹摩损,其次是螺牙断裂、螺杆断裂、长螺杆受压失稳等。因此,螺旋副的螺纹应有低的摩擦系数和高的耐磨性,螺杆应有较高的强度和刚度。

(2)选材与热处理

为了满足螺旋副的上述性能要求,螺杆的常选材料主要是钢,螺母的常选材料主要是铸造铜合金或铸铁。

1)螺杆的常用材料　螺杆的常用材料主要有调质钢、渗碳钢、工具钢等,并经热处理提高其强度和螺纹耐磨性。螺杆的常用材料、热处理及适用条件见表 16.5。

表 16.5　螺杆的常用材料、热处理及适用条件

材料牌号	热处理及硬度	适用条件
Q275	—	不重要的螺旋传动,耐磨性不高
45　50	调质,硬度 22 ~ 28 HRC	
T10、T12	调质,硬度 24 ~ 28 HRC	重要的螺旋传动,耐磨性高
40Cr　40CrMn	调质(24 ~ 28 HRC)低温碳氮共渗	
18CrMnTi	渗碳淬火低温回火,56 ~ 62 HRC	
CrWMn　9Mn2V	淬火低温回火,52 ~ 56 HRC	精密传导螺旋,耐磨性高,尺寸稳定性好

2)螺母的常用材料　螺母材料应具有小的摩擦系数和较高的耐磨性。螺母的常用材料、性能特点、适用条件见表 16.6。

表 16.6　螺母的常用材料、性能特点及适用条件

材　料	性能特点	适用条件
铸锡青铜　ZCuSn10Pb1 ZCuSn5Pb5Zn5	减摩性好、耐磨性好	一般用途的螺旋螺母
铸铝铁青铜　ZCuAl10Fe3 铸黄铜　ZCuZn25Al6Fe3Mn3	强度高、减摩性较好、耐磨性较好	重载低速传力螺旋螺母
球墨铸铁　35 钢	强度高	重载调整螺旋螺母
耐磨铸铁	强度低	轻载低速螺旋螺母

螺杆和螺母选材时,可根据工作条件、性能要求分别按表 16.5 和表 16.6 选用。

(3)机床丝杠的选材

丝杠是机床进给机构和调节移动机构的主要零件,它的精度直接影响产品的加工精度。丝杠的失效主要是磨损和变形,磨损和变形使丝杠丧失精度。因此,丝杠要求较高的强度、刚度、耐磨性和精度保持性。

通常,7 级和 7 级以下精度的普通丝杠一般选用 45、30Cr 等钢制造,最终热处理为调质(24 ~ 28 HRC)或正火,然后低温碳氮共渗,以提高耐磨性。6 级和 6 级以上精度的精密丝杠,选用 9Mn2V 或 CrWMn 钢制造,最终热处理为淬火低温回火(52 ~ 56 HRC)或选用 38CrMoAlA 渗氮钢调质(28 ~ 32 HRC)后渗氮处理。

16.3 轴弹簧和机架的选材

16.3.1 轴的选材

轴是用以支持传动件和传递扭矩的重要零件，它的应用十分广泛。

(1)工作条件、失效形式及性能要求

常用轴有心轴、传动轴、转轴。心轴工作时，只承受弯曲载荷或循环弯曲载荷(如机车车轮轴)；传动轴工作时，只承受扭转载荷(如汽车的传动轴)；转轴工作时，同时承受循环弯曲载荷和扭转载荷(如减速器中的齿轮轴)。此外，启动、停车、变速时，轴还承受冲击载荷，轴的某些部位(如轴颈、键槽等)承受较大的摩擦。

据此，轴的主要失效是过载断裂、疲劳断裂、冲击断裂，某些部位产生过度磨损。因此，轴应有良好的综合力学性能(高韧性和一定强度)或强韧性，以防止冲击断裂和过载断裂；某些轴还要求较高的疲劳强度，以防止疲劳断裂；轴颈、键槽等部位要求高的硬度和耐磨性，以防止磨损。

(2)选材及热处理

轴的常用材料主要是调质钢，其次是合金渗碳钢、渗氮钢、碳素结构钢、球墨铸铁等。选材时，可根据轴的强度指标、疲劳抗力指标(或硬度指标)、冲击载荷大小及轴的重要性，截面尺寸、形状复杂程度等，按表16.7选材和最终热处理。

表16.7　轴的材料和热处理选用

轴的工作条件	材料牌号	热处理及硬度	σ_b、σ_s、σ_{-1}、τ_{-1} MPa
小载荷、小冲击载荷、不重要的轴	Q275	—	580　280　230　135
中等载荷、中等冲击载荷、较重要的轴，如一般机床齿轮箱的齿轮轴、轻型汽车的传动轴和心轴，小功率内燃机曲轴等应用最广泛的轴	45	正火170～217 HB 调质24～28 HRC (对耐磨部位表面淬火45～55 HRC)	600　355　260　150 650　360　270　155
较大载荷、中等冲击载荷、重要的轴，如机床主轴、载重汽车的传动轴，中、大功率的内燃机曲轴等	40Cr 40CrNi	调质26～32 HRC (对耐磨部位表面淬火50～56 HRC)	750　550　350　200 900　750　470　280
重载、大冲击载荷、重要的轴，如工程机械、大型起重机的轴、重型载重汽车的齿轮轴、蜗轮轴等	20Cr 20CrNi 20CrMnTi	表面渗碳淬火低温回火，表面硬度56～62 HRC，心部硬度35～45 HRC	—

续表

轴的工作条件	材料牌号	热处理及硬度	σ_b、σ_s、σ_{-1}、τ_{-1} MPa
中等载荷、小冲击载荷、高精度、高耐磨、高尺寸稳定的精密机床主轴，如座标镗床主轴	38CrMoAlA	调质28~32 HRC 表面渗氮800 HV以上	—
中、小载荷、高温、低温、强腐蚀条件下工作的轴，如某些化工设备的轴	1Cr18Ni9Ti	≤192 HB	550　220　205　120
形状复杂的柴油机曲轴，凸轮轴和要求不高的水泵轴	QT400-15 QT450-10 QT600-3	156~197 HB 170~207 HB 197~269 HB	—

(3)示例

1)示例一:C616车床主轴

C616车床主轴如图16.2所示。其工作特点是:承受中等循环弯曲载荷和中等扭转载荷，并承受一定的冲击载荷;轴颈、花键槽、大端的内锥孔和外锥面承受摩擦和磨损。

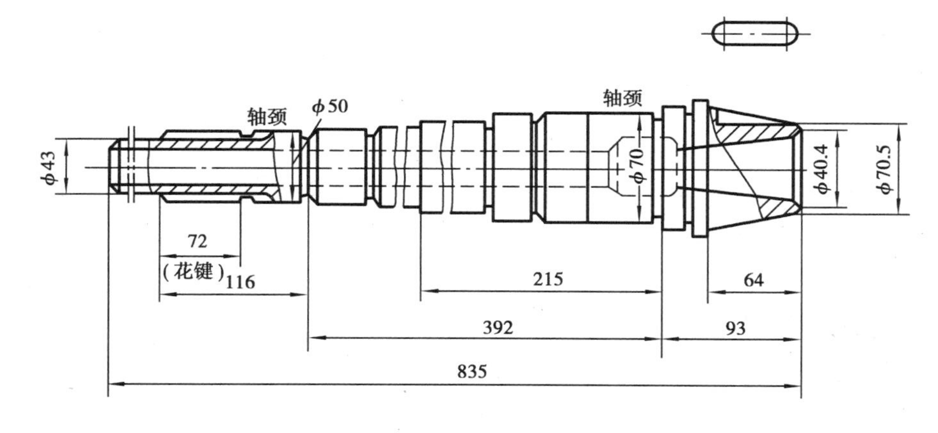

图16.2　C616车床轴简图

①失效预测　轴的台阶、沟槽因应力集中易产生弯曲疲劳和冲击断裂，轴颈、花键槽、大端的内锥孔和外锥面易产生过度磨损。

②性能要求　为了降低台阶、沟槽的应力集中敏感性，以提高轴的弯曲疲劳抗力和冲击断裂抗力，轴应具有高的韧塑性和足够的强度(即良好综合力学性能);轴颈等易磨损处应具有高的硬度和耐磨性。因此，确定该车床主轴的硬度为24~28 HRC为宜，轴颈等易磨损处的表面硬度为52~56 HRC为宜。

③选材与热处理　为了满足该轴良好综合力学性能(24~28 HRC)的要求，应选择调质钢调质处理，并对轴颈等易磨损处进行高频表面淬火，以提高其硬度和耐磨性。此外，为了使轴

的横截面性能均匀一致,根据调质轴坯的横截面或壁厚(对空心轴),宜选用合金调质钢40CrNi钢经调质处理(24~28 HRC),并对轴颈等易磨损处进行高频表面淬火低温回火(52~56 HRC)后使用。

2)示例二:座标镗床主轴

座标镗床主轴的特点是:除具有与C616车主床轴相似的工作条件外,还要求具有高的精度、尺寸稳定性和高耐磨性,即该主轴为精密机床主轴。

①失效预测　轴的台阶、沟槽因应力集中易产生弯曲疲劳,轴颈等摩擦处仅允许极小的磨损,否则难以保证机床的高精度。

②性能要求　轴应具有良好的综合力学性能,轴颈等易磨损处应具有高的硬度和耐磨性,以保证轴工作时具有高精度。因此,确定该轴易磨损处的表面硬度为850 HV以上,轴的心部硬度为28~32 HRC。

③选材与热处理　为了满足上述性能要求,该轴宜选用渗氮钢38CrMoAlA制造,经调质(28~32 HRC)处理,并对易磨损处进行气体氮化(表面硬度850 HV以上),以保证精密机床主轴的性能要求。

16.3.2　弹簧的选材

弹簧是利用材料弹性变形进行工作的弹性零件,它在机械和仪表中得到广泛应用。

(1)工作条件、失效形式和性能要求

弹簧工作时,通过弹性变形吸收震动和冲击功,以缓和所受的震动和冲击载荷,如汽车弹簧、火车弹簧等;或储存弹性能以驱动机械零件,如汽阀弹簧、仪表弹簧、钟表弹簧等。弹簧工作时,主要承受循环载荷、冲击载荷和震动。弹簧的失效主要是疲劳断裂和塑性变形失效,有时可发生冲击断裂。

依据上述分析,弹簧的使用性能是:有高的弹性极限,以提高弹簧吸收冲击功的能力和防止塑性变形失效;有高的疲劳抗力,以防止疲劳断裂;有一定的韧性,以防止冲击断裂。因此,确定弹簧的硬度为45~52 HRC,且截面性能应均匀一致。

(2)弹簧的常用材料

弹簧的常用材料及许用应力、热处理硬度、适用条件见表16.8。由表可见,常用的弹簧钢按供应状态不同分为热轧弹簧钢和高强度冷拔(轧)弹簧钢丝(带)两类。冷拔(轧)弹簧钢丝(带)是指已经过等温淬火和冷拔(轧)加工,而具有很高屈服强度的钢丝(带),故用冷拔(轧)弹簧钢丝(带)冷卷成形的弹簧不需淬火回火而只需在250~280 ℃进行去应力回火(定型处理),以稳定弹簧的几何尺寸。

冷拔碳素弹簧钢丝按其强度高低分为四个组别:Ⅰ组强度最高,Ⅱ组及$Ⅱ_a$组次之,Ⅲ组强度较低。用热轧弹簧钢制成的弹簧,则需要进行淬火中温回火,以获得要求的力学性能。

此外,还有具有某些特殊性能的弹簧材料,如耐蚀性好的某些不锈钢,导电性好的某些青铜等。

表16.8中弹簧的许用应力按材料和承载类型确定。弹簧的承载类型有三种:Ⅰ类弹簧所承受的循环载荷次数$N>10^6$,Ⅱ类弹簧所承受的循环载荷次数$N=10^3\sim10^5$或受冲击载荷,Ⅲ类弹簧所承受的循环载荷次数$N<10^3$。

表16.8　弹簧的常用材料及许用应力

<table>
<tr><th colspan="2" rowspan="2">类　别</th><th rowspan="2">牌　号</th><th colspan="3">许用切应力[τ]/($N \cdot mm^{-2}$)</th><th colspan="2">许用弯曲应力[σ]/($N \cdot mm^{-2}$)</th><th rowspan="2">推荐硬度范围/HRC</th><th rowspan="2">推荐使用温度/℃</th><th rowspan="2">特性及用途</th></tr>
<tr><th>Ⅰ类($N>10^6$)</th><th>Ⅱ类($N=10^3\sim10^5$)</th><th>Ⅲ类($N<10^3$)</th><th>Ⅱ类($N=10^3\sim10^5$)</th><th>Ⅲ类($N<10^3$)</th></tr>
<tr><td rowspan="6">常用弹簧钢</td><td>冷拔弹簧钢丝</td><td>碳素弹簧钢丝
Ⅰ、Ⅱ、Ⅱ$_a$、Ⅲ
65Mn</td><td>$0.3\sigma_B$</td><td>$0.4\sigma_B$</td><td>$0.5\sigma_B$</td><td>$0.5\sigma_B$</td><td>$0.625\sigma_B$</td><td>—</td><td>-40~120</td><td>强度高、性能好，适用于做小弹簧</td></tr>
<tr><td rowspan="5">热轧弹簧钢</td><td>60Si2Mn</td><td>471</td><td>628</td><td>785</td><td>785</td><td>981</td><td>45~50</td><td>-40~200</td><td>弹性好、回火稳定性好，易脱碳，用于受高载荷的弹簧</td></tr>
<tr><td>65Si2MnWA</td><td rowspan="2">559</td><td rowspan="2">745</td><td rowspan="2">932</td><td rowspan="2">932</td><td rowspan="2">1 167</td><td rowspan="2">47~52</td><td rowspan="2">-40~250</td><td rowspan="2">强度高、耐高温、弹性好</td></tr>
<tr><td>60Si2CrVA</td></tr>
<tr><td>50CrCA</td><td rowspan="2">441</td><td rowspan="2">588</td><td rowspan="2">735</td><td rowspan="2">735</td><td rowspan="2">992</td><td>45~50</td><td>-40~210</td><td>有高的疲劳性能，淬透性和回火稳定性好</td></tr>
<tr><td>30W4Cr2VA</td><td>43~47</td><td>-40~350</td><td>高温时强度高，淬透性好</td></tr>
<tr><td colspan="2" rowspan="4">不锈钢</td><td>1Cr19Ni9</td><td rowspan="2">324</td><td rowspan="2">432</td><td rowspan="2">533</td><td rowspan="2">533</td><td rowspan="2">677</td><td rowspan="2">—</td><td rowspan="2">-250~300</td><td rowspan="2">耐腐蚀、耐高温，适用于小弹簧</td></tr>
<tr><td>1Cr18Ni9Ti</td></tr>
<tr><td>4Cr13</td><td>441</td><td>588</td><td>735</td><td>735</td><td>922</td><td>48~53</td><td>-40~300</td><td>耐腐蚀、耐高温，适用于较大弹簧</td></tr>
<tr><td>Cr17Ni7Al</td><td>471</td><td>628</td><td>785</td><td>785</td><td>981</td><td>—</td><td>300</td><td>耐腐蚀、加工性能好</td></tr>
</table>

续表

类别	牌号	许用切应力[τ]/(N·mm⁻²)			许用弯曲应力[σ]/(N·mm⁻²)		推荐硬度范围/HRC	推荐使用温度/℃	特性及用途
		Ⅰ类($N>10^6$)	Ⅱ类($N=10^3\sim10^5$)	Ⅲ类($N<10^3$)	Ⅱ类($N=10^3\sim10^5$)	Ⅲ类($N<10^3$)			
青铜线	QSi3-1	265	353	441	441	549	90~100HB	-40~120	耐腐蚀，防磁好
	QSn4-3								
	QBe2	353	441	549	549	735	37~40		耐腐蚀，无磁性，导电性和弹性好

(3)选材及热处理

一般弹簧主要选用弹簧钢。对于截面直径或厚度大于6 mm的弹簧，选用热轧弹簧钢(碳素弹簧钢和合金弹簧钢)，经淬火中温回火满足使用要求。根据表16.1，对于截面直径或厚度为6~15 mm的弹簧，选用碳素弹簧钢70、65Mn等；对于截面直径或厚度大于15 mm的弹簧，选用合金弹簧钢60Si2Mn、55SiMnMoV等。弹簧的截面直径或厚度越大，应选用合金元素越多、淬透性越高的合金弹簧钢，以保证弹簧截面淬透和性能均匀一致。

对于截面尺寸小于6 mm的小型弹簧，常选用冷拔(轧)弹簧钢丝(带)冷卷或冷弯成形后，经250~280 ℃去应力回火后使用。选用冷拔(轧)弹簧钢丝(带)时，可根据弹簧工作应力的大小，查阅《重要用途碳素弹簧钢丝》(GB/T 4358—1995)选择弹簧钢丝的强度组别，以满足弹簧的要求。

对于在特殊工作条件下工作的弹簧，在满足力学性能的前提下，应选用具有特殊性能的弹簧材料，如在腐蚀介质中工作的弹簧应选用不锈钢，有导电性要求的弹簧，应选用铍青铜QBe2、锡青铜等。

16.3.3 机架和机床床身的选材

机架和机床床身是承受较大压力，形状和尺寸要求保持不变，尺寸较大、结构复杂的薄壁空腔零件。

(1)工作条件、失效形式及性能要求

机床床身和机架的作用是支承其他零部件，工作时床身和机架承受较大的压力，床身导轨表面承受较大的摩擦和磨损。床身和机架的失效主要是过量弹性变形、过量塑性变形和导轨表面的磨损，这些失效均导致机床和机器的精度降低。依据上述分析，机床床身和机架的使用性能是：具有较高的刚度和抗压强度，以防止床身和机架的弹性变形和塑性变形；导轨表面具有较高的硬度和耐磨性，以防止导轨表面磨损。

(2)选材及热处理

根据机床床身和机架的性能要求并考虑到其尺寸大、结构复杂等特点，宜选用抗压强度较高的灰铸铁（HT200、HT250）砂型铸造成形，经天然时效、切削加工后，对导轨进行表面淬火，满足使用要求。对于某些单件生产的机架，常采用钢板焊接的方法制造，以降低生产成本。

思考题

16.1　简述机械零件的选材方法。

16.2　简述普通机床齿轮的工作条件、失效形式及性能要求的特点。对中等转速、齿面接触疲劳强度为600 MPa、中等冲击载荷的机床齿轮选材及确定热处理，并简述理由。

16.3　渗碳淬火齿轮的性能优于调质表面淬火齿轮的性能，试分析其原因。

第17章 工模具的选材

工模具的选材，主要介绍冷作模、热作模、塑料模及刀量具的选材。

17.1 冷作模的选材

用于冲压加工室温金属零件的模具称为冷作模，常用冷作模的种类有冲裁模、成形模、引深模、拉丝模、冷挤模等。冷作模选材是指冷作模中凸模、凹模等主要模件的选材。

17.1.1 冷作模材料的特性和选用方法

(1)冷作模材料的特性

冷作模中凸模、凹模的使用性能主要是高硬度(58～62 HRC)和高耐磨性，且被冲压材料越硬，生产量越大，冷作模要求的耐磨性越高。不同种类的冷作模因工作条件不同，其凸模、凹模还要求某些其他性能，如引深模要求良好的抗黏着性和减摩性，冷挤模要求高的强度、良好的抗黏着性和减摩性等。

冷作模中凸模、凹模的常用材料主要是冷作模具钢和硬质合金，冷作模具钢有碳素工具钢、合金模具钢、基体钢和中碳高速钢。碳素工具钢和合金模具钢经淬火低温回火后，可获得高的硬度和耐磨性，且钢的 w_C 越高，合金元素含量越多，其耐磨性越高。同时，合金模具钢中的合金元素越多，钢的淬透性越高，淬火变形越小。基体钢和中碳高速钢经高温淬火高温多次回火后，不仅有高的硬度和耐磨性，而且有高的强度和较好的韧性，故主要用做冷挤模。硬质合金有极高的硬度和耐磨性，但脆性大。硬质合金因难以切削加工，常用粉末冶金法将其制成凸模或凹模的工作部分镶块，用焊接或胶接方法将其固定在凸模或凹模上使用。

常用冷作模材料的性能比较见表17.1。

表 17.1 常用冷作模材料的性能比较

材料种类	牌 号	常用硬度/HRC	相对耐磨性	相对韧性	相对强度	临界淬透直径 D_c/mm	淬火变形
碳素工具钢	T10A	56~62	低~中	较高	低	22(水)	大
低合金模具钢	9Mn2V 9CrWMn CrWMn MnCrWV	57~62	中	中	低~较高	40~50(油)	较小
中合金模具钢	Cr6WV Cr4W2MoV	57~62	高	中	高~很高	160(油)	小
高合金模具钢	Cr12MoV	58~64	很高	低	高	200(油)	小~很小
基体钢	65Cr4W3Mo2VNb	60~62	高	中	很高	180(油)	小
中碳高速钢	6W6Mo5Cr4V2	60~62	高	中	很高		小
硬质合金	YG15	>67	极高	很低	很低	—	—

(2)选材方法

根据冷作模材料的上述性能特点,冷作模工作模件可按下列方法选材。

1)确定选材范围　根据冷作模的高硬度(58~62 HRC)和高耐磨性要求,工作模件应在冷作模材料(碳素工具钢、合金模具钢、基体钢、中碳高速钢及硬质合金)范围内选材。

2)选择材料的种类、牌号及最终热处理

冷作模的种类、被冲压材料及生产量不同,工作模件的耐磨性及其他性能要求也不同,应选择不同种类的冷作模材料。因此,冷作模选材时,主要根据冷作模的种类(冲裁模、引深模、拉丝模、冷挤模等),被冲压材料及生产量,选择材料的种类、牌号及最终热处理,同时,也应考虑模件截面尺寸对淬透性要求,以及模件形状结构对减小淬火变形防止淬火开裂的要求。

17.1.2 冲裁模的选材

冲裁模常用于纸胶板、塑料板、铝板、铜板、钢板和硅钢片的冲孔、落料。

(1)工作条件、失效形式及性能要求

冲裁模在冲压载荷作用下,依靠凸模刃口和凹模刃口的剪切作用,完成对板料的冲裁作业。冲裁时,模具刃口的侧面和端面承受很大的摩擦力 F 和压缩力 P,如图 17.1 所示。由此可见,冲裁模的主要失效形式是凸模刃口和凹模刃口的过度磨损,使刃口变钝;冲裁厚板时,模件刃口也可能发生冲击过载破裂。

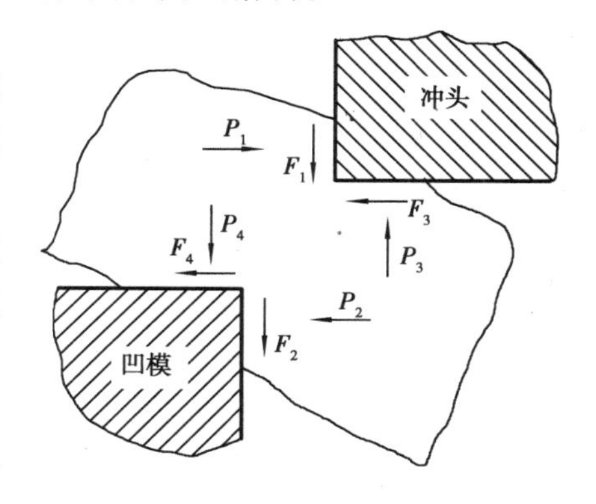

图 17.1 作用于刃口部位的力

根据上述分析,冲裁凸模和凹模的使用性能是:刃口要求高硬度和高耐磨性,防止模件刃口磨损;冲裁厚板时,要求一定的韧性,防止模件冲击过载破裂。

(2)选材及最终热处理

根据冲裁模的上述性能要求,工作模件的材料主要在碳素工具钢、合金模具钢及硬质合金中选择。选材时,主要考虑以下因素。

1)凸模和凹模的耐磨性要求　冲裁模选材时,主要根据凸模和凹模刃口的耐磨性要求进行选材。为此,可根据被冲板料的硬度、生产总量按表17.2查选。

表17.2　冲裁1.3 mm薄板的凸模和凹模的常选材料

被冲裁板料	不同生产总量(件)选用的模具材料					钢模的淬火回火硬度/HRC	
	1 000	10 000	100 000	1000 000	10 000 000	凸模	凹模
纸板	T10A	T10A	T10A	T10A	CrWMn	58 ~ 62	60 ~ 64
塑料板	9Mn2V 9GrWMn	9Mn2V 9GrWMn	CrWMn Cr6WV	Cr4W2MoV Cr12MoV	硬质合金 YG15		
增强塑料板	9Mn2V 9CrWMn	CrWMn	Cr6WV Cr4W2MoV	Cr12MoV Cr4W2MoV	硬质合金 YG15		
软态的铝、铜及其合金	T10A 9Mn2V	T10A 9Mn2V 9CrWMn	CrWMn	CrWMn	Cr12MoV Cr4W2MoV		
硬态的铝合金和铜合金	9Mn2V 9CrWMn	CrWMn Cr6WV	CrWMn Cr6WV	Cr12MoV Cr4W2MoV	硬质合金 YG15		
退火钢(w_C < 0.7%)	CrWMn Cr6WV	CrWMn Cr6WV	Cr6WV Cr4W2MoV	Cr4W2MoV Cr12MoV	硬质合金 YG15	60 ~ 62	62 ~ 64
软态奥氏体不锈钢	CrWMn Cr6WV	CrWMn Cr6WV	Cr6WV Cr4W2MoV Cr12MoV	Cr12MoV Cr4W2MoV	硬质合金 YG15		
弹簧钢带(硬度小于52 HRC)	Cr6WV	Cr6WV Cr4W2MoV Cr12MoV	Cr12MoV Cr4W2MoV	Cr12MoV Cr4W2MoV	硬质合金 YG15		
变压器级硅钢片(厚度为0.6 mm)	Cr6WV Cr4W2MoV Cr12MoV	Cr6WV Cr4W2MoV Cr12MoV	Cr12MoV Cr4W2MoV	硬质合金 YG15	硬质合金 YG15		

由表17.2可见,冲裁板料的硬度低(如软态铝板、铜板、纸胶板),生产量小,模件刃口要求的耐磨性相对较低,常选择耐磨性相对较低的碳素工具钢和低合金模具钢(如T10A、9Mn2V等);冲裁板料的硬度较高(如硬态铝板、铜板和钢板等),生产量较大,模件刃口要求的耐磨性较高,常选择耐磨性较高的合金模具钢(如CrWMn、Cr6WV等);冲裁板料的硬度越高,生产量

越大，模件刃口要求的耐磨性越高，应选择合金元素含量越高，耐磨性越高的合金模具钢(如 Cr6WV、Cr4W2MoV、Cr12MoV 等)，甚至选择硬质合金。

用碳素工具钢、合金模具钢制造的凸模和凹模的最终热处理是淬火低温回火(硬度范围为 58 ~ 64 HRC)，以满足高硬度、高耐磨性的要求。冲裁薄板的模件，其热处理硬度宜取上限；冲裁厚板的模件，其热处理硬度宜取下限，以适当提高模件刃口的韧性，防止刃口崩裂。

2)凸模和凹模的尺寸结构特点　对于冲裁软板料、生产量较小的凸模和凹模，虽然选用碳素工具钢经淬火低温回火后能满足耐磨性要求，但当模件结构复杂(如凹模板上型孔多、孔间壁厚过薄等)，尺寸精度高而易于淬火变形和淬火开裂时，或截面尺寸过大和型孔尺寸过小易使刃口淬火硬度不足时，应选用淬透性较高、淬火变形和淬火开裂倾向小的合金模具钢(如 9Mn2V、CrWMn、Cr12MoV 等)，以防止凸模和凹模的淬火变形、淬火开裂和刃口硬度不足。

例如，冲制退火黄铜接线板的冲孔落料凹模(图 17.2)，冲裁生产总量为 10 000 件，确定该凹模淬火回火硬度为 58 ~ 62 HRC。该凹模的尺寸结构特点是型孔及其分布较复杂，尺寸精度要求较高，有的型孔直径很小且处于凹模中心的位置。若选用碳素工具钢，因其淬透性差、淬火变形大，使直径很小的型孔难以淬硬，水淬时易引起孔距尺寸变化大而超差。因此，宜选用淬透性较高、淬火变形小的合金模具钢 CrWMn 制造，经油淬低温回火满足凹模的使用要求。

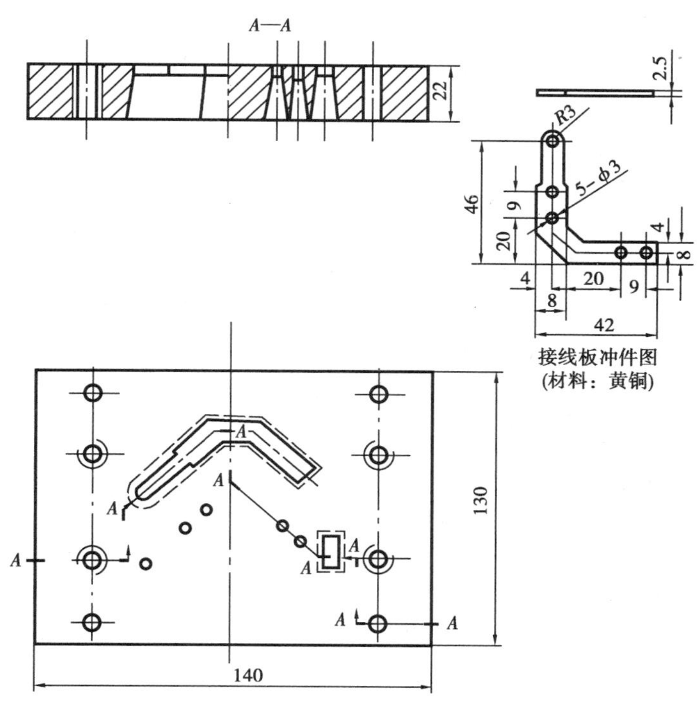

图 17.2　黄铜接线板落料凹模简图

17.1.3　引深模的选材

引深模是将金属板料经引深变形制成杯形件的冷作模。

(1)工作条件、失效形式及性能要求

在压力 P 作用下,利用凸模与凹模的间隙使金属板塑性变形成为杯形件的成形方法,称为引深或拉延。如图 17.3 所示,引深时金属沿高度方向产生剧烈的拉伸变形,沿切向产生剧烈的压缩变形,且上部的压缩变形大于下部的压缩变形,从而使金属与凸模、凹模型腔的侧面产生强烈的摩擦。

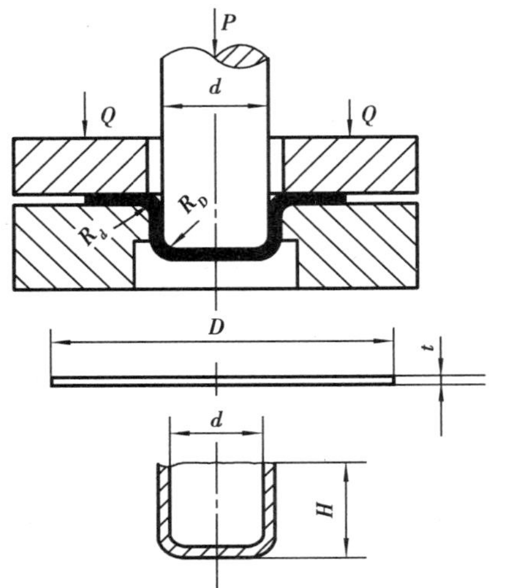

图 17.3　引深变形过程示意图

由此可见,凸模和凹模型腔的侧面易于发生黏着磨损,故引深模的失效主要是黏着磨损。黏着磨损使模件工作表面黏附坚硬的金属“小瘤”(称为粘模)或沟痕(称为擦伤)。这些小瘤和沟痕使引深件表面发生划痕,降低产品的表面质量,而导致模具失效。

因此,引深凸模和凹模应有高硬度(58 ~ 64 HRC)、高耐磨性和良好的抗黏着性。

(2)选材及最终热处理

1)小型引深模的选材　用于引深直径小于 75 mm 杯形件的小型引深模,因其模件的材料费用不超过模具制造成本的 0.5%,故常选用耐磨性高的材料,以保证模件的耐磨性和工作寿命。

表 17.3　用 1.5 mm 薄板引深直径小于 75 mm 杯形件的凸模和凹模的常选材料

<table>
<tr><th rowspan="2">引深金属</th><th rowspan="2">模件名称</th><th colspan="3">不同生产总量(件)选用的模具材料</th><th colspan="2">钢模的淬火回火硬度/HRC</th></tr>
<tr><th>10 000</th><th>100 000</th><th>1 000 000</th><th>凹模</th><th>凸模</th></tr>
<tr><td rowspan="2">铝、铜及其合金</td><td>凹模</td><td>T10A、9Mn2V
9CrWMn、CrWMn</td><td>CrWMn、Cr6WV、
9CrWMn 镀硬铬</td><td>Cr6WV、Cr4W2MoV、
Cr12MoV 镀硬铬</td><td rowspan="4">60 ~ 64</td><td rowspan="4">58 ~ 62</td></tr>
<tr><td>凸模</td><td>T10A、9Mn2V</td><td>T10A、9Mn2V、
9CrWMn 镀硬铬</td><td>CrWMn、Cr6WV 镀硬铬</td></tr>
<tr><td rowspan="2">软钢</td><td>凹模</td><td>T10A、9Mn2V
9CrWMn、CrWMn</td><td>CrWMn、Cr6WV 镀硬铬</td><td>Cr6WV、Cr4W2MoV、
Cr6WV 镀硬铬</td></tr>
<tr><td>凸模</td><td>T10A、9Mn2V</td><td>T10A、9Mn2V、
9CrWMn 镀硬铬</td><td>Cr6WV、Cr4W2MoV、
Cr12MoV 镀硬铬</td></tr>
<tr><td rowspan="2">奥氏体不锈钢</td><td>凹模</td><td>T10A、9Mn2V、
9CrWMn、CrWMn
(镀硬铬)铝青铜</td><td>Cr6WV 镀硬铬、
铝青铜</td><td>Cr4W2MoV、
Cr12MoV 镀硬铬,
硬质合金 YG15 镶块</td><td rowspan="2">62 ~ 64</td><td rowspan="2">58 ~ 62</td></tr>
<tr><td>凸模</td><td>T10A、9Mn2V、
9CrWMn、CrWMn
镀硬铬</td><td>CrWMn 镀硬铬</td><td>Cr6WV、Cr4W2Mov、
Cr12MoV 镀硬铬
高速钢(渗氮)</td></tr>
</table>

此类引深模选材时，可依据引深板料的硬度、生产总量大小按表 17.3 查选。由表可见，引深板料的硬度越高，生产总量越大，模具要求的耐磨性越高，则应选择合金元素含量越多、耐磨性越高的合金模具钢甚至硬质合金镶块。模具钢制造的凸模和凹模，其最终热处理为淬火低温回火，热处理硬度分别为 58 ~ 62 HRC 和 60 ~ 64 HRC，以满足高硬度、高耐磨性的要求。生产量较大时，其引深模的工作表面还需进行镀硬铬或镀镍磷，以满足良好抗黏着性的要求。

表 17.4　用 1.5 mm 薄板引深直径大于等于 300 mm 杯形件的凸模和凹模的常选材料

引深金属	模件名称	不同生产总量(件)选用的模具材料			钢模的淬火回火硬度/HRC	
		10 000	100 000	1 000 000	凹模	凸模
铝、铜及其合金	凹模	合金铸铁（火焰淬火）	合金铸铁(火焰淬火) Cr6WV 镶块镀硬铬	Cr6WV 或 Cr12MoV、Cr4W2MoV 镶块镀硬铬	60 ~ 64	58 ~ 62
	凸模	合金铸铁（火焰淬火）	9CrWMn 或 CrWMn 端部镶块镀硬铬	Cr6WV 或 Cr12MoV、Cr4W2MoV 端部镶块镀硬铬		
软钢	凹模	合金铸铁（火焰淬火）	合金铸铁(火焰淬火) Cr6WV 镶块镀硬铬	Cr6WV 或 Cr12MoV 镶块镀硬铬		
	凸模	合金铸铁（火焰淬火）	9Mn2V 或 CrWMn 端部镶块镀硬铬	Cr6WV 或 Cr12MoV 端部镶块镀硬铬		
奥氏体不锈钢	凹模	合金铸铁（火焰淬火）铝青铜镶块	Cr6WV 镀硬铬或铝青铜镶块	Cr6WV 或 Cr12MoV 镶块镀硬铬	62 ~ 64	58 ~ 62
	凸模	合金铸铁（火焰淬火）	Cr6WV 端部镶块镀硬铬	Cr6WV 或 Cr12MoV 端部镶块镀硬铬		

2）大型引深模的选材　用于引深直径大于 300 mm 杯形件的引深模，因其模件的材料费用超过模具制造成本的 50%，故常选用合金模具钢镶块镶在铸铁模具的工作部位或选用火焰表面淬火的合金铸铁制造凸模和凹模，以降低引深模的制造成本。此类引深凸模和引深凹模选材时，可依据引深板料的硬度、生产总量按表 17.4 选择。

17.1.4　成形模和弯曲模的选材

成形是指利用局部塑性变形使金属板或半成品改变形状的冲压工序（如压筋、缩口、翻边等）。弯曲是指将金属板的一部分相对于另一部分弯成一定角度或形状的冲压工序。

(1) 工作条件、失效形式及性能要求

金属板在成形或弯曲时，金属板的变形部分对模件的工作表面产生摩擦和磨损，故成形模和弯曲模中凸模和凹模的失效主要是磨损或黏着磨损，且凸模的磨损较小，凹模的磨损较大。因此，成形模和弯曲模中的凸模和凹模要求较高的硬度、耐磨性及一定的抗黏着性，且凹模比凸模要求更高的耐磨性。

(2)选材及最终热处理

1)小型成形模和弯曲模的选材　用于生产较小尺寸(小于70 mm)成形件和弯曲件的模具,因其凸模和凹模的材料费用在模具制造成本中所占比例很小,故主要选用合金模具钢和合金调质钢40CrMnMo。选材时,可依据成形或弯曲金属板料的硬度和生产总量,按表17.5选取材料和最终热处理。

表17.5　用1.3 mm薄板进行成形或弯曲的常选凹模材料

成形件或弯曲件尺寸/mm	成形或弯曲金属	不同生产总量(件)用的料凹模材料			钢模的淬火回火硬度/HRC
		10 000	100 000	1 000 000	
<70	软态铝、铜及其合金	40CrMnMo	40CrMnMo	Cr6WV、Cr12MoV、Cr4W2MoV	40CrMnMo钢:生产批量小于10 000,28~32 HRC;生产批量大于100 000,52~56 HRC;合金模具钢58~62 HRC;合金铸铁:火焰淬火
	高强度铝合金和铜合金	40CrMnMo	9Mn2V、9CrWMn、CrWMn(镀硬铬)Cr6WV	Cr4W2MoV、Cr12MoV镀硬铬	
	低碳钢	40CrMnMo	Cr6WV、Cr12MoV、Cr4W2MoV镀硬铬	Cr4W2MoV、Cr12MoV镀硬铬	
	1/4硬态奥氏体不锈钢	Cr4W2MoV Cr12MoV	Cr4W2MoV、Cr12MoV镀硬铬	Cr4W2MoV、Cr12MoV镀硬铬	
>800	软态铝、铜及其合金	合金铸铁	合金铸铁	Cr6WV镶块	
	高强度铝合金和铜合金	合金铸铁	合金铸铁	Cr6WV镶块、Cr12MoV镶块镀硬铬	
	低碳钢	合金铸铁	Cr6WV镶块、Cr12MoV镶块镀硬铬	Cr4W2MoV镶块、Cr12MoV镶块镀硬铬	
	1/4硬态奥氏不锈钢	合金铸铁	Cr4W2MoV镶块、Cr12MoV镶块镀硬铬	Cr12MoV镶块镀硬铬	

注:凸模选用表中生产量低一档次的材料。

由表可见,成形或弯曲金属的硬度低、生产总量小时,凸模和凹模选用40CrMnMo钢经调质(28~32 HRC)或淬火低温回火(52~56 HRC)后使用;成形或弯曲金属的硬度高、生产总量较大时,凸模和凹模选用合金模具钢(9Mn2V、CrWMn、Cr6WV、Cr12MoV等)经淬火低温回火(58~62 HRC)后使用,成形或弯曲金属的硬度越高、生产量越大,应选择合金元素含量越多、耐磨性越高的合金模具钢。此外,对生产总量大的凸模和凹模还需对其工作表面进行镀硬铬或镀镍磷,以提高其抗黏着性。

2)大型成形模和弯曲模的选材　用于生产大尺寸(大于800 mm)成形件和弯曲件的模

具，因其凸模和凹模的材料费用在模具制造成本中所占比例较大，常选用火焰表面淬火的合金铸铁或合金模具钢镶块镶在铸铁模件的工作部位，以降低模具的制造成本。选材时，可依据成形或弯曲金属板的硬度和生产总量，按表 17.5 选择。

17.1.5　冷挤模的选材

冷挤压是指在很大的挤压力作用下，使金属块料在模具内产生较大的塑性流动，而制成具有一定形状和尺寸的零件或半成品的成形方法。冷挤压有正挤压、反挤压和复合挤压三种形式，如图 17.4 所示。金属流向与凸模运动方向一致的挤压是正挤压；金属流向与凸模运动方向相反的挤压是反挤压；一部分金属正向流动，另一部分金属反向流动的挤压是复合挤压。

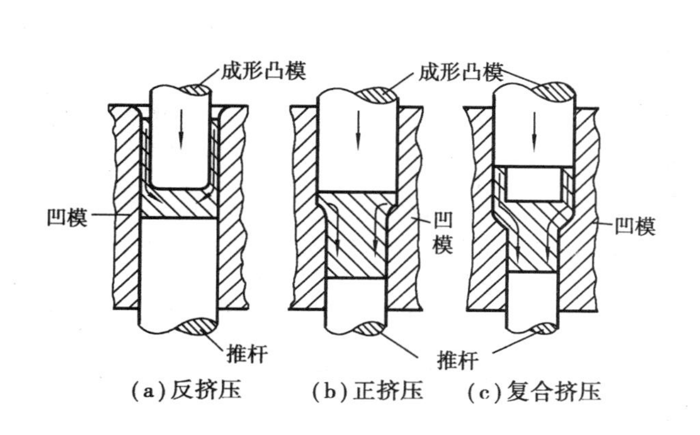

(a) 反挤压　(b) 正挤压　(c) 复合挤压

图 17.4　反挤压、正挤压和复合挤压的示意图

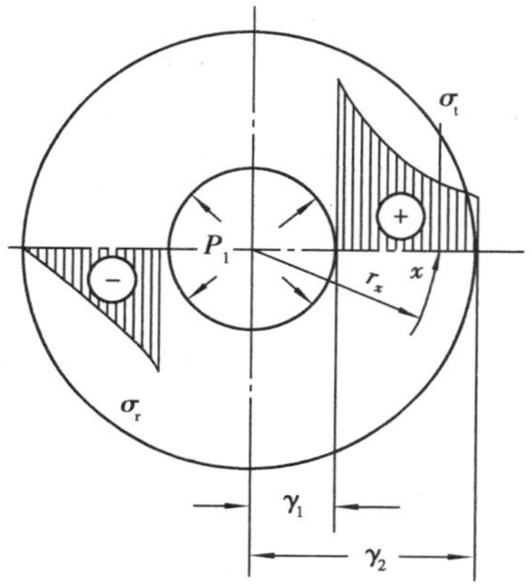

图 17.5　冷挤凹模横截面的应力分布

(1) 工作条件、失效形式及性能要求

冷挤时，凸模承受很大的轴向压缩力，凸模的应力状态为沿横截面均匀分布着很大的轴向压应力（最大可达 2 500 MPa）、径向拉应力和 45°角的切应力。凹模内壁承受很大的胀力，凹模的应力状态为很大的切向拉应力 σ_t 和径向压应力 σ_r，且 σ_t 和 σ_r 在凹模内壁处最大，在外壁处最小，如图 17.5 所示。此外，由于金属剧烈的塑性流动，凸模表面和凹模内壁还承受剧烈的摩擦和磨损。

因此，冷挤凸模的失效形式主要是轴向脆性断裂、疲劳断裂和表面黏着磨损；冷挤凹模的失效形式主要是脆性胀裂、疲劳断裂、塑性变形和内壁黏着磨损。

根据上述分析，冷挤凸模和冷挤凹模要求高的强度和一定的韧性，以防止脆性断裂和疲劳断裂；要求高硬度（56 ~ 64 HRC）、高耐磨性和良好的抗黏着性，以减小黏着磨损。此外，在冷挤凸模整个横截面上强度应均匀一致。

(2) 选材及最终热处理

冷挤金属的强度和生产总量不同，凸模和凹模要求的强度和耐磨性不同，则选用的模具材料也不同。冷挤金属的强度越高和生产总量越大，凸模和凹模要求的强度和耐磨性越高，则应选用合金元素含量越多、强度和耐磨性越高的合金模具钢，或中碳高速钢、基体钢，见表 17.6。与冷挤凹模相比，冷挤凸模要求更高的强度和淬透性，故在同一副冷挤模中凸模选用强度更高的冷作模具钢，如 Cr6WV、中碳高速钢、基体钢等。

合金模具钢制成的冷挤凸模和冷挤凹模的最终热处理，通常是淬火低温回火至 56 ~

60 HRC，以适当提高其韧性和强度；中碳高速钢和基体钢冷挤模的最终热处理，通常是高温淬火高温多次回火至 62～64 HRC，以适当提高其耐磨性。用于较大生产总量的冷挤模，其工作表面还需镀硬铬、镀镍磷或渗氮，以提高其抗黏着性和使用寿命。

选材时，可依据冷挤金属的强度和生产总量按表 17.6 选择材料和最终热处理。

表 17.6　冷挤模主要零件的材料选用

冷挤形式	模件名称	挤压金属	不同生产总量（件）用的料凹模材料		淬火回火硬度/HRC
			5 000	50 000	
反挤压	凸模	软态铝和铜	Cr6WV	Cr6WV、Cr12MoV、W6Mo5Cr4V2	T10A、CrWMn、Cr6WV、Cr12MoV 56～59 HRC W6Mo5Cr4V2 6W6Mo5Cr4V、65Cr4W3Mo2VNb 62～64 HRC
		碳钢，(w_C <0.4%)	Cr6WV	Cr12MoV、W6Mo5Cr4V2 65Cr4W3Mo2VNb（渗氮）	
		合金渗碳钢	Cr6WV	W6Mo5Cr4V2、6W6Mo5Cr4V、65Cr4W3Mo2VNb（渗氮）	
反挤压	凹模	软态铝和铜	T10A、CrWMn	CrWMn、Cr6WV、Cr12MoV 镀硬铬	T10A、CrWMn、Cr6WV、Cr12MoV 56～59 HRC W6Mo5Cr4V2 6W6Mo5Cr4V、65Cr4W3Mo2VNb 62～64 HRC
		碳钢（w_C <0.4%）	CrWMn、Cr6WV Cr12MoV	Cr6WV、Cr12MoV 镀硬铬 YG15、YG20 镶块	
		合金渗碳钢	CrWMn、Cr6WV Cr12MoV	Cr6WV、Cr12MoV 镀硬铬，YG15、YG20 镶块	
	顶杆	软态铝和铜	Cr6WV	Cr12MoV	
		碳钢（w_C <0.4%）及合金渗碳钢	Cr6WV	Cr6WV、Cr12MoV	
正挤压	凸模	软态铝和铜	Cr6WV	Cr12MoV、W6Mo5Cr4V2	
		碳钢（w_C <0.4%）及合金渗碳钢	Cr6WV Cr12MoV	Cr12MoV 镀硬铬、W6Mo5Cr4V2 6W6Mo5Cr4V、65Cr4W3Mo2VNb（渗氮）	
	凹模	软态铝和铜	Cr6WV	Cr6WV、Cr12MoV 镀硬铬	
		碳钢（w_C <0.4%）及合金渗碳钢	6W6Mo5Cr4V 渗氮或 Cr6WV（镀硬铬）	6W6Mo5Cr4V、65Cr4W3Mo2VNb（渗氮），YG20 镶块	
	顶杆	铝、铜、钢	CrWMn 镀硬铬	CrWMn 镀硬铬	

17.2　热作模的选材

用于成形高温金属的模具称为热作模，常用的热作模有锻模、热挤模、压铸模等。热作模的选材是指热作模中带型腔的主要工作模件或凸模和凹模的选材。

17.2.1　热作模具钢的特性和选材方法

(1)热作模具钢的特性

热作模连续工作时，模腔承受高温和温度循环作用，还承受较大的循环静载荷或循环冲击载荷及强烈摩擦作用，从而易使模件发生热疲劳、塑性变形、疲劳、热磨损等失效。因此，热作模的主要工作模件要求较高的热疲劳抗力、高温强度、热稳定性、热耐磨性及足够的高温韧性。为了满足上述性能，除应合理选用材料外，还应确定合理的热处理硬度。

表 17.7　常用热作模具钢的高温性能

编号	性能 \ 条件 / 钢的牌号	温度							热稳定性/ ℃（保温 2 h，硬度降至 35 HRC 的加热温度）
		室温	650 ℃						
		硬度/HRC	σ_b/MPa	σ_s/MPa	δ/%	ψ/ %	A_k/J	硬度/HV	
1	5CrNiMo	41	177	142	101.0	96.0	36.3	201.7	589
2	5CrMnMoSiV	40 ~ 41	262	204	71.6	96.4	68.0	255.3	646
3	4Cr2NiMoVSi	39 ~ 40	469	400	38.4	92.5	92.2	277	680
4	4Cr5MoSiV	49 ~ 50	471	402	33	85.5	36	302.5	653
5	4Cr5MoSiV1	47 ~ 48	620	556	24	83	66.1	362	669
		44	528	465	27.2	86.6	106.8	321	666
6	4Cr5W2VSi	48 ~ 49	605	530	21	71	47.1	314.5	674
7	3Cr2W8V	49	808	718	5.4	7.8	27.3	398.5	693
		42 ~ 43	533	471	11.0	17.1	27.4	304	684
8	4Cr3Mo3W2V	48	783	702	17.9	58	29.2	365	—
		44	662	587	21.3	67	31.4	340	—

热作模主要工作模件的常用材料，主要是 $w_C = 0.3\% \sim 0.5\%$ 的热作模具钢。热作模具钢中主要含有 Cr、Mo、W、V 等合金元素，钢中的此类合金元素越多，钢的高温强度、热稳定性和热耐磨性越高，而热疲劳抗力和高温韧性越低。常用热作模具钢及其高温性能见表 17.7。由表可见，低合金热作模具钢（如 5CrNiMo、5CrMnMoSiV）的高温强度、高温硬度和热稳定性较低，而高温韧性较好；铬系中合金热作模具钢（如 4Cr5MoSiV、4Cr5MoSiV1、4Cr5W2VSi 等）的高温强度、高温硬度和热稳定性较高，且高温韧性较好；钨系或钨钼系高合金热作模具钢（如 4Cr3Mo3W2V、3Cr2W8V 等）的高温强度、高温硬度和热稳定性高，但高温韧性较差。常用热作模具钢的热耐磨性由低至高的顺序为：5CrNiMo、5CrMnMoSiV、4Cr2NiMoVSi、4Cr5MoSiV、

4Cr5MoSiV1、4Cr5W2VSi、3Cr2W8V、4Cr3Mo3W2V 等。

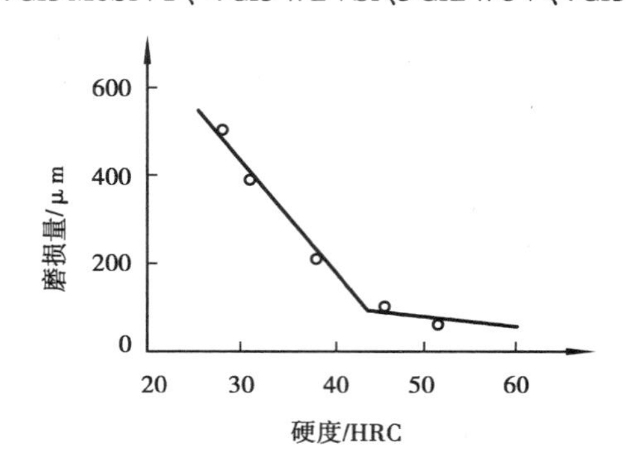

图 17.6　硬度对热耐磨性的影响

热作模具钢的热处理硬度对其高温性能也有影响：热处理硬度增高，则钢的高温强度和热耐磨性增高，而高温韧性和热疲劳抗力降低。热处理硬度对热耐磨性的影响，如图 17.6 所示。由图可见，当热处理硬度小于 43 HRC 时，随硬度增高热作模具钢的热耐磨性显著增高，而当硬度大于 43 HRC 时，随硬度增高钢的热耐磨性增高不大。因此，热作模具钢的常用热处理硬度范围为 37 ~ 52 HRC。

除上述热作模具钢外，对于高温强度、热耐磨性和热稳定性要求更高的热作模件，还可采用中碳高速钢、基体钢甚至高速钢 W6Mo5Cr4V2，但其高温韧性和热疲劳抗力较低。

(2)选材方法

1)确定选材范围　由于热作模主要工作模件要求较高的高温强度、热疲劳抗力、热耐磨性、热稳定性和高温韧性，以及 37 ~ 52 HRC 硬度，故主要应在热作模具钢中选材。当热作模具钢在高温强度、热耐磨性和热稳定性等性能方面不能满足要求时，可选用中碳高速钢、基体钢甚至高速钢。

2)选择材料的种类、牌号及最终热处理　热作模种类（锻模、热挤模、压铸模等）和热成形材料不同，其模腔的表面温度和表面循环温差不同，载荷的性质（循环静载荷、循环冲击载荷）和大小不同，则要求的高温性能不同，而应选择不同的热作模具钢和热处理硬度。因此，选材时主要依据热作模的种类、热成形材料，选择热作模具钢的牌号和热处理硬度。

17.2.2　锻模的选材

模锻有锤上模锻和压力机模锻两类。锤锻模所承受的载荷是冲击载荷，机锻模所承受的载荷是静载荷。

(1)锻模的工作条件、失效形式及性能要求

连续模锻时，锻模承受很大的循环冲击载荷或循环静载荷，模腔表面承受较高的高温作用及金属流动所引起的强烈摩擦作用。同时，由于模腔交替经受加热和冷却，模腔表面还承受温度循环作用，如锻造钢件的锻模，其表面循环温差达 200 ℃以上。

锻模的失效主要是热磨损，其次是疲劳、热疲劳和塑性变形。各种失效在锻模模腔内的所处部位如图 17.7 所示。由图可见，热磨损部位一般在飞边槽桥部、转角处等；塑性变形主要发生在温度较高或应力较大的部位，如锻模的凸缘、飞边槽桥部等；机械疲劳主要发生在模腔的应力集中处，如凹角、沟槽及燕尾与肩部的转角处等；热疲劳常产生于温度剧烈变化处，如模腔内的凸出部。

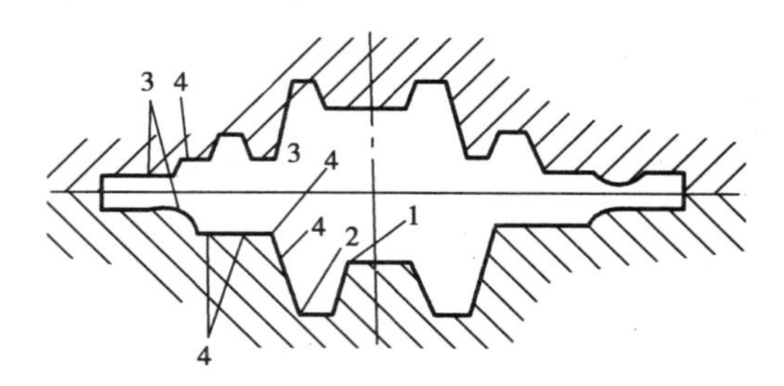

图 17.7　锻模各种失效形式在模腔内的分布
1—热疲劳；2—疲劳；3—塑性变形；4—热磨损

因此，锻模要求较高的热耐磨性、高温强度以及高温韧性。

(2)选材及热处理硬度

影响锻模选材的因素很多，主要有下列几种。

1)模具的受载特点　锤锻模因承受冲击载荷，而使模腔受热时间短、表面温度较低；压力机锻模因承静载荷，而使模腔受热时间长、表面温度较高。因此，锤锻模要求高的高温韧性，而机锻模要求较高的热稳定性和热耐磨性。

2)被锻金属的性质　铜或钢的锻造温度和热变形抗力高于铝合金，故铜件或钢件的锻模比铝件的锻模要求更高的高温强度、热耐磨性和热稳定性。

3)锻模的尺寸　大型锻模比小型锻模易于破裂，故大型锻模要求更高的高温韧性和淬透性。

表 17.8　锻模材料及热处理硬度的选用

材料及热处理硬度 / 类型与结构 / 被锻金属	锤锻模			机锻模		
	整体模		镶拼模的镶块	整体膜	镶拼模	
	模具最小边长为 200 ~ 400 mm	模具最小边长大于 400 mm			镶块	模体
碳钢与合金钢	5CrMnMo、 5CrNiMo 或 5CrMnMoSiV， 37 ~ 41 HRC 或 42 ~ 45 HRC	5CrMnMoSiV 4Cr2NiMoVSi 或 5CrNiMo 33 ~ 36 HRC 或 37 ~ 41 HRC	5CrMnMoSiV 4Cr2NiMoVSi 或 5CrNiMo 37 ~ 41 HRC	5CrMnMoSiV、 4Cr2NiMoVSi 5CrNiMo40 ~ 42 HRC 或 4Cr5MoSiV、 4Cr5MoSiV1、 42 ~ 45 HRC	4Cr5MoSiV、 4Cr5MoSiV1、 4Cr5W2VSi 40 ~ 46 HRC	5CrMnMo、 5CrNiMo 37 ~ 41 HRC
不锈钢及耐热合金	5CrNiMo、 5CrMnMoSiV 37 ~ 41 HRC 或 4Cr5MoSiV、 4Cr5MoSiV1 46 ~ 45 HRC	4CrMnMoSiV 4Cr2NiMoVSi 33 ~ 36 HRC 4Cr5MoSiV 或 4Cr5MoSiV1、 40 ~ 42 HRC	5CrMnMoSiV 4Cr2NiMoVSi 37 ~ 41 HRC 5CrMnMoSiV 4Cr2NiMoVSi 46 ~ 50 HRC	5CrMnMoSiV、 4Cr2NiMoVSi 42 ~ 45 HRC 4Cr5MoSiV、 4Cr5W2VSi、 42 ~ 45 HRC	4Cr5MoSiV、 4Cr5MoVSiV1 4Cr5W2VSi 49 ~ 52 HRC	5CrMnMo、 5CrNiMo 37 ~ 41 HRC
铝及铝合金	5CrMnMo、 5CrNiMo、 37 ~ 41 HRC	5CrNiMo、 5CrMnMoSiV 37 ~ 41 HRC 4Cr5MoSiV、 4Cr5MoSiV1、 43 ~ 46 HRC	5CrNiMo、 5CrMnMoSiV 37 ~ 41 HRC 4Cr5MoSiV、 4Cr5MoSiV1、 43 ~ 46 HRC	5CrMnMoSiV 5CrNiMo、 40 ~ 42 HRC 4Cr5MoSiV、 4Cr5MoSiV1、 47 ~ 49 HRC	4Cr5MoSiV、 4Cr5MoSiV1、 47 ~ 49 HRC	5CrMnMo、 5CrNiMo 37 ~ 41 HRC
铜及铜合金	5CrNiMo、 5CrMnMoSiV 37 ~ 41 HRC 4Cr5MoSiV1、 4Cr5MoSiV、 43 ~ 46 HRC	5CrMnMoSiV 4Cr2NiMoVSi 33 ~ 36 HRC 4Cr5MoSiV1、 4Cr5MoSiV、 43 ~ 46 HRC	5CrMnMoSiV 4Cr2NiMoVSi 37 ~ 41 HRC 4Cr5MoSiV1、 4Cr5MoSiV、 43 ~ 46 HRC	5CrMnMoSiV 4Cr2NiMoVSi 37 ~ 41 HRC 4Cr5MoSiV、 4Cr5MoSiV1、 49 ~ 52 HRC	4Cr5MoSiV、 4Cr5MoSiV1、 4Cr5W2VSi 49 ~ 52 HRC	5CrMnMo、 5CrNiMo 37 ~ 41 HRC

因此,选用锻模材料时,可根据锻模的类型(锤锻模、机锻模),锻造金属的种类,锻模的尺寸大小,按表17.8选择热作模具钢和热处理硬度。

由表17.8可知,锻造一般钢和有色合金的锤锻模通常选用高温韧性好的低合金热作模具钢(5CrMnMo、5CrNiMo、5CrMnMoSiV、4Cr2NiMoVSi),锻造不锈钢和耐热合金的锤锻模既可选用低合金热作模具钢,也可选用高温强度、热稳定性较高的中合金热作模具钢(4Cr5MoSiV、4Cr5MoSiV1);小型机锻模常选用低合金热作模具钢,大型机锻模常选用中合金热作模具钢。

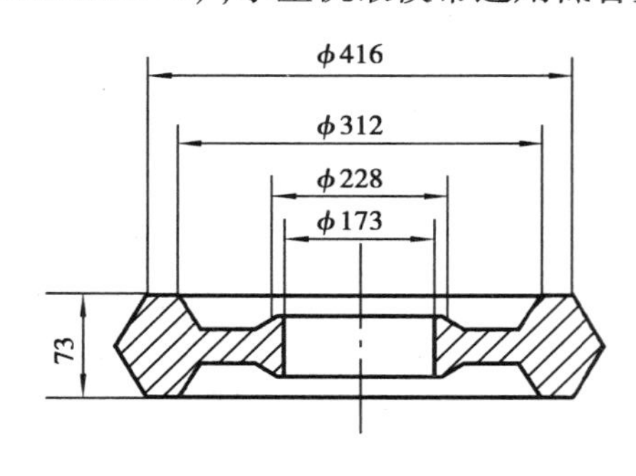

图17.8　齿轮锻件简图

(3)示例

1)示例一:20CrMo钢齿轮锤锻模的选材

20CrMo钢坯料加热后,先镦粗然后在锤锻模中锻成如图17.8所示的齿轮锻件。该锻模的平面尺寸为800 mm × 800 mm,原采用5CrNiMo钢制造,使用寿命仅为1 700件。其失效形式主要是模具桥部的热磨损,使飞边增厚,锻件难以充满模腔而使模具失效;模腔最深处的转角处、燕尾与肩部的转角处发生破裂。选用4Cr2NiMoVSi钢制造,经淬火回火至硬度37 ~ 41 HRC后使用,其使用寿命为3 300件。

2)示例二:42CrMo钢刀片压力机终锻模的选材

42CrMo钢坯料加热后,在2 000 t压力机终锻模中锻造成形。该模具原采用5CrMnMo钢制造,生产几百件后,模具因热磨损超差且局部塑性变形而失效。选用4Cr5MoSiV1钢制造,经淬火回火至45 ~ 46 HRC后,使用寿命达1 600件。

17.2.3　热挤模的选材

在很大静载压力作用下,高温金属坯料在模具中通过剧烈的塑性变形而成形的方法,称为热挤压。

(1)工作条件、失效形式及性能要求

热挤模的工作条件与机锻模相似。由于热挤金属的变形量大,热金属与模腔表面接触时间长,故与机锻模相比,热挤模承受的静载荷更大,模腔的受热温度更高,模腔表面的循环温差和摩擦作用更大。因此,热挤模的失效形式主要是破裂,其次是热磨损、塑性变形和热疲劳。

热挤模要求有很高的高温强度和优良的高温韧性,以防止早期破裂、热疲劳和塑性变形,还要求有很高的热耐磨性,以减小热磨损。

(2)选材及热处理硬度

热挤金属不同,其挤压温度和热形变抗力不同,则热挤模要求的高温强度、热耐磨性和热稳定性也不相同,而应选用不同的材料及热处理硬度。因此,热挤模选材时,应根据热挤金属的种类,按表17.9选择热挤模中凹模、凸模及凸模头部镶块的材料及热处理硬度。由表可见,热挤模的整体凹模和整体凸模一般选用高温强度较高、高温韧性较好的中合金热作模具钢(4Cr5MoSiV、4Cr5MoSiV1、4Cr5W2VSi等),热挤铜合金和钢的凹模也可选用高合金热作模具钢(3Cr2W8V、4Cr3Mo3W2V等)。工作条件更为严酷的管材热挤芯子,一般选用高合金热作模具钢、中碳高速钢。

表 17.9　热挤凸模和凹模的选材及热处理硬度

选材及热处理硬度 / 被挤金属 / 模件名称	铝、镁及其合金		铜和铜合金		钢	
	模具材料	硬度/HRC	模具材料	硬度/HRC	模具材料	硬度/HRC
凹模	4Cr5MoSiV 4Cr5W2VSi 4Cr5MoSiV1	45～51	4Cr5MoSiV 4Cr5W2VSi 4Cr5MoSiV1	42～44	4Cr5MoSiV 4Cr5W2VSi	44～48
			4Cr3Mo3W2V 3Cr2W8V 4Cr2W4V2Co4	34～36	4Cr3Mo3W2V 3Cr2W8V 镶块	51～54
冲头	4Cr5MoSiV 4Cr5MoSiV1	46～50	4Cr5MoSiV 4Cr5MoSiV1	46～50	4Cr5MoSiV 4Cr5MoSiV1	46～50
冲头头部	W6Mo5Cr4V2 W18Cr4V	55～60	4Cr5MoSiV 4Cr5W2VSi 4Cr5MoSiV1	40～44	4Cr5MoSiV 4Cr5W2VSi 4Cr5MoSiV1	40～44
			4Cr2W4V2Co4 4Cr3Mo3W2V 3Cr2W8V	45～50	4Cr2W4V2Co4 4Cr3Mo3W2V 3Cr2W8V	45～50
管材挤压芯子 （直径小于 50 mm）	4Cr3Mo3W2V 3Cr2W8V	48～52	4Cr3Mo3W2V 6W6Mo5Cr4V2	45～50	6W6Mo5Cr4V2	45～50

17.2.4　压铸模的选材

在 5～150 MPa 压力下，将液态或半液态合金高速压入模腔并凝固成形的铸造方法，称为压力铸造。目前，压力铸造主要用于大批量生产铝、镁、锌、铜等有色合金中小型铸件。

(1) 工作条件、失效形式及性能要求

压铸模工作时，模腔表面主要承受高速流动液态合金的冲刷和加热作用，以及温度循环作用。与其他热作模相比，压铸模腔表面的受热温度最高、循环温差最大，如压铸铝合金的模腔表面温度可达 600～650 ℃、循环温差可达 350～400 ℃。因此，压铸摸的失效形式主要是模腔的热疲劳和热冲刷腐蚀（热冲蚀）。

因此，压铸模应有高的热稳定性、高温强度和足够的高温韧性，以提高模具的热疲劳抗力。此外，模具还应有高的耐热冲蚀性。

(2) 选材及热处理硬度

压铸合金的种类不同，其压铸模要求的热稳定性、高温强度、高温韧性和热疲劳抗力也不相同，则应选用不同的模具材料。因此，可根据压铸合金的种类，按表 17.10 选择模具材料及热处理硬度。由表可知，压铸铝、镁、锌等合金的模具主要选用铬系中合金热作模具钢（4Cr5MoSiV、4Cr5MoSiV1 等），压铸铜合金的模具主要选用钨系或钨钼系高合金热作模具钢（4Cr3Mo、3W2V、3Cr2W8V 等）。此外，还应合理选择热处理硬度和热处理方法。

表 17.10 压铸模或模腔镶块的材料、硬度和热处理

压铸合金	压铸模或镶块材料	热处理及硬度
铝、镁、锌及其合金	4Cr5MoSiV 4Cr5W2VSi 4Cr5MoSiV1	淬火回火至 44 ~ 48 HRC，模腔表面渗氮
铜及其合金	4Cr3Mo3W2V 3Cr2W8V	淬火回火至 44 ~ 48 HRC，模腔表面渗氮

热处理硬度过低或过高使强度不足或脆性过大，均使模具的热疲劳寿命降低，硬度为44 ~ 48 HRC 时，压铸模具有最佳的热疲劳抗力，故压铸模的热处理硬度一般为 44 ~ 48 HRC。

为了提高压铸模的耐热冲蚀性，模具淬火回火后还需对模腔表面渗氮。

17.3 塑料模的选材

用于成形塑料制件或制品的模具称为塑料模，常用的塑料模主要有注塑模和压塑模。注塑模主要用于热塑性塑件的成形，也可用于某些热固性塑件的成形；压塑模主要用于热固性塑件的成形。

17.3.1 工作特点、失效形式及性能要求

(1) 工作特点和失效形式

塑料模的工作特点是：塑料的成形温度不高，一般为 120 ~ 200 ℃，有的可达 260 ℃ 以上；塑料模的承载不大，如注塑模承受的注射压力为 70 ~ 140 MPa（闭模压力为注射压力的 1.5 ~ 2 倍），压塑模承受的压力为 7 ~ 56 MPa；高速流动的热塑性塑料熔体对模腔产生一定的摩擦作用，添加玻璃纤维的增强塑料熔体和热固性塑料熔体，对模腔产生较大的摩擦作用；某些塑料在注射时，会释放出腐蚀性气体，对模腔产生腐蚀作用。因此，塑料模的失效形式主要是模腔的磨损和腐蚀，使模腔表面粗糙度增大，导致塑件表面质量不合格。

(2) 性能要求

根据上述分析，塑料模主要工作模件要求有较高的硬度（硬度范围一般为 45 ~ 58 HRC）和良好的耐磨性，有的模具还要求有良好的耐蚀性。此外，许多塑料模模腔要求高的尺寸精度、高度光洁的表面（即能抛光成镜面，如成形透明塑料仪表面板和光学镜片的塑料模），以及在塑件表面成形花纹图案。因此，塑料模具钢还应有良好的镜面抛光性、花纹图案光蚀性（即模腔表面在照相制版腐蚀时，应腐蚀均匀、图案清晰），以及小的淬火变形倾向等工艺性。钢的镜面抛光性和花纹图案光蚀性良好，主要表现为硬度高，材质优良（纯净度高、缺陷少），组织细小均匀等。

17.3.2 选材及热处理

目前，我国尚未形成独立的塑料模具钢的钢种系列，故塑料模主要采用能满足要求的合金渗碳钢、调质钢、热作模具钢、冷作模具钢、不锈钢和易切削预硬模具钢等。塑料模选材的考虑

因素很多，主要有模腔的加工方法，塑料的特性，塑件的尺寸、精度和生产量等。塑料模模腔的加工方法主要有冷挤法和机械切削法，冷挤法具有制模周期短、加工精度高等优点，但一般仅适用于加工形状简单、尺寸小的模腔；形状复杂、尺寸较大的膜腔或条件所限不能用冷挤法制造的模腔，一般采用机械切削法制造。

表17.11 塑料模的选材

<table>
<tr><th colspan="2">分类</th><th>特性</th><th>典型种类</th><th>形状</th><th>尺寸</th><th>模具精度</th><th>选用钢种</th><th>热处理方法及热处理硬度</th></tr>
<tr><td rowspan="9">切削法制造的塑料模</td><td rowspan="3">一般塑料模</td><td rowspan="3">注塑温度不高，不产生腐蚀性气体、对模具磨损不大</td><td rowspan="3">聚乙烯、聚苯乙烯、聚甲醛、ABS塑料等</td><td>较简单</td><td>较小</td><td>不高</td><td>45、55、50Cr</td><td>淬火回火至50～55 HRC</td></tr>
<tr><td rowspan="2">较复杂</td><td rowspan="2">较大</td><td rowspan="2">较高</td><td>5CrMnMo、5CrNiMo</td><td>淬火回火至50～55 HRC</td></tr>
<tr><td>3Cr2Mo预硬钢（300HB）</td><td>切削加工后渗氮</td></tr>
<tr><td>耐热塑料模</td><td>注塑或压塑温度高</td><td>聚四氟乙烯、聚缩醛、尼龙</td><td>较复杂</td><td>—</td><td>较高</td><td>4Cr5MoSiV、4Cr5MoSiV1</td><td>淬火回火至48～52 HRC</td></tr>
<tr><td rowspan="2">耐磨塑料模</td><td rowspan="2">对模具磨损大</td><td rowspan="2">添加玻璃纤维的增强热塑性塑料、热固性塑料</td><td>不太复杂</td><td>较小</td><td>不高</td><td>9Mn2V、CrWMn</td><td>淬火回火至54～58 HRC</td></tr>
<tr><td>复杂</td><td>较大</td><td>高</td><td>Cr6WV、Cr12MoV</td><td>空冷淬火回火54～58 HRC</td></tr>
<tr><td>耐蚀塑料模</td><td>注塑时产生腐蚀性气体</td><td>聚氯乙烯、加阻燃剂的热塑性塑料</td><td>—</td><td>—</td><td>—</td><td>3Cr13、4Cr13、9Cr18、Cr18MoV</td><td>淬火回火至45～50 HRC
淬火回火至50～55 HRC</td></tr>
<tr><td rowspan="2">大型精密塑料模</td><td rowspan="2">不产生腐蚀性气体</td><td>一般热塑性塑料（聚乙烯、聚苯乙烯、聚甲醛等）</td><td>复杂</td><td>大</td><td>很高</td><td>8Cr2MnWMoVS、4Cr5MoSiVS易切预硬模具钢（43～46 HRC）</td><td>切削加工后不热处理</td></tr>
<tr><td>高温成形塑料（聚四氯乙烯、聚缩醛、尼龙、热固性塑料），对模件磨损大的塑料（加玻璃纤维的塑料）</td><td>—</td><td>—</td><td>—</td><td>4Cr5MoSiVS易切预硬模具钢（43～46 HRC）</td><td>切削加工后渗氮</td></tr>
<tr><td colspan="2">冷挤成形的塑料模</td><td>注塑温度不高，不产生腐蚀性气体</td><td>聚乙烯、聚苯乙烯、聚甲醛、ABS塑料等</td><td>较简单</td><td>小</td><td>较高</td><td>20Cr、12CrNi3、12Cr2Ni4</td><td>渗碳、淬火回火至52～57 HRC</td></tr>
</table>

塑料模选材时，首先应根据模腔的加工方法选择钢的种类：用机械切削法加工模腔的塑料模，主要选择调质钢、热作模具钢、冷作模具钢、不锈钢和易切削预硬模具钢；用冷挤法加工模腔的塑料模，主要选择合金渗碳钢。用机械切削法加工模腔的塑料模，还应根据塑料的特性，塑件的尺寸、复杂程度、精度和生产量等因素，选择具体的钢种、热处理及硬度。

常用塑料模的选材、热处理及硬度见表17.11。

(1)机械切削制造的塑料模选材

用机械切削法制造的塑料模，可按下列分类进行选材。

1)一般注塑模　一般注塑模是指注塑温度不高(低于250 ℃)，不产生腐蚀性气体，对模具磨损不大的常用热塑性塑料的注塑模。例如，注塑聚乙烯、聚苯乙烯、聚甲醛、ABS塑料等塑件的注塑模。

形状简单、尺寸较小、精度不高、生产量较小的一般注塑模，可选45、55、50Cr等调质钢制造，经淬火回火至50～55 HRC后使用。形状较复杂、尺寸较大、精度和表面质量要求较高、生产量较大的一般注塑模，要求较高的耐磨性、较长的使用寿命和较小的淬火变形，而常选用5CrMnMo、5CrNiMo等热作模具钢制造，经淬火回火至50～55 HRC后使用，或选用3Cr2Mo预硬钢(300 HBS左右)，经机械切削加工成形和渗氮后使用。

2)耐热塑料模　成形温度较高的聚四氟乙烯、聚缩醛、尼龙等塑件的注塑模，一般选用热稳定性较高的4Cr5MoSiV、4Cr5MoSiV1等热作模具钢制造，经淬火回火至48～52 HRC后使用。

3)耐磨塑料模　生产热固性塑件和加有玻璃纤维的增强热塑性塑件的注塑模，要求高的硬度和耐磨性，以防止模腔擦伤和提高镜面抛光性。此类塑料模常选用9Mn2V、CrWMn、Cr6WV、Cr12MoV等冷作模具钢制造，经淬火回火至54～58 HRC后使用。其中9Mn2V、CrWMn钢主要用于形状不太复杂、精度要求不高的模具；Cr6WV、Cr12MoV钢主要用于形状复杂、精度要求高、淬火变形要求很小的大型模具，并采用空冷淬火或等温淬火，以减小模件的淬火变形。

4)耐蚀塑料模　聚氯乙烯塑料或加阻燃剂的塑料在成形时，会释放出HCl或SO_2腐蚀性气体，对模腔产生腐蚀。为了提高模具的耐蚀性，主要选用3Cr13、4Cr13或9Cr18、Cr18MoV等铬不锈钢制造，经淬火回火至45～50 HRC或50～55 HRC后使用。

5)大型精密塑料模　大型、精密塑料模要求很高的尺寸精度。为了保证模具的高精度，避免淬火变形，可选用8Cr2MnWMoVS、4Cr5MoSiVS等易切削预硬模具钢制造。此类模具钢因加有硫而具有优良的被切削性，在预淬硬至43～46 HRC条件下，仍可用特种陶瓷刀具进行切削加工，从而保证了模件的高精度。此外，为了提高模件的耐磨性和延长使用寿命，可对模腔进行渗氮处理。

(2)冷挤成形的塑料模选材

用冷挤法成形模腔的塑料模，采用20Cr、12CrNi3、12Cr2Ni4等合金渗碳钢制造，以利于模腔的冷挤成形。用此类钢冷挤制造的模具，需对其模腔进行渗碳、淬火回火至52～57 HRC，以提高模具的耐磨性和使用寿命。为了使模腔表面获得高硬度和减小淬火变形，模具越大应选用合金元素越多的合金渗碳钢。

17.4　刀具和量具的选材

17.4.1　刀具的选材

机械制造中使用的切削刀具种类很多,主要有车刀、铣刀、滚刀、钻头、刨刀、丝锥、板牙、拉刀等。常用的刀具材料有高速钢、硬质合金和低合金刃具钢。

(1)车刀

1)工作条件、失效形式及性能要求　车刀主要用于切削加工回转体类零件。高速切削时,车刀刃口承受强烈的磨擦并因磨擦热使刃口温度升高,切削速度越高,被切削材料越硬,刃口的摩擦越强烈,温度越高(可达600 ℃以上);有时车刀还承受较大的冲击载荷。车刀的失效形式主要是磨损,其次是刃口崩裂。因此,车刀要求有高的硬度(64 HRC以上)、耐磨性和热硬性,以及一定的强度和韧性。

2)选材及最终热处理　被切削材料的硬度越高,切削速度越高,车刀要求的硬度、耐磨性和热硬性越高,而应选用具有相应性能的刀具材料。因此,可根据切削材料的种类、硬度和切削速度,按表17.12选择刀具材料和热处理。

表17.12　车刀、铣刀的材料选用

<table>
<tr><th>切削材料及硬度</th><th>切削速度
/(m · min^{-1})</th><th>刃口温度/℃</th><th>刀具材料</th><th>热处理</th></tr>
<tr><td>钢(240 ~ 320 HB)、铸铁、有色合金</td><td>25 ~ 55</td><td>≤600</td><td>W6Mo5Cr4V2</td><td>高温淬火高温回火3次64 ~ 66 HRC</td></tr>
<tr><td>高强度钢(35 ~ 43 HRC)、奥氏体不锈钢、高温合金</td><td>30 ~ 90</td><td rowspan="2">>600</td><td rowspan="2">YT5、YT14(粗加工)
YT30(精加工)</td><td rowspan="2">不热处理950 ~ 1 100 HV</td></tr>
<tr><td>钢(240 ~ 320 HB)、有色合金</td><td>100 ~ 300</td></tr>
<tr><td>铸铁、铸造有色合金</td><td>100 ~ 300</td><td>>600</td><td>YG20、YG15(粗加工)
YG6、YG3(精加工)</td><td>不热处理950 ~ 1 100 HV</td></tr>
</table>

选用硬质合金制造车刀时,一般将硬质合金刀片用铜钎焊焊在车刀刀体上直接使用,而不需淬火。此外,因铣刀、滚刀等性能与车刀相似,故其可仿照车刀的选材方法进行选材。

(2)丝锥和板牙

丝锥是用于加工内螺纹的专用刀具。板牙是用于加工外螺纹的专用刀具。丝锥和板牙分为手用丝锥、板牙和机用丝锥、板牙两类。

1)工作条件、失效形式和性能要求　丝锥和板牙切削加工时,主要承受较强烈的摩擦作用和一定的扭转载荷。其失效形式主要是刃口磨损,有时发生扭断(丝锥)或崩齿(板牙)。因此，丝锥和板牙要求高的硬度和耐磨性，以及足够的强度和韧性。

2）选材及最终热处理　手用丝锥与板牙、机用丝锥与板牙的切削速度不同，它们的性能要求也有所不同，故应选用不同的材料。通常，用于加工钢(240～320 HB)、铸铁、有色合金等零件螺纹的丝锥和板牙，可根据其切削速度按表17.13选材。

表17.13　丝锥和板牙的材料选用

切削速度		刀具材料	热处理
手用丝锥、板牙		T10A	淬火低温回火，60～64 HRC
机用丝锥、板牙	8～10 m/min	9SiCr	淬火低温回火，60～64 HRC
	25～55 m/min	W6Mo5Cr4V2	高温淬火高温回火3次，63～66 HRC

17.4.2　量具的选材

量具是用于测量工件尺寸的工具，常用的量具有塞规、量规、千分尺等。

(1)工作条件、失效形式及性能要求

量具在使用时常与被测工件接触，受到摩擦和撞击。量具的失效形式主要是工作部位的磨损，在长期使用或保存过程中尺寸变化，以及偶然撞击而发生断裂。因此，量具要求有高的硬度(56 HRC以上)、耐磨性和尺寸稳定性，以及一定的韧性。

(2)选材及最终热处理

测量精度和使用条件不同的量具，要求有不同的尺寸稳定性和使用性能，应选用不同的材料和最终热处理。

1)一般测量精度的量具　形状简单、测量精度要求不高的量具(如量规、量块等)，一般选用T10A、T12A等碳素工具钢制造，淬火低温回火至58～62 HRC后使用。

2)精密量具　测量精度要求很高的精密量具(如精密量规、量块、塞规等)，除要求有高的硬度和耐磨性外，还要求有高的尺寸稳定性和小的淬火变形。因此，精密量具常选用CrWMn、CrMn、Cr、GCr15等低合金工具钢制造，经淬火、-75～-78 ℃冷处理、低温回火和150 ℃人工时效后使用。在这种复合热处理中，由于冷处理能大大减少残余奥氏体，人工时效能稳定组织，减小淬火应力，从而不仅使量具获得很高的硬度(62～65 HRC)和耐磨性，而且使量具有很高的尺寸稳定性。

3)一般测量精度的高韧性量具　测量精度不很高的卡规、样板、直尺等长形或平板形量具，由于使用时易撞击断裂，而要求有较高的韧性。此类量具一般选用15、20、15CrMn等渗碳钢制造，经渗碳淬火低温回火后使用，或选用50、60、65Mn等中碳结构钢制造，经高频淬火低温回火后使用。

4)耐蚀量具　在腐蚀条件下工作的量具，一般选用4Cr13、9Cr18等铬不锈钢制造，淬火低温回火至56～58 HRC后使用。

思考题

17.1　简述冷作模材料的成分、热处理及性能特点。

17.2　简述冷作模的选材方法。

17.3　简述冲裁模的工作条件、失效形式及性能要求。对冲裁软铝板件、生产量小于10 000件的凹模进行选材和确定最终热处理及硬度。

17.4　简述塑料模的工作条件、失效形式及性能要求。对注塑聚氯乙烯制件的注塑模进行选材、确定最终热处理及硬度。

第18章

淬火件的结构工艺性和热处理工序位置安排

热处理是零件和工具获取使用性能的主要工艺方法，也是改善加工工艺性能和保证制造质量的重要措施。因此，热处理是机械制造的重要组成部分。为了保证零件和工具的热处理质量和制造质量，除了从热处理工艺方面采取措施外，还应从设计、制造方面采取措施。主要措施是，在设计时考虑淬火件的结构工艺性，在拟定加工工艺路线时合理安排热处理工序位置。

18.1 淬火件的结构工艺性

淬火时，零件和工具易于发生变形或开裂。淬火件的淬火变形和淬火开裂，除了与淬火工艺不当有关外，还与淬火件的形状结构有关。为了防止或减小淬火变形和淬火开裂，淬火件的形状结构有如下要求。

18.1.1 避免尖锐缺口

淬火件的尖锐缺口处易产生淬火应力集中（即该处的淬火应力比平均淬火应力大得多），从而引起淬火开裂。因此，淬火件应避免出现尖锐缺口，而应将其设计成过渡圆角，如图 18.1 所示。

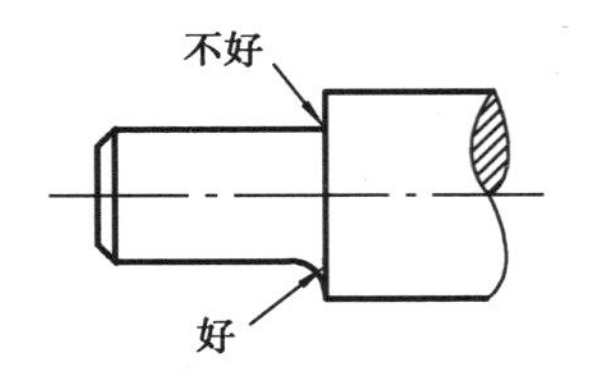

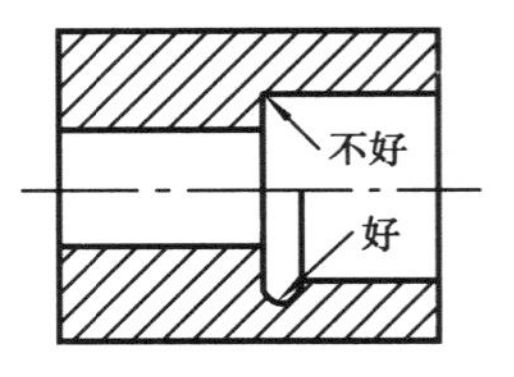

图 18.1　避免尖锐缺口示例

淬火阶梯轴常用过渡圆角 R，如表 18.1 所示。渗氮阶梯轴的过渡圆角一般取 $R>0.5$ mm。

表 18.1　淬火阶梯轴的过渡圆角

mm

阶梯轴的台阶高度 $(D-d)/2$	—	5.5 ~ 7.5	13 ~ 25	25.5 ~ 62.5	63 ~ 150	150.5 ~ 250
过渡圆角半径 R	2	5	10	15	20	30

18.1.2　避免厚薄悬殊截面

淬火件截面厚薄悬殊，使其淬火冷却不均匀，从而造成淬火应力不均匀，易导致淬火变形，故应力求淬火件截面厚薄均匀。

对于厚薄悬殊的淬火件，在其结构上可采取下列措施：

①在厚的部位开工艺孔（图 18.2）或将薄的部位增厚（图 18.3）。

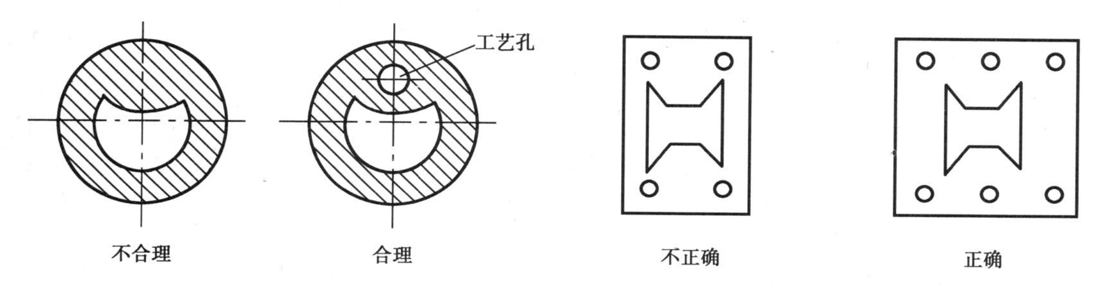

图 18.2　在厚部位开工艺孔的示例　　　图 18.3　将薄部位增厚的示例

②合理安排孔或槽的位置（图 18.4，图中 t 为零件厚度）。

③变盲孔为通孔（图 18.5）。

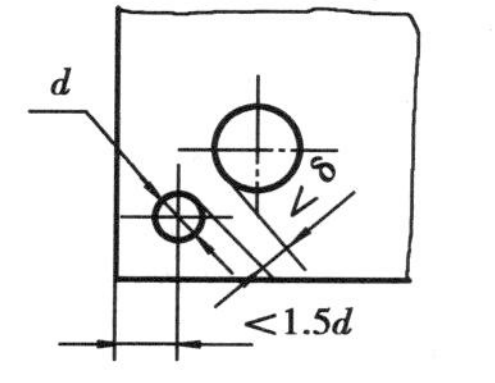

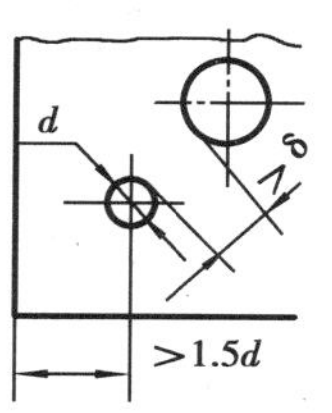

图 18.4　合理安排孔位置的示例

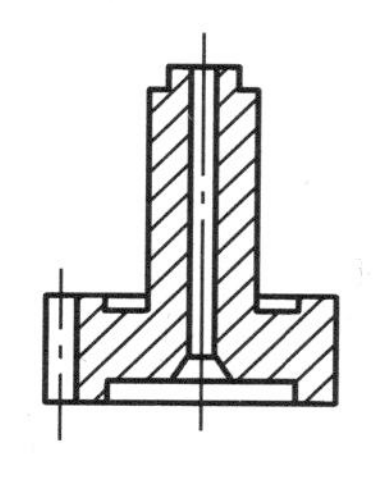

图 18.5　变盲孔为通孔的示例

18.1.3　形状应对称

淬火件形状不对称使其淬火冷却不均匀，造成淬火应力不均匀，从而易引起淬火件变形（如图 18.6(a)中双点划线所示）。因此，淬火件的形状应对称，如图 18.6(b)所示。

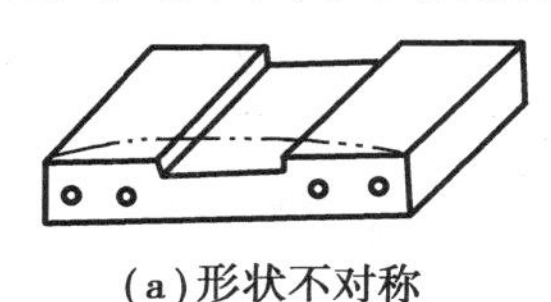

(a)形状不对称

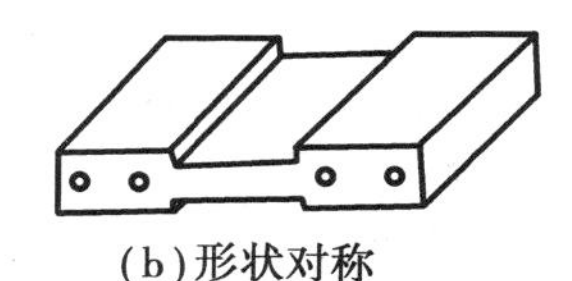

(b)形状对称

图 18.6　淬火件形状应对称的示例

18.1.4 采用组合结构

对于某些易淬火变形件,在可能条件下可采用组合结构,以避免淬火变形。例如,“山”字形硅钢片冷冲凸模为整体结构时,淬火变形很大(图 19.7(a)),如果改为组合结构(图 19.7(b)),可先将各块零件淬火、磨加工,然后将它们组合成凸模整体,则避免了整体凸模的淬火变形。

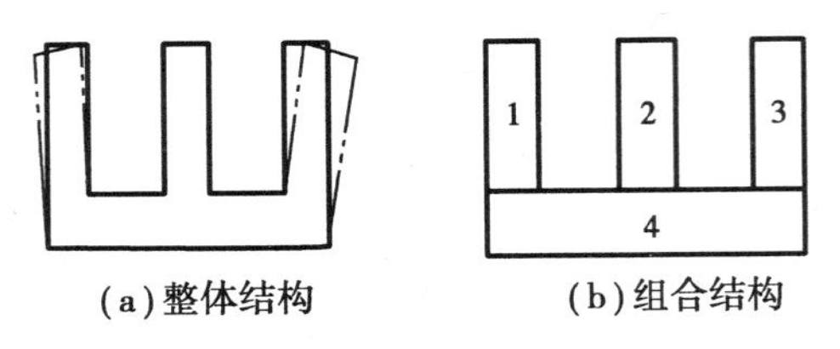

图 18.7 “山”字形硅钢片冷冲凸模的两种结构

18.1.5 采用加工艺筋的封闭结构

开口形状的零件(图 18.8(a))易淬火变形,为了减小此类零件淬火变形,加工时可在开口处增设工艺筋,使其成为封闭结构(图 18.8(b)),淬火回火后再切去工艺筋,以减小淬火变形。

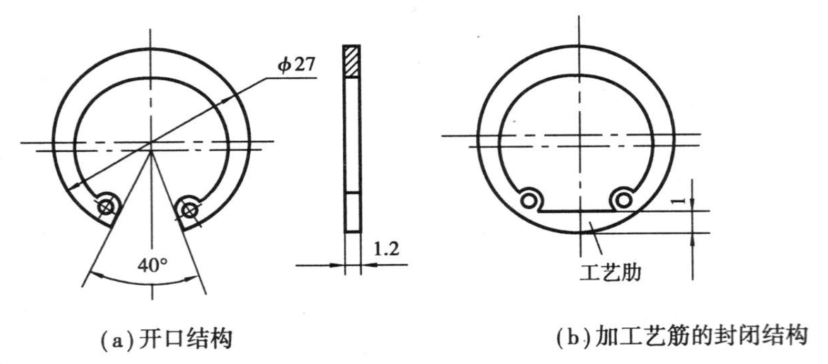

图 18.8 弹簧圈及工艺筋
材料:65Mn 热处理:淬火 45 ~ 50 HRC

18.2 合理安排热处理工序位置

机械制造常用的热处理有预备处理(如退火、正火、再结晶退火等),补充热处理(如去应力退火、人工时效等),以及最终热处理(如淬火、回火、表面淬火低温回火、渗碳淬火低温回火、渗氮、碳氮共渗等)。零件的加工工艺路线由若干个不同工序组成,热处理是其组成之一。为了保证零件的制造质量和提高生产率,在制订零件加工工艺路线时,应合理安排热处理工序位置。

18.2.1 预备热处理的工序位置

(1)锻件和铸件预备热处理的应用和工序位置

预备热处理的作用是消除钢在锻造和铸造中产生的组织和性能缺陷,改善其切削性能,为后续切削加工和最终热处理做准备。因此,锻件和铸件的预备热处理宜安排在锻造和铸造后、其他加工工序前进行。钢的锻件和铸件预备热处理的应用见表18.2。

表18.2 钢的锻件和铸件预备热处理的应用

钢的种类	预备热处理	钢的种类	预备热处理
低碳钢 合金渗碳钢 $0.25\% < w_C < 0.5\%$的碳钢	正火	弹簧钢	完全退火
		碳素工具钢 轴承钢 低合金工具钢	球化退火 或正火与 球化退火
$0.5\% < w_C < 0.7\%$的优质碳素结构钢 $w_C = 0.3\% \sim 0.4\%$的合金调质钢	完全退火	高碳高合金工具钢 高速钢	等温球化退火

(2)冷变形金属再结晶退火温度和工序位置

再结晶退火的作用是,消除冷变形金属的加工硬化(即提高塑性,降低塑性变形抗力),为后续冷变形加工做准备。因此,冷变形金属的再结晶退火,宜安排在前一次冷变形加工后、后续冷变形加工前进行。常用金属材料的再结晶退火温度见表18.3。

表18.3 常用金属材料的再结晶退火温度

金属材料	再结晶退火温度/℃
碳钢及合金结构钢	680~720
纯铝	350~420
铝合金	350~370
铜及铜合金	600~700

18.2.2 最终热处理的工序位置

最终热处理的作用是,使零件和工具获得要求的力学性能和使用寿命。零件的最终热处理方法不同,其硬度和热处理变形程度不同,而后续切削加工方法不同,则其允许加工硬度、加工量、加工精度也不同,见表18.4。

由表可见,安排最终热处理工序位置时,应考虑零件的最终热处理硬度与后续加工的允许硬度之间,以及热处理变形大小与后续加工量之间合理配合,并在最终热处理前工序预留足够的加工余量,以便后续加工时消除零件热处理的变形、氧化和脱碳。

以下介绍几种常见的最终热处理工序位置的安排。

表 18.4　最终热处理与切削加工的特点

<table>
<tr><th>最终热处理</th><th>硬度/HRC</th><th>变形程度</th><th colspan="2">切削加工</th><th>允许加工硬度/HRC</th><th>加工量</th><th>精　度</th></tr>
<tr><td rowspan="2">调质</td><td rowspan="2">22 ~ 32</td><td rowspan="2">大(碳钢)
小(合金钢)</td><td colspan="2">刨(高速钢刀具)</td><td><32</td><td>大</td><td>低</td></tr>
<tr><td colspan="2">钻(高速钢刀具)</td><td><32</td><td>大</td><td>低</td></tr>
<tr><td rowspan="2">淬火中回</td><td rowspan="2">35 ~ 48</td><td>大(碳钢)</td><td rowspan="5">车
铣</td><td rowspan="5">高速钢刀具
硬质合金刀具</td><td rowspan="5"><32
<43</td><td rowspan="5">较大
较大</td><td rowspan="5">较高
较高</td></tr>
<tr><td>小(合金钢)</td></tr>
<tr><td rowspan="2">淬火低回</td><td rowspan="2">52 ~ 62</td><td>大(碳钢)</td></tr>
<tr><td>小(合金钢)</td></tr>
<tr><td>表淬低回</td><td>52 ~ 56</td><td>很小</td></tr>
<tr><td>渗碳淬火低回</td><td>58 ~ 62</td><td>大(碳钢)
小(合金钢)</td><td colspan="2">磨</td><td>不限</td><td>小</td><td>高</td></tr>
<tr><td>渗氮</td><td>>66</td><td>极小</td><td colspan="2">研磨</td><td>不限</td><td>极小</td><td>很高</td></tr>
</table>

(1) 调质

调质件有较低的硬度(小于 32 HRC)和较大的淬火变形(碳钢)或较小的淬火变形(合金钢)。由于调质件可用一般的切削加工方法(车、铣、钻)对其切削加工,故调质工序宜安排在粗加工后、半精加工前进行,以便通过后续的车、铣等半精加工消除调质件的淬火变形。

例如,45 钢或合金调质钢零件的调质(调质硬度 23 ~ 28 HRC)工序,在加工工艺路线中常安排如下:

下料→锻造→正火或退火→粗加工→调质→半精加工→精加工

(2) 淬火中、低温回火

淬火中、低温回火的零件有较高的硬度(大于 38 HRC)和较大的淬火变形(碳钢)或较小的淬火变形(合金钢)。由于对此类淬火回火件难于用高速钢刀具进行车、铣等后续加工,而只宜磨削加工,故淬火中、低温回火工序宜安排在半精加工后、磨加工前进行,并淬火前应预留足够的磨削余量,以便通过后续磨加工消除零件的淬火变形(对淬火变形大的零件宜选用合金钢)。例如,T10 钢或 CrWMn 钢工具的淬火低温回火(58 ~ 62 HRC)工序,常安排如下:

下料→锻造→退火→粗加工→半精加工→淬火低温回火→磨加工

示例:黄铜接线板落料凹模(图 17.2)的最终热处理工序位置安排。

材料　CrWMn 钢。

热处理技术条件　淬火低温回火 58 ~ 62 HRC,淬火变形小。

加工工艺路线:

①方案一:下料→锻造→球化退火→刨平面→铣平面→粗磨平面→机械加工型孔(留磨量)及其他孔→淬火(分级淬火)低温回火→精磨平面→磨型孔

②方案二:下料→锻造→球化退火→刨平面→铣平面→粗磨平面→机械粗加工型孔、机械加工其他孔→淬火(分级淬火)低温回火→精磨平面→线切割型孔→人工时效(180 ℃)→修磨型孔

(3) 表面淬火低温回火

表面淬火低温回火零件，有高的表面硬度(54 ~ 58 HRC)和很小的淬火变形，故其工序位置宜安排在半精磨后、精磨前进行。

例如，45 钢零件的调质工序和局部表面淬火低温回火工序可安排如下：

下料→锻造→正火→粗加工→调质→半精加工→精加工→局部高频表面淬火、低温回火→精磨

示例：C616 车床主轴(图 16.2)的热处理工序位置安排。

材料　40CrNi 钢。

热处理技术条件　整体调质 22 ~ 26 HRC，大端内锥孔和外锥体局部淬火中温回火 45 ~ 50 HRC，轴颈和花键槽高频表面淬火低温回火 52 ~ 56 HRC。

加工工艺路线：

下料→锻造→退火→粗车→整体调质→半精车→局部(大端)淬火中温回火→粗磨(外圆、外锥体及内锥孔)→铣花键槽→轴颈、花键槽高频表面淬火低温回火→精磨(外圆、外锥体及内锥孔)。

(4) 渗碳淬火低温回火

渗碳淬火低温回火零件，有高的表面硬度(58 ~ 62 HRC)和较大的淬火变形(碳钢)或较小的淬火变形(合金钢)，故其工序位置宜安排在半精加工后、半精磨前进行。渗碳淬火前应预留足够的磨削余量，以便通过后续半精磨消除零件的淬火变形(对淬火变形大的零件，宜选合金钢)。

例如，20 钢零件的局部表面渗碳、淬火低温回火工序，可安排如下：

下料→锻造→正火→粗加工→半精加工→渗碳→切除不要求渗碳的局部表面渗碳层→淬火低温回火→半精磨→精磨

示例："解放"牌载重汽车变速箱一速齿轮(图 16.1)的热处理工序位置安排。

材料　20CrMnTi 钢。

热处理技术条件　齿面和花键槽表面渗碳(深度 0.8 ~ 1.3 mm)淬火低温回火 58 ~ 62 HRC，齿心部硬度为 33 ~ 48 HRC。

加工工艺路线：

下料→锻造→正火→机械粗加工→机械半精加工(端面留切削余量，余量为两倍渗碳层深度)→渗碳→半精加工端面→淬火低温回火→喷丸→磨内孔和花键孔→磨齿

(5) 渗氮

渗氮钢零件渗氮后，有很高的表面硬度(900 HV 以上)和极小的渗氮变形，故渗氮工序宜安排在精磨后、研磨前进行。

例如，38CrMoAlA 钢零件的调质工序和局部表面渗氮工序可安排如下：

下料→粗加工→调质→半精加工→精磨→非渗氮表面镀锡→渗氮→研磨

18.2.3　补充热处理的工序位置

补充热处理的作用是，消除或减小零件在切削加工或冷变形加工中产生的加工应力，以稳定零件尺寸和形状，防止零件在使用或长期储存中产生变形。常用的补充热处理，主要有去应力退火和人工时效(又称低温去应力退火、定型处理)。补充热处理主要用于精密机械零件和

高强度弹簧钢丝(带)冷成形弹簧。

(1)精密机械零件的补充热处理

精密机械零件和精密工具(如精密机床主轴、精密丝杠、精密量具等)要求高的尺寸精度和尺寸稳定性,因此,在制造过程中,应对其进行补充热处理。补充热处理的温度和工序位置,一般可根据在制件的热处理硬度和相关的切削加工工序来确定。对于退火或正火状态经粗加工的在制件,其补充热处理一般采用去应力退火(退火温度为 550 ~ 650 ℃),并在粗加工后、半精加工前进行;对于淬火回火状态经半精加工的在制件,其补充热处理也采用去应力退火(为了不降低零件硬度,退火温度比原回火温度低 50 ℃),并在半精加工后、精磨前进行;对于已精加工(粗磨半精磨)的在制件,为了避免表面氧化和脱碳,其补充热处理采用人工时效(150 ~ 180 ℃),并在粗磨后、半精磨前,或半精磨后、精磨前进行。

示例:S7332 铣床精密丝杆(图 18.9)的热处理工序位置安排。

材料　9Mn2V 钢。

热处理技术条件　淬火低温回火 52 ~ 56 HRC,高的尺寸稳定性。

加工工艺路线:

下料→锻造→球化退火→粗车→去应力退火(550 ~ 600 ℃)→精车→淬火→热校直→低温回火→冷处理→低温回火→粗磨→人工时效(180 ℃)→半精磨→人工时效(180 ℃)→精磨

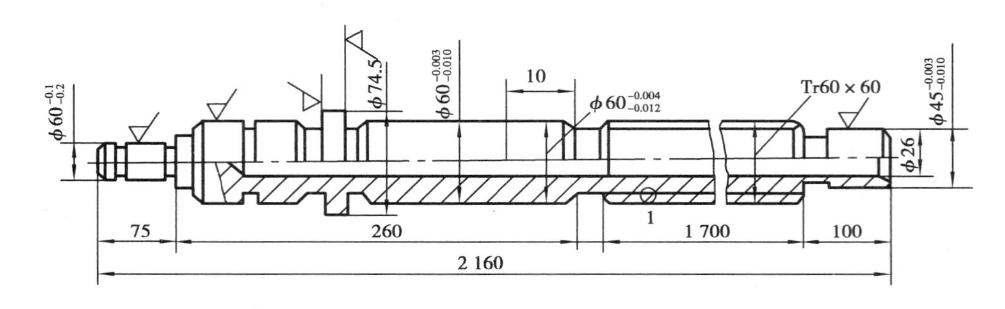

图 18.9　S7332 机床丝杠简图

(2)高强度弹簧钢丝(带)冷成形弹簧的补充热处理

用高强度弹簧钢丝(带)通过冷变形成形的弹簧,由于存在很大的冷变形残余应力,导致弹簧的有效强度降低及工作时弹簧尺寸变化。因此,此类弹簧冷变形成形后,应在 250 ~ 280 ℃人工时效(又称去应力回火、定型处理),以减小冷变形残余应力,稳定弹簧尺寸。

思考题

18.1　淬火零件的形状结构有何要求?

18.2　哪些零件毛坯需要预备热处理?常用的预备热处理有哪些?

18.3　不同最终热处理工序与各种机械加工工序有何关系?

18.4　精密镗床主轴

材料　38CrMoAlA

热处理技术条件：调质 28 ~ 32 HRC，轴颈、花键渗氮（深度为 0.15 ~ 0.2 mm）
900 ~ 1 100 HV

加工工艺路线：

下料→粗车→人工时效（180 ℃）→调质（淬火 620 ℃回火）→半精车及半精加工键槽→去应力退火（650 ℃）→粗磨→局部渗氮→半精磨→人工时效→精磨→研磨

上述工艺路线中热处理工序安排是否有错，并予以改正。

附 录

附录Ⅰ 黑色金属硬度及强度的换算表

表Ⅰ.1 黑色金属硬度及强度换算表(GB 1172—74 摘编)

洛氏硬度		布氏硬度/HBS	维氏硬度/HV	近似强度值 σ_b/MPa
HRC	HRA			
(70)	(86.1)		(1 037)	
(69)	(85.5)		(997)	
(68)	85.0		(959)	
67	84.4		923	
66			889	
65	83.9		856	
64	83.3		825	
63	82.8		795	
62	82.2		766	
61	81.7		739	
60	81.2		713	2 607
59	80.6		688	2 496
58	80.1		664	2 391
57	79.5		642	2 293
56	79.0		620	2 201

续表

洛氏硬度		布氏硬度 /HBS	维氏硬度 /HV	近似强度值 σ_b/MPa
HRC	HRA			
55	78.5		599	2 115
54	77.9		579	2 034
53	77.4		561	1 957
52	76.9		543	1 885
51	76.3	(501)	525	1 817
50	75.8	(488)	509	1 753
49	75.3	(474)	493	1 692
48	74.7	(461)	478	1 635
47	74.2	449	463	1 581
46	73.7	436	449	1 529
45	73.2	424	436	1 480
44	72.6	413	423	1 434
43	72.1	401	411	1 389
42	71.6	391	399	1 347
41	71.1	380	388	1 307
40	70.5	370	377	1 268
39	70.0	360	367	1 232
38		350	357	1 197
37		341	347	1 163
36		331	338	1 131
35		323	329	1 100
34		314	320	1 070
33		306	312	1 042
32		298	304	1 015
31		291	296	989
30		283	289	964
29		276	281	940
28		269	274	917
27		263	268	895
26		257	261	874

续表

洛氏硬度		布氏硬度/HBS	维氏硬度/HV	近似强度值 σ_b/MPa
HRC	HRA			
25		251	255	854
24		245	249	835
23		240	243	816
22		234	237	799
21		229	231	782
20		225	266	767

表Ⅰ.2　黑色金属硬度及强度换算表(GB 1172—74 摘编)

洛氏硬度/HRB	布氏硬度/HB	维氏硬度/HV	近似强度值 σ_b/MPa	洛氏硬度/HRB	布氏硬度/HB	维氏硬度/HV	近似强度值 σ_b/MPa
100		233	803	79	130	143	498
99		227	783	78	128	140	489
98		222	763	77	126	138	480
97		216	744	76	124	135	472
96		211	726	75	122	132	464
95		206	708	74	120	130	456
94		201	691	73	118	128	449
93		196	975	72	116	125	442
92		191	659	71	115	123	435
91		187	644	70	113	121	429
90		183	629	69	112	119	423
89		178	614	68	110	117	418
88		174	601	67	109	115	412
87		170	587	66	108	114	407
86		166	575	65	107	112	403
85		163	562	64	106	110	398
84		159	550	63	105	109	394
83		156	539	62	104	108	390
82	138	152	528	61	103	106	386
81	136	149	518	60	102	105	383
80	133	146	508				

附录Ⅱ 常用钢的热处理规范

表Ⅱ.1 常用钢的退火(正火)及淬火规范

钢的牌号	退火或正火		淬 火	
	加热温度/℃	冷 却	加热温度/℃	冷 却
20	890±10	空冷	800~820(渗碳件)	水、碱液、油(小件)
35	870±10		830~860	水
45	850±10		810~840	水、碱液、油(小件)
20Cr	900~940		800~820(渗碳件)	油、水(大件)
40Cr	850~870		840~860	油、水→油(大件)
65Mn	800~820	随炉缓冷	790~820	油
T7、T8A	780~770	650±10 ℃ 等温 2~3 h 再随炉冷	780~800	水油、碱液、油(小件)
T10A、T12A			760~790	
9Mn2V			790~810	油、硝盐浴分级淬火
CrWMn	770~790	700±10 ℃ 等温 3~4 h 再随炉冷	820~840	油、硝盐浴分级淬火
9SiCr	780~810		840~870	油冷、低温硝 盐浴分级淬火
GCr15			840~860	
5CrMnMo	770~790	随炉缓冷	840~860	
Cr12	850~870	720~750 ℃ 等温 6~8 h	960~1 000 1 000~1 040	油、硝盐浴分级淬火
Cr12MoV			760~1 000 1 080~1 130	
3Cr2W8V	830~850	随炉缓冷	1 050~1 100	
W18Cr4V		730~750 ℃ 等温 6~8 h	1 260~1 300	油冷、盐浴分级淬火
W6Mo5Cr4V2	850~870		1 210~1 240	
W6Mo5Cr4V3			1 200~1 230	

注:①表中所列淬火温度及冷却方法系指一般情况,实际热处理时根据钢牌号和产品特点还可能有所调整;

②保温时间要根据热处理种类、钢牌号、产品特点、加热炉类型等条件来确定,故在表中未列出。

表Ⅱ.2　淬火钢回火温度与硬度的关系(供参考)

钢牌号	淬火后硬度/HRC	回火温度(℃)与回火后的硬度(HRC)											
		180 ± 10	240 ± 10	280 ± 10	320 ± 10	360 ± 10	380 ± 10	420 ± 10	480 ± 10	540 ± 10	580 ± 1	620 ± 10	650 ± 10
35	> 50	51 ± 2	47 ± 2	45 ± 2	42 ± 2	40 ± 2	38 ± 2	35 ± 2	33 ± 2	28 ± 2	HB	HB	
45	> 55	56 ± 2	53 ± 2	51 ± 2	48 ± 2	45 ± 2	43 ± 2	38 ± 2	34 ± 2	30 ± 2	250 ± 20	220 ± 20	
T8、T8A	> 62	62 ± 2	58 ± 2	56 ± 2	54 ± 2	51 ± 2	49 ± 2	45 ± 2	39 ± 2	34 ± 2	29 ± 2	25 ± 2	
T10、T10A	> 62	63 ± 2	59 ± 2	57 ± 2	55 ± 2	52 ± 2	50 ± 2	46 ± 2	41 ± 2	36 ± 2	30 ± 2	26 ± 2	
40Cr	> 66	54 ± 2	53 ± 2	52 ± 2	50 ± 2	49 ± 2	47 ± 2	44 ± 2	41 ± 2	36 ± 2	31 ± 2	HB260	
50CrVA	> 60	58 ± 2	56 ± 2	54 ± 2	53 ± 2	51 ± 2	49 ± 2	47 ± 2	43 ± 2	40 ± 2	36 ± 2		30 ± 2
60Si2Mn	> 60	60 ± 2	58 ± 2	56 ± 2	55 ± 2	54 ± 2	52 ± 2	50 ± 2	44 ± 2	35 ± 2	30 ± 2		
65Mn	> 60	58 ± 2	56 ± 2	54 ± 2	52 ± 2	50 ± 2	47 ± 2	44 ± 2	40 ± 2	34 ± 2	32 ± 2	28 ± 2	
5CrMnMo	> 52	55 ± 2	53 ± 2	52 ± 2	48 ± 2	45 ± 2	44 ± 2	44 ± 2	43 ± 2	38 ± 2	36 ± 2	34 ± 2	32 ± 2
30CrMnSi	> 48	48 ± 2	48 ± 2	47 ± 2		43 ± 2	42 ± 2			36 ± 2		30 ± 2	26 ± 2
GCr15	> 62	61 ± 2	59 ± 2	58 ± 2	55 ± 2	53 ± 2	52 ± 2	50 ± 2		41 ± 2		30 ± 2	
9SiCr	> 62	62 ± 2	60 ± 2	58 ± 2	57 ± 2	56 ± 2	55 ± 2	52 ± 2	51 ± 2	45 ± 2			
CrWMn	> 62	61 ± 2	58 ± 2	57 ± 2	55 ± 2	54 ± 2	52 ± 2	50 ± 2	46 ± 2	44 ± 2			
9Mn2V	> 62	60 ± 2	58 ± 2	56 ± 2	54 ± 2	51 ± 2	49 ± 2	41 ± 2					
3Cr2W8V	≈48								46 ± 2	48 ± 2	48 ± 2	43 ± 2	41 ± 2
Cr12	> 62	62	59 ± 2		57 ± 2			55 ± 2		52 ± 2			45 ± 2
Cr12MoV	(1 030 ± 10 ℃) > 62	62	62	60		57 ± 2				53 ± 2			45 ± 2
W18Cr4V	> 62									> 64 (560 ℃回火三次)			

注:①淬火是用的盐浴炉,回火在井式炉中进行;

②回火保温时间一般碳钢为 60 ~ 90 min,合金钢为 90 ~ 120 min。

附录Ⅲ　热处理技术条件用的符号

表Ⅲ.1　图纸中标注热处理技术条件用的符号(机床制造行业用)

热处理方式	符号	表示方法举例
退火	Th	退火至179~229 HBS,表示方法为Th179~229
正火	Z	正火至170~210 HBS,表示方法为Z170~210
调质	T	调质至220~250 HBS,表示方法为T220~250
淬火	C	淬火后回火至48~54 HRC,表示方法为C48
感应淬火	G	感应淬火后回火至52~57 HRC,表示方法为G52
调质感应淬火	T-G	调质后感应淬火回火至52~57 HRC,表示方法为T-G52
火焰淬火	H	火焰加热淬火后回火至42~47 HRC,表示方法为H42
渗碳淬火	S-C	渗碳层深度为0.40~0.70 mm,淬火后回火至58~63 HRC,表示方法为S0.5-C58
渗碳感应淬火	S-G	渗碳层深度为0.70~1.10 mm,感应淬火后回火至大于或等于58 HRC,表示方法为S0.9-G58
碳氮共渗淬火	Td-C	碳氮共渗层深度0.4~0.7 mm,淬火后回火至58~63 HRC,表示方法为Td0.5-C58
碳氮共渗	Dt	化合层深度大于或等于0.012 mm,硬度$HM_{100\ g}$≥480,表示方法为Td0.012-480
渗氮	D	渗氮层深度0.35~0.50 mm,成品表面硬度大于900 HV,表示方法为D0.4-900
回火	Hh	弹簧钢丝冷卷后回火,表示方法为Hh

注:①布氏硬度的公称值是硬度允许范围的平均值,其允差为±15 HBS。例如,235 HBS,表示硬度值为220~250 HBS。

②洛氏硬度小于40 HRC时,允差±5 HRC,硬度公称值是允许范围的平均值。例如,35 HRC表示30~40 HRC。40~58 HRC时,下差为零,上差为+5 HRC,其公称值是硬度允许范围的低限值。例如,48 HRC表示硬度值为48~53 HRC。大于或等于59 HRC时,上差不限,下差为零,其硬度公称值是允许范围的低限值。

③维氏硬度HV和显微硬度HM均标低限值,上差不限。

附录Ⅳ　常用钢的临界淬透直径

表Ⅳ.1　常用钢的临界淬透直径 D_c

钢　号	D_c水/mm	D_c油/mm	钢　号	D_c水/mm	D_c油/mm
渗碳钢					
15、20	5~8		40CrMn	51	36
20Mn2	24~29	12~15	30CrMnSi	61	43
20MnVB	24~29	15	30CrMnTi	51	36
20Cr	26	12	40CrNiMo	87	66
20CrNi	41	25	40MnB	34	20
20CrMn		20~25			
20CrMo		20~25	氮化钢		
20CrMoB	51	35	38CrMoAlA	65~70	47
20CrMnMo	3S~43	26	20CrMoV	50~54	35
20CrMnTi		25~30			
12CrNi3		78	弹簧钢		
12Cr2Ni4		84	65	19~26	12
18Cr2Ni4W		90~100	65Mn	31~37	20
			60Si2Mn	35~40	22
调质钢			50CrVA	47~52	32
35	15~19		50CrMn	52~57	36
45	16~21		50CrMnVA	52~57	36
55	16~21				
40Cr	35~40	22	轴承钢		
50Cr	41~46	28	GCr9	32	20
40CrNi	80	58	GCr15	41	25
40CrNiMo	87	66	GCr9SiMn	55	39
40Mn	25~30	16	GCr15SiMn	66	50
40Mn2	43	25~32	CrMn	31	17
T8	13~19	5~12	CrMo	28	17
T10	22~26	14	CrWMn	60	50
T12	28~33	18	CrWMn	60	50
9Mn2V	57~60	40~42	Cr12MoV		200
9SiCr	51	36~39	C16WV		160
Cr2	51	40			

附录V 钢铁材料国内外牌号对照表

材料种类	中国 GB	日本 JIS	美国 UNS	德国 DIN	英国 BS	法国 NF
碳素结构钢	Q195	—	—	S185	S185	S185
	Q215A	SS330	—	USt34-2	040A12	A34
	Q215B		K02501	RSt34-2		A34-2NE
	Q235A	SS400	K02502	S235JR	S235JR	S235JR
	Q235B		—	S235JRG1	S235JRG1	S235JRG1
	Q235C		—	S235JRG2	S235JRG2	S235JRG2
	Q255A	SM400A		St44-2	43B	E28-2
	Q255D	SM400B				
优质碳素结构钢	10	S10C	G10100	C10	040A10	C10
	20	S20C	G10200	C22E	C22E	C22E
	30	S30C	G10300	C30E	C30E	C30E
	45	S45C	G10450	C40E	C40E	C4E
	65	SUP2	G10650	CK67	060A67	XC65
合金结构钢	20Cr	SCr420	G51200	20Cr4	527A20	18C3
	40Cr	SCr440	G51400	41Cr4	530A40	42C4
	38CrMoAl	—	—	41CrAlMo7	905M39	40CAD6. 12
	50CrVA	SUP10	G61500	51CrV4	735A50	50CrV4
	20CrMnTi	—	—	30MnCrTi4	—	—
	20Cr2Ni4	≈SNC815	—	≈14NiCr14	≈665M13	18NC13
	18Cr2Ni4WA					
	60Si2Mn	SUP6	—	60Si7	—	60S7

续表

材料种类	中国 GB	日本 JIS	美国 UNS	德国 DIN	英国 BS	法国 NF
碳素工具钢	T7	SK7	—	C70W2	—	(C70E2U)
	T8	SK5/SK6	T72301	C80W2	—	(C80E2U)
	T10	SK3/SK4	T72301	C105W2	BW1B	(C105E2U)
	T12	SK2	T72301	C125W2	BW1C	C120E3U
	T7A	—	—	C70W1	—	C70E2U
	T8A	—	T72301	C80W1	—	C80E2U
	T10A	—	T72301	C105W1	—	C105E2U
	T12A	—	T72301	C110W1	—	—
合金工具钢	9SiCr	—	—	90CrSi5	—	—
	Cr2	SUJ2	T61203	BL1/BL3	100Cr6	Y100C6
	9Mn2V	—	T31502	90MnCrV8	BO2	90MnV8
	Cr12	SKD1	T30403	X210Cr12	BD3	X200Cr12
	Cr12MoV	SKD11	—	X165CrMoV12	—	—
	CrWMn	SKS31	—	105WCr6	—	105WCr5
	9CrWMn	SKS3	T31501	100MnCrW4	BO1	90MnWCrV5
高速钢	W18Cr4V	SKH2	T12001	S18-0-1	BT1	HS18-0-1
	W6Mo5Cr4V2	SKH9	T11302	S6-5-2	BM2	—
	W6Mo5Cr4V2Co5	SKH55	—	S6-5-2-5	—	HS6-5-2-5
	W18Cr4VCo5	SKH3	T12004	S18-1-2-5	BT4	HS18-1-1-5
	W12Cr4V5Co5	SKH10	T12015	S12-1-4-5	BT15	HS12-1-5-5

不锈钢	1Cr13	SUS410	S41000,410	X12Cr13,1.4006	X12Cr13,1.4006	X12Cr13,1.4006
	2Cr13	SUS420J1	S42000,420	X20Cr13,1.4021	X20Cr13,1.4021	X20Cr13,1.4021
	3Cr13	SUS420J2	S42000,420	X30Cr13,1.4028	X30Cr13,1.4028	X30Cr13,1.4028
	4Cr13	—	—	X39Cr13,1.4031	X39Cr13,1.4031	X39Cr13,1.4031
	1Cr18Ni9	SUS302	S30200,302	X10CrNi18-8,1.4310	X10CrNi18-8,1.4310	X10CrNi18-8,1.4310
	0Cr18Ni9	SUS304	S30400,304	X5CrNi18-10,1.4301	X5CrNi18-10,1.4301	X5CrNi18-10,1.4301
	1Cr18Ni9Ti	(SUS321H)	S32109,321H	X6CrNiTi18-10,1.4541	X6CrNiTi18-10,1.4541	X6CrNiTi18-10,1.4541
灰铸铁	HT100	FC100	F11401	СЧ10	EN-GJL-100	GG10
	HT150	FC150	F1701	СЧ15	EN-GJL-150	GG15
	HT200	FC200	F12101	СЧ20	EN-GJL-200	GG20
	HT250	FC250	F12801	СЧ25	EN-GJL-250	GG25
	HT300	FC300	F13501	СЧ30	EN-GJL-300	GG30
球墨铸铁	QT400-18	FCD400-18	F32800	—	400/18	EN-GJS-400-18
	QT450-10	FCD450-10	F33100	—	450/10	EN-GJS-450-10
	QT500-7	FCD500-7	F33800	GGG-50	500/7	EN-GJS-500-7
	QT600-3	FCD600-3	F34800	GGG-60	600/3	EN-GJS-600-3
	QT700-2	FCD700-2	F34800	GGG-70	700/2	EN-GJS-700-2
	QT800-2	FCD800-2	F36200	GGG-80	800/2	EN-GJS-800-2
	QT900-2	—	F36200	—	900/2	EN-GJS-900-2

参考文献

[1] 许德珠．机械工程材料[M]．北京:高等教育出版社,1992.

[2] 司乃钧,许德珠．热加工工艺基础[M]．北京:高等教育出版社,1991.

[3] 王运炎．机械工程材料[M]．北京:机械工业出版社,1991.

[4] 王毓敏．工程材料及热加工基础[M]．武汉:华中理工大学出版社,1998.

[5] 张云,杜万程．非金属材料[M]．北京:中国农业机械出版社,1983.

[6] 戴枝荣．工程材料及机械制造基础[M]．北京:高等教育出版社,1992.

[7] 王毓敏．工模具钢深冷处理的探讨[J]．金属热处理,1996(3).

[8] 殷志祥,陈耀光．塑料模具用钢概述[J]．机械工程材料,1983(6).

[9] 沈莲．机械工程材料[M]．北京:机械工业出版社,1990.

[10] 詹武．工程材料[M]．北京:机械工业出版社,1997.

[11] 王运炎．机械工程材料[M]．北京:机械工业出版社,1992.

[12] 彭其凤,丁洪太．热处理工艺及设计[M]．上海:上海交通大学出版社,1994.

[13] 姜祖．模具钢[M]．北京:冶金工业出版社,1988.

[14] 北京电机工程学会(工模具材料应用手册)编译组．工模具材料应用手册[M]．北京:轻工业出版社,1985.

[15] 陈蕴博．热作模具钢的选择与应用[M]．北京:国防工业出版社,1993.

[16] 殷志祥,陈耀光．塑料模用钢概况[J]．机械工程材料,1983(6).